Dieu inu. delin. *le Pautre sculp.*

MEMOIRES D'ARTILLERIE,

Recueillis par le Sr SURIREY DE SAINT REMY Commissaire Provincial de l'Artillerie, & l'un des Cent & un Officiers Privilégiez de ce Corps.

TOME PREMIER.

A PARIS,
Chez JEAN ANISSON Directeur de l'Imprimerie Royale, ruë de la Harpe, à la Fleur de Lis de Florence.

M. DC. XCVII.

AVEC PRIVILEGE DU ROY.

A TRES-HAUT
ET TRES-PUISSANT SEIGNEUR
MONSEIGNEUR
LOUIS AUGUSTE
DE BOURBON
PRINCE SOUVERAIN DE DOMBES,
DUC DU MAINE ET D'AUMALE,

Comte d'Eu, Pair de France, Commandeur des Ordres du Roy, Lieutenant Général des Armées de Sa Majesté, Colonel Général des Suisses & Grisons, Gouverneur & Lieutenant Général pour Sa Majesté dans ses Provinces du haut & bas Languedoc, Grand Maistre & Capitaine Général de l'Artillerie de France.

ONSEIGNEUR,

Voicy des Mémoires que j'ay rassem-

blez sur l'Artillerie depuis vingt-six années que j'ay l'honneur d'estre dans ce Corps. J'ose les présenter à VOSTRE ALTESSE SERENISSIME, *avec d'autant plus de confiance qu'ils sont presque le pur Ouvrage des plus intelligens Officiers qui y servent, & mesme de vos Lieutenans, à qui* VOSTRE ALTESSE SERENISSIME *donne tous les jours mille témoignages de sa bienveillance & de son estime. Je seray trop heureux, si vous voulez bien,* MONSEIGNEUR, *regarder cet Ouvrage comme une marque de mon zele pour le service, &*

comme une asseurance du parfait dévouëment & du respect profond avec lesquels j'ay l'honneur d'estre,

DE VOSTRE ALTESSE SERENISSIME,

MONSEIGNEUR,

Le tres-humble, tres-obéissant, &
tres-soumis serviteur,
SURIREY DE SAINT REMY.

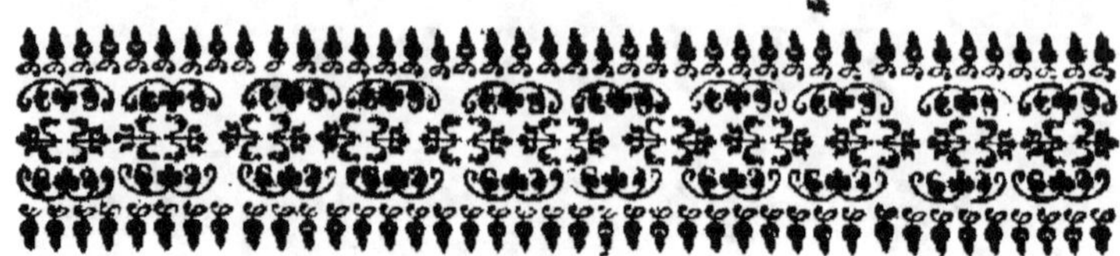

PREFACE.

CE n'eſt point faire tort à ceux qui juſqu'icy ont ramaſſé des Mémoires touchant l'Artillerie, de dire qu'il n'a encore paru aucun de ces recueils qui ſoit fidele. Il auroit fallu pour le rendre éxact, que les plus habiles Officiers euſſent bien voulu ſe donner la peine néceſſaire pour inſtruire ceux qui commencent. Et afin de le rendre complet, il auroit encore fallu que pluſieurs de ces meſmes Officiers y euſſent contribué, parce que la pluſpart de ceux qui ſervent, ne s'attachent qu'à certaines matieres qui ſont de leur gouſt : l'un à la conſtruction des affuſts, l'autre aux artifices, l'autre aux mines, & ainſi du reſte, négligeant les autres parties, ſans quoy néanmoins on ne ſçauroit eſtre accompli dans cette profeſſion.

Enfin ce qui a empeſché juſqu'icy qu'on ait eû un ouvrage achevé en fait d'Artillerie, c'eſt la diverſité de ſentimens qui s'eſt toûjours rencontrée entre les Officiers de differens départemens, chacun ſoutenant les maximes du Lieutenant Commandant ſous lequel il a ſervi, comme les plus régulieres, d'où il arrive que ceux qui ne font que d'entrer dans ce Corps, se trouvent embarrassez ne sachant quel parti ils doivent prendre. Surquoy je me souviens d'avoir oüi quelquefois M. le Marquis de la Freseliere proposer de faire ensorte qu'on pust convenir de proportions uniformes dans tous les départemens pour toutes les Pieces de canon, & pour tous les ustensiles & attirails en général qui servent à l'Artillerie.

En attendant que ce projet puisse s'éxécuter, j'ay tasché de remédier à cet inconvénient, en marquant les regles les plus convenables au bien du service, comme j'ose me promettre, qu'on les trouvera dans cet Ouvrage.

Je sçay que depuis cent ans de célebres Auteurs ont traité de l'Artillerie avec beaucoup d'érudition ; mais, outre que la maniere de la servir présentement est en plusieurs choses bien différente de ce qu'elle estoit de leur temps, quelques-uns d'eux l'ont renduë trop spéculative : leurs Livres sont chargez d'une infinité de régles de Mathematique, de supputations & de réductions plus propres à dégoûter qu'à instruire de jeunes gens la pluspart sans étude, & dont quelques-uns par le caractere de leur esprit ne peuvent point s'appliquer à des matieres si abstraites, dont la connoissance suppoſe celle des principes de Géometrie qu'ils n'ont point, ou dont ils ſont peu capables.

C'eſt par cette raiſon que je me ſuis uniquement attaché dans ces Mémoires à la méchanique & à la pratique qui eſt actuellement en uſage. Je ne les avois d'abord recueillis que pour mon ſervice particulier ; mais comme, pour la meilleure partie, ils ne contiennent preſque rien de moy que l'ordre & l'arrangement, je n'ay pas eſté en droit de refuſer aux Officiers qui ont eû la bonté de me les communiquer, la ſatisfaction de les voir rendus publics. Je les ay diviſez en quatre Parties.

I. La premiere traitera des Officiers de l'Artillerie en général, de leurs Titres & Fonctions, Immunitez & Privileges ; des Etats qui ſe font dans l'Artillerie ; de l'Ecole.

II. Le Canon eſtant la plus noble de toutes les armes offenſives & défenſives qui ſervent à l'Artillerie, j'ay crû devoir dans ma ſeconde Partie en expliquer les proportions & l'uſage ; tout ce que les Auteurs appellent bouches a feu, comme Mortiers, Petards, Arquebuſes à croc, Mouſquets, Fuſils, &c. & ce qui peut ſervir à l'éxécution & au ſervice de toutes ces armes, s'y trouvera auſſi compris. J'y ay joint les Bombes, les Carcaſſes, les Grenades, & les Artifices.

III. Dans

III. Dans la troisiéme je parleray des Outils qui servent à remuer la terre, des Moulins, de la fonte des Pieces, de la fabrication du Salpestre & de la Poudre, des Ponts, des Mines, des Charettes & Chariots, des Chevaux, & du reste des autres ustensiles & attirails dépendans de l'Artillerie.

IV. Et aprés avoir suffisamment instruit mon Lecteur de tous ces détails qu'il ne doit point ignorer, je luy donne dans la quatriéme & derniere Partie les moyens de pouvoir devenir un Officier parfait, en luy apprenant l'ordre & l'arrangement des Magasins, la formation des Equipages & des Parcs à la suite des Armées & pour les Siéges, la marche des Equipages & leur disposition dans un jour de combat, la maniere de deffendre les Places, le commandement, la subordination & le devoir des Officiers ; à tout cela j'ay joint un Dictionnaire des mots & des termes qui sont propres à l'Artillerie, afin que chacun puisse y avoir recours dans le besoin.

Voilà le plan de tout l'Ouvrage. Mais que l'on ne s'attende point à trouver à la teste de chaque Partie des subdivisions de mes matieres ; car tous ces ustensiles & attirails, & toutes ces munitions différentes ne sont point susceptibles d'une distribution réguliere, n'ayant pour l'ordinaire entr'elles que tres-peu de liaison & de rapport.

Au surplus, il est fort inutile que je fasse l'éloge de ce travail, le Lecteur en jugera par l'éxactitude qu'on y a gardée, par ces Tables si belles & si bien ordonnées qui ont esté dressées avec tant de netteté par les soins de Messieurs les Lieutenans, & qui sont d'une si grande utilité pour le Corps.

Je ne parle point non-plus du grand nombre de Planches dont tout cet Ouvrage est embelli, & où tout ce que nous avons de plus habiles gens dans le Dessein & dans la Graveûre ont travaillé avec toute l'application possible, & ont employé toute la délicatesse de leur Art. Ce sont choses qui parlent d'elles-mesmes, & qui font aisément connoistre, que depuis plus de vingt-six années qu'il y a que j'ay commencé à donner mon attention à ce Recueil, je n'ay épargné, ni peine, ni dépense pour l'instruction des Officiers du Corps, & mesme pour la curiosité & le contentement du Public. Heureux si je puis y avoir réussi.

J'ajoûte icy une liste des Auteurs qui ont écrit de l'Artillerie, tant François qu'Etrangers. Mais j'ay crû n'y devoir mettre que ceux qui l'ont fait d'une maniere capable de former l'esprit des Officiers; ce qu'on ne peut pas dire de plusieurs autres qui se sont meslez d'imprimer sur ces matieres.

JOSEPH DE BOILLOT Garde-Magasin d'artillerie à Langres, lequel en 1598. fit un Livre intitulé, *Modéles, Artifices de feu, & divers Instrumens de guerre, &c.*

CASIMIR SIEMIENOWICZ Gentilhomme Polonois, autrefois Lieutenant Général de l'Artillerie en Pologne, qui a composé ce bel Ouvrage du grand Art de l'Artillerie imprimé en 1650. en Hollande, & dont on n'a eû que la premiere Partie.

NICOLO TARTAGLIA Mathématicien de la Ville de Bresce dans l'Etat des Venitiens, qui vivoit au commencement du siécle passé. Il a esté le premier qui a recherché de quelle nature est la ligne que les corps jettez en l'air décrivent par le mouvement appellé violent, & quelles sont ses proprietez : & il est celuy qui en a voulu faire l'application au mouvement des boulets tirez par le canon ou par le mortier.

LOÜIS COLLADO Ingénieur du Roy d'Espagne dans le Milanois, qui fit imprimer *sa Pratique Manuelle de l'Artillerie*, long-temps avant le Livre de Dom Diego.

DIEGO UFANO Capitaine Espagnol qui avoit long-temps servi dans l'Artillerie aux guerres de Flandres, & particulierement au Siége d'Ostende, & qui fit imprimer en 1621. son Livre intitulé, *Artillerie.*

RIVAULT DE FLURANCE qui se disoit Précepteur de Loüis XIII. & qui vivoit au commencement du siécle présent, Auteur du Livre intitulé, *Elémens d'Artillerie.*

DANIEL ELRICK Maistre Canonier ou Capitaine d'Artillerie de la Ville de Francfort sur le Mein, qui a fait le Supplément ou seconde Partie du Livre du grand Art de l'Artillerie de Siemienowicz, & qui fut imprimé en l'année 1676. dans la mesme Ville.

GALÉE autrefois Ingénieur de l'Archiduc d'Albret & du Marquis de Spinola, qui a écrit sur les différentes portées du canon.

HANSELET Lorrain, qui a fait la Pyrotechnie militaire.

MALTHUS Ingénieur Anglois, que le feu Roy fit venir de Hollande, & qui a composé le Livre intitulé, *Pratique de la Guerre.* Ce fut luy qui mit en vogue le Mortier & la Bombe en l'année 1637. & qui fut tué d'une balle de mousquet au dernier Siége de Graveline.

DAVELOURS Garde Provincial de l'Artillerie en l'Arsenal de Paris, qui vivoit en 1597. & qui a fait le Livre intitulé, *Brieve instruction sur le fait de l'Artillerie de France.*

M. BLONDEL Mareschal de Camp des Armées du Roy, & Maistre de Mathématique de Monseigneur Dauphin de France, qui a fait en 1675. le Livre intitulé, *l'Art de jetter des Bombes.*

APPROBATIONS DIFFERENTES que j'ay inserées icy, selon les temps ausquels elles m'ont esté données, & sans préjudicier au rang que ces Messieurs gardent entr'eux.

NOUS Lieutenant de l'Artillerie au département de l'Isle de France & Arsenal de Paris :

Certifions avoir leû un manuscrit contenant des Mémoires d'Artillerie, reçueillis par le Sieur de Saint Remy Commissaire Provincial de l'Artillerie, que Nous avons trouvé conforme à l'usage présent, & qui ne sçauroit estre qu'extrémement utile pour l'instruction des Officiers de l'Artillerie, & pour le service de Sa Majesté. Fait à Paris ce 20. May 1694.

Signé, THIERRY DE GENONVILLE.

LE MARQUIS DE LA FREZELIERE Lieutenant Général des Armées du Roy & de l'Artillerie de France, Gouverneur de Salins & des Forts qui en dépendent :

Certifions que Nous avons leû un manuscrit contenant des Mémoires d'Artillerie, recueillis par le Sieur de Saint Remy Commissaire Provincial de l'Artillerie, & que Nous l'avons trouvé conforme à l'usage présent qui s'en fait, &c. Fait au Camp de Dingen le 24. Juin 1694.

Signé, FREZELIERE.

NOUS Brigadier des Armées du Roy, Colonel & Capitaine Général des Bombardiers de France, commandant l'Artillerie en Flandres, Arthois, Picardie, Pays conquis & reconquis, & à l'Armée de Sa Majesté commandée par Monseigneur :

Certifions que Nous avons leû un manuscrit contenant des Mémoires d'Artillerie, recueillis par le Sieur de Saint Remy Commissaire Provincial de l'Artillerie, & que Nous l'avons trouvé conforme à l'usage présent qui s'en fait, &c. Fait au Camp de Saint Tron ce 10. Juillet 1694.

Signé, DE VIGNY.

NOUS ARMAND DE MORMETZ, Chevalier, & de l'Ordre Militaire de Saint Loüis, Seigneur de SAINT HILAIRE, &c. Brigadier des Armées de Sa Majesté, Lieutenant de l'Artillerie de France au département de Guyenne, Limosin & Perigord, & la commandant dans les Armées du Roy :

Certifions avoir leû un manuscrit contenant des Mémoires d'Artillerie recueillis par le Sieur de Saint Remy Commissaire Provincial de l'Artillerie, que Nous avons trouvé conforme à l'usage présent qui s'en fait, &c. Fait au Camp de VVarem, le 3. d'Aoust 1694.

Signé, SAINT HILAIRE.

Lettre de M. de Saint Hilaire à l'Auteur des Mémoires.

Au Camp de Warem ce 3. Aoust 1694.

QUoyque vostre Livre, Monsieur, parle de luy mesme, je ne laisse pas de vous envoyer le Certificat que vous me demandez, seulement parce que vous le desirez ainsi; quand vous le donnerez au public, nos Certificats ne serviront plus de rien, parce que tout le monde conviendra de son utilité, & ceux qui y chercheront leur instruction auront toute sorte de contentement; on ne peut rien de mieux detaillé, c'est une justice que l'on vous doit rendre, & moy en mon particulier qui suis, Monsieur, tres-véritablement, Vostre tres-humble & tres-obéïssant serviteur.

SAINT HILAIRE.

NOUS Secretaire Général de l'Artillerie de France:

Certifions avoir examiné par l'ordre de Monseigneur le Chancelier, le présent Livre intitulé, *Mémoires d'Artillerie recueillis par M. de Saint Remy*, contenant treize cens cinquante feuillets que Nous avons paraphez, dans lequel nous avons trouvé des Instructions tres-propres à former de bons Officiers d'Artillerie, sans y rien remarquer de contraire au bien du service du Roy, C'est le témoignage que nous en rendons. Fait au Camp de Gosselies le 18. Juin 1696.

Signé, DE TORPANNE.

TABLE DES FIGURES
qui doivent estre placées dans ce premier Tome.

SECONDE PARTIE.

Table des Figures.

79. *Chariot*

TABLE DES TITRES ET MATIERES contenus dans ce Recueil.

PREMIERE PARTIE.

Plan général de l'Artillerie, & l'état auquel elle se trouve présentement.

SECONDE PARTIE.

MEMOIRES D'ARTILLERIE.

PREMIERE PARTIE.

ESTAT OÙ SE TROUVE AUJOURD'HUY l'Artillerie de France.

DES OFFICIERS DE L'ARTILLERIE en général.

ILS consistent en

MONSIEUR LE GRAND MAISTRE.
Un Surintendant Général des poudres & salpestres.

A

Un Lieutenant Général de l'Artillerie.
Un Contrôlleur Général.
Un Tresorier Général.
Un Garde Général.
Un Commissaire Général des poudres & salpestres.
Un Secretaire Général.
Un Lieutenant Provincial en l'Arsenal de Paris & au département de l'Isle de France.
D'autres Lieutenans Provinciaux & Particuliers.
Un Commissaire Provincial en l'Arsenal de Paris & au département de l'Isle de France.
D'autres Commissaires Provinciaux.
Des Commissaires Ordinaires.
Des Commissaires Extraordinaires.
Des Officiers Pointeurs.
Un Contrôlleur Provincial en l'Arsenal de Paris & au département de l'Isle de France.
D'autres Contrôlleurs Provinciaux.
Des Commis du Contrôlleur Général.
Un Garde Provincial en l'Arsenal de Paris & au département de l'Isle de France.
D'autres Garde-magasins dans les places du Royaume.
Des Déchargeurs.
Des Canoniers.
Un Artilleur & Nettoyeur d'armes.
Un Capitaine Général du charroy.
D'autres Capitaines du charroy.
Des Conducteurs du charroy.
Des Artificiers.
Un Capitaine ou Commandant Général des Ouvriers.
Des Charpentiers.
Des Charrons.
Des Forgeurs.
Des Tonneliers.
Des Tourneurs.
Des Maistres & Ouvriers de ponts de batteaux.
Des Aumôniers.

Un Mareschal Général des Logis.
D'autres Mareschaux des Logis.
Un Commissaire Général des fontes.
D'autres Commissaires des fontes.
Des Commissaires Particuliers des poudres & salpestres.
La Compagnie de Mineurs.

Un Baillage composé de

Un Bailly.
Un Lieutenant.
Un Avocat du Roy.
Un Procureur du Roy.
Un Substitut.
Un Greffier.
Et des Huissiers.

Une Prevosté composée de

Un Prevost.
Un Lieutenant.
Un Greffier.
Quelques Archers.

Il y a aussi

Un Medecin ordinaire.
Des Apoticaires.
Un Chirurgien Major.
D'autres Chirurgiens.
Des Armuriers.
Des Salpestriers.
Des Timballiers.
Un Fourrier.

Et pour le dedans de l'Arsenal de Paris specialement,

Un Imprimeur.
Un Maistre Maçon.
Un Jardinier.

Un Vitrier.
Un Couvreur.
Un Serrurier.
Un Tourneur.
Trois Portiers, un du grand Arsenal, un du petit, & un du jardin.
Deux Balayeurs.
Un Graveur.
Un Cordier.
Un Fontainier.

APrés ce dénombrement d'Officiers & d'Ouvriers qui sont naturellement de l'Artillerie, on peut parler icy des Regimens qui servent à l'Artillerie.

Il faut sçavoir qu'il y a un Regiment Royal Artillerie qui est uniquement destiné pour le service de l'Artillerie, & auquel Regiment on a incorporé 12. Compagnies de Canoniers, comme il sera expliqué cy-aprés.

Il y a aussi un Regiment Royal de Bombardiers qui est pareillement employé au service de l'Artillerie, on en parlera amplement au Titre qui en traitte.

On ne fixe point icy le nombre d'Officiers d'Artillerie de chaque espece, parce qu'il s'y fait tous les jours quelques changemens, ou par le decés, ou par la promotion de quelques-uns à d'autres grades plus élevez que ceux où ils se trouvent.

Le nombre des Ouvriers change aussi, suivant le besoin qu'on en a.

Il y a dans l'Artillerie environ mille Officiers destinez pour servir dans les Places, ou dans les Equipages qui sont à la suite des Armées, sans y comprendre ceux du Regiment Royal Artillerie, du Regiment Royal des Bombardiers, ceux de la Compagnie de Mineurs, les Officiers de Justice, & quelques-uns pour le dedans de l'Arsenal.

L'on compte plus de 240. Places fortes dans le Royaume, où l'Artillerie de terre a des Officiers.

Les Officiers d'Artillerie, sçavoir les Lieutenans, les Commissaires des trois Classes differentes, & les Garde-magasins, servent dans les Places, les uns toute l'année, les autres pendant l'hiver, & les autres pendant l'été, avec des appointemens differens, & ces Places sont distribuées sous plusieurs départemens, à la teste desquels commandent des Lieutenans ou des Commissaires Provinciaux.

Pendant la Campagne l'on met sur pied autant d'Equipages d'Artillerie qu'il y a d'Armées : ces Equipages sont composez de toutes sortes d'Officiers & d'Ouvriers.

On leve aussi un grand nombre de chevaux, de mules & de mulets d'Artillerie pour servir dans ces Equipages, ces chevaux, mules & mulets sont payez sur les reveuës qui s'en font par les Lieutenans choisis par le Grand Maistre, ou en l'absence des Lieutenans, par les Commissaires qui commandent ces Equipages, en presence du Contrôlleur General ou de ses Commis.

ESTATS D'ARTILLERIE.

L'On tient cinq sortes d'Estats dans l'Artillerie, soit pour les differentes fonctions que doivent exercer les Officiers d'Artillerie, soit pour les Graces & les Privileges qui leur sont accordez, lesquels Estats sont toûjours arrestez par M. le Grand Maistre.

Le premier & le second Estat reglent le service des Officiers pendant les semestres d'hiver & d'été.

Le troisiéme est l'Estat que l'on appelle ordinaire, sur lequel le Grand Maistre employe les gages de quelques Officiers qui ont des Provisions du Roy, & certains Appointemens particuliers dont il veut bien gratifier d'autres Officiers de Titres differens qui ont de simples Commissions du Grand Maistre.

Le quatriéme Estat est celuy qui comprend les cent un Officiers d'Artillerie qui joüissent des mesmes Privileges que les Commensaux de la Maison du Roy, suivant la Declaration de Sa Majesté du 4. Janvier 1673. M. le Grand Maistre se met à la teste.

Le cinquiéme Estat est celuy du Franc-salé que le Roy accorde à l'Artillerie, qui est de 60. minots, dont M. le Grand Maistre prend la quantité qu'il luy plaist, le reste se distribuë aux Officiers qui ont des Charges, & aux autres à qui le Grand Maistre trouve bon d'en donner.

Mais pour entrer un peu plus dans le détail sur la fonction des Officiers, il faut en traitter par Titres séparez.

Et premierement,

TITRE PREMIER.

Du Grand Maistre.

PAr les Provisions que le Roy fait expedier au Grand Maistre, Sa Majesté luy donne la surintendance, exercice, administration & gouvernement de l'Estat & Charge de Grand Maistre & Capitaine Général de l'Artillerie de France, tant deçà que delà les Monts, & les Mers dedans & dehors le Royaume, Pays & Terres estant sous l'obeïssance & la protection de Sa Majesté.

Il ne se fait aucuns mouvemens de munitions d'Artillerie dans le Royaume, que par les ordres du Grand Maistre, ou par ceux de ses Lieutenans ou Officiers à qui il donne des Commissions particulieres pour cet effet, ensuite des ordres qu'il a receus du Roy.

Tous les marchez se font en son nom stipulant pour Sa Majesté, & il arreste le compte général de l'Artillerie que le Tresorier rend à la Chambre des Comptes, où le Grand Maistre doit estre receu comme Ordonnateur de tous les fonds qui ont rapport à la dépense de l'Artillerie de quelque nature qu'elle soit. Le reste de ses grands droits est plus amplement expliqué dans ses Provisions, ausquelles je renvoye le Lecteur pour apprendre les prérogatives de cette Charge, qui est une Charge de la Couronne.

TITRE II.

Du Surintendant Général des poudres & salpestres de France.

C'Est une Charge qui fut érigée au mois de Janvier de l'année 1634. & qui paye Paulette.

TITRE III.

Du Lieutenant Général du Grand Maistre de l'Artillerie.

CEtte Charge a toûjours esté remplie par des gens de grande qualité & d'un merite distingué: la finance qui est tres-considérable tombe dans le casuel du Grand Maistre qui nomme & présente l'Officier au Roy dont il prend des Provisions.

TITRE IV.

Du Contrôlleur Général.

IL a des Provisions du Roy. Il paye Paulette.

Il controlle la recepte & la dépense qui se font dans l'Artillerie, tant en munitions qu'en argent.

TITRE V.

Du Tresorier Général.

IL a aussi des Provisions du Roy, & il paye Paulette.

Il rend ses comptes à la Chambre aprés qu'ils ont esté arrestez par le Grand Maistre, dont les Ordonnances sont receuës à la Chambre.

TITRE VI.

Du Garde Général.

IL est Officier du Roy, à qui il répond seul de toutes les

pieces de canon & munitions qui dépendent de l'artillerie de terre & qui appartiennent à Sa Majesté, & il donne ses recepissez pour les munitions achetées qui se payent par le Tresorier Général de l'Artillerie.

Le Grand Maistre oblige par ses Provisions les Gardes particuliers à donner caution au Garde général jusqu'à la somme de 1000. livres, & ils luy doivent rendre compte des munitions qu'ils ont eües en maniement: De ces comptes particuliers, il en forme un général qu'il porte à la Chambre des Comptes. Le Garde Général paye Paulette.

TITRE VII.

Du Commissaire Général des poudres & salpestres.

IL fut creé avec le Surintendant Général des poudres & salpestres en 1634. Il paye Paulette.

Le Grand Maistre pourvoit présentement de sa Commission celuy qui exerce cette fonction.

TITRE VIII.

Du Secretaire Général.

LE Grand Maistre le nomme & luy donne ses Provisions; il prend soin de toutes les expéditions qui regardent l'Artillerie, & les contresigne: le Roy paye ses appointemens.

TITRE IX.

Du Lieutenant Provincial en l'Arsenal de Paris, & au département de l'Isle de France.

L'Officier qui exerce cette Charge est toûjours un homme de qualité & de service; elle tombe dans le casuel du Grand Maistre qui en donne seul les Provisions: la finance en est tres-considérable.

TITRE X.

TITRE X.

Autres Lieutenans Provinciaux.

IL y a un bon nombre d'autres Lieutenans qui portent les titres de differentes Provinces, la meilleure partie commande des Equipages. L'autre sert dans les divers départemens des Frontieres, quelques-uns qui sont les plus anciens ne servent plus.

Entre les Lieutenans qui commandent les Equipages, il y en a que le Roy a honorez du titre de Lieutenans Généraux de ses Armées : nous en avons eu qui estoient Mareschaux de Camp, d'autres sont Brigadiers, & tous sont susceptibles des grades les plus éminens où peuvent parvenir les autres Officiers des troupes.

TITRE XI.

Du Commissaire Provincial en l'Arsenal de Paris, & au département de l'Isle de France.

IL prend Commission du Grand Maistre ;

Et sa Charge est une de celles qui tombent encore dans son casuel. Cet Officier a droit d'estre présent à tous les mouvemens qui se font dans les Magasins de l'Arsenal.

TITRE XII.

Des autres Commissaires Provinciaux.

IL y en a de deux sortes.

Les uns qui ont des Titres de Provinces, & qui occupent des départemens comme quelques Lieutenans : les autres ont le seul titre de Provincial & ne remplissent que des résidences, mais en Campagne ils sont toûjours payez les uns comme les autres.

Le plus ancien Provincial commande l'Equipage en l'absence du Lieutenant.

Les Equipages se distribuent en Brigades differentes, le

commandement de ces Brigades est donné aux plus anciens Provinciaux, qui rendent compte aux Lieutenans des Officiers qu'ils ont sous leur Charge.

L'on peut voir aux Titres cy-aprés qui traitent du devoir des Lieutenans & des Commissaires, & au Titre de la marche d'un Equipage, quelles sont leurs fonctions, & celles de la pluspart des autres Officiers cy-aprés nommez.

TITRE XIII.

Des Commissaires Ordinaires.

ILs suivent immédiatement les Commissaires Provinciaux, on les répand indifferemment dans les Places & dans les Equipages.

TITRE XIV.

Des Commissaires Extraordinaires.

C'Est la troisiéme Classe des Commissaires.

Ils servent aussi dans les Equipages & dans les Places.

TITRE XV.

Des Officiers Pointeurs.

CE sont des Officiers au dessous des Commissaires Extraordinaires, mais ils ne servent que dans les Equipages de Campagne.

TITRE XVI.

Des Contrôlleurs Provinciaux, & des Commis du Contrôlleur Général.

IL y en a de deux sortes.

Les uns ont acheté leurs Charges & ont financé aux coffres du Roy; ceux-là résident dans des Provinces.

Les autres sont envoyez par extraordinaire dans des Places ou dans des Equipages.

TITRE XVII.

Du Garde-Provincial en l'Arsenal de Paris, & au département de l'Isle de France, & des autres Gardes-Provinciaux.

L'On ne connoist plus de Gardes-Provinciaux pourveûs par le Roy, que ceux de Paris, de Mets, Chalons, Lyon, Amiens, Narbonne & Calais. Leur fonction est de prendre soin des munitions des Places où ils servent.

TITRE XVIII.

Des Gardes-Particuliers.

ILs sont tous pourveûs de la Commission du Grand Maistre.

Leurs appointemens sont differens à proportion du détail des Places où ils servent; ils y ont leur logement, & joüissent de quelques exemptions.

Leur soin est de veiller à la conservation des munitions dont ils se chargent par inventaire.

Ils en comptent au Garde Général à qui ils donnent caution avant que d'entrer en possession des Magasins.

Ils envoyent tous les ans des Inventaires au Grand Maistre, au Contrôlleur Général, & au Garde Général; comme aussi à la fin de tous les quartiers des Estats des consommations & des remises qui se font faites dans leurs Magasins: & ils doivent donner de pareils Estats à tous les Officiers qui ont caractere pour les leur demander.

L'on joint quelquefois à leur employ l'entretenement des armes qui sont dans leurs Magasins, ce qui leur produit encore un petit avantage, comme il sera dit à l'article des Armes.

Ils obeïssent aux Commissaires; quelques-uns ont la qualité de Commissaire avec celle de Garde, & en l'absence du Commissaire de résidence on leur apporte l'ordre comme Commissaires. Cela n'empesche pas qu'ils ne soient subordonnez au Commissaire de la Place, avec lequel ils ne peuvent rouler ni pour le rang ni pour l'ancienneté.

TITRE XIX.

Des Déchargeurs.

CE sont des aides des Gardes du Parc des Equipages : ils ont soin de retenir des Estats des munitions qui sont à la suite des Equipages, de celles qui se remettent, & de celles qui se consomment, pour en rendre compte aux Gardes du Parc qui en informent leurs Lieutenans.

TITRE XX.

Des Canoniers.

ILs servent le canon & le chargent avec l'aide des soldats commandez aux batteries.

Il y en a peu présentement qui ayent ce simple titre de Canoniers dans l'Artillerie, parce que l'on a jugé à propos de se servir de soldats Canoniers pour faire cette fonction, & les 12. Compagnies de Canoniers qui avoient esté crées pour ce service, ont esté incorporées dans le Regiment que l'on appelle aujourd'huy Regiment-Royal Artillerie, cydevant des Fusilliers, lequel est entierement destiné pour les remuëmens qui la concernent, comme on l'expliquera au Titre qui en traitte.

Il y a cependant encore des Canoniers à Monaco pour la Place, & quelques autres *ad honores* qui ont Commission du Grand Maistre sans appointemens.

TITRE XXI.

D'un Artilleur ou Nettoyeur d'armes.

UN seul particulier a le titre d'Artilleur & Nettoyeur d'armes : il a esté établi dans le Duché d'Orleans : le Grand Maistre le nomme au Roy qui luy donne des Provisions. Il a quelques gages qui se payent par le Domaine d'Orleans, & il joüit de quelques exemptions & privileges, & d'un logement. Cette Charge tombe dans le casuel du Grand Maistre.

Titre XXII.

Du Capitaine Général du charroy, & des autres Capitaines du charroy.

Il faut que le Capitaine Général du charroy soit toûjours un homme d'une grande expérience, & sur lequel on puisse compter seûrement pour tous les détails qui y ont rapport.

Il commande tout le charroy de l'Artillerie : c'est à luy à avoir l'œil que les autres Capitaines du charroy de l'Equipage où il sert, fassent leur devoir, & ayent toûjours leurs chevaux bien nourris, qu'ils soient en bon état, & attelez pour l'éxécution des ordres qu'il reçoit.

Il choisit les chevaux des Capitaines du charroy qu'il trouve à propos de faire marcher, en observant neantmoins beaucoup d'égalité sur le service de fatigue.

Il doit aussi visiter les chemins & les faire mettre en tel estat que l'Equipage puisse par-tout passer commodément.

Dans les autres Equipages où le Capitaine Général ne peut pas estre, c'est un des plus anciens qui le répresente.

Les autres Capitaines du charroy obeïssent au Capitaine Général dans toutes les choses que l'on vient de dire, & ils ont pour la pluspart des chevaux dans l'Equipage payez par le Roy.

Titre XXIII.

Des Conducteurs.

Ils accompagnent l'Equipage, s'attachent particulierement auprés des chevaux, prennent soin de leur faire donner les choses nécessaires, & veillent à ce qu'il n'y ait point de confusion dans les marches.

TITRE XXIV.

Des Artificiers.

IL y en a dans les Equipages & dans les Places où ils instruisent mesme des gens dans ce mestier, ils chargent les bombes & les grenades, & leurs fuzées, gaudronnent les tourteaux, fascines & fagots, & font tous les feux d'artifice qui servent dans les differentes expeditions de la guerre.

Tous ceux qui font publiquement l'artifice à Paris ont des Commissions du Grand Maistre, & permission de faire des feux d'artifice & vendre des fuzées, avec la faculté de faire saisir par le Bailly de l'Arsenal, toutes celles qui se trouvent chez les Merciers, & autres particuliers qui s'ingerent d'en faire & d'en vendre.

TITRE XXV.

Du Capitaine ou Commandant des Ouvriers; & des Ouvriers.

IL a inspection sur tous les autres Ouvriers de l'Artillerie, & commande une Compagnie d'Ouvriers entretenuë à Doüay.

Dans les autres départemens le plus ancien ou le plus habile Ouvrier au choix du Lieutenant, qui est chargé des ordres du Grand Maistre, commande les autres; & les Ouvriers de chaque mestier ont encore un Commandant particulier.

TITRE XXVI.

Des Aumôniers.

IL y a un premier Aumônier qui sert auprés de la personne du Grand Maistre.

Il y en a d'autres qui servent dans les Equipages.

Les Aumôniers d'armée ont leur Chapelle complette que le Roy leur fournit en entrant en Campagne, & disent régulierement la Messe tous les jours quand l'Equipage est campé en lieu commode pour cela.

TITRE XXVII.

Du Mareschal Général des Logis de l'Artillerie.

C'Est un titre que le Grand Maistre donne à qui il luy plait, avec tels appointemens & privileges qu'il veut bien y attacher : c'est luy qui assigne les logemens aux Officiers de l'Equipage, & qui marque l'endroit où doit estre établi le Parc de l'Artillerie.

TITRE XXVIII.

Des autres Mareschaux des Logis.

IL y en a un dans chaque Equipage que l'on connoist aussi sous le nom de Major, leur fonction sera amplement expliquée cy-aprés par un Chapitre particulier.

Quand le Roy ne fait point de fond exprés pour un Mareschal des Logis dans un Equipage, l'on prend celuy des Commissaires qui paroit le plus entendu, pour luy faire faire cet employ.

TITRE XXIX.

Du Commissaire Général des Fontes, & des autres Commissaires Ordinaires.

CE titre de Commissaire Général est la récompense des anciens & habiles Fondeurs : il dépend, aussi-bien que les appointemens & les privileges qui s'y attachent, de la pure volonté du Grand Maistre.

Le Grand Maistre fait aussi des graces à quelques autres Fondeurs à proportion de leur ancienneté ou de leur merite.

Il y a plusieurs Fonderies en France outre celle de Paris.

Le Roy traitte avec les Fondeurs & donne un certain prix pour la façon de chaque piece de canon, ou chaque mortier, tant de l'ancienne que de la nouvelle maniere.

Le Roy leur accorde un déchet de 10^l par cent des matieres, & fournit les fonderies en bon estat, avec tous les outils & ustensiles pour travailler, le Fondeur n'estant obligé qu'aux peines d'Ouvriers seulement.

On loge les Fondeurs & leurs Ouvriers.

TITRE XXX.

Des Commissaires Particuliers des poudres & salpestres.

L'On ne connoist présentement dans ces Places que peu d'Officiers, & ceux qui ont ce titre sont pourveûs par le Grand Maistre : cela leur donne inspection sur les salpestres.

TITRE XXXI.

De la Compagnie de Mineurs.

LE Capitaine, les Lieutenans, Sous-lieutenans, & Mineurs, n'ont point d'autres Commissions que celles du Grand Maistre.

La paye de cette Compagnie est par mois.

300^tt pour le Capitaine.

125. pour un premier Lieutenant.

100. pour un second Lieutenant.

60. pour chacun des deux Sous-lieutenans.

50. pour chacun des quatre Commandans de Mineurs.

35. pour chacun des quatre Brigadiers.

30. pour chacun des trente anciens Mineurs.

15. pour chacun des trente autres Mineurs, parmi lesquels il y a un Tambour.

Le Capitaine a outre cela une pension particuliere du Roy.

TITRE XXXII.

Du Baillage de l'Arsenal de Paris, poudres & salpestres de France.

CE Baillage est une Jurisdiction Royale, dont les Sentences

ces s'executent par tout le Royaume : elle ressortit au Parlement de Paris.

Les Officiers de ce Baillage prennent des Provisions du Grand Maistre, & sont dispensez par Arrest du Conseil d'enhaut rendu le 16. Juin 1662. d'en prendre du Roy, excepté neanmoins le Procureur de Sa Majesté, comme il sera dit cy-aprés.

Elles tombent toutes sans exception dans le casuel du Grand Maistre.

Le Siege de cette Justice se tenoit autrefois au Louvre, & fut ensuite transferé à l'Arsenal.

En général elle connoist de toutes les affaires qui surviennent entre les Officiers & Ouvriers de l'Artillerie pour raison de choses dépendantes du fait de l'artillerie, de la poudre & du salpestre.

S'il arrive meurtre, vol, ou desordre dans l'enceinte de l'Arsenal, le Bailly ou son Lieutenant, avec quelques Assesseurs, peuvent faire & parfaire le procés, & prononcer Sentence de mort, comme il s'est veû quelquefois avec punition des coupables devant la porte de l'Arsenal. Il y a une prison dans l'Arsenal, mais l'on n'y garde les criminels que vingt-quaatre heures, & delà on les transfere au Fort l'Evesque.

Le Bailly, son Lieutenant, l'Avocat du Roy, le Procureur du Roy, le Substitut & le Greffier, ont des appointemens sur l'Estat ordinaire.

Le Procureur du Roy n'obtient des Provisions du Roy que sur la nomination de M. le Grand Maistre. Cette Charge tombe dans son casuel comme les autres.

Il y a un Huissier Audiencier, & d'autres Huissiers qui n'ont ni gages ni appointemens, mais qui ont pouvoir d'exploiter par tout le Royaume : parmi eux il y a un Huissier prifeur & vendeur de meubles, & tous ont Commission du Grand Maistre.

TITRE XXXIII.

De la Prevosté de l'Artillerie.

LE Prevost, le Lieutenant & le Greffier prennent Commission du Grand Maistre.

Ils ont des appointemens sur l'Estat ordinaire.

Le Prevost de l'Artillerie n'exerce sa Charge qu'en campagne à la suite des Equipages.

C'est luy qui connoist de tous les differens qui surviennent entre les Officiers, Capitaines du charroy, Chartiers & Ouvriers, & qui leur fait observer les Reglemens & les Ordonnances.

Qui fait faire les Inventaires des Officiers qui viennent à mourir.

Et qui arreste & emprisonne tous ceux du Corps de l'Artillerie, qu'il luy est ordonné par le Lieutenant qui commande l'Equipage.

Il condamne mesme à mort prevostablement.

Il y en a des exemples.

Comme en l'année 1672. qu'il fit pendre un soldat du Regiment des Fusiliers qui estoit à la suite des Equipages d'Artillerie de l'Armée du Roy, pour avoir tué un Paysan sur la route de Charleroy à Visé.

D'autres fois il a instruit des Procés jusqu'au jugement, renvoyant ce jugement au Bailly de l'Arsenal.

TITRE XXXIV.

Du Medecin de l'Artillerie.

IL n'y en a qu'un présentement : il dépend du Grand Maistre d'en mettre autant qu'il luy plaist dans le Corps de l'Artillerie, & de leur donner tels gages & tels autres privileges qu'il trouve à propos.

Les Medecins peuvent servir, ou dans les Equipages, ou auprés de la personne du Grand Maistre.

Les Apoticaires & Chirurgiens de l'Artillerie subissent l'examen du Medecin.

TITRE XXXV.

Des Apoticaires de l'Artillerie.

IL y en a quatre établis à Paris qui joüissent des mesmes Privileges que les autres Maistres de Paris, & les Privileges passent à leurs Veuves pendant leur viduité seulement: le Grand Maistre pourvoit à ces places qui tombent dans son casuel.

TITRE XXXVI.

Du Chirurgien Major & des Chirurgiens.

LE titre du Chirurgien Major, aussi-bien que celuy de Chirurgien Ordinaire, se donnent par le Grand Maistre, & ainsi il luy est libre d'y faire tel changement qu'il veut.

Sans comprendre ce Major,

Il y a huit Chirurgiens établis à Paris avec Boutique ouverte comme ceux de S. Cosme, & dont le Privilege passe à leurs Veuves pendant leur viduité seulement. Ces Charges sont encore du casuel du Grand Maistre.

Le Grand Maistre choisit parmi les Chirurgiens ceux qu'il desire de faire servir en Campagne, à qui l'on paye le coffre d'onguens & d'instrumens de Chirurgie qu'ils sont obligez de porter avec eux.

TITRE XXXVII.

Des Armuriers.

IL y a des Armuriers qui servent dans les Places au nettoyement des armes; l'on fait des marchez avec eux pour cela, quelques-uns ont des Commissions du Grand Maistre, & celuy qui sert à entretenir ses armes a des appointemens sur l'ordinaire.

Dans l'Arsenal il y a un Armurier Heaumier du Roy qui est chargé du travail des cuirasses à l'épreuve, & qui entretient deux Apprentifs payez par le Roy.

ce soit, si ce n'est par celuy qui auroit vendu aucunes de ces choses.

Ils sont exempts de logement de gens de guerre.

TITRE XXXIX.

Des Timballiers.

DEpuis quelques années l'on avoit commencé à se servir d'un Timballier à la teste de chaque Equipage, mais cet usage s'est perdu.

TITRE XL.

Des Fourriers.

IL n'y en a qu'un dans l'Artillerie qui est employé sur l'Estat ordinaire pour ses gages, & qu'on peut employer sur l'Estat des Privilegiez.

Il pourroit y en avoir davantage, si le Grand Maistre trouvoit à propos d'en créer d'autres.

TITRE XLI.

De l'Imprimeur.

POur éviter les abus qui peuvent se commettre dans l'impression des Instructions, Reglemens & Ordonnances qui se rendent sur le fait de l'Artillerie. Il y a un Imprimeur destiné par M. le Grand Maistre pour y travailler, & il luy donne sa Commission.

TITRE XLII.

De l'Architecte & d'un Maistre Maçon en l'Arsenal de Paris.

IL a esté des temps où l'on se servoit d'un Architecte & d'un Maistre Maçon pour veiller aux bastimens de l'Arsenal ; ils avoient tous deux des appointemens sur l'Estat.

L'Architecte joüissoit de quelques Privileges : son soin

oit, si ce n'est par celuy qui auroit vendu aucunes de choses.

s sont exempts de logement de gens de guerre.

TITRE XXXIX.

Des Timballiers.

Epuis quelques années l'on avoit commencé à se serd'un Timballier à la teste de chaque Equipage, mais usage s'est perdu.

TITRE XL.

Des Fourriers.

n'y en a qu'un dans l'Artillerie qui est employé sur at ordinaire pour ses gages, & qu'on peut employer l'Estat des Privilegiez.

pourroit y en avoir davantage, si le Grand Maistre trouà propos d'en créer d'autres.

TITRE XLI.

De l'Imprimeur.

Our éviter les abus qui peuvent se commettre dans pression des Instructions, Reglemens & Ordonnances se rendent sur le fait de l'Artillerie. Il y a un Imprir destiné par M. le Grand Maistre pour y travailler, & y donne sa Commission.

TITRE XLII.

De l'Architecte & d'un Maistre Maçon

estoit de faire les visites des bastimens, & de régler les parties des Ouvriers; mais il dépend du Grand Maistre de supprimer ces sortes de Titres qui ne sont point absolument fixes.

TITRE XLIII.

Du Jardinier de l'Arsenal.

L'Arsenal a son Jardinier, qui est celuy que le Grand Maistre choisit, & il luy ordonne tels gages, & luy accorde tels Privileges qu'il luy plaist.

TITRE XLIV.

Du Vitrier de l'Arsenal.

IL a l'entretenement des vitres de l'un & l'autre Arsenal pour un certain prix, & à certaines conditions portées par le marché qu'on fait par l'ordre du Grand Maistre, qui ne dure qu'autant qu'il luy plaist.

TITRE XLV.

Du Couvreur de l'Arsenal.

LE Couvreur entretient aussi les couvertures de l'un & de l'autre Arsenal, & mesme du Magasin Royal de la Bastille, suivant les conditions du marché qu'on fait avec luy.

TITRE XLVI.

Du Serrurier de l'Arsenal.

IL n'a rien a entretenir, il est payée de ses ouvrages.

TITRE XLVII.

Du Tourneur.

IL est payé de ce qu'il fait.

TITRE XLVIII.

Des Portiers de l'Arsenal.

IL y en a un à la porte du costé des Celestins, & un à la porte du costé de la ruë de la Cerisaye.

Il y en a un aussi pour la garde du Jardin.

Ils ont des appointemens sur l'ordinaire.

Ils sont logez & joüissent des mesmes exemptions dont joüissent les Portiers des autres Maisons Royales. Comme ils n'ont de Brevet que du Grand Maistre, ils sont aussi révocables quand il luy plaist.

TITRE XLIX.

Des Balayeurs.

IL y en a deux de payez dans l'Arsenal.

TITRE L.

Des Graveurs.

IL y a plusieurs Graveurs employez ordinairement à réparer les pieces d'Artillerie, & qui sont payez par les Fondeurs: mais M. le Grand Maistre n'accorde le Titre de Graveur ordinaire de l'Artillerie qu'à un des plus habiles Graveurs de Paris, qui joüit de quelques prérogatives, & étalle à sa Boutique les Armes de l'Artillerie, & du Grand Maistre.

TITRE LI.

Des Cordiers.

UNe infinité de Cordiers travaillent pour l'Artillerie, mais il y en a un à Paris qui joüit des cazemattes qui sont sous cette piece de fortification de l'Arsenal qui donne sur la riviere de Seine au bout du Mail, avec la liberté de faire travailler à costé du mesme Mail, & sous les murs de l'Arsenal, à condition par luy d'estre toûjours en estat de fournir en tous temps des cordages pour les Equipages d'Artillerie. Cette convention fut faite du temps de M. le Duc de Mazarin.

TITRE LII.

Du Fontainier.

PAr des Lettres Patentes du Roy obtenuës de l'agréement de M. le Grand Maistre, & ensuite d'un Traitté fait avec un Particulier, ce Particulier est obligé de fournir une certaine quantité d'eau dans l'Arsenal, tant pour l'usage de la maison du Grand Maistre, que pour l'embellissement du Jardin de l'Arsenal : pour cela il a la joüissance du Pavillon qui est situé au bout de l'allée du Jardin, & qui répond à l'extrémité du Mail où est la Pompe qui distribuë l'eau. Le défaut d'éxécution du Traité met le Grand Maistre en droit d'en faire pourvoir qui il luy plaist, & cela est plusieurs fois arrivé.

TITRE LIII.

Des Compagnies de Canoniers.

APrés la réforme qui fut faite à la fin de l'année 1678. de tous les Canoniers qui estoient appointez dans les garnisons, ayant esté remarqué qu'il estoit difficile dans les occasions pressantes, de trouver parmi les Troupes un nombre suffisant de soldats qui sçeussent parfaitement bien éxécuter & servir le canon, l'on jugea à propos de lever six Compagnies de soldats canoniers à qui l'on fit faire l'exercice du canon.

L'utilité que l'on trouva depuis à ce service, fit ajoûter six autres Compagnies à ces six premieres, & ensuite elles ont toutes esté incorporées dans le Regiment Royal Artillerie, comme on le va voir.

L'on exerce ces Canoniers dans certaines Places, & c'est presque toûjours un Commissaire Provincial qui commande ces Ecoles.

TITRE LIV.

Titre LIV.

Du Regiment Royal Artillerie.

LE Regiment Royal Artillerie fut creé ſous le nom de Regiment des Fuſeliers du Roy, & attaché dés ſa création au ſervice de l'Artillerie. Mais comme il eſtoit composé de l'élite des Troupes, tant en Officiers qu'en ſoldats accoûtumez au ſervice ordinaire, il perdit bientoſt aprés l'eſprit de ſa deſtination, pour reprendre celuy des autres Troupes. La relation néceſſaire que les Officiers de ce Regiment devoient avoir avec les Officiers d'Artillerie, ayant donné lieu à pluſieurs conteſtations ſur le rang, le Roy fut obligé de le régler entr'eux par ſon Ordonnance du 13. Decembre 1686. elle fut ſuivie d'une autre du 15. Avril 1693. qui fixa le ſervice de ce Regiment, dont le nom fut changé en celuy de Regiment Royal Artillerie. Enfin par la derniere Ordonnance du 25. Novembre 1695. portant ampliation des premieres, toutes les difficultez, tant entre les Officiers de ce Regiment & les Officiers d'Artillerie, qu'entre les Officiers des autres Troupes qui eſcortoient l'Artillerie, & les Officiers meſmes d'Artillerie, ont eſté ſi nettement décidées, que le ſervice ne peut plus eſtre retardé par les conteſtations particulieres. Les Officiers de ce Regiment, quoy-que pourveûs par le Roy, ſont obligez de prendre Commiſſion du Grand Maiſtre pour avoir un rang dans le Corps de l'Artillerie, ſuivant les differens Titres de leurs Charges, du jour que chacun d'eux a eſté pourveû par Sa Majeſté. On trouvera ces trois Ordonnances à la fin de ce Titre.

Ce Regiment a ſix Bataillons, tous ſur le pied de Campagne; ils ſont composez de Compagnies d'Ouvriers de cent-dix hommes à haute paye; de Compagnies de Canoniers de cinquante-cinq à haute paye; & de Compagnies ſimples de Fuſeliers à cinquante-cinq. Il y a dans le premier Bataillon deux Compagnies d'Ouvriers, trois Compagnies de Canoniers, & huit Compagnies ſimples. Dans le ſecond Bataillon, une Compagnie d'Ouvriers, trois de

Canoniers, & dix Compagnies simples. Les trois derniers Bataillons sont uniformes, & composez de trois Compagnies de Canoniers, & de douze Compagnies simples. Les quatre Compagnies d'Ouvriers ont toûjours esté attachées aux trois premiers Bataillons. Ce n'a pas esté la mesme chose des douze vieilles Compagnies de Canoniers ; quoyqu'elles fissent partie du Regiment, elles ne faisoient point Corps avec les Bataillons, & estoient regardées comme des Compagnies détachées. Par l'Ordonnance du 25. Novembre 1695. elles y ont esté incorporées, & les six Compagnies de Grenadiers converties en Compagnies de Canoniers ; de sorte qu'on a attaché trois Compagnies de Canoniers à chaque Bataillon, sçavoir deux anciennes & une nouvelle ; les Capitaines de ce Regiment parviennent aux Compagnies d'Ouvriers par ancienneté ; il y en a une d'attachée à la Lieutenance Colonelle, & au commandement du second & troisiéme Bataillon ; la mesme chose s'observe pour les Compagnies de Canoniers qui se distribuent aux plus anciens Capitaines du Regiment, & à quelques Commissaires d'Artillerie, du choix du Grand Maistre. Voicy le détail de la paye de ces trois differentes Compagnies.

Paye de Garnison & de Campagne des Compagnies d'Ouvriers.

LE Capitaine a de paye fixe	3 lt		
Deux Lieutenans, chacun	2		
Deux Sous-lieutenans, chacun	1	10 s	
Quatre Sergens, chacun	1		
Quatre Caporaux, chacun	0	15 s	
Huit Anspesades, chacun	0	11 s	6 d
Quatre-vingts-quatorze Ouvriers, chacun		10 s	

Quand le Capitaine a sa Compagnie au dessous de quatre-vingts-quinze, les Sergens & Caporaux compris, il n'a que la paye de 3 lt ; quand elle est de quatre-vingts-quinze, il a six hommes de gratification, qui font 3 lt.

Outre la paye, quand la Compagnie est de cent, il a huit

hommes de gratification ; quand elle eſt complette à cent-dix, il en a dix.

Outre cela, il a autant de fois 2ſ 6d de décompte qu'il y a de ſoldats ou Caporaux, & 5ſ de chaque Sergent. Il a le double des baſſes Compagnies pour les recruës, uſtenſiles, ou gratification.

En Campagne le Capitaine n'a que 12ſ par jour, les Lieutenans 8ſ, les Sous-lieutenans 6ſ, & les Sergens 4ſ, les Caporaux 3ſ 6d, les Anſpeſades 3ſ, les quatre-vingts-quatorze Ouvriers, 2ſ.

Le Capitaine a les meſmes places de gratification qu'en garniſon, quand ſa Compagnie eſt de quatre-vingts-quinze juſqu'à cent dix, avec cette difference, que les payes ne ſont que de 2ſ chacun, & qu'il n'y a pas de décompte.

Paye de Garniſon & de Campagne d'une Compagnie de Canoniers.

LE Capitaine a de paye fixe .... 3tt.
Le Lieutenant.......................... 1 10ſ
Le Sous-lieutenant 1
Les deux Sergens, chacun 16ſ
Les trois Caporaux, chacun 11ſ
Les trois Anſpeſades, chacun 9ſ 7d
Quarante-ſept Canoniers, chacun 8ſ

Quand la Compagnie eſt au deſſous de cinquante hommes, le Capitaine n'a point de gratification.

Depuis cinquante juſqu'à cinquante-cinq, il a cinq hommes qui font par jour 4tt.

Il a outre cela 2ſ par Canonier de décompte, & 4ſ de chacun des Sergens.

Il a encore l'avantage de tirer des Regimens d'Infanterie tous les ſoldats de recruë tels qu'il les veut choiſir, en payant au Capitaine 45tt : en ſorte que ces Compagnies ſont compoſées des plus beaux & des meilleurs ſoldats.

En Campagne le Capitaine a 12ſ
Le Lieutenant 6ſ

Le Sous-lieutenant 4ſ
Les deux Sergens, chacun 3ſ 6d
Les trois Caporaux, chacun 3ſ
Les trois Anſpeſades, chacun 2ſ 6d
Les quarante-ſept Canoniers, chacun 2ſ

En Campagne les payes de gratification ſont de 2ſ, & il n'y a point de décompte.

Paye de Garniſon & de Campagne d'une Compagnie ſimple.

LE Capitaine a autant de ſols qu'il a de ſoldats effectifs.
Le Lieutenant .... 1 lt
Le Sous-lieutenant 13ſ 4d
Les deux Sergens, chacun 10ſ
Les trois Caporaux, chacun 7ſ
Les cinq Anſpeſades, chacun 6ſ
Quarante-cinq ſoldats, chacun 5ſ

Le Capitaine a une paye de gratification quand ſa Compagnie eſt de quarante-cinq juſqu'à quarante-huit.

Depuis quarante-huit juſqu'à cinquante, il en a deux.

Depuis cinquante juſqu'à cinquante-trois, il en a trois.

Depuis cinquante-trois juſqu'à cinquante-cinq, il en a quatre.

Et quand elle eſt complette à cinquante-cinq, il en a cinq, ſur le pied de chacun 5ſ.

Outre ſa paye, il a autant de ſols de décompte qu'il a de ſoldats, & 2ſ de chaque Sergent. Ce décompte ſe rabat ſur la paye du ſoldat.

En Campagne le Capitaine a 6ſ
Le Lieutenant 4ſ
Le Sous-lieutenant 3ſ
Les deux Sergens, chacun 2ſ
Les trois Caporaux, chacun 1ſ 9d
Les cinq Anſpeſades, chacun 1ſ 6d
Quarante-cinq ſoldats, chacun 1ſ

Paye de l'Estat Major en Garnison.

LE Colonel a 1tt 13f 4d qu'il laisse à son Lieutenant de la Colonelle, qui a outre cela les appointemens de Lieutenant.

Le Lieutenant Colonel a	1tt
Le Major a	2 10f
L'Aide Major a	1 13f 4d
Le Mareschal des Logis a	1
L'Aumônier a	10f
Le Chirurgien a	10f
Le Prevost a	1 6f 8d
Le Lieutenant du Prevost a	13f 4d
Le Greffier a	8f 4d
Cinq Archers, & l'Executeur	1 10f

Les Capitaines, tant d'Ouvriers, Canoniers, que des basses Compagnies, ont six Rations de pain par jour ; les Lieutenans quatre ; les Sous-lieutenans trois ; les Sergens deux ; & les soldats une ; avec la viande en espece ou en argent.

ORDONNANCE DU ROY,

Pour régler le rang entre les Officiers des Regimens des Fuseliers & Bombardiers, & ceux des Compagnies de Canoniers, avec les Officiers d'Artillerie.

Du treiziéme Decembre 1686.

DE PAR LE ROY.

SA MAJESTE' voulant régler les rangs que les Officiers de ses Regimens de Fuseliers & de Bombardiers, & ceux des Compagnies de Canoniers auront à garder avec les Officiers de ſon Artillerie, lorſqu'ils ſe trouveront enſemble ; de maniere qu'il n'arrive point à cet égard de conteſtation entr'eux. SA MAJESTE' a ordonné & ordonne, veut & entend, que toutes les fois que par ſes Ordres, leſdits Regimens de Fuſeliers & de Bombardiers, & leſdites Compagnies de Canoniers ſe trouveront joints aux Corps d'Artillerie qui ſerviront dans ſes Armées, les Commandans deſdits Regimens & Compagnies obeïſſent ſans difficulté à ceux que le Grand de l'Artillerie aura commis pour la commander en chef dans leſdites Armées ; que les Lieutenans Colonels deſdits Regimens, & les Commiſſaires Provinciaux d'Artillerie prennent rang entr'eux, & commandent les uns aux autres, ſuivant l'ancienneté de leurs Commiſſions ; & que pareillement les Capitaines des Compagnies, tant deſdits Regimens que de Canoniers, tiennent rang avec les Commiſſaires ordinaires de l'Artillerie, & les Lieutenans deſdites Compagnies avec les Commiſſaires extraordinaires ; en ſorte que les dattes des Commiſſions des Officiers deſdits Regimens, & celles des Commiſſaires Provinciaux ordinaires & extraordinaires d'Artillerie, les réglent pour leurs rangs, de meſme que ſi leſdits Commiſſaires d'Artillerie eſtoient du Corps deſdits Regimens, & les Officiers deſdits Regimens & Compagnies du Corps de l'Artillerie ; que ſi toutefois leſdits Lieutenans Colonels avoient obtenu du Grand Maiſtre de l'Artillerie des Commiſſions de Lieutenant d'Artillerie, les Capitaines des Commiſſions de Commiſſaires Provinciaux, & les Lieutenans des Commiſſions de Commiſſaires ordinaires. Sa Majeſté veut audit cas qu'ils tiennent rang avec leſdits Officiers d'Artillerie qui auroient de meſmes Commiſſions du jour deſdites Commiſſions ; Que ſi les Commiſſions de ceux de meſme poſte ſe trouvent de meſme jour, Sa Majeſté veut qu'en ce cas, ils tirent au ſort. Veut auſſi Sa Majeſté qu'à l'égard des profits & émolumens qui reviendront des Batteries & autres Ouvrages auſquels ils auront eſté commis & ordonnez, par ceux qui commanderont en Chef l'Artillerie és Armées, les Officiers deſdits Regimens de

Fuseliers & Bombardiers, & ceux desdites Compagnies de Canoniers, les partagent sur le pied cy-dessus marqué, avec les Officiers d'Artillerie. Mande & ordonne SA MAJESTÉ au Sieur Marquis de Humieres Mareschal de France, Grand Maistre de l'Artillerie de ce Royaume, de tenir la main à l'éxacte observation de la Presente. FAIT à Versailles le treiziéme jour de Decembre mil six cens quatre-vingt-six. Signé, LOUIS. *Et plus bas*, LE TELLIER.

ORDONNANCE DU ROY,

Pour régler le service du Regiment de Fuseliers qui sera dorénavant appellé Regiment Royal de l'Artillerie.

Du quinziéme Avril 1693.

DE PAR LE ROY.

SA MAJESTÉ ayant esté informée, qu'encore que son Regiment de Fuseliers ait esté mis sur pied pour servir l'Artillerie dans ses Armées, les Officiers qui l'ont commandé ont prétendu s'en pouvoir dispenser pour marcher & camper avec les autres Troupes desdites Armées; & voulant qu'il soit uniquement employé pour le service auquel elle l'a destiné, & le régler de maniere qu'il ne s'y rencontre point de difficulté, SA MAJESTÉ a ordonné & ordonne, que ledit Regiment de Fuseliers sera dorénavant appellé le Regiment Royal de l'Artillerie; que les Bataillons dudit Regiment marcheront & camperont toûjours avec l'Artillerie de l'Armée où ils serviront; qu'ils n'y seront jamais mis en ligne, & que le Commandant & tous les autres Officiers du Regiment obeïront à celuy qui sera préposé pour commander l'Artillerie, quelque Charge qu'il puisse avoir dans l'Artillerie. Voulant Sa Majesté, pour les attacher davantage à ce service, que le Lieutenant Colonel dudit Regiment soit Lieutenant de l'Artillerie ; les six premiers Capitaines Commissaires Provinciaux ; le Major & les autres Capitaines Commissaires ordinaires, & les Aydes-Major, Lieutenans, Sous-lieutenans & Enseignes Commissaires extraordinaires, desquelles Charges le Grand Maistre de l'Artillerie leur fera délivrer ses Provisions, pour esdites qualitez prendre rang avec les autres Officiers de l'Artillerie, du jour que chacun d'eux a esté pourveû par Sa Majesté de la Charge qu'il a dans le Regiment dont il sera fait mention dans lesdites Provisions, & qu'à l'avenir ils auront part aux profits des batteries dans les Sieges où ils se trouveront. Veut aussi Sa Majesté, que ceux qui monteront dans ledit Regiment à d'autres Charges que celles qu'ils y ont présentement, montent de mesme aux Charges de l'Artillerie ; & que lesdits Officiers & ceux qui entreront dans ledit Regiment soient tenus de prendre des Provisions du Grand Maistre, pour estre receus dans les Charges qu'ils devront avoir dans l'Artillerie. Mande & ordonne SA MAJESTÉ au Sieur Duc de Humieres Mareschal de France, Grand Maistre de son Artillerie ; à ses Lieutenans Generaux en ses Armées ; aux Mareschaux de Camp ; & à tous autres ses Officiers, de tenir la main chacun comme il luy appartiendra à l'observation de la Presente. FAIT à Versailles le quinziéme jour d'Avril mil six cens quatre-vingt-treize. Signé, LOUIS. *Et plus bas*, LE TELLIER.

ORDON-

ORDONNANCE DU ROY,

Portant ampliation de celles qui ont déja esté faites sur le service du Regiment Royal Artillerie, & pour prévenir les difficultez qui pourroient survenir entre les Officiers de l'Artillerie, & ceux des Troupes qui l'escorteront.

Du vingt-cinquiéme Novembre 1695.

DE PAR LE ROY.

SA MAJESTÉ estant informée que les Ordonnances qu'elle a cy-devant fait expedier pour régler de quelle maniere le Regiment Royal Artillerie doit servir avec son Artillerie, n'ont point entierement esté executées, que les inconveniens qu'Elle a voulu prévenir par celles des treize Decembre 1686. & quinze Avril 1693. sont encore souvent arrivez, & qu'il est aussi survenu des difficultez de la part des Officiers des Troupes qui estoient commandées pour escorter l'Artillerie, qui en ont pû retarder le service; Sa Majesté voulant y pourvoir pour l'avenir, a ordonné & ordonne que sesdites Ordonnances des treize Decembre 1686. & quinze Avril 1693. pour tout ce qui ne se trouve point contraire à la Presente qui y servira de supplément, seront suivies & observées, sans qu'il y puisse estre en aucune maniere contrevenu. Voulant & entendant Sa Majesté, que ledit Regiment continuë d'estre appellé Royal Artillerie. Que les Bataillons dont il est composé, marchent & campent toûjours avec l'Artillerie dans les Armées où ils serviront, qu'ils n'y soient jamais mis en Ligne, ni n'y montent aucune Garde de Tranchée, sous quelque pretexte que ce puisse estre, & ne fassent aucun Service avec le reste de l'Infanterie, si ce n'est dans les Places où ils se trouveront en Garnison. Que le Lieutenant Colonel, les Commandans des Bataillons & les autres Officiers dudit Regiment obeïssent à celuy qui commandera l'Artillerie, telle Charge qu'il puisse avoir dans ladite Artillerie, & qu'il luy soit permis de se mettre à la teste dudit Regiment, & de chacun desdits Bataillons, toutes les fois qu'il le jugera à propos, soit dans les Marches, & dans les Détachemens, soit aux Reveuës ou ailleurs, où ledit Regiment & lesdits Bataillons se trouveront. Et comme Sa Majesté desire que le Service de toutes les Compagnies dudit Regiment se rapporte à celuy de l'Artillerie, & prevenir les difficultez qui pourroient naistre là-dessus de la part des Capitaines des Compagnies de Grenadiers; Elle a supprimé & supprime ledit Titre de Capitaines de Compagnies de Grenadiers, & leur a donné & donne celuy de Capitaines de Compagnies de Canoniers, pour estre à l'avenir sur le mesme pied que les douze anciennes Compagnies de Canoniers dudit Regiment, faire les mesmes fonctions, & recevoir la mesme paye, tant pour les Officiers, que pour les Soldats. Ordonne Sa Majesté, que lesdites douze anciennes Compagnies de Canoniers, qui ont jusques à present fait un Service separé dudit Regiment, seront incorporées dans les six Bataillons qui le composent, dans chacun desquels deux desdites Compagnies serviront à l'avenir, moyennant quoy, il s'y trouvera trois Compagnies de Canoniers, y compris celle qui estoit de Grenadiers, à la réserve du Bataillon de Frades, dans lequel il n'y a point de Compagnie de Grenadiers, & où par conséquent il n'y aura que deux Compagnies de Canoniers. A l'égard des quatre Compagnies d'Ouvriers dudit Regiment Royal Artillerie, elles demeureront sur le mesme pied qu'elles sont à présent. Mais parce que Sa Majesté est informée que les Capitaines y reçoivent indifferemment des Soldats qui ne sçavent aucun métier, & dont les Equipages d'Artillerie ne tirent aucun secours, qui ait rapport à leur institution; Elle deffend ausdits Capitaines sur peine d'estre cassez, d'y engager à l'avenir aucun Soldat qui ne sçache un des métiers de Forgeur, Serrurier, Charron, Menuisier, Charpentier, Mareschal, Taillandier, Chaudronnier, Maçon, Tourneur ou Sellier ; & Elle enjoint aux Commandans, Major, & Aydes-Majors desdits Bataillons d'y tenir la main, sur peine d'interdiction de leurs Charges, deffendant aux Commissaires des Guerres qui feront les Reveuës desdites Compagnies, d'y passer de Soldats qui ne soient Ouvriers, quand bien ils seroient de la taille & de la qualité requise par les Ordonnances. Ordonne aussi Sa Majesté aux Commandans, Capitaines & autres Officiers desdits Bataillons, de se conformer dans les Garnisons où ils se trouveront, à ce qui leur sera ordonné par le Grand Maistre de l'Artillerie, ou par le Lieutenant Colonel dudit Regiment Royal Artillerie, sur tout ce qui concernera les exercices & détails de l'Artillerie, de maniere qu'ils y puissent estre parfaitement instruits. Quant au rang que les Officiers d'Artillerie doivent avoir avec ceux dudit Regiment Royal Artillerie, Sa Majesté l'ayant reglé par sesdites Ordonnances, Elle veut & entend qu'ils s'y conforment ; Et comme il est nécessaire que les Troupes qui serviront aux escortes de l'Artillerie sçachent des Officiers qui la commandent ce qu'elles auront à faire, Sa Majesté veut & entend qu'à l'avenir, les Colonels, Mestres de Camp, Lieutenans Colonels, Capitaines & autres Officiers de ses Troupes d'Infanterie, de Cavalerie & de Dragons qui seront commandées & détachées pour escorter l'Artillerie, reconnoissent & fassent tout ce qui leur sera ordonné par l'Officier de ladite Artillerie qui la commandera, telle Charge qu'il y puisse avoir, sans y apporter aucune difficulté, sur peine de desobeïssance. Mande & ordonne SA MAJESTÉ à ses Lieutenans Généraux en ses Armées, aux Gouverneurs & ses Lieutenans Généraux en ses Provinces ; & au Grand Maistre de son Artillerie, de tenir la main à l'observation de la Presente. FAIT à Versailles le vingt-cinquiéme jour de Novembre mil six cens quatre-vingt-quinze. Signé, LOUIS. *Et plus bas*, LE TELLIER.

TITRE LV.

Du Regiment Royal des Bombardiers.

LE Roy eſt Colonel du Regiment Royal des Bombardiers, le Grand Maiſtre en eſt Colonel Lieutenant, & celuy qui le commande ſous luy en eſt Lieutenant Colonel.

Le Grand Maiſtre luy donne auſſi le titre de Capitaine Général des Bombardiers.

Ce Regiment eſt deſtiné pour éxécuter les mortiers & les pieces dans l'attaque ou dans la deffenſe des Places, & il eſt tout auſſi particulierement attaché au ſervicede l'Artillerie, que le Regiment Royal Artillerie. Ces Officiers ſont pourveûs par le Roy, mais ils prennent des Commiſſions du Grand Maiſtre pour avoir un rang dans le Corps de l'Artillerie, ſuivant les differens Titres de leurs Charges, comme il ſe pratique dans le Regiment des Fuſeliers.

Il eſt compoſé de quinze Compagnies : celle du Lieutenant Colonel qui eſt la premiere, doit eſtre de 105 hommes, entre leſquels il y a 40 Bombardiers, dont la ſolde eſt differente, ſçavoir vingt à 20 ſ, dix à 15 ſ, & dix à 12 ſ par jour : les Sergens, Caporaux, Anſpeſades & ſoldats ont 1 ſ plus que ceux des autres Troupes du Roy.

La ſeconde Compagnie eſt de 70 hommes, dont dix Bombardiers a 12 ſ par jour.

Les treize autres Compagnies ſont compoſées de 50 hommes.

Les deux premiers Capitaines ont pour leur paye autant de fois 18 d qu'ils ont de Bombardiers ou ſoldats effectifs dans leurs Compagnies.

Il y a deux Lieutenans dans la premiere, & un dans la ſeconde, qui ſont payez à raiſon de 45 tt par mois.

Et deux Sous-lieutenans dans la premiere, & un dans la ſeconde, à raiſon de 30 tt.

Il y a outre cela un Enſeigne dans la premiere Compagnie qui eſt payé à raiſon de 33 tt.

Les ſix anciens Bombardiers de la premiere Compagnie

ont chacun 100 ₶ de pension par an.

La solde des Capitaines du Regiment est d'autant de fois 15 d qu'ils ont d'hommes effectifs dans leurs Compagnies.

Il y a dans chaque Compagnie un Lieutenant qui a douze écus & demi par mois, & un Sous-lieutenant qui n'en a que huit.

Les Officiers sont obligez, comme on vient de le dire, de prendre Commission du Grand Maistre, de Commissaires Provinciaux, Ordinaires & Extraordinaires suivant leur ancienneté, & ils prennent rang avec les autres Commissaires d'Artillerie, conformément à l'Ordonnance du Roy du 13. Decembre 1686. que l'on a veuë.

Outre ce Regiment de Bombardiers, il y a dix Bombardiers établis à Andaye pour servir quand on veut bombarder Fontarabie ; ce sont des habitans du Bourg d'Andaye, lesquels en 1686. s'offrirent pour executer tout ce qui pourroit regarder les Bombes & le Canon.

Ils prennent Commission du Grand Maistre.

Ils ont 100 ₶ de paye par an, & joüissent de plusieurs Privileges.

TITRE LVI.

Du Magasin Royal de Paris, appellé vulgairement de la Bastille.

POur rendre toutes les armes des Troupes uniformes, on a trouvé l'expedient de convenir avec un Particulier pour entreprendre la fourniture de ces armes par tout le Royaume. Le principal Magasin est à Paris ; & il y en a d'autres en quelques autres Places pour les besoins pressans.

Le Roy a des armes dans celuy de Paris qui luy appartiennent, & que l'on conserve.

Les autres appartiennent à cet Entrepreneur qui les vend aux Troupes. J'expliqueray au Chapitre des Armes de Guerre les calibres des armes à feu & leurs proportions, aussi-bien que celles des autres armes.

TITRE LVII.

Des Cloches.

QUand on prend une Place qui a souffert le canon, l'usage est que l'on oblige les habitans à racheter par argent les cloches des Eglises & les ustensiles de cuivre, & autre métal qui se trouve dans la Ville, ce qui s'appelle les cloches: tout ce qui provient de ce droit appartient au Grand Maistre, lequel neanmoins veut bien quelquefois ne s'en réserver qu'une certaine somme qui n'est point limitée, abandonnant le reste à son Lieutenant commandant l'Artillerie au Siege, & aux Officiers qui y ont servi.

TITRE LVIII.

Du Pain de munition.

JE ne puis m'empescher de dire icy un mot du Pain de munition, & je crois mesme cela nécessaire.

La Cour en accorde ordinairement cinquante rations par jour pour chaque mille livres d'appointemens d'Officiers par mois, dont un Equipage est composé; c'est-à-dire que si l'Equipage est de 3000tt par mois, il aura 150 rations de pain par jour qui seront distribuées aux Officiers à proportion de leur qualité & de leurs appointemens. Le Grand Maistre en a 100 rations en vertu d'une Ordonnance particuliere; il n'en est deub que 50 à son Lieutenant Commandant, qui les prend sur la quantité qui est ordonnée à l'Equipage.

Titre LIX.

Artillerie en temps de Paix.

Toute la difference qu'il y a dans l'Artillerie entre le temps de Paix & le temps de Guerre, c'est qu'en temps de Paix il n'y a point d'Equipages sur pied.

On ne double point les Commissaires en certaines Places comme on fait en temps de Guerre.

Le reste demeure en son entier.

Il est vray que par cette raison il demeure quantité d'Officiers & d'Ouvriers inutiles.

A l'égard des Officiers, on en employe dans l'Ecole qui se remet sur pied, tout autant que l'on peut.

Les Capitaines du charroy s'en retournent chez eux, & les Ouvriers vont travailler ailleurs, à l'éxception de ceux qui sont ordinairement employez dans les differens départemens.

Titre LX.

De l'Ecole d'Artillerie.

En temps de Paix le Roy entretient une Ecole d'Artillerie, afin qu'il y ait toûjours un nombre d'Officiers instruits pour remplir les places du Corps qui viennent à vacquer.

Cette Ecole fut établie à Doüay le premier de May 1679. & licentiée le dernier de Novembre de la mesme année. Elle estoit composée de 26. Commissaires, & de 34. Officiers Pointeurs, à qui on donnoit des appointemens.

Il s'y est fait depuis, plusieurs changemens pour le nombre & pour la paye de ces Officiers, & mesme pour la maniere de les faire servir.

Il est a remarquer qu'il y a presque toûjours eü un Commissaire Provincial pour commander ces Ecoles, lequel, outre les 1800tt d'appointemens que luy valoit son département, avoit encore une gratification de la Cour pour suppléer à la dépense qu'il estoit obligé de faire extraordinairement.

Ces Officiers & Cadets de l'Ecole avoient leur logement chez les Bourgeois dans les Villes où ils estoient en garnison.

Ils estoient exercez à toutes les fonctions qui pouvoient faire de bons Officiers d'Artillerie, conformément au Reglement de M. le Grand Maistre que je rapporte icy tout entier, & que je suivray pied à pied dans toutes les parties de cet Ouvrage, pour donner sur tous les Articles qu'il contient, les éclaircissemens dont un Officier d'Artillerie a besoin pour se mettre en estat d'entendre son mestier, & d'exécuter avec intelligence les ordres dont il sera chargé.

REGLE-

REGLEMENT
POUR
L'EXERCICE DES CADETS
D'ARTILLERIE.

LES Cadets qui entrent à l'Ecole d'Artillerie seront instruits des choses qui suivent.

Sur les pieces de Canon de fonte.

DEs differens calibres de toutes les pieces de canon de fonte qui sont présentement en usage.

Et de leurs noms tant anciens que modernes, de la maniere dont il faut s'y prendre pour les calibrer, & qu'ils sçachent precisément combien de pouces & de lignes chaque calibre doit avoir.

Il faut qu'ils sçachent toutes les proportions d'une piece, & le nom de toutes les parties qui la composent depuis la bouche jusqu'au bouton de la culasse, pour la bien signaler.

Comment on la doit charger.

Ce qu'il doit y entrer de poudre pour les salves.

Ce qu'il doit y en entrer quand on la tire à boulet.

Les instruire de la portée ordinaire des pieces de tout calibre.

De leur usage, & de leur effet.

Leur apprendre à pointer les pieces & à les executer promptement, & à tirer juste.

Combien de gens il faut pour servir une piece.

Il seroit à desirer qu'ils sçeussent un peu de Blazon, du moins qu'ils en sçeussent les termes pour pouvoir blazonner les Armes qui se trouvent souvent sur les pieces, sur les mortiers, & ailleurs.

Armes des Pieces.

LE nom, la figure, & les proportions des Armes des pieces.

La maniere de s'en servir promptement.

Ce que c'est que fronteaux, coins de mire, chapiteaux, leviers, &c.

Boulets.

CE qu'il peut y avoir de difference entre le calibre du boulet & celuy de la piece, à cause du vent.

Qu'ils sçachent la raison pourquoy un boulet, quoy-que de calibre, ne sera pas du poids dont il doit estre.

Leur aprendre à empiler les boulets, & à en faire le calcul quand ils sont en piles.

Boulets creux.

CE que c'est que boulets creux, pour quelle fin ils avoient esté inventez.

Boulets rouges.

CE que c'est que boulets rouges, & comment on les fait rougir.

Cartouches & Gargouges.

CE que c'est que cartouches & gargouges.

De quoy on les charge ordinairement.

Leurs moulles.

La difference de celles de bois, de papier, de fer blanc, & à grappe de raisin, &c.

Affusts & emboëstures.

LEs proportions des affusts de tous calibres, & de leurs roüages.

De Campagne & de Place.

Les differentes sortes de bois qui entrent dans un affust.

Les noms de toutes les pieces d'un affust, tant pour le bois que pour le fer.

Combien doit peser la ferrure d'un affust de chaque calibre.

De quel diametre doivent estre les emboëstures de fonte & de fer.

Ce qu'elles doivent peser.

Avantrains.

CE que c'est qu'avantrains.

Leur usage.

Chariots à Canon, Triqueballe, & Traisneau.

LEs proportions d'un chariot à canon.

Du triqueballe.

Et du traisneau.

Batteries & platte-formes.

ILs doivent apprendre à tracer une batterie suivant le nombre des pieces dont elle doit estre composée, & à faire les embrasures.

Sçavoir ce que c'est que gabion, fascine & piquet.

Leur usage, & la maniere de les employer.

En quel endroit doivent estre placées les munitions qui servent à l'éxecution des pieces pour éviter les accidens.

Comme il faut proportionner les munitions dont on se sert à l'éxecution des pieces, tant dans les batteries, que lors qu'on les mene en Campagne.

Leur faire remarquer la difference qu'il y a entre le service de la Place & le service de Campagne pour les pieces.

Pierriers.

COmment se chargent les pierriers.

Mortiers.

LEurs proportions & leur diametre tant à leur bouche que dans leur chambre.

La difference des mortiers de l'ancienne maniere, d'avec ceux de la nouvelle.
Leur faire voir où est percée la lumiere.
Leur expliquer les differens effets des mortiers.
Combien de gens il faut pour servir un mortier.

Bombes.

QU'ils sçachent calibrer le diametre des bombes, tant par le dehors que par le dedans.
La difference qu'il y a entre l'épaisseur du culot & celle des costez, & quelle doit estre la largeur de son ouverture ou lumiere.
La maniere de les charger.
La difference entre une bombe de fossé, & une bombe à mortier.
De quel bois doit estre faite un fusée à bombe, & ses proportions.
Ce que c'est que platteaux & tampons.

Batteries de Mortiers.

COmment doit estre tracée une batterie de mortiers avec ses épaulemens.
Comment on descend une bombe dans le fossé sur le logement du mineur.

Petards.

CE que c'est qu'un petard.
Son diametre ordinaire.
Son poids.
La maniere de le charger & placer sur son madrier ou platteau.
La maniere de l'appliquer.
Son usage & son effet.

Affusts à Mortier.

QU'ils sçachent ce que c'est qu'affust à mortier, de combien de sortes il y en a, de fer, de bois, & de fonte.

Le nom de toutes les pieces qui entrent sur un affust, le poids des affusts de fer & de bois.

Comment on les doit porter en Campagne.

Les proportions du chariot qui les porte.

Armes de Guerre.

IL faut qu'ils sçachent le nom de toutes les especes d'armes de guerre qui sont dans les Magasins, leur usage, & les noms particuliers des pieces qui entrent sur un Mousquet.

Sur un Fusil.

La maniere de les charger.

Leur portée ordinaire.

Leur usage.

Comment ils doivent estre nettoyez, & ce qu'il y a à faire pour les bien placer & les entretenir en bon estat dans les Magasins.

La difference qu'il y a entre les armes à l'épreuve, & les autres.

Arquebuzes à croc.

CE que c'est qu'une arquebuze à croc, comment elle doit estre montée, son usage.

Grenades.

QU'ils sçachent ce que c'est qu'une grenade, quel diametre elle doit avoir.

Son épaisseur par tout.

Sa lumiere.

Son usage tant pour celles à main, que pour celles de fossé avec leurs fuzées, & de quel bois il faut que soient faites ces fuzées.

Carcasses, petits Canons, & petites Grenades.

CE que c'est que des Carcasses.

Leurs proportions.

Comment elles se chargent.

Leur composition, & ce que c'est que les petits Canons, &

les petites Grenades qui y entrent, comment on s'en sert dans les Mortiers, & leur effet.

Artifices.

QU'ils sçachent le nom de tous les ustensiles qui s'employent aux artifices.

Le nom de toutes les pieces d'artifices.

Leur composition, & leur usage.

Chevre, Crick, & autres engins à lever Canon.

QU'ils sçachent quel est l'usage de la Chevre, du Crick, & des autres engins à lever Canon.

Le nom de toutes les parties qui les composent.

Comment il faut s'en servir dans les Places, à l'Armée, & dans les versemens de pieces.

Romaines, Balances, & Poids de toutes sortes.

LEs noms des Balances, Romaines, Fleaux, & leur usage.

Clouds.

LEs noms & l'usage de toutes les especes de clouds qui s'employent dans l'Artillerie.

Outils à Pionniers.

LEs noms des outils à Pionniers, & de toutes les especes emmanchez & sans manche.

Comment il faut qu'ils soient accerez.

Le poids qu'il faut qu'ils ayent, & leur épaisseur, longueur, figure, & usage, tant dans une Place, qu'à la Campagne.

Comment il faut les proportionner pour s'en servir aux occasions.

Outils à Ouvriers.

LEs noms de tous les outils à Ouvriers, leur épaisseur, longueur, figure & usage.

Ce que c'est qu'une Forge.

Cordages.

LEs noms des cordages de toutes ſortes.
Leur groſſeur & diametre.
Leur longueur.
Leur poids.
Leur uſage.

Sacs à terre.

DE quelle toile ils doivent eſtre.
Leur hauteur.
Leur largeur.
En quelle occaſion & comment on s'en ſert.

Hottes & Paniers.

LEur figure & leur uſage.
Les differentes eſpeces de paniers.

Galiottes & leurs chariots.

CE que c'eſt que Galiottes, & leur uſage.
Comment on les munit d'artillerie.
La façon & les proportions des chariots qui ſervent à les porter.

Moulins.

CE que c'eſt que moulin à bras & à cheval.
Leur figure.
Leur uſage.

Bois de remontage, à plattes-formes, & à ponts.

QU'ils connoiſſent toutes les ſortes de bois qui s'employent à l'uſage de l'Artillerie.
Leurs proportions.
Et la maniere de s'en ſervir dans les occaſions.

Fontes & Fonderies.

QU'ils aprennent à connoiſtre tous les outils & uſtenſiles d'une Fonderie, & leur uſage.

Les métaux de toutes les eſpeces.

Leur deſtination & leur alliage dans la fonte des Pieces.

Qu'ils voyent travailler aux moulles des Pieces, & qu'ils ſuivent ce travail juſqu'à ce que la Piece ſoit fonduë & reparée, & en état de tirer.

Qu'ils ſoient inſtruits de la maniere dont ſe fait la viſite & l'épreuve des Pieces.

Leur en faire remarquer les défauts quand il s'y en trouve, tant devant qu'aprés l'épreuve.

Poudre, Salpeſtre, Souffre, & Charbon.

QU'ils ſçachent de quelle maniere ſe fait la poudre.

La doze que l'on doit mettre de ſalpeſtre, de ſouffre, & de charbon dans chaque cent.

Comment elle doit eſtre éprouvée avec les petits mortiers, & la portée qu'elle doit avoir ſuivant la nouvelle Ordonnance.

Comment ſe fait le ſalpeſtre, & leur faire remarquer ce travail depuis le commencement juſqu'à ſa perfection.

Qu'ils ſçachent faire la difference du ſalpeſtre bien dégraiſſé & bien deſſalé d'avec l'autre.

Ce que c'eſt que ſalpeſtre en glace & en roche.

Comment on en fait l'épreuve ſur le bois, & autrement.

La qualité que doit avoir le ſouffre, & ſa couleur pour eſtre bon.

Qu'il faut du charbon de bourdaine preférablement à tout autre charbon pour faire la bonne poudre; ce que c'eſt que bois de bourdaine, ſa couleur, & où il ſe trouve ordinairement.

Comment on fait l'extrait du ſalpeſtre d'une livre de poudre.

En faire des expériences devant eux.

Plomb

Plomb.

QU'ils ſçachent que le plomb du calibre qui eſt en uſage, doit eſtre de 22. à 24. à la livre.

Leur faire connoiſtre la différence des calibres étrangers, & le calibre des balles à arquebuſe à croc.

Comment le plomb ſe fond, & qu'ils connoiſſent les moules & outils propres pour cela.

Ce que c'eſt que le plomb en ſaumon, en barres, & en lingots, &c.

Meſche.

COmment ſe fait la meſche, & de quelle maniere elle ſe file, ſe leſcive & ſe cire.

Les qualitez qu'il faut qu'elle ait pour eſtre bonne, & le charbon qu'elle doit faire.

Tonnes, Tonneaux, Barils, & Chappes.

QU'ils ſçachent que la poudre & le plomb doivent eſtre toûjours mis en barils de 200. enchappez, à la réſerve des poudres & du plomb qui doivent ſervir dans les montagnes, leſquels on met pour lors en barils de 100. ſans chappes, mais dans des ſacs pour les pouvoir porter à dos de mulet.

Et les meſches en tonnes de 300. ſans chappes.

Quels ſont les barils, tonnes & tonneaux dont on ſe ſert pour renfermer les munitions de pluſieurs eſpeces.

Ponts & Pontons.

LEur apprendre ce que c'eſt que batteaux ou pontons, de combien de ſortes il y en a, c'eſt-à dire, de bois, de cuivre, d'ozier, de corde, &c.

Les differentes ſortes de ponts qui ont eſté & qui ſont en uſage, ſoit pour paſſer l'infanterie, ſoit pour paſſer la cavalerie, ou le canon.

Les proportions de chacun de ces pontons en particulier.

Comme auſſi leur longueur.

Largeur.

Et épaiſſeur.

Le poids du métal qui entre dans ceux de cuivre, & du cloud & de l'eſtaim qui y ſervent.

Les proportions de la carcaſſe ſur laquelle s'attache le cuivre.

Comment ils ſe ſoudent.

Et ce qu'il y a à faire pour reboucher les trous qui y peuvent eſtre faits par le mouſquet & autrement.

La maniere de les eſpacer & placer les uns & les autres ſur les fleuves, rivieres, ou canaux.

L'arrangement des ſoliveaux, poutrelles, planches, bordures, & le nom & l'uſage de toutes les pieces & cordages ſervans aux ponts.

Mines.

QU'ils ſçachent comment on s'y prend pour attacher le Mineur.

Qu'ils connoiſſent tous les outils des Mineurs, & leur uſage.

Ce que c'eſt que gallerie, radeaux, ſapes, mines, fourneaux & fougaſſes ; & la conduite que l'on tient dans toutes ces expeditions differentes.

Le nom de tous les bois & autres uſtenſiles dont on ſe ſert en pareilles occaſions.

Charettes & Chariots à porter munitions.

EN ſçavoir toutes les proportions.

Chevaux de friſe.

LEur uſage eſt de deffendre l'entrée d'une breſche, ou d'empeſcher la cavallerie de forcer un paſſage, l'on en met quelquefois ſur le bord des guez, & à la gorge des batteries.

Menus ustensiles des Magasins.

QU'ils sçachent le nom & l'usage de tous les menus ustensiles qui se trouvent dans les Magasins servans à l'Artillerie, & mesme des choses qui peuvent estre de conséquence, & qui ne sont point exprimées icy.

Propreté dans les Magasins.

LEur apprendre à tenir des Magasins propres, arranger les munitions, leur faire remarquer aussi ce qui doit estre observé tant pour la situation des Magasins, que pour la conservation & la seureté des munitions.

Leur donner connoissance de l'Ordonnance du Roy renduë au sujet des Soldats qui doivent estre détachez pour nettoyer les Magasins & ranger les munitions.

Parc d'Artillerie.

IL est bon qu'ils sachent aussi ce que c'est que Parc d'Artillerie.

Comment on y range les munitions, & l'ordre qui s'observe pour leur distribution.

Fonction, & subordination des Officiers.

LA differente fonction de chacun des Officiers selon leur rang & la subordination.

Leur faire voir le Reglement qui veut que l'on porte le mot aux Commissaires d'Artillerie ; & leur expliquer comme il se porte aussi quelquefois aux Gardes, quand ils sont seuls dans les Places, & qu'ils ont le titre de Commissaire avec celuy de Garde.

Marche d'Equipage.

L'Ordre que l'on tient pour la marche d'un Equipage d'Artillerie, & la maniere de voiturer les munitions.

Il faudra aussi que le Commissaire Provincial recommande aux Officiers de l'Ecole, que quand ils se trouveront dans des marches d'Equipages, ils observent de ne se pas écarter les uns des autres, comme il arrive toûjours, & qu'ils demeurent exactement à leurs brigades, ainsi qu'il sera reglé par les Lieutenans & Commandans.

Commandemens dans les détachemens & convois.

QUant & comment un Commissaire d'Artillerie, ou autre Officier, doit commander le détachement ou escorte qu'on luy donne pour le canon & les munitions, conformément à l'Ordonnance du Roy du 25. de Novembre 1695.

Inventaire & Estats.

LEur apprendre à bien dresser un Inventaire, & les Estats de consommation & de remise de chaque quartier de l'année.

Formation d'Equipage.

LEur apprendre à former de petits Equipages de Campagne, en proportionnant le nombre & la qualité des pieces à la quantité des Troupes que l'on commande dans un détachement, & les munitions aux pieces.

Reglement pour les jours d'Exercice & de Leçons.

TOutes ces leçons doivent leur estre données par écrit, & chaque matiere peut leur estre distribuée par semaines.

On les obligera à écrire tous, leurs leçons, & comme il sera formé des brigades de tous les Officiers & Cadets ; il sera du soin de chaque Brigadier de tenir la main, que les Ecoliers qui seront sous son inspection, prennent les leçons

& se rendent capables d'en rendre raison quand on les interrogera.

Il doit y avoir certains jours reglez par semaine pour les Exercices.

Les Lundis, Mercredis & Vendredis particulierement.

On les peut exercer certains jours avec les petites Pieces, & d'autres jours avec les grosses.

Pour obliger les Officiers & Cadets de l'Ecole à s'attacher avec plus d'exactitude aux Exercices, il sera retenu quelque chose à ceux qui, en tirant, passeront par dessus la butte, pour l'appliquer à quelques Prix qui seront donnez aux autres qui feront les meilleurs coups.

Inspection sur leur conduite.

IL faut tenir la main que les Officiers & Cadets tiennent une conduite sage chez leurs hostes en sorte qu'il n'en revienne aucune plainte, & ceux qui contreviendront à ce Reglement, seront punis par les Arrests ou par prison, & par d'autres peines proportionnées à leurs fautes.

Prendre garde qu'ils ne fassent des dettes dans les cabarets & ailleurs, avertissant les Aubergistes, Cabaretiers, & autres, de ne leur rien donner qu'en payant.

Avoir l'œil sur leur maniere de vivre, & rendre compte à M. le Grand Maistre de quinze jours en quinze jours, de ce qui se passera dans l'Ecole.

Le Commandant de l'Ecole luy envoyera tous les premiers jours de chaque mois, une copie des Leçons qu'il aura données pendant le mois precedent.

Fortifications, Danse, Armes, Exercice pour le cheval, l'Arithmetique, & l'Ecriture, le Blazon, & l'Histoire.

LEs Commissaires qui sçavent les Mathematiques, les Fortifications, & le Dessein, donneront des Leçons pendant les jours de la semaine qui ne seront pas employez aux Exercices, suivant qu'il leur sera prescrit par le Commandant de l'Ecole.

On marquera à ceux qui voudront apprendre à monter à cheval, à faire des Armes, à Danser, à Ecrire, & l'Arithmetique certains jours pour cela, afin de ne point interrompre leurs autres Exercices.

On les obligera à entendre tous les jours la Messe à une certaine heure, & de frequenter les Sacremens.

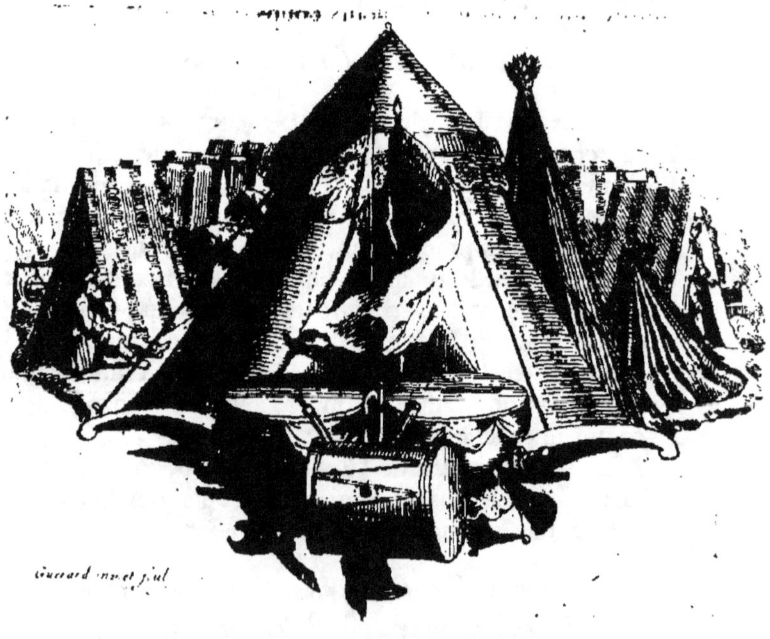
Gueraed inv. et sculp.

MEMOIRES D'ARTILLERIE.

SECONDE PARTIE.

TITRE PREMIER.

Des pieces de Canon de fonte.

VOICY les calibres & les noms des Pieces que l'on fondoit anciennement.

Le Basilic estoit du calibre de 48^{l} poids de marc, il pesoit 7200^{l}.

Et estoit long de 10 pieds.

Le Dragon estoit de 40^{l}, il pesoit 7000, & estoit de 16 pieds $\frac{1}{2}$ de long.

Le Dragon volant estoit de 32^{l}, il pesoit 7200, & estoit long de 22 pieds.

Le Serpentin estoit de 24^{l}, il pesoit 4300, & estoit long de 13 pieds.

La Coulevrine estoit de 20^l, elle pesoit 7000, & estoit longue de 16 pieds.

Le Passevolant estoit de 16^l, il pesoit 4200, & estoit long de 18 pieds.

L'Aspic estoit de 12^l, il pesoit 4250, & estoit long de 11 pieds.

La Demi-coulevrine estoit de 10^l, elle pesoit 3850, & estoit longue de 13 pieds.

Le Passandeau estoit de 8^l, il pesoit 3500, & estoit long de 15 pieds.

Le Pelican estoit de 6^l, il pesoit 2400, & estoit long de 9 pieds.

Le Sacre estoit de 5^l, il pesoit 2850, & estoit long de 13 pieds.

Le Sacret estoit de 4^l, il pesoit 2500, & estoit long de 12 pieds $\frac{1}{2}$.

Le Faucon estoit de 3^l, il pesoit 2300, & estoit long de 8 pieds.

Le Fauconneau estoit de 2^l, il pesoit 1350, & estoit long de 10 pieds $\frac{1}{2}$.

Le Ribadequin estoit de 1^l, il pesoit 750, & estoit long de 8 pieds.

Un autre Ribadequin estoit de $\frac{1}{2}^l$, il pesoit 450, & estoit long de 6 pieds.

L'Emerillon estoit de $\frac{1}{4}$, il pesoit 400 ou 450, & estoit long de 4 à 5 pieds.

Il semblera peut-estre d'abord inutile que je fasse icy mention de ces Pieces dont les noms bizarres sont présentement presque inconnus ; cependant il est necessaire qu'un Officier qui entre dans le Corps, en ait connoissance, parce qu'outre qu'il est encore resté quelques-unes de ces Pieces en certaines Places du Royaume, comme à Brest où il y en a de 48^l qui portent encore le nom de Basilic, il peut arriver qu'il sera obligé d'aller faire des Inventaires dans des Pays nouvellement conquis où il s'en trouvera de pareilles & portant les mesmes noms, ce qui l'embarasseroit, s'il n'étoit preparé la-dessus.

Il

Il faut mesme qu'il sçache qu'il y a beaucoup de ces Pieces de 48, 40, & 36 l, dont on se sert fort bien dans les Places & dans les Sieges, & qu'il y en a aussi de calibre au dessus de 48 l, comme à Strasbourg où il y en a une de 96 l.

Mais les pieces que l'on fond ordinairement & qui sont présentement en usage en France pour l'Artillerie de terre, sont :

LE Canon de France qui est de 33 l, qui pese environ 6200, & qui est long de 10 pieds, mesuré depuis la bouche jusqu'à l'extremité de la premiere platte-bande de la culasse, & a 13 pouces depuis cet endroit jusqu'à l'extremité du bouton.

Toute sa longueur est donc de 11 pieds 1 pouce ou environ.

Le demi Canon d'Espagne ou piece de 24 l, qui pese 5100, & qui est long de 10 pieds, mesuré depuis la bouche jusqu'à l'extremité de la premiere platte-bande de la culasse, & a 11 pouces & $\frac{1}{2}$ depuis cet endroit jusqu'à l'extremité du bouton.

Toute sa longueur est donc de 10 pieds 11 pouces & $\frac{1}{2}$.

Le demi Canon de France ou Coulevrine de 16 l, qui pese 4100, & qui est long de 10 pieds, mesuré depuis la bouche jusqu'à l'extremité de la premiere platte-bande de la culasse, & a 10 pouces depuis cet endroit jusqu'à l'extremité du bouton.

Toute sa longueur est donc de 10 pieds 10 pouces.

Le quart de Canon d'Espagne, qui est la piece de 12 l, qui pese 3400, & qui est long de 10 pieds, mesuré depuis la bouche jusqu'à l'extremité de la premiere platte-bande de la culasse, & a 9 pouces & $\frac{1}{2}$ depuis cet endroit jusqu'à l'extremité du bouton.

Toute sa longueur est donc de 10 pieds 9 pouces & $\frac{1}{2}$.

Le quart du Canon de France, ou la Bâtarde, de 8 l, qui pese 1950, & qui est long de 10 pieds, mesuré depuis la bouche jusqu'à l'extremité de la premiere platte-bande de la culasse, & a 7 pouces & $\frac{1}{2}$ depuis cet endroit jusqu'à l'extremité du bouton.

Toute sa longueur est donc de 10 pieds 7 pouces & $\frac{1}{2}$.

La moyenne de 4[l], qui peſe 1300, & qui eſt longue de 10 pieds, meſurée depuis la bouche juſqu'à l'extremité de la premiere platte-bande de la culaſſe, & a 7 pouces depuis cet endroit juſqu'à l'extremité du bouton.

Toute ſa longueur eſt donc de 10 pieds 7 pouces.

Le Faucon & Fauconneau, qui eſt depuis $\frac{1}{4}$ juſqu'à 2[l], qui peſe 150. 200. 400. 500, & 7. à 800, & qui eſt long de 7 pieds.

La Piece de huit courte, a de longueur 8 pieds, meſurée depuis la bouche juſqu'à l'extremité de la premiere platte-bande de la culaſſe, & a 7 pouces depuis cet endroit juſqu'à l'extremité du bouton.

Toute ſa longueur eſt donc de 8 pieds 7 pouces.

Celle de quatre courte, a de longueur 8 pieds, meſurée depuis la bouche juſqu'à l'extremité de la premiere platte-bande de la culaſſe, & a 6 pouces & $\frac{1}{2}$ depuis cet endroit juſqu'à l'extremité du bouton.

Toute ſa longueur eſt donc de 8 pieds 6 pouces & $\frac{1}{2}$.

L'explication des noms de toutes les parties qui compoſent une piece de Canon, ſe trouvera à l'alphabet ſuivant.

Nous parlerons de la compoſition & de l'alliage des Pieces, & de leurs proportions, au Chapitre des Fontes & Fonderies.

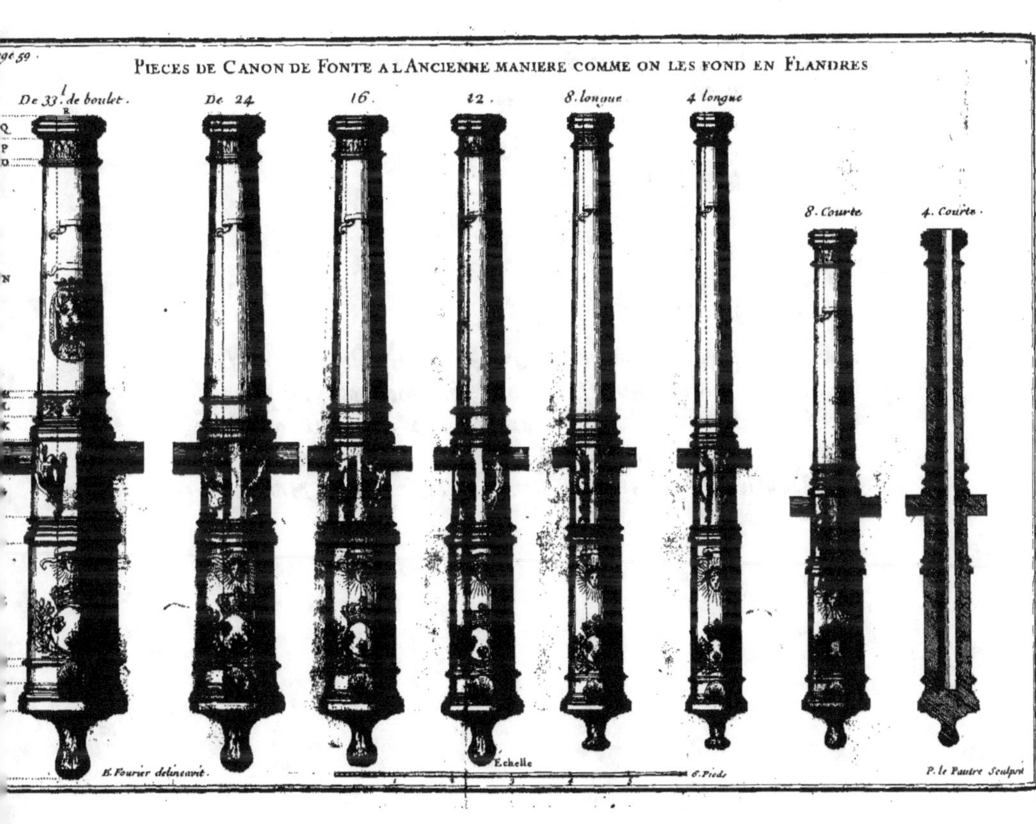
Page 59.
PIECES DE CANON DE FONTE A L'ANCIENNE MANIERE COMME ON LES FOND EN FLANDRES
De 33. de boulet.
De 24
16.
12.
8. longue
4 longue
8. Courte
4. Courte.
Q
P
O
N
Échelle
6. Pieds
B. Fourier delineavit.
P. le Pautre Sculpsit

LES NOMS DES PARTIES DE LA PIECE SONT,

A *Culasse avec son bouton.*
B *Platte-bande & moulure de culasse.*
C *Champ de lumiere.*
D *Astragale de lumiere.*
E *Premier renfort.*
F *Platte-bande & moulure du premier renfort.*
G *Deuxiéme renfort.*
H *Ances.*
I *Tourillons.*
K *Platte-bande & moulure du second renfort.*
L *Ceinture ou ornement de vollée.*
M *Astragale de ceinture.*
N *Vollée.*
O *L'Astragale de vollée.*
P *Collet.*
Q *Bourrelet.*
R *Bouche.*
S *Coquille contenant la lumiere.*

L'ame est ce qui se trouve marqué de petits points, avec la petite chambre conique qui est au fond, seulement pour les pieces de 33. de 24. & de 16, les pieces au dessous n'en ayant point.

Il ne faut point de lettres pour faire connoistre les Armes du Roy, la Devise au dessus, ni les Armes de M. le Duc du Maine.

Outre les Pieces ordinaires ou à l'ancienne maniere,

IL s'en fond encore d'autres que l'on appelle de la nouvelle invention, qui different des autres en trois choses.

Par leur forme, parce qu'au fond de la Piece il y a une concavité faite exprés pour recevoir la poudre, & qui est beaucoup plus grande que l'ame de la Piece, & qui rend la culasse bien plus grosse que celle des pieces ordinaires.

Par leur longueur, parce qu'elles sont plus courtes.

Par leur poids, parce qu'elles sont beaucoup plus legeres: Ainsi la piece de la nouvelle invention de 24[l] de boulet n'est que de 6 pieds 7 pouces 9 lignes, & ne pese que 3000.

Sçavoir 5 pieds 10 pouces 3 lignes depuis la lumiere jusqu'à la bouche, & 9 pouces 6 lignes le bouton.

La piece de 16[l] n'est longue que de 6 pieds 2 pouces 4 lignes, sçavoir 5 pieds 6 pouces 4 lignes depuis la lumiere jusqu'à la bouche, & 8 pouces le bouton, & ne pese que 2200.

La piece de 12[l] n'est longue que de 6 pieds 1 pouce 3 lignes, sçavoir 5 pieds 5 pouces 9 lignes depuis la lumiere jusqu'à la bouche, & 7 pouces & $\frac{1}{2}$ le bouton, & ne pese que 2000.

La piece de 8[l] n'est longue que de 4 pieds 11 pouces 10 lignes, sçavoir 4 pieds 5 pouces 4 lignes depuis la lumiejusqu'à la bouche, & 6 pouces 6 lignes le bouton, & ne pese que 1000.

La piece de 4[l] n'est longue que de 4 pieds 9 pouces, sçavoir 4 pieds 4 pouces depuis la lumiere jusqu'à la bouche, & 5 pouces le bouton, & ne pese que 600.

La concavité du fond de l'ame des pieces de la nouvelle invention estoit d'abord de figure ronde, comme le porte le dessein qu'on en voit cy à costé. Mais M. le Marquis de la Frezeliere ayant remarqué que leur souffle endommageoit les embrasures, & que par la secousse violente qu'elles souffroient en tirant, elles brisoient souvent les meilleurs affusts, a jugé à propos de faire tenir ces chambres

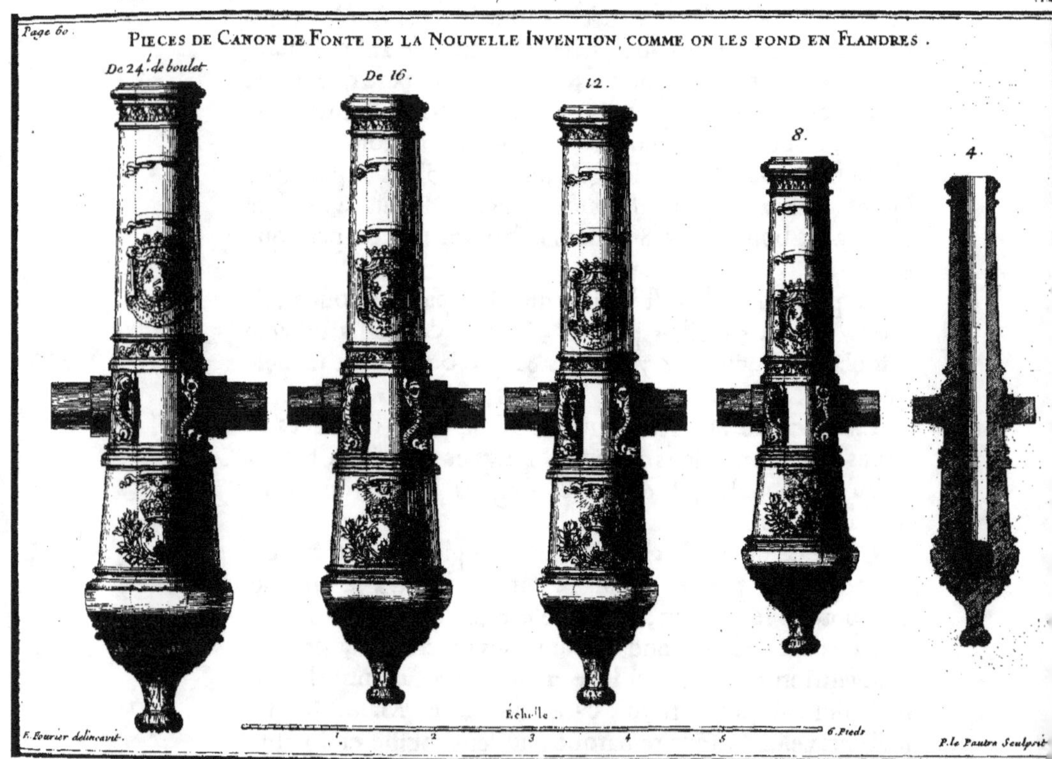
Page 60.
PIECES DE CANON DE FONTE DE LA NOUVELLE INVENTION, COMME ON LES FOND EN FLANDRES.
De 24l. de boulet
De 16.
12.
8.
4.
Échelle.
1 2 3 4 5 6. Pieds
F. Fourier delineavit.
P. le Pautre Sculpsit

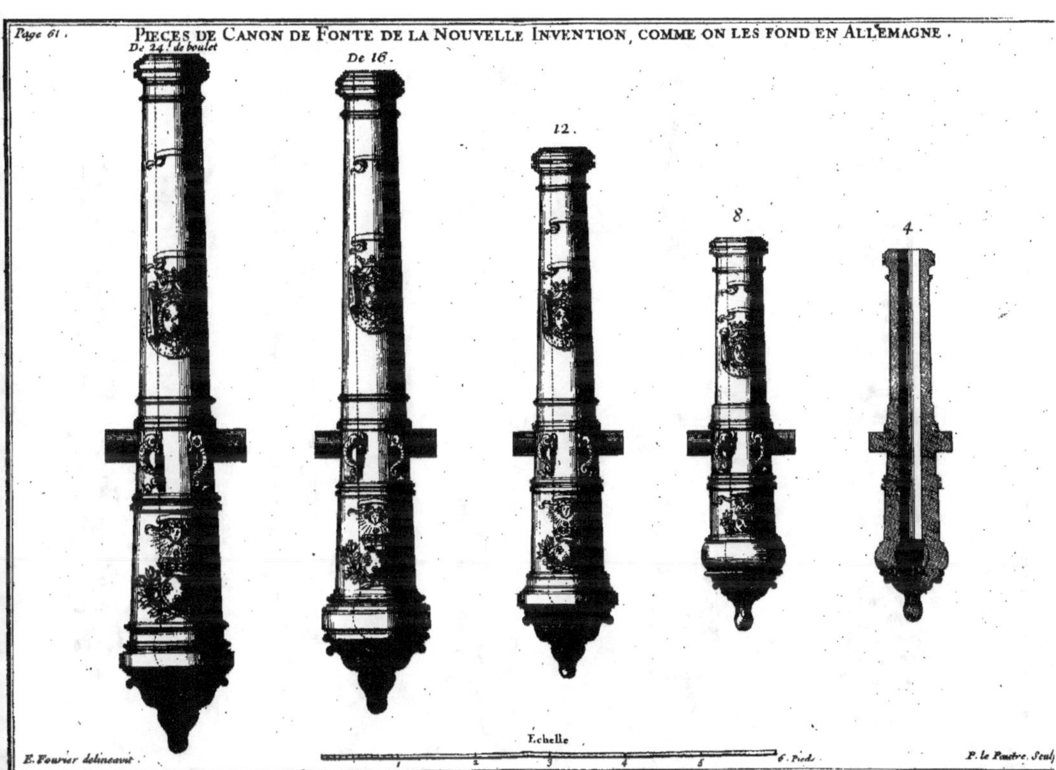
Page 61.
PIECES DE CANON DE FONTE DE LA NOUVELLE INVENTION, COMME ON LES FOND EN ALLEMAGNE.
De 24.l de boulet
De 16.
12.
8.
4.
Echelle
1 2 3 4 5 6. Pieds
E. Fourier delineavit.
P. le Pautre. Sculp.

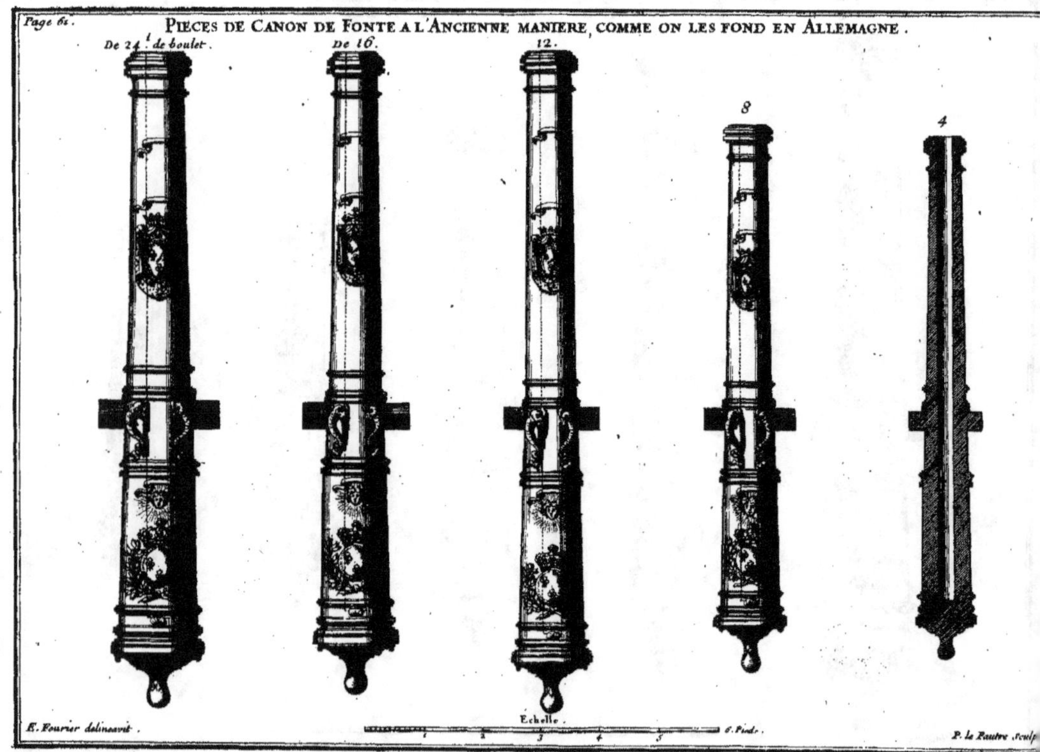
Page 61.
PIECES DE CANON DE FONTE A L'ANCIENNE MANIERE, COMME ON LES FOND EN ALLEMAGNE.
De 24.l de boulet.
De 16.
12.
8
4
E. Fourier delineavit.
Echelle.
1
2
3
4
5
6. Pieds.
P. le Pautre Sculp.

de figure oblongue pour toutes les pieces de cette sorte qui se fondent dans son département; & en effet depuis ce temps-là on s'en sert avec beaucoup plus de facilité & moins de risque.

VOus verrez aisément cette difference par le dessein que m'a envoyé le Sieur Bercan Fondeur à Brisack, & tout de suite vous pourrez aussi jetter les yeux sur les desseins de pieces longues à l'ordinaire dont il m'a pareillement aidé.

L'on ne fait point de pieces de la nouvelle invention au dessous de 4[l].

Pour calibrer les unes & les autres on se sert d'un instrument fait exprés : le meilleur Ouvrier présentement est le Sieur Buterfield Anglois, qui demeure à Paris sur le Quay des Morfondus aux Armes d'Angleterre.

Cet Instrument est fait en maniere de compas, mais ayant des branches courbes afin de pouvoir aussi s'en servir pour calibrer & embrasser le boulet.

Quand il est entierement ouvert il a la longueur d'un pied de Roy qui est de 12 pouces, chaque pouce composé de 12 lignes, entre les deux branches.

Sur l'une des branches sont gravez & divisez tous les calibres tant des boulets que des pieces, & au dedans de la branche sont des crans qui répondent aux sections des calibres.

Et à l'autre branche est attachée une petite traverse ou languette faite quelquefois en forme d'S, & quelquefois toute droite, que l'on arreste sur le cran opposé qui marque le calibre de la Piece.

Le dehors des pointes sert à calibrer la piece, & le dedans qui s'appelle Talon, à calibrer les boulets.

EXPLICATION DE LA PLANCHE.

A *Porte crayon.*

B *Compas avec ses pointes changeantes.*

C *Pointes changeantes.* Il est à remarquer que lorsque l'on veut se servir de la pointe courbe, il faut mettre deux pointes, quoy-qu'il n'y en ait icy qu'une de gravée.

D *Compas courbé, ou compas à calibrer, pour s'en servir avec la regle de calibre.*

E *Compas divisé pour calibrer des boulets, avec sa languette.*

F *Languette.*

G *Dehors des pointes servant à calibrer les pieces.*

H *Dedans des pointes servant à calibrer les boulets.*

I *Pied de Roy divisé en pouces & en lignes.*

K *Pied de Roy qui se ferme, & qui marque le calibre des boulets & des pieces.*

L *Sa languette qui est divisée en 90 degrez, avec son plomb.*

M *Plomb qui sert à designer le degré auquel le Canon ou le Mortier sont pointez.*

N *Quart de cercle qui est brisé, & dont on se sert pour incliner le Mortier.*

O *Mesme quart de cercle veu par derriere, où sont divisez les diametres des pieces & des boulets, & le poids & demi-diametre de sphere des poudres.*

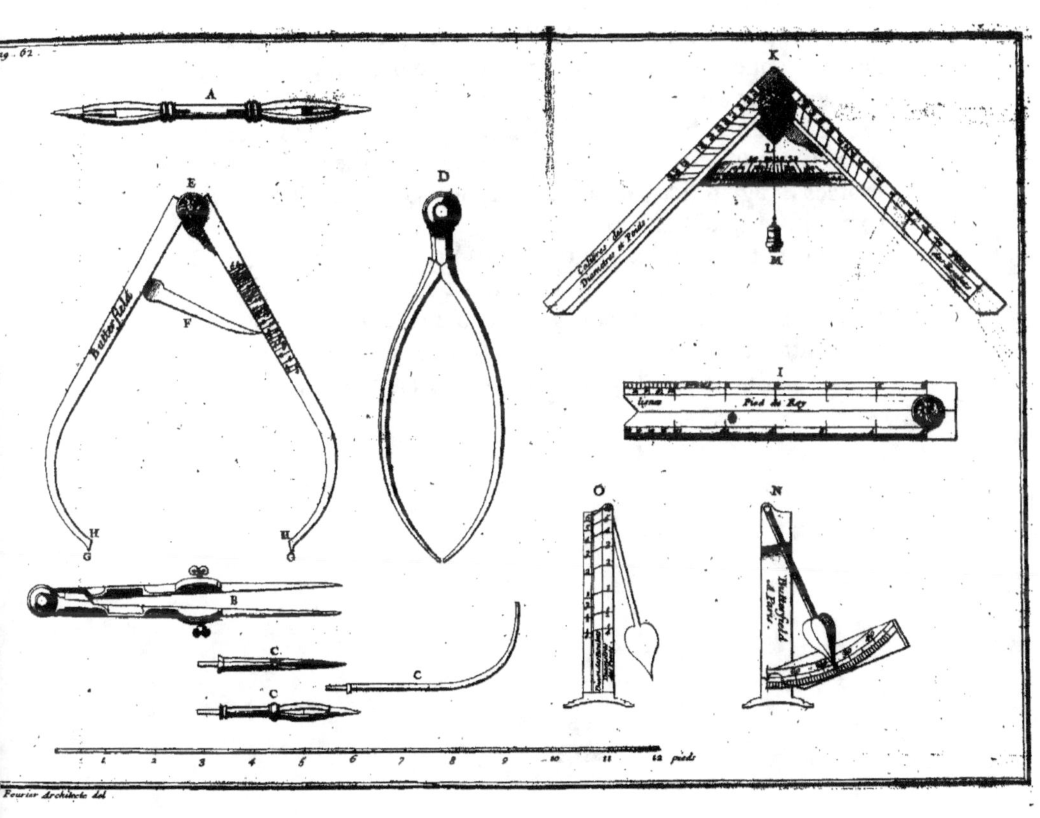
pag. 62.
A
E
D
K
L
M
F
Butterfield
I
lignes
Pied de Roy
H
G
O
N
B
C
Butterfield à Paris.
1 2 3 4 5 6 7 8 9 10 11 12 pieds
Fourier Architecte del.

Il y a un autre moyen de calibrer les Pieces.

L'On a une regle bien divisée & où sont gravez les calibres tant des Pieces que des boulets, comme il se voit dans la Planche. Appliquez cette regle bien droit sur la bouche de la Piece, rien de plus simple, le calibre se trouve tout d'un coup, ou bien l'on prend un Compas que l'on présente à la bouche de la Piece, on le rapporte ensuite sur la regle, & vous trouvez vostre calibre.

Mais en cas qu'il ne se trouvât pas de regle divisée par calibres où vous serez.

Il faut prendre un Pied-de-Roy divisé par pouces & par lignes à l'une de ses extremitez, comme il est icy.

Rapportez sur ce Pied le Compas aprés que vous l'aurez retiré de la bouche de la Piece où il faudra l'enfoncer un peu avant, car il arrive souvent que des Pieces se sont évasées & agrandies par la bouche, où elles sont d'un plus fort calibre que n'est leur ame.

Vous compterez les pouces & les lignes que vous aurez trouvez pour l'ouverture de la bouche & de la volée de la Piece, & vous aurez recours à la Table que voicy pour en connoistre le calibre. Elle a esté dressée, supputée & calculée par Butterfield luy-mesme, & elle est tres-exacte.

CALIBRE DES PIECES.

LA Piece qui reçoit un boulet pesant 1 once poids de Marc, a d'ouverture à sa bouche 9 lignes & cinq seiziémes de ligne.

Celle qui reçoit un boulet pesant 2 onces, a d'ouverture à sa bouche 11 lignes & trois quarts de ligne.

On va continüer suivant cet ordre.

Pesanteur du boulet.	*Ouverture du calibre.*		
onces.	pouces.	lignes.	fractions.
1	0	9	5/16
2	0	11	3/4
3	1	1	7/16
4	1	2	3/4
5	1	4	
6	1	4	7/8
7	1	5	10/12
8	1	6	5/8
10	1	8	1/12
12	1	9	1/3
14	1	10	7/16

La Piece qui reçoit un boulet pesant 1 livre, qui fait 16 onces, a d'ouverture à sa bouche 1 pouce 11 lignes & demie.

Pesanteur du boulet.	*Ouverture du calibre.*		
livres.	pouces.	lignes.	fractions.
1	1	11	1/2
2	2	5	19/32
3	2	9	13/16
4	3	1	5/16
5	3	4	1/6
6	3	6	2/3
7	3	8	7/8
8	3	11	
9	4	0	7/8

Pesanteur

Pesanteur du boulet.	*Ouverture du calibre.*		
livres.	pouces.	lignes.	fractions.
10	4	2	9/16
11	4	4	1/4
12	4	5	3/4
13	4	7	1/16
14	4	8	9/16
15	4	9	7/8
16	4	11	7/32
17	5	0	7/16
18	5	1	9/16
19	5	2	19/32
20	5	3	23/32
21	5	4	3/4
22	5	5	23/32
23	5	6	13/16
24	5	7	5/8
25	5	8	2/3
26	5	9	1/2
27	5	10	1/2
28	5	11	1/3
29	6	0	1/6
30	6	1	1/32
31	6	1	25/32
32	6	2	5/8
33	6	3	12/32
34	6	4	1/8
35	6	4	7/8
36	6	5	17/32
37	6	6	9/32
38	6	6	15/16
39	6	7	19/32
40	6	8	12/32
41	6	9	
42	6	9	2/3
43	6	10	2/3

Pesanteur du boulet.	*Ouverture du calibre.*		
livres.	pouces.	lignes.	fractions.
44	6	10	$\frac{29}{32}$
45	6	11	$\frac{9}{16}$
46	7	0	$\frac{1}{4}$
47	7	0	$\frac{25}{32}$
48	7	1	$\frac{1}{3}$
49	7	1	$\frac{29}{32}$
50	7	2	$\frac{9}{16}$
55	7	5	$\frac{1}{2}$
60	7	7	$\frac{29}{32}$
64	7	10	

Il est bon de remarquer qu'en l'année 1668. l'on rétablit le Pied-de-Roy conformément à la Toise du Chastelet de Paris ; c'est de ce Pied rétabli dont le Sieur Butterfield s'est servi icy, & dont l'original, aussi-bien que celuy de la Toise, se conserve à l'Observatoire Royal de Paris. Il faut aussi remarquer que pour avoir le Pied-de-Roy bien exact, il faut avoir la Toise du Chastelet bien juste, & la diviser en six parties bien égales.

J'ay obmis exprés quelques nombres, parce qu'il ne se trouve que peu ou point du tout de ces calibres rompus.

Si vous vous trouvez en lieu où vous n'ayez ni regle ni compas, voyez s'il y a des boulets pour les Pieces dont vous voulez sçavoir le calibre, présentez-les à la bouche de la Piece, & s'ils y entrent juste, pesez ces boulets, ce qu'ils peseront sera le calibre de la Piece à quelque chose prés, parce que le boulet est toûjours un peu moins fort, à cause qu'il luy faut du vent pour pouvoir couler commodément dans la Piece, & en sortir sans l'érafler ni la blesser.

Il est bon de prévenir une difficulté qui peut encore se rencontrer, c'est qu'il se trouvera des Pieces d'un si gros calibre, ou d'un calibre si rompu, que ce calibre ne sera point marqué sur l'Instrument à calibrer, ni sur nostre Table ; dans un cas pareil il faudra prendre toûjours la largeur de la bouche de la Piece avec un fil, le plier ensuite en deux, & le porter ainsi plié sur la regle, & multiplier par 8 le chiffre que cette moitié de largeur vous donnera sur la regle : ce que ce chiffre multiplié produira sera le calibre de vostre Piece.

Par éxemple, supposé que le calibre de 96l ne soit point marqué sur la regle de proportion, je porte un fil à la bouche de la Piece de 96l, & je trouve ayant plié le fil en deux & le rapportant sur la regle, qu'il touche au chiffre douze, je multiplie ce chiffre 8 fois, & je dis combien font 8 fois 12.

Ils font . . . . 96.

Voilà le calibre de ma Piece de 96l.

QUand on veut signaler une Piece dans un Inventaire.

Par éxemple, une Piece fonduë par les Kellers. Il faut dire :

Une Piece de fonte du calibre de 24l appellée le Foudroyant, fonduë par Keller en 1690. longue de 10 à 11 pieds, marquée du poids de 5200, ayant au premier renfort les Armes de France avec la Devise *Nec pluribus impar* au dessus de la Couronne, & portant à la vollée les Armes de Monseigneur le Duc du Maine Grand Maistre de l'Artillerie, qui sont de France, a la cotice ou baston de gueules peri en barre, la Couronne rehaussée de Fleurs de Lis, un Manteau de Prince avec trophées d'Armes surmontez de la Devise *Ratio ultima regum*. Ou enfin telle autre Devise que portera la Piece.

Il se fond aussi des Pieces de fer, mais elles sont dangereuses à executer, à cause de la mauvaise qualité du métal, & que d'ailleurs la roüille se mettant dans l'ame de la Piece en change le calibre, ronge la matiere, & la fait aigrir en peu de temps.

Cependant, comme celles qui se fondent à Saint Gervais en Dauphiné ont esté reconnuës de bon service, le métal en estant fort doux & fort liant, on a pris la résolution d'en faire faite une grosse quantité pour quelques Places de montagnes, & des Places maritimes.

Ce métal revient à 12tt le quintal ou cent pesant, poids

de Marc dans les Forges.

Les Pieces de 24, pesant chacune..	5550	ou environ.
Celles de seize, pesant cahcune.....	4500	
Celles de huit, pesant chacune.....	2250	
Celles de quatre, pesant chacune...	1300	

Au mois de Janvier 1693. on acheta du Sieur........ 90 Pieces de fer qu'il avoit fonduës dans les Forges de Planchemesnier & de Rancogne en Angoumois, & dans les Forges du Sieur Danse auprés de Perigueux : sçavoir,

3 de trente-six, qui pesoient chacune	7100	ou environ.
25 de vingt-quatre, qui pesoient chac.	5730	
14 de dix-huit, qui pesoient chac...	4370	
23 de douze, qui pesoient chac....	3610	
25 de huit, qui pesoient chac......	2310	

Elles souffrirent l'épreuve comme les Pieces de fonte, & cousterent au Roy, le quintal pesant, sçavoir les Pieces de trente-six & de vingt-quatre, 10 ₶, & les Pieces de dix-huit & au dessous, 8 ₶ 10 s.

On en a fait fondre encore 300 dans les Forges de Perigord de douze, de huit & de quatre pour la terre, qui ne sont longues : sçavoir,

Celles de douze, que de 8 pieds & $\frac{1}{2}$, & de 9 pieds, & qui pesent chacune 3600 & 3700.

Celles de huit, que de 8, & 8 pieds & $\frac{1}{2}$, & qui pesent 2400 à 2600.

Et celles de quatre, de 6 pieds & $\frac{1}{2}$ chacune, & qui pesent 1400.

Et ces Pieces n'ont cousté que 8 ₶ le cent ou quintal pesant.

La maniere de bien servir une Piece se trouvera au Titre VIII.

Dans les occasions de service on charge de poudre les Pieces faites à l'ordinaire, aux deux tiers de la pesanteur du boulet, c'est à dire que l'on met 16 l de poudre dans une Piece de 24.

Dans les salves & réjoüissances, il y a une Ordonnance du Grand Maistre dattée du premier Aoust 1681. qui défend d'y mettre plus d'un quart de la pesanteur du boulet.

Depuis vingt-cinq ans je n'ay point de connoissance qu'il ait esté fait aucun Reglement sur le nombre des Pieces que l'on doit tirer dans les salves pour les Princes & pour les grands Seigneurs, je ne trouve qu'une Ordonnance du Roy du 25. jour de May 1671. qui regle le salut pour le Grand Maistre, à cinq volées de grosses pieces de Canon à son entrée, & à pareil nombre à sa sortie.

Il fut aussi expedié le 12. jour de May 1682. une autre Ordonnance du Roy pour faire délivrer deux fois le mois de la poudre aux Troupes d'Infanterie qui se trouveroient dans les Places frontieres & avancées, pour pouvoir tirer par chacun Mousquetaire trois coups aux jours d'Exercice, faisant distribuer la poudre sur le pied qu'une livre de poudre suffit pour tirer vingt-quatre coups.

Ce n'est pas neanmoins que l'on ne puisse tirer d'une livre de poudre 36 coups de mousquet à l'ordinaire, 27 de mousquet de rempart, & 10 d'arquebuse à croc, sans les amorces.

Suivant d'anciens Memoires on trouvoit autrefois que les Pieces à l'ancienne maniere portoient : sçavoir,

La Piece.	*Pas communs de but en blanc.*	*Pas comm. à toute vollée.*
de trente-trois	600	6000
de vingt-quatre...	800	6000
de seize, coulevrine	800	8000
de douze.........	450	5000
de huit	400	4500
de quatre	300	3000
de deux..........	150	1500

Feu M. du Mets Lieutenant Général des Armées du Roy, & Lieutenant de l'Artillerie en Flandres, fit faire de son temps une épreuve de la portée des Pieces, par laquelle il reconnut que les Pieces de France chargées de poudre à deux tiers de la pesanteur du boulet, & celles de la nouvelle invention chargées à un tiers, & toutes pointées à 45 degrez de l'élévation, portoient également loin leur boulet.

La Piece de vingt-quatre à 2250
La Piece de ſeize à 2020
La Piece de douze à .... 1870 toiſes.
La Piece de huit à.................... 1660
La Piece de quatre à 1520

Le Mortier de 12 pouces de diametre portant dans ſa chambre 18[l] de poudre fut auſſi éprouvé, & eſtant pointé à 45 degrez, pouſſa ſa bombe à 1500 toiſes.

M. de Vigny prétend qu'au moyen de quelque petit changement qu'il a fait faire aux entretoiſes des affuſts, une Piece de 24 porte à toute volée à 2000 toiſes, qu'il dit eſtre toute ſa portée, ou à peu prés, & les autres à proportion. L'on ne s'accorde point ſur la portée des Pieces.

L'uſage des groſſes Pieces eſt de ruiner les deffenſes d'une Ville aſſiegée, de faire breſche à une muraille, & de démonter les Pieces de la batterie ennemie ; à quoy elles ſervent auſſi quand on les tire de la Ville aſſiegée, ſur les batteries des aſſiegeans.

Les plus petites Pieces que l'on nomme de Campagne, de 12 & au deſſous, ſervent à tirer ſur les Troupes ennemies, à ruiner des Ponts, rompre des Eſcadrons & des Bataillons, & empeſcher la conſtruction des ouvrages de terre.

UN Fondeur de Lyon nommé Emery a imaginé une Piece jumelle dont vous trouverez icy la Figure.

EXPLICATION DE LA FIGURE.

A *Figure de la barre de fer dans les Canons.*
B *Figure de la barre de fer hors les Canons.*
C *Lumiere commune.*

Les deux Canons ſont de 4[l] de bale de la longueur de 5 pieds 4 pouces, fondus enſemble avec une ſeule lumiere pour les deux, & l'on les charge avec deux barres de fer attachées enſemble, qui s'étendent de 12 pieds, & peſent 65 livres.

L'on en peut tirer auſſi à boulet comme des autres Canons.

E. Fourier del.

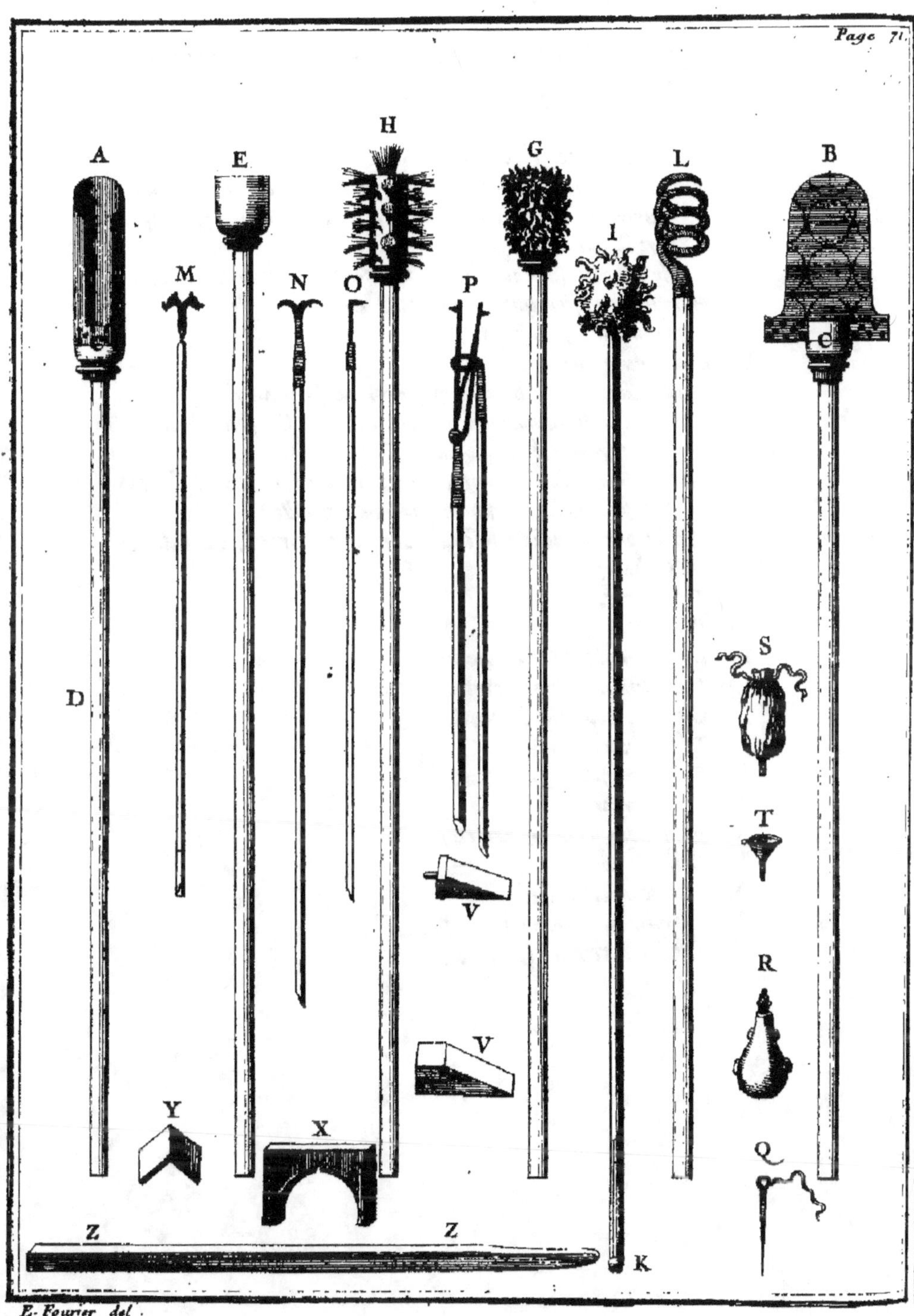

E. Fourier del.

ALPHABET SERVANT A L'EXPLICATION de toutes les parties des armes pour les Pieces.

A *Lanterne montée & en état pour servir la Piece.*

B *Lanterne dévelopée qui fait voir sa proportion pour la largeur & la hauteur du cuivre, & de sa boëste, par rapport à son calibre.*

C *Boëste de bois sur laquelle est montée la lanterne de cuivre.*

D *Hampe ou baston qui s'emmanche dans la boëste.*

E *Refouloir sur sa hampe.*

F *Collet du refouloir.*

G *Ecouvillon sur sa hampe & garni de sa peau de mouton.*

H *Ecouvillon de la nouvelle invention avec ses soyes de Sanglier & monté sur sa hampe.*

I *Autre Ecouvillon à vent, couvert de peau & monté sur sa hampe creuse, ayant au bout une virolle.*

K *Virolle par laquelle on soufle pour faire entrer le vent dans la hampe.*

L *Tirebourre.*

M *Bouttefeu.*

N *Chat double à trois pointes.*

O *Chat simple à une pointe.*

P *Chat de nouvelle invention.*

Q *Dégorgeoir.*

R *Fourniment.*

S *Sac à amorce.*

T *Entonnoir pour les amorces.*

V *Coin de mire.*

X *Fronteau de mire.*

Y *Chapiteau à couvrir les Pieces.*

Z *Levier à remuer les Pieces.*

TITRE II.

Des armes pour les Pieces.

CE que l'on appelle armes des Pieces, ou pour les Pieces, consiste en Lanternes, Ecouvillons, Refouloirs, Tireboures, Dégorgeoirs, Fournimens, Bouttefeux, Coins de mire, &c.

La Lanterne ou Cuilliere est ce qui sert à porter la poudre dans l'ame de la Piece.

La Figure cy à costé vous la répréſente, elle peut servir de modele pour des Lanternes de toutes sortes de calibres, comme on le connoistra par l'Alphabet.

La Lanterne est composée de deux Pieces, sçavoir d'une boëste de bois d'orme tournée au calibre de la Piece pour laquelle elle est destinée, & longue d'un calibre & demi avec son vent.

Et d'un morceau de cuivre qui est attaché avec la boëste par des clouds aussi de cuivre, à la hauteur d'un demi calibre.

Cette Lanterne doit avoir trois calibres & demi de longueur, & deux calibres de largeur, & estre arondie par le bout de devant pour charger les Pieces ordinaires.

La charge ordinaire de poudre, comme on l'a déja dit pour les Pieces à l'ancienne maniere, est les deux tiers de la pesanteur du boulet, & le tiers ou la moitié pour les Pieces de la nouvelle invention, suivant les occasions.

Et la Lanterne doit contenir le tiers de cette charge.

La Lanterne de trente-trois pese	7	livres.
Celle de vingt-quatre pese	6	
Celle de seize pese	4	
Celle de douze pese	3	
Celles de huit & de six pesent	2	
Celles de quatre & de trois pesent	1	

L'on paye 22.ſ, & jusqu'à 25ſ de la livre de cuivre fournie & employée avec les clouds, anneaux & virolles.

La boëste vaut ordinairement 3ſ, & jusqu'à 5ſ.

La

La grosse boëste pese .... $2^{l}\frac{1}{2}$
La moyenne pese .... 2^{l}
La petite pese .... $\frac{3}{4}$

La hampe est de bois de fresne ou de hestre d'un pouce & demi de diametre, longue pour les Pieces depuis douze jusqu'à trente-trois, de 12 pieds ; & pour celles de huit & & de quatre, elle doit estre seulement longue de 10 pieds : & pour les Pieces de la nouvelle invention, la plus longue doit estre de 8 pieds, & la plus courte de 6 pieds pour les Pieces de huit & de quatre.

La hampe vaut ordinairement 10^{f} piece, & jusqu'à 15^{f}.
La grosse hampe pese .... $8^{l}\frac{1}{2}$
La moyenne pese .... 7^{l}
La petite pese .... 6^{l}

Le Refouloir est une boëste montée sur une hampe comme celle dont on vient de parler & de mesme bois : il est lié dans le collet avec de gros fil de laiton pour empescher qu'il ne se fende en refoulant le fourrage que l'on met sur la poudre & sur le boulet.

Son poids est le mesme que le poids de la hampe & de la boëste cy-dessus.

L'Ecouvillon est de mesme bois que le Refouloir & de mesme longueur, fait en ovale pardevant, sans moulure autour.

On l'enveloppe de peau de mouton avec sa laine la plus longue qu'il se peut.

Il a moins de 2 lignes de diametre que le Refouloir, pour la place de la peau.

La grande peau de mouton repassée & bien fournie de poil couste 15 ou 20^{f} ordinairement, & peut couvrir trois de ces Ecouvillons.

La boëste de la Lanterne, celle du Refouloir, ou celle de l'Ecouvillon, sont percées d'environ 2 pouces & $\frac{1}{2}$ pour recevoir le bout de la hampe sur laquelle ils sont montez, lequel est arresté d'une cheville de bois qui passe à travers.

L'on monte quelquefois sur une mesme hampe un Refouloir & un Ecouvillon, l'un à un bout, l'autre à l'autre.

L'Ecouvillon pour la Piece de nouvelle invention differe de celuy de la Piece à l'ordinaire, par sa garniture qui est de crin ou de soyes de Sanglier passez dans la boëste en tous sens à la maniere d'un goupillon: ces soyes obeïssent en entrant dans la Piece, & quand elles ont trouvé la concavité de l'ame, elles se déplient entierement & vont par tout chercher la crasse & le feu qui pourroient estre restez aprés le coup tiré.

Il avoit encore esté trouvé une autre sorte d'Ecouvillon, dont la teste estoit une maniere de vessie couverte de peau que l'on enfloit en soufflant quand elle estoit au fond de la Piece, par la hampe qui estoit creuse, & quand le balon estoit plein, l'on en fermoit le bout qui estoit en dehors avec une virolle de cuivre: on peut se servir à sa fantaisie de l'un ou de l'autre.

Le Tirebourre avec sa hampe peut revenir à 25 ou 30^{f}, il entre 4^{l} de fer dans le gros, & 2^{l} dans les autres, compris la doüille.

Ce sont deux branches, griffes ou pointes de fer tournées en forme de serpent sur une doüille; on s'en sert pour tirer le fourrage des Pieces, quand on veut faire sortir la charge, & pour en sortir aussi toutes les ordures qui pourroient y estre entrées.

Doüille est l'ouverture du fer qui reçoit la hampe sur laquelle est monté le Tirebourre qui est attaché par deux clouds placez dans deux petits trous que l'on appelle yeux à costé de la Doüille.

Les Bouttefeux se font de toutes sortes de bois, ils sont longs de deux à trois pieds, gros d'un pouce, fendus par le bout pour y passer le premier bout d'une brasse de mesche, laquelle est tournée autour, l'autre bout repassant sur celle qui est tournée, passe dans la fente du Bouttefeu qui l'empesche de se détortiller; l'on peut par ce moyen allumer les deux bouts de mesche que l'on allonge facilement à mesure qu'elle brûle.

Le Chat est un instrument de fer monté sur une hampe de bois, & qui sert à visiter les Pieces aprés leur épreuve pour en chercher les chambres. Il y en a de plusieurs sortes, comme on le voit par la Figure.

Leur usage sera expliqué plus au long au Titre qui traittera de l'épreuve des Pieces dans la troisiéme Partie de cet Ouvrage.

Les Dégorgeoirs servent à dégorger la lumiere des Pieces quand elle est engagée par la poudre ou par quelques ordures.

Ils sont de bon fer doux, ou de gros fil d'archal, crainte qu'ils ne rompent dans la lumiere.

On les fait en tariere à vis ou en triangle du costé de la pointe, leur longueur est depuis 12 jusques à 20 pouces, y compris la boucle qui doit estre à la teste; leur grosseur pour les lumieres neuves aura environ deux lignes, & ils seront un peu plus gros pour celles qui seront un peu plus évasées.

Le Fourniment doit contenir au moins une livre de poudre pour amorcer les Pieces, estre fermé avec un bon ressort de cuivre crainte du feu; sa matiere est de corne ou de cuir boüilli; on le pend à un cordon que les Canoniers portent en écharpe.

Il y a des Sacs de cuir ayant un tuyau de cuivre à leur extrémité & servant à porter l'amorce pour les Pieces.

Il y a aussi des Entonnoirs servant à couler l'amorce dans la lumiere des Pieces.

Les Coins de mire servent à pointer les Pieces, c'est à dire à les élever à la hauteur où l'on les desire.

Il faut qu'ils soient de bois d'orme ou de chesne, longs depuis 12 jusqu'à 15 pouces, larges depuis 6 jusqu'à 8, hauts de 8 à 5 pouces par la teste, réduits à 1 ou 2 pouces par la queuë.

Il y a sur les costez une entaille pour mettre les doigts, afin de les retirer ou avancer en pointant les Pieces.

On les assied sur la semelle des affusts.

On y met souvent un manche pour mieux servir; & quand on les veut hausser, on met dessous une calle de bois que l'on appelle le chevet du coin de mire.

Le Fronteau de mire doit estre de chesne sec de 4 pouces d'épaisseur, d'un pied de haut, & de 2 pieds & $\frac{1}{2}$ de long.

Le Chapiteau est composé de deux pieces de bois de chesne assemblées comme il se voit icy ; il sert pour couvrir la lumiere des Pieces, & empescher que la pluye ou le vent ne gastent ou n'emportent l'amorce.

On se sert aussi de plaques de plomb pour couvrir les lumieres, afin qu'il n'y entre point d'ordures.

A l'égard du Levier, on ne sçauroit en dire le prix juste, car à Mets il vaut $7^{f}\ 6^{d}$, 5^{f} à Sarreloüis, 1^{f} à Bezançon, & 10^{f} quelquefois dans les endroits où les bois sont plus rares.

Mais pour épargner cette dépense, il faut en passant les marchez pour fournir des bois de remontage dans les Places, charger les Entrepreneurs d'y fournir des leviers.

Un gros levier d'orme de 7 pieds de long pesera 16 à 20^{l}.

Un petit de 6 pieds pesera 10 à 14^{l}.

TITRE III.

Boulets, & Boulets rouges.

CE que l'on demande aux Boulets, est qu'ils soient bien ronds, bien ébarbez & sans souffleures.

Bien ronds & bien ébarbez, afin qu'ils fassent leur chemin droit dans la Piece sans l'érafler ni l'écorcher.

Sans souffleûres, afin qu'ils ne piroüettent point en l'air, & que le vent ne s'y engouffre point.

Et enfin qu'ils soient du poids dont ils doivent estre, ces sortes de vuides estant quelquefois cause qu'ils pesent moins que leur calibre ne porte ; à quoy il faut prendre garde, car le Roy seroit lezé de payer un boulet sur le pied de 24^{l}, qui n'en peseroit que 23.

Il seroit à desirer qu'ils ne fussent pas de fer aigre, car en les remuant ils se cassent facilement.

Voicy la difference qu'il y a entre le calibre des Pieces, & celuy que doivent avoir les Boulets destinez pour y servir : cette difference vient du vent qu'il faut donner pour que les Boulets puissent avoir plus de jeu dans la Piece.

TABLE
DU CALIBRE DES PIECES, & du diametre des Boulets.

Cette Table est encore de Butterfield.

Calibre des Pieces.				*Diametre & poids des Boulets.*			
onces.	pouces.	lignes.	fractions.	onces.	pouces.	lignes.	fractions.
1	0	9	5/16	1	0	9	
2	0	11	3/4	2	0	11	11/32
3	1	1	7/16	3	1	1	
4	1	2	3/4	4	1	2	9/32
5	1	4		5	1	3	3/8
6	1	4	7/8	6	1	4	7/32
7	1	5	10/12	7	1	5	3/32
8	1	6	5/8	8	1	6	
10	1	8	1/12	10	1	7	3/8
12	1	9	1/3	12	1	8	7/12
14	1	10	7/16	14	1	9	11/16
livres.	pouces.	lignes.	fractions.	livres.	pouces.	lignes.	fractions.
1	1	11	1/2	1	1	10	11/16
2	2	5	19/32	2	2	4	9/16
3	2	9	11/16	3	2	8	2/3
4	3	1	3/16	4	3	0	
5	3	4	1/6	5	3	2	3/4
6	3	6	2/3	6	3	5	3/16
7	3	8	7/8	7	3	7	3/8
8	3	11		8	3	9	5/8
9	4	0	7/8	9	3	11	3/16
10	4	2	9/16	10	4	0	13/16
11	4	4	1/4	11	4	2	7/16
12	4	5	3/4	12	4	3	15/16

Calibre des Pieces.				Diametre & poids des Boulets.			
livres.	pouces.	lignes.	fractions.	livres.	pouces.	lignes.	fractions.
13	4	7	$\frac{1}{16}$	13	4	5	$\frac{11}{32}$
14	4	8	$\frac{9}{16}$	14	4	6	$\frac{5}{8}$
15	4	9	$\frac{7}{8}$	15	4	7	$\frac{7}{8}$
16	4	11	$\frac{7}{32}$	16	4	9	$\frac{1}{6}$
17	5	0	$\frac{7}{16}$	17	4	10	$\frac{11}{32}$
18	5	1	$\frac{9}{16}$	18	4	11	$\frac{1}{3}$
19	5	2	$\frac{19}{32}$	19	5	0	$\frac{1}{2}$
20	5	3	$\frac{23}{32}$	20	5	1	$\frac{1}{2}$
21	5	4	$\frac{3}{4}$	21	5	2	$\frac{1}{2}$
22	5	5	$\frac{25}{32}$	22	5	3	$\frac{1}{2}$
23	5	6	$\frac{13}{16}$	23	5	4	$\frac{1}{2}$
24	5	7	$\frac{3}{8}$	24	5	5	$\frac{1}{3}$
25	5	8	$\frac{2}{3}$	25	5	6	$\frac{4}{12}$
26	5	9	$\frac{1}{2}$	26	5	7	$\frac{1}{8}$
27	5	10	$\frac{1}{2}$	27	5	8	$\frac{1}{16}$
28	5	11	$\frac{1}{3}$	28	5	8	$\frac{7}{8}$
29	6	0	$\frac{1}{6}$	29	5	9	$\frac{2}{3}$
30	6	1	$\frac{1}{32}$	30	5	10	$\frac{1}{2}$
31	6	1	$\frac{25}{32}$	31	5	11	$\frac{1}{3}$
32	6	2	$\frac{5}{8}$	32	6	0	$\frac{1}{32}$
33	6	3	$\frac{12}{32}$	33	6	0	$\frac{25}{32}$
34	6	4	$\frac{1}{8}$	34	6	1	$\frac{1}{2}$
35	6	4	$\frac{7}{8}$	35	6	2	$\frac{1}{6}$
36	6	5	$\frac{17}{32}$	36	6	2	$\frac{3}{4}$
37	6	6	$\frac{9}{32}$	37	6	3	$\frac{7}{12}$
38	6	6	$\frac{15}{16}$	38	6	4	$\frac{7}{32}$
39	6	7	$\frac{19}{32}$	39	6	5	
40	6	8	$\frac{12}{32}$	40	6	5	$\frac{7}{12}$
41	6	9		41	6	6	$\frac{7}{32}$
42	6	9	$\frac{2}{3}$	42	6	6	$\frac{10}{12}$
43	6	10	$\frac{1}{3}$	43	6	7	$\frac{1}{2}$
44	6	10	$\frac{29}{32}$	44	6	8	$\frac{1}{32}$
45	6	11	$\frac{9}{16}$	45	6	8	$\frac{2}{3}$
46	7	0	$\frac{1}{4}$	46	6	9	$\frac{1}{16}$

Calibre des Pieces.				*Diametre & poids des Boulets.*			
livres.	pouces.	lignes.	fractions.	livres.	pouces.	lignes.	fractions.
47	7	0	$\frac{25}{32}$	47	6	9	$\frac{10}{12}$
48	7	1	$\frac{1}{3}$	48	6	10	$\frac{3}{8}$
49	7	1	$\frac{29}{32}$	49	6	10	$\frac{14}{16}$
50	7	2	$\frac{9}{16}$	50	6	11	$\frac{9}{16}$
55	7	5	$\frac{1}{2}$	55	7	2	$\frac{7}{24}$
60	7	7	$\frac{29}{32}$	60	7	4	$\frac{3}{4}$
64	7	10		64	7	6	$\frac{3}{4}$

On dira icy en paſſant, qu'il eſt rare de rencontrer toûjours bien juſte les proportions dont on vient de parler, parce que quelquefois la Piece ſe trouvera trop évaſée, ou le boulet ne ſera pas rond, ou l'Inſtrument dont on ſe ſervira ne ſera pas fait dans toute la régularité qui eſt à deſirer, ou l'Officier n'aura pas l'intelligence néceſſaire pour prendre ces meſures : & cela fait que ſouvent deux Officiers calibreront differemment une meſme Piece, mais la difference ne doit pas eſtre conſidérable.

POur le prix des Boulets ; dans les principales Forges de Champagne, qui ſont celles de Signy le petit, & le Hurtau, l'Entrepreneur paye 22ᵗᵗ du milier de la mine de fer aux Proprietaires de la Mine.

Les 8 autres livres pour faire la ſomme de 30ᵗᵗ par milier peſant de boulets, qui eſt le prix que le Roy en donne, ſe payent aux Ouvriers pour les coquilles, pour les façons, aux Commis pour la diſtribution de l'argent, le charbon, & la reception des Ouvrages.

Outre ce il faut obſerver que les Maiſtres de la Mine donnent à l'Entrepreneur 4ˡ de fer pour cent, qui font 104ˡ au lieu de 100ˡ.

Le calibre des boulets ſe trouve marqué ſur la regle ou ſur le calibre ; j'ay déja dit que l'on pouvoit les peſer, mais on ſe ſert encore d'un expedient pour les calibrer quand on n'a point de compas ou de regle marquée de pouces & de lignes.

Prenez la circonférence du boulet avec une petite corde bien juste: pliez ensuite cette corde en trois; apportez cette mesure ainsi pliée sur vostre regle, les pouces & les lignes qu'elle vous donnera seront le calibre de vostre boulet.

Pourveu que le boulet soit du calibre de la Piece, il ne faut pas se soucier s'il pese moins ou plus qu'il ne doit.

L'on trouvera en faisant quelques Inventaires, des boulets creux, des boulets à l'ange ou à chaisne, des boulets à deux testes, des messagers, & d'autres boulets qui portent des noms extraordinaires. Comme toutes ces sortes de boulets ne sont pas présentement d'usage, j'en diray peu de chose; il suffit seulement de sçavoir, que ce qu'on appelle boulets creux sont certaines boëstes de fer longues, dont le diametre est du calibre d'une piece telle que l'on veut, & longues de deux calibres & demi ou environ. Ces boëstes sont veritablement creuses, & renferment de l'artifice & des balles de plomb, des clouds, & de la mitraille de fer: l'on faisoit entrer dans ces boëstes, par le bout qui touchoit à la poudre dans l'ame de la Piece, une fusée de cuivre entrant à vis dans un écrou, chargée comme celles des bombes, & qui s'allumoit par le feu de la Piece, & qui le portant ensuite à l'artifice de ces boëstes ou boulets creux, les obligeoit à crever dans l'endroit où ils tomboient; ces boulets devoient faire un grand fracas & mesme l'effet d'une fougasse ou espece de mine aux endroits où ils seroient entrez. On observoit de ne mettre sur ce boulet que la moitié du fourrage ordinaire.

Un boulet creux du calibre de vingt-quatre pesoit en fer . . . . 60^{l}

Et chargé de plomb . . . . 79^{l}

Il contenoit 6^{l} de poudre.

Sa fusée avoit de longueur 6 pouces, son diametre par la teste 15 lignes, réduit par le bas à 10 lignes: la lumiere 4 lignes de diametre. On frottoit la teste du boulet de therebentine pour y faire tenir le poulvrain, afin que le feu se communiquast plus promptement à la fusée.

Mais toutes les fois que l'on en a fait l'épreuve, ou ces boulets ont crevé en l'air, ou ils ne sont allez frapper la butte ou le le blanc que par leur largeur & de travers, & non par leur pointe, ou les fusées n'ont point pris, ou elles se sont éteintes, & leur effet par conséquent est devenu entierement inutile.

Ce que l'on appelle boulets messagers, sont des boulets creux dont l'on se servoit autrefois pour porter des nouvelles dans une Place de guerre, & l'on ne mettoit qu'une foible charge de poudre pour les faire tomber où l'on vouloit, & ces sortes de boulets estoient d'ordinaire couverts de plomb, & la pluspart estoient de plomb sans mélange de fer.

Les boulets à l'ange, à chaisne, & autres, estoient pour faire plus d'exécution, ou dans une Ville, ou dans un Camp ; & l'on en peut prendre une idée dans ce qui est dit cy-devant de la Piece d'Emery Fondeur.

Mais quelques inventions que l'on ait imaginées jusqu'à présent, il en faut toûjours revenir à l'ancien usage qui est le plus seur & le moins embarassant.

Un ancien Officier d'Artillerie a proposé pour la Mer un boulet : ce boulet a deux testes & est garni au milieu, de la mesme composition dont l'on charge les carcasses, on l'enveloppe d'une toile ou drap souffré qui prend feu par celuy du Canon, & qui le porte dans les voiles des Vaisseaux.

Ce boulet est percé à l'une des testes pour y mettre la fusée qui a communication à la charge du Canon, & le boulet avec son enveloppe tient lieu de fourrage, afin que la charge du Canon se communique à la fusée du boulet.

Dans les Magasins bien fournis l'on trouve des passe-balles qui servent à calibrer des boulets de tous calibres ; c'est une planche de bois, de fer, ou de cuivre, qui est percée en rond pour tel calibre que l'on veut, en sorte qu'un boulet y puisse passer en efleurant seulement les bords. Cette planche a une queuë ou manche un peu long pour la tenir ; & comme ce seroit quelquefois une chose de trop longue haleine que de faire passer tous les boulets par ce trou, l'on se contente de porter ce passe-balle sur chaque boulet pour en vérifier le calibre.

D'autres gens arrestent ces passe-balles sur deux forts pieux, entre lesquels ils placent sur terre un madrier ou une planche de bois disposée en talus ou glacis, afin qu'à mesure qu'on laisse tomber un boulet par le passe-balle, ce boulet coule loin & aille trouver le lieu où l'on les empile.

Les Boulets s'empilent de la maniere que l'on verra à la Figure cy-aprés.

UN des plus intelligens Commissaires Ordinaires de l'Artillerie nous a donné des Tables fort éxactes de toutes les manieres dont s'arrangent & s'empilent les boulets. C'est ce que vous allez lire.

TABLES

Contenant sept cens soixante differentes piles tres-utiles pour compter dans un moment un grand nombre de Boulets & de Bombes, ou Grenades, par la seule connoissance d'un costé de la base d'une pile, & de son sommet, divisées en quarante-neuf colonnes.

LA premiere marque le nombre du costé de la base.

La seconde, le total des piles quarrées depuis 5 jusqu'à 2870.

39 autres marquent le total des piles oblongues,

Et les 8 restantes indiquent le costé de la base.

Les chiffres qui sont au dessus marquent le nombre des boulets qui finissent le sommet des piles.

Le total des piles oblongues en ces Tables est depuis 8 jusqu'à 11060.

Avec la facilité de ces Tables l'on aura plûtost compté cent mille boulets, bombes & grenades juste, qu'un autre, sans cette pratique, n'en pourroit compter 5 à 6000.

Ce n'est pas toutefois pour les nouveaux Officiers que je les ay rapportées icy, car elles surpassent un peu leur por-

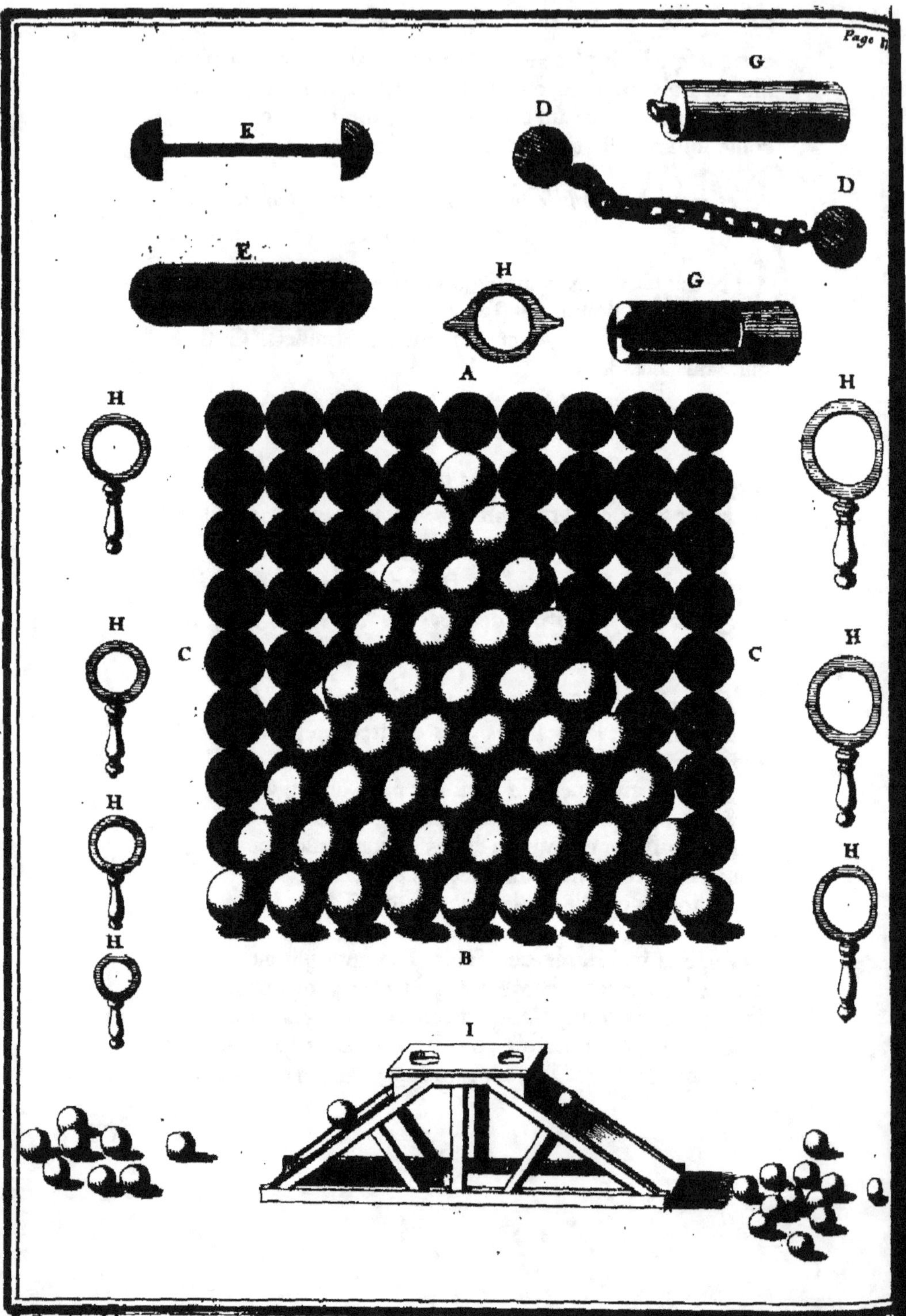

E. Fourier del P. le Pautre

tée & leur intelligence, mais les plus avancez pourront s'en servir fort utilement.

Explication & usage des colonnes contenuës dans les Tables suivantes.

LA premiere colonne de la Table A marque la base du costé des piles depuis 2 boulets jusqu'à 20.

La seconde colonne marque le total des piles quarrées vis-à-vis les chiffres de la premiere.

Par exemple : Je veux sçavoir ce que contient une pile quarrée de boulets, bombes ou grenades dont le costé de la base m'est connuë 9, finissant son sommet par 1, comme la Figure cy à costé représentée.

A *Plan ou base de la pile quarrée de 9 boulets.*
B *Pile quarrée de boulets au nombre de 285.*
C *Costé de base de 9 boulets.*
D *Boulets à chaisne ou à l'ange.*
E *Boulet composé d'artifice.*
F *Mesme boulet sans artifice.*
G *Boulet creux avec sa fusée.*
H *Passe-boulets ou passe-balles de diverses sortes, & de plusieurs calibres.*
I *Machine servant à calibrer les boulets, ayant deux costez & une coulisse pour envoyer les boulets vers leurs piles.*

Sans le secours de cette Table A, je serois obligé de multiplier 9 par 9, 8 par 8, 7 par 7, 6 par 6, 5 par 5, 4 par 4, 3 par 3, 2 par 2, & 1 par 1 : le produit de ces multiplications additionné ensemble rendra pour total de ma pile 285 boulets que je trouve dans la seconde colonne vis-à-vis 9 de la premiere.

9 fois 9 — 81.
8 fois 8 — 64.
7 fois 7 — 49.
6 fois 6 — 36.
5 fois 5 — 25.
4 fois 4 — 16.
3 fois 3 — 9.
2 fois 2 — 4.
1 fois 1 — 1.
285.

Si je veux encore sçavoir par cette mesme Table ce que contient une pile quarrée dont le costé de base m'est connu 15, je regarde dans la seconde colonne & je trouve 1240 vis-à-vis 15, qui est ce que doit contenir la pile parfaite qui a pour costé de base 15.

Une autre pile quarrée a pour costé de base 5, son total doit estre de 55, que l'on trouvera dans la seconde colonne vis-à-vis 5 de la premiere : le nombre total de toutes les piles quarrées se trouvera dans les deux colonnes, ayant seulement la connoissance des costez de la base.

Tous sommets de piles quarrées doivent finir par un boulet.

Il y a 19 sortes de piles quarrées dans la seconde colonne : la derniere est de 2870, vis-à-vis 20 de la premiere qui est son costé de base, ne pouvant se faire de plus grandes piles quarrées qui passent ce nombre là.

Les colonnes de la Table B marquées par 2, 3, 4, *par le som.* sont pour les piles oblongues, c'est-à-dire pour trouver le total des piles longues où le sommet finit par le nombre des chiffres qui sont au dessus de chaque colonne.

Exemple : Une pile dont le costé de base m'est connu 2, son sommet finissant par le mesme nombre 2, je trouve dans la colonne marquée 2 *par le som.* de la Table B, 8 pour le total de la pile, vis-à-vis 2 de la premiere colonne de la Table A, qui sert de costé pour toutes les piles de ces deux Tables A & B.

Une autre pile dont le costé est 6, finissant son sommet par 4 dans la colonne marquée 4 *par le som.* de la Table B, je trouve vis-à-vis 6 de la premiere colonne de la Table A 154 pour le total de la pile dont j'ignorois le nombre.

Il y a dans cette Table B 57 sortes de piles, depuis 8 jusqu'à 3500.

Dans la Table C, la premiere colonne sert toûjours de costé de base pour toutes les autres : celles qui suivent sont pour les piles longues, finissant leur sommet par 5, 6, 7, 8 & 9 ; chaque colonne donne le nombre total des piles qui finissent leurs sommets par le nombre du chiffre qui est marqué au dessus de chaque colonne.

Exemple : Je trouve une pile qui finit son sommet par 9, & qui a pour base du costé, 12 ; je regarde dans la colonne 9 vis-à-vis 12 de la premiere, je trouve 1274 pour le total que contient la pile.

L'on peut trouver dans cette Table C 95 sortes de piles, dont le total est depuis 17 jusqu'à 4550.

La Table D suivante est pour les piles longues qui finissent leurs sommets par 10, 11, 12, 13 & 14.

La premiere sert toûjours de costé de base pour toutes les piles contenuës dans chaque page.

Exemple : Je trouve une pile qui finit son sommet par 10, & qui a pour base du costé, 8 ; je regarde dans la colonne 10 des sommets, vis-à-vis 8 de la premiere, je trouve 528 pour le total de la pile.

Cette Table contient 95 sortes de piles, depuis 32 jusqu'à 5600.

On trouvera facilement toutes les autres par la mesme pratique, sans qu'il soit necessaire d'apporter d'exemple pour chaque Table en particulier.

La Table E est pour les piles 15, 16, 17, 18 & 19, & contient 95 sortes de piles, depuis 47 jusqu'à 6650.

La Table F est pour les piles 20, 21, 22, 23 & 24, & contient 95 sortes de piles, depuis 62 jusqu'à 7700.

La Table G est pour les piles 25, 26, 27, 28 & 29, & contient pareillement 95 sortes de piles, depuis 77 jusqu'à 8750.

La Table H est pour les piles 30, 31, 32, 33 & 34, & contient comme les autres 95 sortes de piles, depuis 92 jusqu'à 9800.

La Table I est pour les piles 35, 36, 37, 38 & 39, & contient de mesme 95 sortes de piles, depuis 107 jusqu'à 10850.

La Table K ne contient que 19 sortes de piles, dont le sommet est 40, c'est-à-dire, depuis 122 jusqu'à 11060. La premiere colonne marquée par 1, 2, 3, &c. servant de base comme dans les autres Tables cy-dessus.

TABLE DES PILES quarrées de Boulets. A		*Total des piles oblongues de boulets, finissant le sommet par les chiffres qui sont au dessus des colonnes de cette Table.* B		
Costé de la base des piles quarrées égales à la hauteur.	Total des piles quarrées, finissant le sommet par un boulet.	par 2 par le sommet.	par 3 par le som.	par 4 par le som.
par 2	5	8	11	14
par 3	14	20	26	32
par 4	30	40	50	60
par 5	55	70	85	100
par 6	91	112	133	154
par 7	140	168	196	224
par 8	204	240	276	312
par 9	285	330	375	420
par 10	385	440	495	550
par 11	506	572	638	704
par 12	650	728	806	884
par 13	819	910	1001	1092
par 14	1015	1120	1225	1330
par 15	1240	1360	1480	1600
par 16	1496	1632	1768	1904
par 17	1785	1938	2091	2244
par 18	2109	2280	2451	2622
par 19	2470	2660	2850	3040
par 20	2870	3080	3290	3500

Total des piles oblongues de boulets, finissant le sommet par les chiffres qui sont au dessus des colonnes de cette Table.

C

Costé de la base des piles oblongues de boulets.	par 5 par le som.	par 6 par le som.	par 7 par le som.	par 8 par le som.	par 9 par le som.
par 2	17	20	23	26	29
par 3	38	44	50	56	62
par 4	70	80	90	100	110
par 5	115	130	145	160	175
par 6	175	196	217	238	259
par 7	252	280	308	336	364
par 8	348	384	420	456	492
par 9	465	510	555	600	645
par 10	605	660	715	770	825
par 11	770	836	902	968	1034
par 12	962	1040	1118	1196	1274
par 13	1183	1274	1365	1456	1547
par 14	1435	1540	1645	1750	1855
par 15	1720	1840	1960	2080	2200
par 16	2040	2176	2312	2448	2584
par 17	2397	2550	2703	2856	3009
par 18	2793	2964	3135	3306	3477
par 19	3230	3420	3610	3800	3990
par 20	3710	3920	4130	4340	4550

Total des piles oblongues de boulets, finiſſant le ſommet par les chiffres qui ſont au deſſus des colonnes de cette Table.

D

Coſté de la baſe des piles oblongues de boulets.	par 10 par le ſom.	par 11 par le ſom.	par 12 par le ſom.	par 13 par le ſom.	par 14 par le ſom.
par 2	32	35	38	41	44
par 3	68	74	80	86	92
par 4	120	130	140	150	160
par 5	190	205	220	235	250
par 6	280	301	322	343	364
par 7	392	420	448	476	504
par 8	528	564	600	636	672
par 9	690	735	780	825	870
par 10	880	935	990	1045	1100
par 11	1100	1166	1232	1298	1364
par 12	1352	1430	1508	1586	1664
par 13	1638	1729	1820	1911	2002
par 14	1960	2065	2170	2275	2380
par 15	2320	2440	2560	2680	2800
par 16	2720	2856	2992	3128	3264
par 17	3162	3315	3468	3621	3774
par 18	3648	3819	3990	4161	4332
par 19	4180	4370	4560	4750	4940
par 20	4760	4970	5180	5390	5600

Total des piles oblongues de boulets, finissant le sommet par les chiffres qui sont au dessus des colonnes de cette Table.

E

Costé de la base des piles oblongues de boulets.	par 15 par le som.	par 16 par le som.	par 17 par le som.	par 18 par le som.	par 19 par le som.
par 2	47	50	53	56	59
par 3	98	104	110	116	122
par 4	170	180	190	200	210
par 5	265	280	295	310	325
par 6	385	406	427	448	469
par 7	532	560	588	616	644
par 8	708	744	780	816	852
par 9	915	960	1005	1050	1095
par 10	1155	1210	1265	1320	1375
par 11	1430	1496	1562	1628	1694
par 12	1742	1820	1898	1976	2054
par 13	2093	2184	2275	2366	2457
par 14	2485	2590	2695	2800	2905
par 15	2920	3040	3160	3280	3400
par 16	3400	3536	3672	3808	3944
par 17	3927	4080	4233	4386	4539
par 18	4503	4674	4845	5016	5187
par 19	5130	5320	5510	5700	5890
par 20	5810	6020	6230	6440	6650

Total des piles oblongues de boulets, finiſſant le ſommet par les chiffres qui ſont au deſſus des colonnes de cette Table.

F

Coſté de la baſe des piles oblongues de boulets.	par 20 par le ſom.	par 21 par le ſom.	par 22 par le ſom.	par 23 par le ſom.	par 24 par le ſom.
par 2	62	65	68	71	74
par 3	128	134	140	146	152
par 4	220	230	240	250	260
par 5	340	355	370	385	400
par 6	490	511	532	553	574
par 7	672	700	728	756	784
par 8	888	924	960	996	1032
par 9	1140	1185	1230	1275	1320
par 10	1430	1485	1540	1595	1650
par 11	1760	1826	1892	1958	2024
par 12	2132	2210	2288	2366	2444
par 13	2548	2639	2730	2821	2912
par 14	3010	3115	3220	3325	3430
par 15	3520	3640	3760	3880	4000
par 16	4080	4216	4352	4488	4624
par 17	4692	4845	4998	5151	5304
par 18	5358	5529	5700	5871	6042
par 19	6080	6270	6460	6650	6840
par 20	6860	7070	7280	7490	7700

Total des piles oblongues de boulets, finiſſant le ſommet par les chiffres qui ſont au deſſus des colonnes de cette Table.

G

Coſté de la baſe des piles oblongues de boulets.	par 25 par le ſom.	par 26 par le ſom.	par 27 par le ſom.	par 28 par le ſom.	par 29 par le ſom.
par 2	77	80	83	86	89
par 3	158	164	170	176	182
par 4	270	280	290	300	310
par 5	415	430	445	460	475
par 6	595	616	637	658	679
par 7	812	840	868	896	924
par 8	1068	1104	1140	1176	1212
par 9	1365	1410	1455	1500	1545
par 10	1705	1760	1815	1870	1925
par 11	2090	2156	2222	2288	2354
par 12	2522	2600	2678	2756	2834
par 13	3003	3094	3185	3276	3367
par 14	3535	3640	3745	3850	3955
par 15	4120	4240	4360	4480	4600
par 16	4760	4896	5032	5168	5304
par 17	5457	5610	5763	5916	6069
par 18	6213	6384	6555	6726	6897
par 19	7030	7220	7410	7600	7790
par 20	7910	8120	8330	8540	8750

Total des piles oblongues de boulets, finissant le sommet par les chiffres qui sont au dessus des colonnes de cette Table.

H

Costé de la base des piles oblongues de boulets.	par 30 par le som.	par 31 par le som.	par 32 par le som.	par 33 par le som.	par 34 par le som.
par 2	92	95	98	101	104
par 3	188	194	200	206	212
par 4	320	330	340	350	360
par 5	490	505	520	535	550
par 6	700	721	742	763	784
par 7	952	980	1008	1036	1064
par 8	1248	1284	1320	1356	1392
par 9	1590	1635	1680	1725	1770
par 10	1980	2035	2090	2145	2200
par 11	2420	2486	2552	2618	2684
par 12	2912	2990	3068	3146	3224
par 13	3458	3549	3640	3731	3822
par 14	4060	4165	4270	4375	4480
par 15	4720	4840	4960	5080	5200
par 16	5440	5576	5712	5848	5984
par 17	6222	6375	6528	6681	6834
par 18	7068	7239	7410	7581	7752
par 19	7790	7980	8170	8360	8550
par 20	8960	9170	9380	9590	9800

Total des piles oblongues de boulets, finiſſant le ſommet par les chiffres qui ſont au deſſus des colonnes de cette Table.

I

Coſté de la baſe des piles oblongues de boulets.	par 35 par le ſom.	par 36 par le ſom.	par 37 par le ſom.	par 38 par le ſom.	par 39 par le ſom.
par 2	107	110	113	116	119
par 3	218	224	230	236	242
par 4	370	380	390	400	410
par 5	565	580	595	610	625
par 6	805	826	847	868	889
par 7	1092	1120	1148	1176	1204
par 8	1428	1464	1500	1536	1572
par 9	1815	1860	1905	1950	1995
par 10	2255	2310	2365	2420	2475
par 11	2750	2816	2882	2948	3014
par 12	3302	3380	3458	3536	3614
par 13	3913	4004	4095	4186	4277
par 14	4585	4690	4795	4900	5005
par 15	5320	5440	5560	5680	5800
par 16	6120	6256	6392	6528	6664
par 17	6987	7140	7293	7446	7599
par 18	7923	8094	8265	8436	8607
par 19	8740	8930	9120	9310	9500
par 20	10010	10220	10430	10640	10850

Total des piles oblongues de boulets, dont le sommet finit par 40.

K

Costé de la base des piles oblongues de boulets.	par 40 par le sommet.
par 2	122
par 3	248
par 4	420
par 5	640
par 6	910
par 7	1232
par 8	1608
par 9	2040
par 10	2530
par 11	3080
par 12	3692
par 13	4368
par 14	5110
par 15	5920
par 16	6800
par 17	7752
par 18	8778
par 19	9690
par 20	11060

Table pour connoistre les superficies du costé des piles de boulets.

L

Costé de la base des piles de boulets.	Total des superficies du costé des piles de boulets.
par 2	3
par 3	6
par 4	10
par 5	15
par 6	21
par 7	28
par 8	36
par 9	45
par 10	55
par 11	66
par 12	78
par 13	91
par 14	105
par 15	120
par 16	136
par 17	153
par 18	171
par 19	190
par 20	210

Ces deux colonnes marquées L sont pour connoiſtre le total de la ſuperficie d'un coſté de pile, & le total de celles qui ont plus de 40 pour leur ſommet.

Exemple : Si je trouvois une pile qui finiſt ſon ſommet par 51, & qui euſt pour coſté de baſe 8, je regarderois dans la Table K à la colonne 40, où je trouve vis-à-vis 8 coſté de baſe, 1608 pour le total de la pile dont le ſommet finiroit par 40, & qui auroit 8 pour coſté de baſe. Mais comme il y a 11 ſuperficies depuis 40 juſqu'à 51, je regarde dans la ſeconde colonne de la Table L vis-à-vis 8 coſté de baſe connuë où je trouve 36 pour coſté de ſuperficie : je multiplie ces 36 par 11, dont le produit eſt 396 : j'ajoûte ces 396 à 1608, ce qui fait 2004 pour le total des boulets dont le ſommet finiroit par 51. La meſme choſe pourra ſe pratiquer lorſqu'il ſe trouvera des piles qui finiſſent leur ſommet au delà de 40.

Des Boulets rouges.

CE que l'on appelle Boulet rouge, eſt un boulet que l'on fait effectivement rougir pour mettre le feu dans les maiſons de la Ville que l'on attaque.

L'on creuſe une place en terre, l'on y allume une groſſe quantité de charbon de bois ou de terre.

Par deſſus, on met une forte grille de fer.

Quand ce feu eſt dans toute ſa force, l'on met les boulets ſur la grille.

Ils s'y rougiſſent en tres-peu de temps.

L'on a des tenailles ou des cuillieres de fer pour les prendre.

On les porte dans la Piece qui n'en doit point eſtre éloignée, aprés que l'on a mis de la terre glaiſe, s'il ſe peut, ſur la poudre dont la Piece eſt chargée, & que l'on l'a extrémement refoulée avec le refouloir, & ſans mettre aucun foutrage ſur le boulet : l'on met le feu à la lumiere de la Piece : le coup part, & par tout où paſſe le boulet, s'il rencontre quelques matieres combuſtibles, il les allume, & y porte l'incendie.

Il faut remarquer, que lorsque les tranchées sont devant la batterie des boulets rouges, on bourre la poudre avec du fourrage, parce que si l'on y mettoit de la terre glaise, les morceaux pourroient aller blesser & tuer les travailleurs.

Les boulets rouges ne se tirent qu'avec des Pieces de huit & de quatre, parce que si les Pieces estoient d'un plus fort calibre, les boulets seroient trop difficiles à servir.

Je ne crois pas devoir obmettre de donner icy un extrait des prix dont on convint en 1692. avec le Sieur . . . . . Proprietaire des Forges de . . . . en Champagne pour tous les Ouvrages de fer coulé qu'on y fait ordinairement fabriquer.

Il pourra servir, non seulement pour les boulets, mais encore pour les bombes, grenades, & pour toutes les sortes de ferrures qui sont propres aux affusts, soit en les prenant dans les Forges, soit en les rendant dans les Villes les plus voisines de ces Forges.

Le milier pesant de fer coulé en boulets pris dans les Forges, revient, comme il a déja esté dit, à 30ᵗᵗ

Le milier de fer coulé en bombes & grenades pris dans les Forges, à 40

Le milier de fer coulé en affusts pris dans les Forges, revient à 45

La voiture des fers coulez depuis ces Forges, jusqu'à Valenciennes, luy est payée sur le pied de 24 lieuës à raison de 15ˢ du milier pesant par chacune lieuë, qui est 18ᵗᵗ par milier; de maniere que, comprenant le prix de la voiture dans celuy des munitions,

Les boulets cousteront rendus dans Valenciennes, le milier, tous frais compris 48

Les boulets & grenades 58

Les affusts de fer coulé 63

A l'égard de la voiture par eau, qui est celle de Charlemont, elle est payée à raison de 6ᵗᵗ par chacun milier pesant.

Le fer forgé en susbandes, étriers, crochets de retraitte, & boulons pour affusts de mortiers, à raison de 3ˢ la livre rendu à Valenciennes.

Plus 200 miliers de fer battu en bandes & barreaux, dont

160

160 miliers sont de fer à la lime, & 40 miliers de fer commun, suivant les échantillons qui luy en ont esté donnez, à raison ; sçavoir, celuy à la lime, de 8ᵗᵗ 15ſ, & le fer commun, à 7ᵗᵗ 10ſ, le tout poids de Marc, voituré & rendu à Doüay.

Il est payé à mesure qu'il livre les munitions à Charlemont ou à Valenciennes, en rapportant par luy des récépissez des Gardes-Magasins d'Artillerie de ces Places, lesquels récépissez sont visez du Lieutenant qui commandera l'Artillerie en Flandres.

Il est tenu de faire la fourniture de tous ces Ouvrages, & de les faire rendre dans les Places de leur destination, suivant le marché.

On luy délivre tous les Passeports nécessaires pour l'affranchissement des droits deûs pour raison, tant du transport de ces munitions, que pour la marque du fer, & pour les matériaux servans à leur fabrication.

Il y a encore des Forges en Comté, dans lesquelles on fait fabriquer les Ouvrages qui sont destinez, tant pour les Places d'Allemagne & de Bourgogne, que pour les Places du Rhósne & de l'Isere, & mesme pour le Roussillon ; & les prix des fers coulez dans ces Forges-là, sont ceux qui suivent.

30ᵗᵗ le milier de fer coulé en boulets de 40, 36, 33, 24, 18, 16, 12, 10, 8, 6, 4.

Et 33ᵗᵗ pour les boulets du calibre de 3 $\frac{1}{2}$, de 3, de 2, & au dessous.

45ᵗᵗ les bombes & les grenades renduës à Bezançon pour l'une & l'autre Bourgogne ; à Beffort pour Brisack & les Places d'Alsace ; & à Auxonne pour Lyon & les Places de Piedmont & de Roussillon.

Prix des fers coulez rendus dans les Places, sçavoir à Auxonne, par les Fourneaux les plus voisins.

L'Entrepreneur du Fourneau d'Eschalonge paye au Maistre de la Forge, *Détail de la depense pour les Bombes.*

Pour le milier de fonte de fer pris dans son Ouvrage.. 29ᵗᵗ

Aux Potiers pour la façon d'un milier pesant en bombes 8tt

Pour l'ébarbage & le vuidage du milier pesant en bombes 1

Pour les arbres, lances, clouds, terre & sable . . . 2

Pour le charbon servant à cuire les chappes & noyaux, par chaque milier 2

Pour la voiture du fourneau sur le Port, par milier. 10f

Et par eau de là à Auxonne, le milier revient à . . 1 10f

44tt

L'Entrepreneur paye,

Détail de la dépense pour les Boulets.

POur la fonte prise dans l'Ouvrage 29tt

Pour la façon par milier 3

Pour la voiture du Fourneau d'Eschalonge à Auxonne, tant par eau que par terre 2

Le milier pesant de boulets revient donc à 34tt

Les fers coulez qui sont à la forge de Levilly reviennent à 30f plus que ceux de la Forge d'Eschalonge, à cause de la voiture qui couste 40f de plus estant 2 lieuës loin de la riviere : si-bien que le milier pesant de bombes rendu à Auxonne, revient à . . 45 10f

Le milier en boulets 35 10f

Les deux Fourneaux cy-dessus sont les lieux où l'Entrepreneur a le meilleur marché, à cause de la facilité des voitures : l'on les prend pour les fers coulez de la Marine.

Les fers coulez qui se font au Fourneau d'Igny, se payent tant pour la fonte que la façon, comme il a esté dit, & augmentent à cause de la plus grande distance d'Auxonne, de 15f par milier : si-bien que le milier de bombes revient à 46 5f

Le milier de boulets à 36 5f

Le prix des fers coulez qui se sont faits au Fourneau de Notvesein ne sont pas réglez, parce que le Maistre de ce Fourneau veut avoir 36tt du milier de la fonte en boulets sans sa façon, ni la voiture, le Fourneau estant à 12 lieuës d'Auxonne.

Sur ce pied-là le milier pesant en boulets reviendroit à plus de 40ᵗᵗ

A Bezançon.

LEs Fourneaux les plus voisins de Bezançon sont, Sortant, Moulin & Marsem.

La fonte & façon tant de bombes que de boulets comme dessus, & la voiture par terre jusqu'à Bezançon, le milier pesant de bombes revient rendu à Bezançon à 46ᵗᵗ 10ˢ

Le milier pesant de boulets à 34 10ˢ

Les fers coulez qui se font au Fourneau de Lonlan, Lorian & Montagné, qui se voiturent à Bezançon, s'augmentent à cause des voitures.

Le milier pesant en bombes revient à 47 10ˢ

Et les boulets à 37 10ˢ

A Belfort.

TOus les fers coulez qui se font dans les Forges, c'est-à-dire de Lonlan, Lorian & Montagné qui sont destinez pour Belfort, reviennent à beaucoup plus à cause de la grande distance de 10 ou 11 lieuës.

Le milier pesant en bombes rendu à Belfort, revient à 49ᵗᵗ

Le milier pesant en boulets à 35 10ˢ

En 1690. M. le Marquis de la Frezeliere fit marché avec des Maistres de Forges de Lorraine & de Champagne pour reprendre dans quelques Places de son département tous les vieux fers coulez de nul service, en vieilles bombes & grenades, vieilles pieces de canon, & boulets défectueux, & les remplacer de fers coulez neufs & de service, en boulets, bombes & grenades, à raison de 1ˡ de neuf contre 3ˡ de vieux.

Et de reprendre aussi tous les vieux fers battus, consistans tant en ferrures d'affusts à mortiers, qu'autres, & de les remplacer par des fers battus neufs, tant en autres ferrures d'affusts, qu'en fleaux à peser avec platteaux, chaisnes & poids, à raison de 1^l de fer battu neuf, pour 2^l de vieux.

On ne se repose pas toujours sur le seul soin des Maistres de Forges pour les Ouvrages qu'ils font couler dans leurs fourneaux: Messieurs les Lieutenans y envoyent des Officiers d'Artillerie pour veiller à la bonne construction & fabrication des munitions, & pour faire faire diligence.

Ils servent aussi beaucoup à faire observer l'œconomie pour la dépense qui se fait à ces sortes d'Ouvrages: Et parce qu'il est peu d'Officiers qui en ayent une pleine connoissance, & qu'il est neanmoins necessaire qu'ils en soient instruits pour pouvoir servir plus utilement dans ces Forges, supposé qu'ils y soient envoyez, j'ay fait répondre par un des plus habiles hommes que nous ayons en fait d'Ouvrages de fers coulez, un Memoire par articles, des questions que l'on peut faire là-dessus, & l'on le voit icy naturellement comme il a esté donné, & comme il a esté répondu.

Demandes.	*Réponses.*
CE que je demande sur les Forges, est de sçavoir où se prend la Mine de fer.	ELle se trouve dans la terre en differens endroits, & est de differentes natures: il y a des Mines en pierres, les autres en grains comme de la navette.
Comment elle se ramasse, & par quelles gens.	Il y a des hommes stilez à la trouver & ramasser, lesquels la lavent aux fontaines les plus prochaines & la rendent pure; celle qui est en pierre, on la brûle avant que de la mettre dans le fourneau.
Combien on leur donne par jour.	Ordinairement on leur paye pour tirer & laver 30^{tt} du cent de tonneaux, mesure ou jauge de Reims.

Comment elle se voiture aux fourneaux.

Elle se voiture suivant les lieux, aux uns par bourriques & mulets, aux autres où le terrain est plus facile, par tombereaux, & l'on les paye suivant la distance des lavoirs aux fourneaux.

Ce que l'on en fait quand elle est arrivée.

On la met en moye ou tas prés la charge du fourneau.

Comment & où l'on la fond.

Elle se fond dans le fourneau où l'on la met par proportion sur le charbon par chaque heure : on met dans le fourneau trois poinçons de charbon, & deux tiers d'un poinçon de mine.

Combien de temps il faut qu'un fourneau chauffe.

Le fourneau est en feu trois jours avant que de commencer à couler du fer ; & quand il est en train, l'on coule ordinairement trois miliers de fer en 24 heures.

Combien de miliers il contient.

Il contient ordinairement deux miliers, & quand il est plein, on coule la gueuse ou d'autres ouvrages.

Si l'on ne met point quelques drogues dans le fourneau en fondant la mine.

On y met de la castine, il y en a où il se trouve de la mine dedans qui est la meilleure ; & aux lieux où il n'y a point de celle-là on se sert de greve de riviere ou de pierre à faire de la chaux, elle se met sur le charbon, environ la quinziéme partie de la mine.

Combien il faut d'hommes pour faire une fonte.

Il faut pour charger un fourneau, deux hommes qui gagnent par jour chacun 10 s.

Combien ils gagnent.

Il faut un Fondeur qui gagne 20 s par jour ; un Garde qui gagne 15 s, un Meneur de lettain, qui est la crasse qui sort du fourneau, qui gagne 10 s.

Combien de voyes de bois s'y employent.

On ne se sert de bois que réduit en charbon, il s'en use par jour trois voitures de chacune vingt poinçons ; pour les faire il faut 16 cordes de bois de 5 pieds de hauteur, & 7 de large, la longueur du bois est de 3 pieds & $\frac{1}{2}$.

Si le fer fondu se met en gueuse ou en ouvrages.

On l'employe en gueuse d'environ 1600 jusqu'à 2000 l pesant. Si l'on le veut en ouvrage, on le prend tout liquide dans le fourneau avec des cuillieres de fer battu.

Ce que c'est qu'une gueuse.

C'est un lingot d'environ 15 pieds de longueur en équierre, de trois faces d'environ 9 pouces chaque face.

Si l'on la refond pour en faire des ouvrages.

On la fond dans une affinerie, mais pas si liquide qu'elle sort du fourneau pour en faire du fer battu : la gueuse ne sert que pour faire du fer battu.

Tout ce que l'on observe pour parvenir à couler des boulets.

On affine la fonte plus que pour la gueuse, c'est-à-dire qu'on met moins de mine sur le charbon dans le fourneau.

Comment leurs coquilles sont faites.

On prépare des coquilles de fer coulé suivant les calibres ; on ne fait des noyaux pour les boulets que pour faire les co-

Comment les noyaux sont faits pour les coquilles.

quilles, lesquels noyaux sont de la grosseur qu'on veut les boulets.

Leur matiere & leur disposition.

A l'égard des bombes, grenades & boulets creux, on fait des noyaux de terre bien battus & bien choisis, suivant le vuide qu'on veut donner à la bombe, à la grenade, & au boulet creux, & sur ce noyau on y ajoûte d'une autre terre plus douce de l'épaisseur qu'on veut que la bombe soit, & ensuite on y fait une chappe de terre plus forte, aprés quoy l'on oste la terre qui sert pour l'épaisseur, & l'on rejoint la chappe sur le noyau, & l'on le coule, l'on suspend le noyau dans la chappe par un arbre de fer qui passe par la bouche.

Autant pour les bombes & grenades.

Autant pour les affusts de fer.

On moulle les affusts sur des affusts de bois, & quand la chappe est faite & bien sechée, on l'enterre aprés avoir osté le moulle de bois, & l'on lâche le fer comme la gueuse.

Autant pour les boulets creux.

Pour les boulets creux, voyez comme pour les bombes.

Autant pour les Pieces de fer qui se coulent dans les Forges pour servir aux affusts de bois.

Le fer qui sert aux affusts de bois est fer battu & forgé sous le marteau, qui provient des gueuses aprés avoir esté affiné à l'affinerie.

Les noms des outils qui servent aux fourneaux.

Sont des Ringards, Pelles de fer pour tirer la crasse, Crochart qui est un gros crochet plat, un autre petit Crochet rond, une Plaquette qui est une petite pelle unie d'environ trois pouces en longueur & deux en largeur, pour entretenir la Thuyere.

Le prix des munitions.

Sur le Fourneau les boulets à raison de 30 ₶ du milier.

Des bombes, grenades, boulets creux, 40 ₶, les affusts 45 ₶.

Les noms differents que l'on donne aux Ouvriers employez à tous ces ouvrages, chacun suivant leurs fonctions, comme Potiers, Fondeurs, &c.

Ce sont Fondeurs, Chargeurs, Garde-meneur de lettain ou crasse pour la Forge, Affineur, Valets d'Affineur, Marteleur, Chauffeur, & Goujat.

Pour les ouvrages de fer coulé en poterie ou munitions, un Maistre Potier & ses Valets, comme il est dit cy-devant pour le Fourneau; mais pour la Forge ordinaire, deux Affineurs & deux Valets, un Marteleur, deux Chauffeurs & un Goujat.

Comment s'allesent les Ouvrages qui en ont besoin.

On les fore avec des forets plats à proportion de la bouche, & aprés on les cure avec des crochets plats.

Comment s'ébarbent les boulets, les bombes & les grenades.

On ébarbe les bombes & les boulets de mesme avec des marteaux à main bien acerez.

Et avec ces éclaircissemens j'aurois extrémement desiré d'avoir quelque veuës des Forges & Fourneaux.

Il y a differentes situations de Forges & Fourneaux, d'autant qu'il y en a qui sont prés des Mines éloignées des charbons,

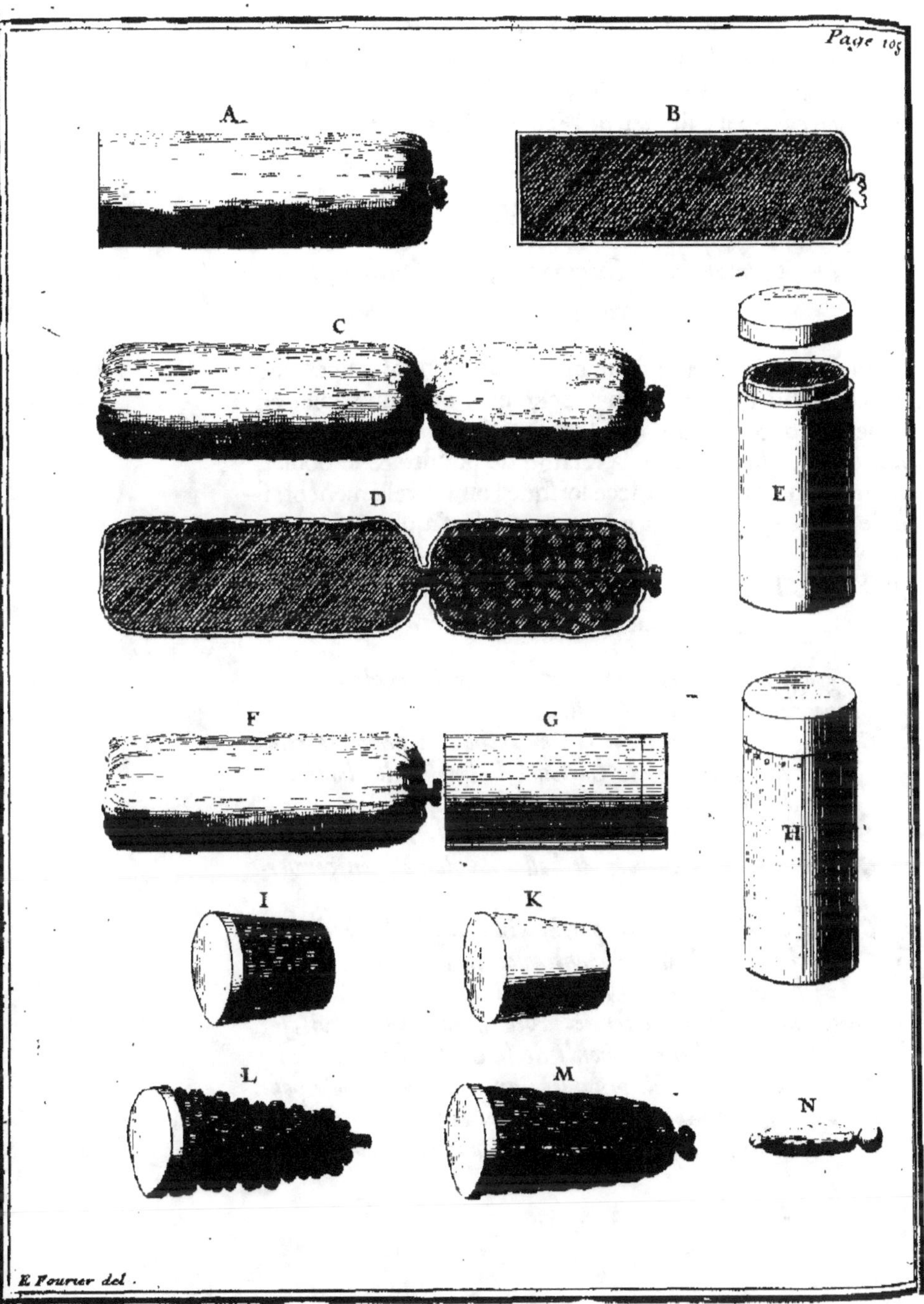
A.
B
C
D
E
F
G
H
I
K
L
M
N
E. Fourier del.

bons, les autres prés des charbons éloignez des Mines, d'autres qui ont les charbons & la Mine auprés, qui sont les meilleures, en cas qu'il y ait bien de l'eau pour les faire travailler.

Titre IV.

Des Cartouches, Gargouges, Gargouches, ou Gargousses.

On se sert indifferemment de ces mots pour signifier une espece de boëste faite d'un parchemin, ou d'un papier en plusieurs doubles, ou d'une feüille de fer blanc, ou mesme de bois, qui renferme la charge de poudre & le boulet, & qui se met dans une Piece lorsque l'on est tellement pressé de tirer, que l'on n'a pas le temps de s'ajuster.

EXPLICATION DE LA FIGURE des Cartouches & Gargouges.

A *Gargouge de toile qui ne contient que de la poudre.*

B *Coupe de la Gargouge de toile.*

C *Gargouge de toile portant sa Cartouche, la premiere remplie de poudre, & la Cartouche remplie de plomb, de clouds, ou d'autre mitraille.*

D *Coupe de la Gargouge de toile & de sa Cartouche chargée.*

E *Cartouche de bois chargée de balles de plomb, son couvercle separé.*

F *Gargouge de papier ou de parchemin chargée de poudre.*

G *Cartouche de fer blanc fermant avec un couvercle, chargée de balles de plomb, & de mitraille.*

H *Cartouche de fer blanc fermée avec un tampon de bois, sur lequel s'attachent les bords de la Cartouche.*

I *Cartouche à pomme de pin qui a un platteau de bois pour base, & un boulet de mediocre calibre placé dessus, semé de balles de plomb trempées dans de la poix ou du gaudron.*

K *Chemise de toile pour cette Cartouche.*

L *Cartouche à grappe de raisin, dont la base est un platteau de bois qui porte dans son milieu un noyau de bois, autour duquel s'arrangent sur le gaudron ou sur la poix bon nombre de balles de plomb.*

M *La mesme Cartouche couverte d'un raiseau pour contenir les balles de plomb, & empescher qu'elles ne tombent.*

N *Cartouche à mousquetaire chargée de poudre & portant sa balle de plomb au bout: ce qui arreste cette balle est une petite queuë de plomb qui y a esté laissée en la coulant dans le moulle.*

Sa longueur sans la balle est de quatre calibres de la balle.

Il faut remarquer, que quand on tire à Gargouges & à Cartouches, on embresse la Piece sur son affust, afin qu'elle soit toûjours à la mesme hauteur.

Quand on n'y met pas le boulet, l'on y met des balles de plomb, des clouds, des chaisnes, & de la mitraille de fer, afin que le coup écarte davantage.

Sur tout, les Cartouches à grappes de raisin qui sont des balles de plomb jointes avec de la poix, enfermées d'une toile claire, & disposées sur une petite planche en forme piramidale, autour d'un piquet de bois qui s'éleve du milieu de la planche, sont d'une grande utilité dans un combat ou dans une bataille.

Il y a des moulles de bois dont on se sert pour serrer ces Gargouges & Cartouches, afin de pouvoir les faire avec plus de propreté & de justesse.

On fait aussi des Cartouches à mousquetaires qui portent la charge de poudre & la balle au bout, & le soldat n'a autre chose à faire quand il veut charger son fusil ou son mousquet, que de déchirer avec la dent cette Cartouche qui est tres-bien collée par tout, par le bout qui doit répondre à la lumiere & au bassinet du canon du fusil ou du mousquet où il amorce, & cette invention abrege beaucoup de temps.

Il faut encore observer, que, quoy-que bien des Officiers

& des Auteurs mesme fort habiles, confondent la Cartouche avec la Gargouge : il est certain neanmoins que l'usage nous apprend que la Gargouge ne doit s'entendre que de ce qui renferme la poudre seule.

Et que la cartouche est ce qui renferme les clouds, chaisnes, balles de plomb, & autres mitrailles & ferrailles que l'on met dans la Piece au lieu de boulet, soit sur une bresche ou sur un retranchement, soit lorsque l'on se trouve prés des Ennemis dans une bataille. On dit alors tirer à Cartouche.

Explication plus ample de la Gargouge, & de la Cartouche.

Gargouges.

LEs Gargouges sont de papier, parchemin, ou toile ; les meilleures & les plus seûres sont celles qui sont faites de parchemin, parce que le feu ne s'y attache point ; le parchemin ne fait que griller sans s'attacher à la Piece ; le papier & la toile ont cette incommodité, qu'ils laissent presque toûjours quelque lambeau accroché au métail de l'ame de la Piece avec du feu, ce qui a souvent causé de fort fâcheux accidens, & ordinairement ces sortes de malheurs arrivent quand on est prés de l'Ennemi & pressé ; car quand il faut servir une Piece, les Canoniers négligent d'écouvillonner ; la nouvelle Gargouge que l'on fourre dans la Piece rencontrant ce papier ou cette toile allumée, prend feu, & en ressortant de la Piece, brise avec la hampe de la lanterne ou de l'écouvillon, les bras & les jambes de ceux qui chargent, & les tuë fort souvent.

Lorsque l'on sera obligé de se servir de papier ou de toile dans l'occasion, il ne faut pas oublier d'écouvillonner à chaque coup, & de celle de parchemin de trois en trois coups.

La longueur des Gargouges sera de 4 calibres de la Piece où elles devront servir, dont un demi calibre servira à fermer le cul, & un autre pour fermer le dessus quand la poudre y sera, qui doit estre la charge ordinaire du canon ; celles de parchemin ne feront qu'un tour avec un peu plus de largeur pour la cousture, elles seront trempées dans le vinaigre, afin de les coudre plus facilement: à celles de toile la largeur de la cousture doit estre en dedans la Gargouge, les ourlets seront froncez avec de la ficelle.

Cartouches.

L'On pourra à celles de toile laisser deux calibres de plus au dessus de ce qui sera froncé estant pleines de poudre; cela sert à y mettre des balles de plomb ou de la mitraille, le tout bien fermé; l'on en pourra faire autant avec le parchemin, & alors elles se nomment Cartouches; elles sont bonnes pour tirer promptement & de prés. Quand on pourra avoir des Cartouches de fer blanc, elles vaudront mieux, elles portent plus loin, elles auront de longueur un calibre demi-quart, le diametre comme les Gargouges, fermées par un bout de fer blanc ainsi qu'une mesure; & lors qu'on aura rempli la Cartouche de balles à la hauteur d'un calibre, l'on y fera entrer un tampon de bois long d'un demi calibre, sur lequel vous attacherez avec des clouds les bords de la Cartouche. En les fourant dans l'ame des Pieces il faudra prendre garde que le costé du tampon soit mis le premier dans la Piece.

L'on fait encore des Cartouches en pommes de pin; c'est un boulet de mesme fer que les autres qui fait le noyau de la Cartouche, sa figure est en piramide ronde, la base est égale au calibre d'un boulet proposé pour la Piece avec laquelle on voudra la tirer, sa hauteur est d'un calibre & demi, on le trempe dans la poix gaudronnée, ensuite on le roule sur des balles de plomb, & quand il est bien couvert de balles de plomb, on le trempe dans le mesme gaudron, aprés quoy l'on peut s'en servir en poussant le gros bout devant dans la Piece.

Mais les Cartouches de fer blanc vallent mieux sur terre, & coustent moins de temps à faire; les pommes de pin sont bonnes pour tirer sur mer, car outre que les balles qui y sont attachées, en s'écartant blessent bien des gens sur le grand pont, le noyau fait encore bien du fracas où il touche.

L'on pourra aussi remplir les Cartouches de fer blanc de toutes sortes d'especes de ferrailles ; si l'on manque de matieres dans les occasions pour faire des Gargouges & Cartouches, l'on pourra charger le Canon à l'ordinaire, & y mettre par dessus le fourrage, de la ferraille, des balles de plomb ou des petits boulets, mesme jusqu'à de petits cailloux ronds : de cette façon les Pieces en souffriront davantage, mais dans l'occasion le genie doit suppléer au deffaut de ce qui manque.

L'on peut remarquer par toutes ces manieres differentes de Gargouges & de Cartouches, que le boulet creux dont nous avons parlé au Titre des Boulets, est aussi une espece de Cartouche. Mais quoy-qu'il y ait divers sentimens sur sa longueur, & sur la poudre & la mitraille ou le plomb dont il doit estre rempli, supposé que l'on veüille s'en servir, la plus commune opinion est, que, quand on a inventé ces sortes de boulets, on a eû en veuë, & la premiere intention a esté, de les faire entrer dans l'épaisseur du mur d'une fortification, afin qu'ils peûssent y faire, comme on l'a déja dit, l'effet d'une fougasse. Sur ce pied les boulets du calibre de vingt-quatre doivent estre de 2 calibres & $\frac{1}{2}$ ou environ de hauteur.

Ils sont d'une égale épaisseur par tout, c'est-à-dire de 12 lignes.

Ils sont ouverts par le culot de presque toute la largeur du boulet.

L'autre bout est seulement ouvert dans le milieu de 11 à 12 lignes avec un écrou pour recevoir une fusée de cuivre à vis.

Depuis cette lumiere jusqu'à un calibre de hauteur, c'est un vuide destiné pour y renfermer toute la poudre qui y peut contenir, & à cet endroit il y a une séparation de fer que l'on y a faite exprés en coulant le boulet.

Depuis cette séparation jusqu'au bas du boulet, est un espace vuide où l'on coule du plomb fondu pour rendre le boulet plus pesant ; & afin que ce plomb ne ressorte pas aisément du boulet, il y a plusieurs raisneûres ou entailles de fer qui regnent tout autour & par le dedans du culot où le plomb fondu s'engage & se trouve forcé de rester. De maniere qu'il se peut bien faire que ce plomb & la poudre fassent le poids de 25^{l}, comme on l'a déja remarqué.

J'ay observé cependant dans un boulet creux du calibre de trente-trois, que pour éviter la dépense d'une partie du plomb, on avoit coulé le culot tout d'une piece avec le boulet, en sorte que l'épaisseur du fer du culot occupoit la hauteur d'un calibre, & le surplus qui estoit vuide, avoit 2 calibres de hauteur & sans séparation, ce qui donnoit 3 calibres de hauteur en tout au boulet creux, & ce boulet de trente-trois pese seul 109^{l}.

Sa conçavité contenoit 37^{l} de plomb en balles de vingt-deux à vingt-quatre à la livre, d'où l'on peut conjécturer que ce plomb estant fondu, il y seroit encore resté un vuide considérable pour la poudre qu'on y auroit voulu faire entrer.

TITRE V.

Des Affusts.

NOus voicy aux Affusts, qui est une des choses de l'Artillerie à laquelle il faut davantage s'attacher, parce que de là dépend tout le service des Pieces, qui sans affust ne sçauroient s'executer avec facilité, & demeureroient entierement inutiles dans un Siege.

Il y a de plusieurs sortes d'affusts.

Ceux de Place, appellez aussi bastards ou marins, à basses roulettes.

Ceux de Place, à hauts roüages.

Ceux de Marine, faits à l'imitation des affusts dont on se sert sur les Vaisseaux.

Et ceux qui servent en Campagne, qui sont encore de deux sortes, les uns à l'ancienne maniere, les autres de la nouvelle invention.

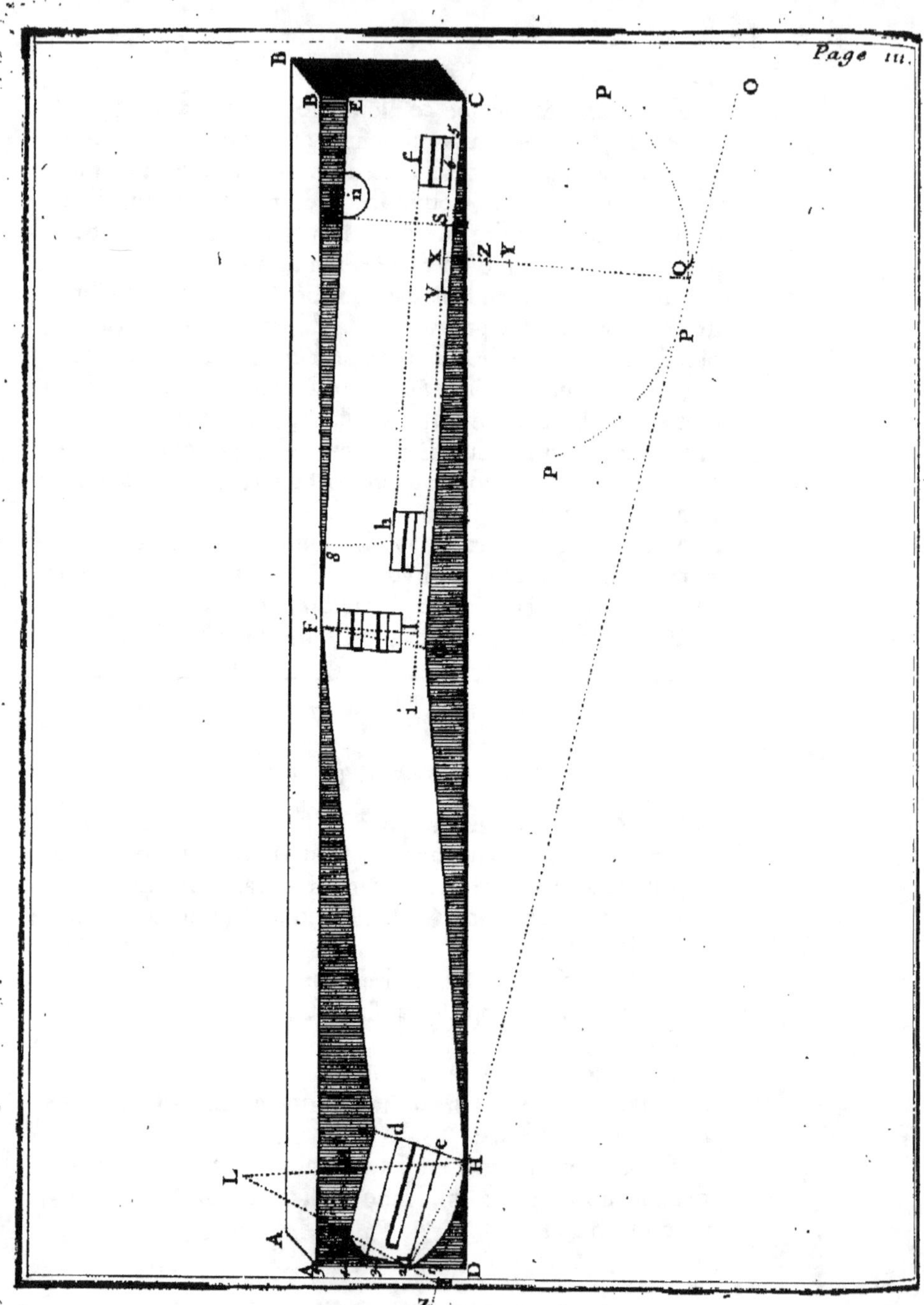
A
B
B
E
C
D
L
H
d
e
F
g
h
i
n
f
S
X
V
Z
Y
Q
P
P
P
O
N

Commençons par ceux de Campagne à l'ancienne maniere, ils nous donneront une idée plus ample de tous les autres, & nous connoistrons mieux ce qui en fera la difference. Mais disons auparavant qu'il est des regles générales que l'on peut suivre pour faire des affusts de tous calibres: l'instruction que l'on va lire, & la figure qui y est jointe, pourront beaucoup servir pour faciliter à un Officier le moyen de tracer un flasque d'affust en quelque endroit où il se trouve, & de se faire entendre à quelque Charpentier ou Charron que ce soit, mesme n'ayant nulle connoissance des Ouvrages d'Artillerie.

Trait général des Flasques pour toutes sortes de calibres.

SUpposant premierement que l'on ait un madrier ABCD dont la largeur AA & BB soit égale à l'épaisseur que doit avoir le flasque depuis la teste jusqu'au ceintre, on tracera le flasque en cette maniere. On marquera d'abord sur le costé CB la teste CE qui est de trois calibres, & ajoûtant sur une ligne droite la ligne CE, la distance des tourillons à la plattebande de la culasse, le bouton & la moitié de la largeur de l'entretoise de mire, on aura une ligne dont on prendra la grandeur pour marquer du point E le point F sur AB.

Du point C comme centre & de l'intervalle GF on décrira l'arc FG, on marquera FG de deux pouces moindre que CE, & l'on menera CG.

On fera ER égale à EC, & du point R on abaissera RT perpendiculaire à CG, on y prendra TS égale à l'entaille de l'essieu, & SV à la largeur de l'essieu que l'on coupera en deux également en X, duquel point on abaissera la perpendiculaire XQ sur laquelle on prendra XY égale à la hauteur de l'essieu, & ZY égale au demi-diametre du bout de l'essieu Z comme centre, & de l'intervalle du rayon de la rouë on fera l'arc PPP qui coupera XQ en Q.

On divisera ensuite AD en 5. parties égales & du point

I qui eſt la ſeconde diviſion, on menera IH aprés avoir marqué le point H ſur DC en ſorte que IH ſoit égale à la longueur que doit avoir la croſſe.

Au point I on éleveta IL perpendiculaire à IH & au point HHL perpendiculaire à GH menée du point G au point H, le point M milieu de HL ſera le centre de l'arc IH, auquel à l'arc PPP on menera la tangente NO.

Du point d'attouchement P comme centre & de l'intervalle PH on décrira l'arc H*a*, le point *a* diſtant de H de deux pouces moins qu'au ceintre, ou quatre moins qu'à la teſte CE, & on menera *ab* parallele à NO, ou pour le mieux on fera l'eſpace *qb* plus grand que H*a* d'un pouce, & on menera par le point I, *ib* perpendiculaire à *ab*.

Du point I on prendra I*c* égale à l'épaiſſeur de l'entretoiſe de lunette qui ſe tracera parallele à *ab* ſuivant ſes proportions.

Pour l'entretoiſe de mire on abaiſſera la perpendiculaire F*l* à GC, plaçant cette entretoiſe en ſorte que la ligne F*l* ſe trouve au milieu de ſa largeur, & que le milieu de ſa hauteur ſoit auſſi le milieu de F*l*.

Pour les entretoiſes de couche & de vollée on menera *is* parallele à GC de la diſtance de TS, & *bf* parallele à *is* de la diſtance de l'épaiſſeur de l'entretoiſe, le point *6* ſe prendra également diſtant de la teſte CE & de l'eſſieu, aprés quoy il ſera facile de placer l'entretoiſe de vollée, mais pour celle de couche du point R & de l'intervalle des tourillons à la plattebande, on fera l'arc *8h*, le point *h* déterminera le milieu de cette entretoiſe.

Maintenant pour le lieu des tourillons on prendra R*m* égale au demi-diametre du tourillon, & l'on abaiſſera *mn* perpendiculaire à FE & d'un pouce de long, & le point *n* ſera le centre du tourillon.

Enfin on arrondira le flaſque à la teſte en F & en C à diſcretion, & à la croſſe en *b*, & le flaſque ſera entierement tracé.

FIGURE

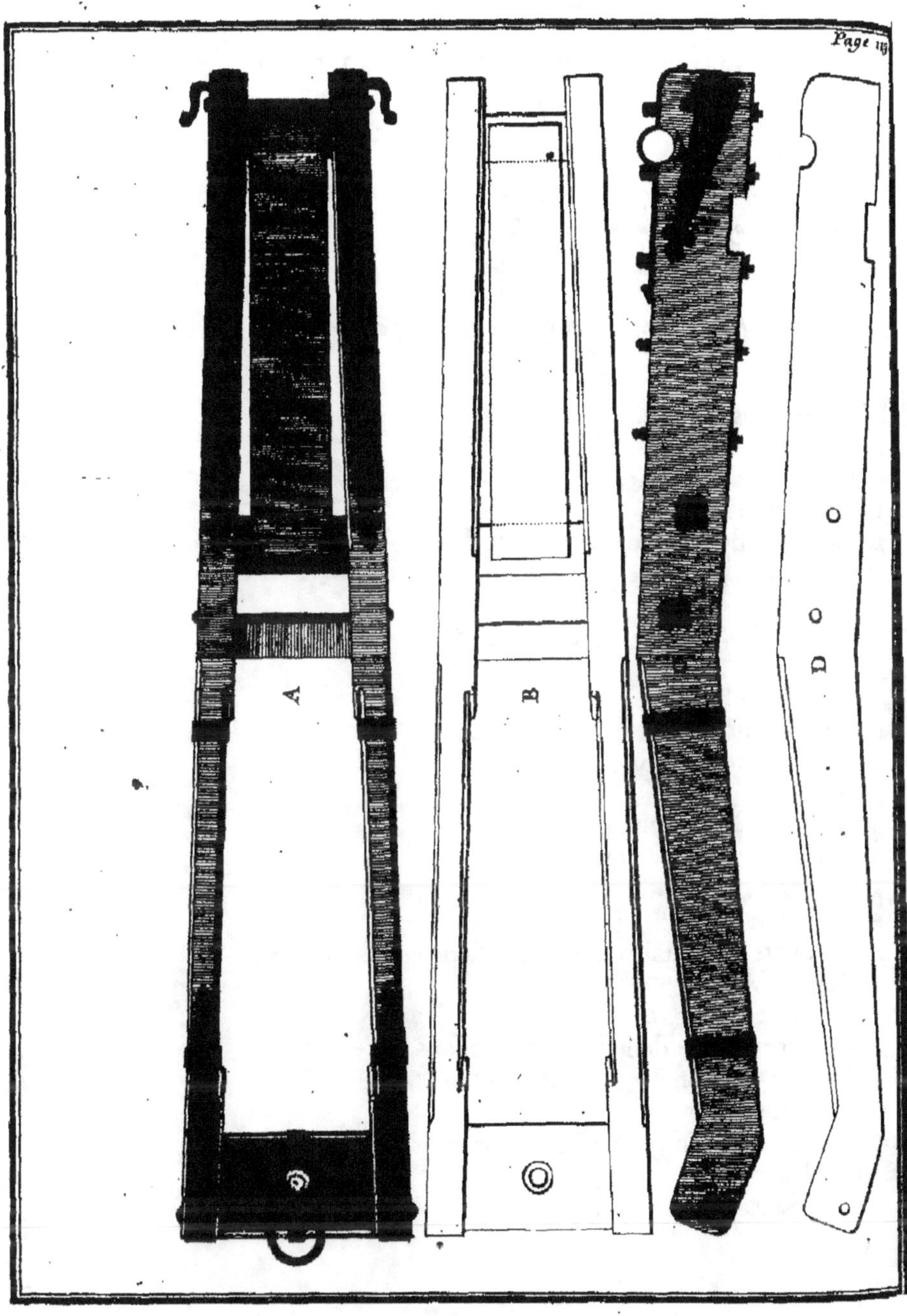
A
B
D

FIGURE DU CORPS D'UN AFFUST de Campagne.

A *Plan de l'affust avec sa ferrure.*
B *Plan du bois de l'affust sans ferrure.*
C *Flasque ou costé de l'affust avec sa ferrure.*
D *Flasque ou costé de l'affust sans ferrure.*

Les bois nécessaires pour construire un corps d'Affust, sont

DEux flasques d'orme.
L'entretoise de vollée.
L'entretoise de couche.
L'entretoise de mire.
L'entretoise de lunette ou du bout d'affust.
Une semelle de chesne.

Ferrures du corps de l'Affust.

DEux heurtoirs.
2 Contreheurtoirs,
2 Sous-contreheurtoirs.
2 Susbandes.
4 Chevilles à teste platte.
4 Chevilles à teste de diamant.
4 Boulons.
6 Contreriveûres.
2 Crochets de retraitte servant aussi de contreriveûres.
4 Bouts d'Affusts.
2 Liens de Flasques.
2 Lunettes, l'une dessus, l'autre dessous.
1 Anneau d'embreslage & son boulon.
16 Clavettes.
406 Clouds, sçavoir 330 à teste de diamant, & 76 à teste platte.

Les bois qui entrent ſur chacune des deux roüës, ou qui y ſervent, ſont

UN Eſſieu d'orme.
1 Moyeu d'orme.
6 Jantes d'orme.
12 Rais de cheſne.
6 Goujons de cheſne.

Ferrure de l'Eſſieu.

DEux Equignons.
1 Maille.
5 Brebans.
2 Heurtequins.
2 Eſtriers.
2 Anneaux de bout d'eſſieu.
2 Eſſes avec leurs clavettes.
2 Sayes.

La ferrure de chacune des deux roüës d'Affuſts.

SIx bandes de roüës.
60 Clouds pour les bandes, c'eſt-à-dire 10 clouds à chaçune.
6 Liens ſimples.
6 Liens doubles.
18 Chevilles de liens.
2 Cordons.
2 Frettes.
16 Caboches.
2 Emboëſtures de fonte ou de fer avec leurs tenons.
6 Crampons d'emboëſtures.
Le tenon de l'emboëſture.

Ce n'eſt point aſſez de ſçavoir les noms de toutes ces parties, ſi l'on n'en connoiſt la figure.

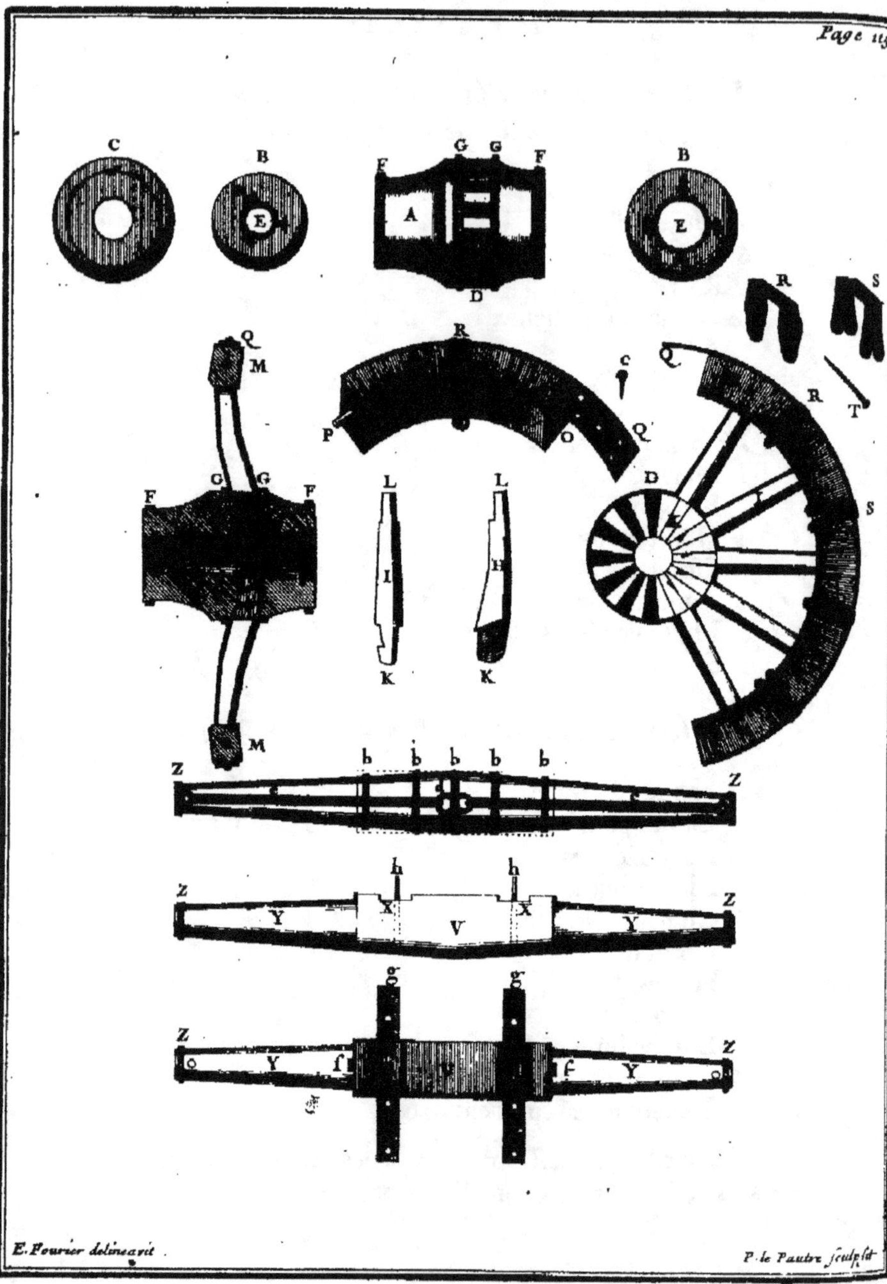
Page 115
C
B
E
G G
F F
A
D
B
E
R S
Q
M
R
P
c
Q
O
R
T
D
S
F G G F
L L
I H
K K
M
b b b b b
Z Z
h h
Z Z
Y X V X Y
g g
Z Z
Y f V f Y
E. Fourier delineavit
P. le Pautre sculpsit

EXPLICATION DE LA FIGURE
de la coupe d'une rouë d'Affust.

A *Moyeu.*
B *Diametre du gros & du petit bout.*
C *Le diametre du bouge.*
D *Mortoises où se placent les rais.*
E *Les grande & petite emboëstures qui s'appellent communément boëstes.*
F *Les deux frettes.*
G *Les deux cordons.*
H *Le costé du dedans des rais.*
I *Face du derriere des rais.*
K *La patte des rais aves son crochet.*
L *La broche qui entre dans la jante.*
M *La jante.*
N *Mortoise de la jante.*
O *Le trou du goujon.*
P *Goujon.*
Q *Bande de rouë.*
R *Lien simple.*
S *Lien double.*
T *Cheville de lien.*
V *Le corps de l'essieu.*
X *L'encastrement de l'affust.*
Y *Les fusées.*
Z *Anneau d'essieu.*

a *Crampon de tenon d'emboëstures.*
b *Brebans.*
c *Clouds de rouës.*
d *Maille pour tenir les equignons.*
e *Equignons.*
f *Heurtequin.*
g *Branches des étriers.*
h *Sayes.*

EXPLICATION DE LA FIGURE qui fait voir comme sont faites les ferrures qui entrent sur le corps & sur les roües d'un Affust.

A *Bande du bout-d'affust.*
B *Bande de la teste d'affust.*
C *Lien d'affust.*
D *Contreheurtoir.*
E *Sous-contreheurtoir.*
F *Boulons.*
G *Chevilles à teste de diamant.*
H *Chevilles à teste platte.*
I *Heurtoir.*
K *Susbande.*
L *Estrier.*
M *Plaque de la lunette.*
N *Contreplaque de lunette.*
O *Contreriveûres.*
P *Heurtequins.*
Q *Maille qui tient les deux équignons accrochez.*
R *Crochet de retraitte.*
S *Anneau d'embreslage avec son boulon.*
T *Equignon.*
V *Brabans.*
X *Crampon.*
Y *Anneau du bout d'essieu.*

a *Lien simple.*
b *Lien double.*
c *Frettes.*
d *Cordon.*
e *Bande de roüe.*
f *Boëste du gros bout.*
g *Boëste du menu bout.*
h *Grande & petite caboches.*
i *Petits clouds.*
k *Clouds à teste de diamant.*
l *Esse.*
m *Clavette.*
n *Clef de lien.*
o *Saye.*

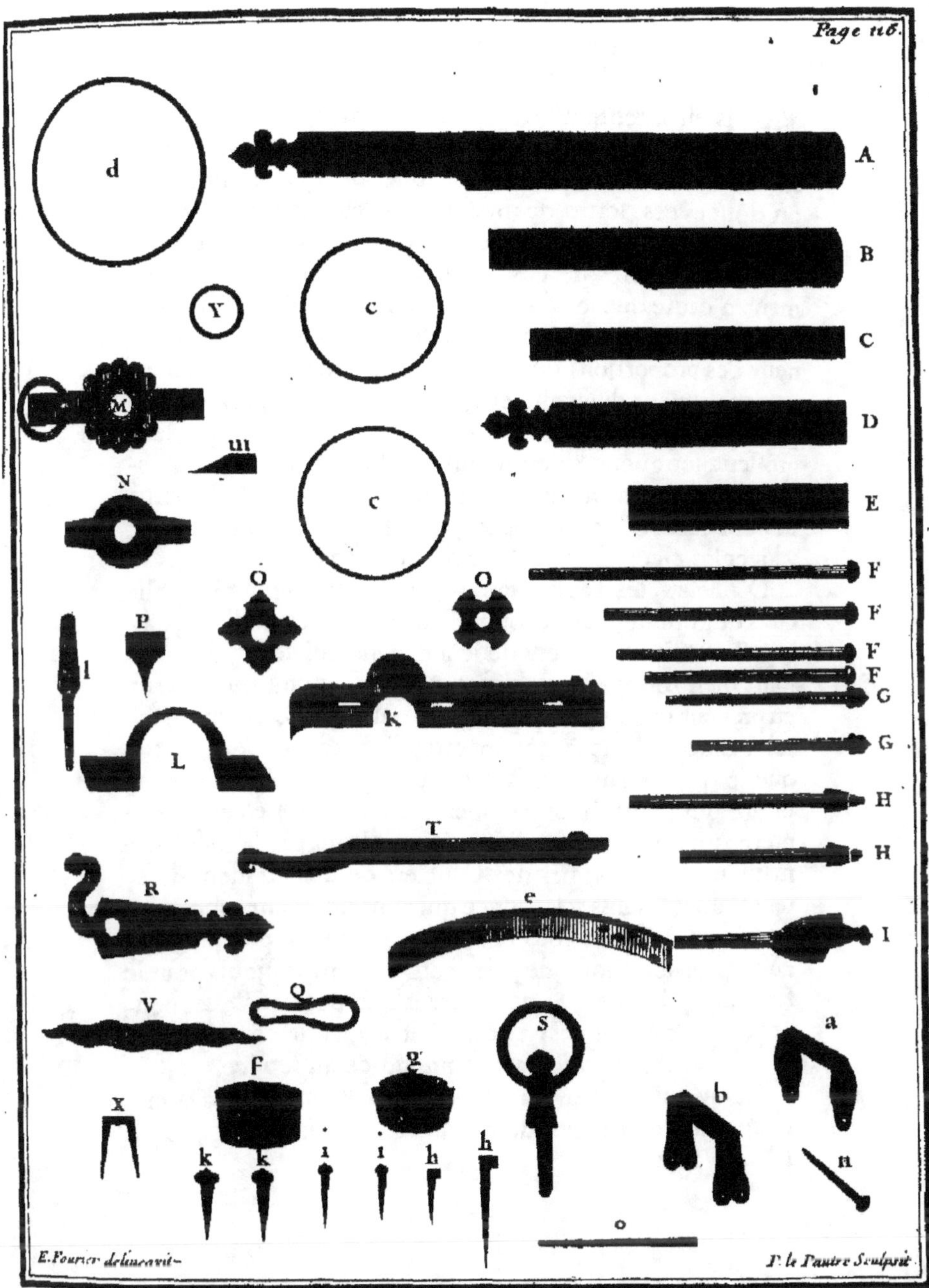
E. Fourier delineavit
P. le Pautre Sculpsit

J'Avois eû intention de donner icy par de simples Tables les proportions des Affusts, tant pour les bois que pour les ferrures : mais, outre qu'il est bon que l'on sçache comment on donne ces sortes de mesures en Flandres, & comme l'on les donne en Allemagne. Il n'est pas aisé de faire quadrer les Memoires de ces deux départemens, non seulement à cause que les proportions sont differentes en quelques petites choses, mais encore parce que ceux qui prennent ces proportions ont chacun leur maniere de raisonner, & s'expliquent differemment, y en ayant qui specifient les pieces de bois & de fer qui entrent sur les affusts, par leur grosseur, longueur, & leur poids ; & d'autres qui se contentent de faire mention de la longueur, profondeur & hauteur des entailles, & délardemens qui se font sur les affusts pour y loger les pieces de bois & de fer qui y sont nécessaires.

D'ailleurs, les Tables, quoy-que fort utiles pour les Officiers qui ont déja de la connoissance dans ces matieres, embarassent & embroüillent de jeunes gens qui ne sont pas toûjours bien formez aux chiffres, & qui se trompent souvent en prenant une mesure pour l'autre : ainsi j'ay creû que je ferois beaucoup mieux de rapporter d'abord mot pour mot ce que je trouve dans mes Memoires, que de faire aucun abregé qui pourroit ne pas assez contenter le Lecteur, & je prétens mesme qu'il en sera mieux instruit par la differente maniere de s'exprimer des Officiers de départemens differents, dont les uns relevent ce qui peut avoir esté obmis par les autres, lesquels tous neanmoins, à le bien prendre, & à considerer les choses de prés, conviennent toûjours pour le fond des principes, & ne different que pour quelques pouces & quelques lignes ; ce qui n'est d'aucune conséquence, & ne sçauroit apporter aucun préjudice au service.

Celuy qui se trouvera en Flandres fera travailler à la maniere qui y a esté introduite, ou par feu M. Dumets, ou par M. de Vigny.

En Allemagne la mesme chose suivant les proportions de M. le Marquis de la Frezeliere.

A l'égard des autres départemens, l'on y suit indifferemment l'une & l'autre maniere, & il s'y est peu fait de changemens.

Je vous donneray tout de suite les proportions des Avantrains, qui sont une dépendance nécessaire des Affusts de campagne, & je commenceray par le Memoire de Flandres.

PREMIEREMENT.

Maniere de feu M. Dumets pour les Affusts de campagne & leurs Avantrains.

PROPORTIONS DES BOIS DES AFFUSTS.

Corps d'Affust à Piece de trente-trois.

DEux flasques de bois d'orme secs de 14 pieds de long & 6 pouces d'épaisseur, ayant 17 pouces de large à la vollée, 15 pouces au haut du ceintre, & 13 pouces à l'entretoise de lunette.

Le ceintre de 7 pouces peu plus ou peu moins, selon la largeur des flasques.

Quatre entretoises de bon bois de chesne sec, sçavoir
Celle de vollée.
Celle de couche.
Celle de mire.
Et celle de lunette.

Les trois premieres de 8 pouces de large, de 6 pouces d'épaisseur.

Et celle de lunette qui se peut faire de bois d'orme de 18 pouces de large, & 5 pouces & $\frac{1}{2}$ d'épaisseur.

L'affust doit avoir 16 pouces de large à l'endroit des tourillons, & 19 pouces à l'entretoise de couche; ce qui regle la largeur du reste de l'affust.

Il faut faire doubles mortoises & doubles tenons, les tenons de 4 pouces & ½ de long, bien chevillez, & le tout bien juste.

Il faut de distance depuis le haut du ceintre jusqu'au bout du devant de l'affust, 6 pieds & ½.

Les heurtoirs se posent, & l'ouverture s'en fait à 17 pouces du devant de l'affust, & l'ouverture des tourillons joignant qui doit avoir 6 pouces, & estre enfoncée de 3 pouces, est ronde.

Corps d'Affust à Piece de vingt-quatre.

DEux flasques d'orme secs de 13 pieds & ½ de longueur, & 5 pouces & ½ d'épaisseur, ayant 15 pouces de large à la vollée, 13 pouces à l'entretoise de couche, & 11 pouces à celle de lunette.

Le ceintre d'environ 7 pouces, comme dit est.

Quatre entretoises comme celles cy-dessus, celle de lunette de 16 pouces de large, & 5 pouces d'épaisseur.

La largeur de l'affust 14 pouces & ½ à l'endroit des tourillons, & 17 pouces à l'entretoise de couche, le reste se réglant là-dessus.

La distance du bout jusqu'au haut du ceintre, 6 pieds 4 pouces.

L'ouverture des heurtoirs à 15 pouces du bout, & celle des tourillons joignant, de 5 pouces 4 lignes.

Il faut aussi doubles mortoises & doubles tenons.

Corps d'Affust à Piece de seize.

DEux flasques de mesme bois de 13 pieds 3 pouces de longueur, 14 pouces de large au devant, 12 pouces au ceintre, 10 pouces à l'entretoise de lunette, & 5 pouces d'épaisseur.

Le ceintre 5 pouces 3 lignes, si faire se peut.

La largeur de l'affust 12 pouces 3 lignes à l'endroit des tourillons, & 15 pouces à l'entretoise de couche, &c.

La distance du haut du ceintre au bout, de 6 pieds 3 pouces.

L'ouverture des heurtoirs a 14 pouces.

Celle des tourillons de 4 pouces & ½ de diametre.

Les entretoises de chesne de 6 pouces 9 lignes de large, 4 pouces 9 lignes d'épaisseur.

Celle de lunette de 15 pouces de large, & 4 pouces & ½ d'épaisseur.

Les mortoises & tenons doubles.

Corps d'Affust à Piece de douze.

DEux flasques de mesme bois de 12 pouces de long, & de 4 pouces & ½ d'épaisseur, 13 pouces de largeur au devant, 11 pouces au ceintre, & 9 pouces & ½ à l'entretoise de lunette.

Le ceintre de 6 pouces 3 lignes.

La largeur entre les deux flasques à l'endroit des tourillons, de 10 pouces, & à l'entretoise de couche, de 13 pouces.

La distance du bout au haut du ceintre, 6 pieds.

L'ouverture des heurtoirs à 13 pouces du bout, celle des tourillons de 4 pouces 3 lignes.

Les entretoises pareilles à celles cy-dessus.

Celle de lunette de 14 pouces de large & 4 pouces 3 lignes d'épaisseur.

Corps d'Affust à Piece de huit.

DEux flasques de 10 pieds 4 pouces de longueur, 4 pouces d'épaisseur, 12 pouces de largeur au devant, 10 pouces au ceintre, & 9 pouces à l'entretoise de lunette.

Le ceintre de 5 pouces 3 lignes, & du haut du ceintre au bout 5 pieds 2 pouces.

La largeur de l'affust 7 pouces & ½ à l'endroit des tourillons, 11 pouces 3 lignes à l'entretoise de couche.

Les entretoises de 5 pouces & ½ de large, & 4 pouces d'épaisseur, celle de lunette de 12 pouces de largeur, & 3 pouces 9 lignes d'épaisseur.

L'ouver-

L'ouverture des heurtoirs à 11 pouces du bout.

Celle des tourillons de 3 pouces 9 lignes.

Corps d'Affust à Piece de quatre.

LEs flasques de 9 pieds de longueur, 3 pouces d'épaisseur, 10 pouces de largeur au devant, 8 pouces & ½ au ceintre, & 7 pouces à l'entretoise de lunette.

Le ceintre de 5 pouces, & du haut au bout 4 pieds 8 pouces.

La largeur entre les deux flasques, de 7 pouces à l'endroit des tourillons, & 9 pouces à l'entretoise de couche.

L'ouverture des heurtoirs à 9 pouces du bout.

Celle des tourillons de 3 pouces 3 lignes.

Les entretoises de 4 pouc. de large, & 3 pouces d'épaisseur.

Celle de lunette de 10 pouces de largeur, & 3 pouces d'épaisseur.

Roüages à Piece de trente-trois.

LEs moyeux de bois d'orme verd de 22 pouces de longueur, 20 pouces de diametre par le milieu, 18 pouces par le gros bout, & 16 par le menu.

Vingt-quatre rais de bois de chesne bien sec de 2 pieds & ½ de long, & 4 pouces 3 lignes de face.

L'empatage de 4 pouces 9 lignes, le crochet bien fait, & l'épaulement bon.

Douze jantes de bois d'orme sec de 6 pouces & ½ de hauteur, & 4 pouces & ½ d'épaisseur.

Les roües ayant en tout 4 pieds 10 pouces de hauteur.

L'essieu d'orme de 7 pieds & ½ de longueur, & 12 pouces de diametre.

Roüages à Piece de vingt-quatre.

LEs moyeux de mesme bois, de 21 pouces de longueur, 16 pouces de diametre par le gros bout, & 14 pouces de l'autre.

Les rais de bois de chesne bien sec, mesme longueur de 4 pouces de face.

L'empatage de 4 pouces & ½, le crochet comme cy-devant.

Les jantes d'orme de 6 pouces de haut, 4 pouces d'épaisseur, mesme hauteur.

Et l'essieu pareil au précédent.

Roüages à Piece de seize.

LEs moyeux de mesme bois de 19 pouces & ½ de long, 15 pouces de diametre par le gros bout, & 13 par l'autre.

Les rais de chesne sec de 2 pieds 2 pouces de long, 3 pouces & ½ de face, l'empatage de 4 pouces.

Les jantes de 5 pouces de haut, 3 pouces & ½ d'épaisseur, & de bois d'orme.

La hauteur des roües de 4 pieds 2 pouces.

L'essieu de 7 pieds 4 pouces, & 10 pouces de diametre.

Roüages à Piece de douze.

LEs moyeux d'orme de 19 pouces de long, 14 pouces de diametre par le gros bout, & 12 pouces par l'autre.

Les rais de chesne sec, mesme longueur, & 3 pouces 3 lignes de face.

L'empatage de 3 pouces & ½.

Les jantes d'orme de 4 pouces 8 lignes de haut, 3 pouces 3 lignes d'épaisseur.

Mesme hauteur, & l'essieu pareil qu'à seize.

Roüages à Piece de huit.

LEs moyeux d'orme verd de 18 pouces de long, 11 pouces de diametre par le gros bout, & 9 pouces par l'autre.

Les rais de chesne sec de 2 pieds 2 pouces de long, & 3 pouces de face.

Les jantes d'orme de 4 pouces & ½ de haut, & 3 pouces & ½ de large, la hauteur de 4 pieds.

Page
O
A
A
F
O
G
G
P
K
M L M
M L M

L'essieu de 9 pouces de diametre, mesme longueur.

Roüages à Piece de quatre.

LEs moyeux d'orme de mesme bois seront de 17 pouces de long, 9 pouces & ½ de diametre par le gros bout, & 8 pouces par l'autre.

Les rais de chesne sec de 2 pieds 2 pouces de long, & 2 pouces & ½ d'épaisseur.

L'empatage de 3 pouces.

Les jantes de bois d'orme de 4 pouces de haut, & 2 pouces & ½ d'épaisseur.

Mesme hauteur que celles de huit, & l'essieu pareil.

Du bois de l'Avantrain.

IL se fait de trois sortes d'Avantrains, c'est-à-dire le gros, le moyen, & le petit. Le gros sert aux Pieces de trente-trois & de vingt-quatre, le moyen aux Pieces de seize & de douze, le petit aux Pieces de huit & de quatre, & au dessous.

Un Avantrain à grosses Pieces est fait comme il est icy représenté.

EXPLICATION DE LA FIGURE de l'Avantrain.

A *Limonnieres.*
B *Entretoise avec susbandes de fer.*
C *Epars.*
D *La sellette.*
E *La plaque de fer.*
F *La cheville ouvriere.*
G *Les sayes.*
H *Contresayes.*
I *Bouts de limonnieres.*
K *L'essieu.*

L *Equignons.*
M *Les brebans.*
N *Les estriers.*
O *Roües.*
P *Le moyeu.*
Q *Les rais.*
R *Les jantes.*
S *Les bandes.*
T *Les liens.*

LEs moyeux en sont de bois d'orme verd de 16 pouces de long, 8 pouces de diametre par le gros bout, & 6 pouces & $\frac{1}{2}$ de l'autre.

Les rais de chesne bien sec, l'empatage de 2 pouces & $\frac{1}{2}$, il n'en faut que vingt.

Les jantes d'orme sec de 3 pouces & $\frac{1}{2}$ de haut, & 2 pouces & $\frac{1}{2}$ d'épaisseur, il n'en faut que dix.

Les roües ayant 3 pieds 3 pouces de hauteur.

L'essieu d'orme de 6 pieds 3 pouces de long, & 6 pouces de diametre.

Deux limons de chesne ou d'orme de 8 pieds 3 pouces de long.

L'entretoise ou épars de 2 pieds, sans compter les tenons.

La sellette de bon bois d'orme ou de chesne de 3 pieds 4 pouces de long, 5 pouces & $\frac{1}{2}$ d'épaisseur, & 18 pouces de haut au milieu, l'endroit où se met la platine de 8 pouces de large, le reste évidé,

---

TITRE VI.

Des ferrures des Affusts & des Avantrains, & des differentes manieres d'Affusts.

Ferrures pour corps d'Affust de trente-trois.

DEux heurtoirs de 1 pouce 4 lignes de diametre, pesant

environ .... 24 l.

Deux contreheurtoirs de 5 pouces 4 lignes de large, & 5 lignes d'épaisseur, pesant environ 28

Deux sous-contreheurtoirs du poids d'environ .. 6

Quatre chevilles à teste platte de 1 pouce 3 lignes de diametre, pesant environ 25

Deux grandes chevilles à teste platte du mesme diametre, qui traversent l'essieu & les étriers, pesant environ.. 20

Quatre chevilles à teste de diamant, ou rondes, de mesme diametre, pesant environ 26

Quatre boulons qui traversent l'affust, de 1 pouce & $\frac{1}{2}$ de diametre, pesant......................... 56

Deux crochets de retraitte ayant un gland au bout, & la queuë longue de 15 pouces, & large de 4 pouces prés du crochet où ils sont percez pour passer un boulon à servir de contreriveûre; l'on fait une Fleur de Lys ou quelqu'autre façon au bout de la queuë, ces deux crochets pesant 26

Six contreriveûres pour les boulons, pesant 12

Quatre bouts d'affust bien battus, larges de 5 pouces, 2 lignes d'épaisseur, ceux de derriere de 4 pieds de long, pesant environ 50

Quatre liens de flasques de 2 pouces 4 lignes de large, & 1 ligne & $\frac{1}{2}$ d'épaisseur, pesant............. 20

La lunette ayant le dessus en forme de rose, son ouverture de 6 pouces & $\frac{1}{2}$, pesant les deux environ ... 16

L'anneau de lunette avec son boulon, pesant ... 12

Deux susbandes de 5 pouces & $\frac{1}{2}$ de large, & 6 lignes d'épaisseur, bien tournées & percées bien juste pour les testes des chevilles, pesant environ 36

Vingt clavettes doubles pesant environ 6

Clouds à teste de diamant & à teste platte pour attacher les bouts d'affust & liens de flasques, environ 14

377 l.

Pour le Roüage.

DOuze bandes de 4 pouces 2 lignes de large, & 5 lignes d'épaisseur, pesant 150l

Cent vingt clouds pour les bandes, pesant environ 60

Douze liens doubles ou fourchus, pesant environ 66

Douze liens simples, pesant 48

Trente-six chevilles de liens, pesant 12

Quatre cordons, pesant 48

Quatre frettes, pesant 50

Six clefs de cordons, pesant 4

Seize caboches pour les frettes, pesant 1

Quatorze crampons pour les boëstes, pesant 5

444l

Pour l'Essieu.

DEux équignons de 2 pieds & ½ de long bien coudez, avec leur maille, pesant environ 45l

Cinq brebans, pesant 8

Deux heurtequins 3

Deux anneaux de bout d'affust, pesant 3

Deux esses d'un pouce de diametre 5

Deux estriers, pesant 30

94l

Les ferrures d'affusts de trente-trois sur le pied cy-dessus, doivent peser .... 915l ou environ.

Pour corps d'Affust de vingt-quatre.

DEux heurtoirs de 1 pouce 2 lignes de diametre, pesant environ 20l

Deux contreheurtoirs de 5 pouces 2 lignes de large, & 5 lignes d'épaisseur, pesant 25

Deux sous-contreheurtoirs, pesant environ 6

Quatre chevilles à teste platte de 1 pouce de diametre, pesant .... 20^{l}

Deux grandes chevilles à teste platte de mesme diametre, qui traversent l'essieu & les estriers, pesant environ 18

Quatre chevilles à teste de diamant de mesme diametre 20

Quatre boullons qui traversent l'affust de 1 pouce 3 lignes de diametre, pesant.................. 44

Deux crochets de retraitte semblables aux autres, pesant 20

Six contreriveûres, pesant 10

Quatre bouts d'affusts semblables à ceux de l'autre ferrure, pesant environ 40

Quatre liens de flasques, pesant 16

La lunette ayant dessus & dessous 10

L'anneau de lunette & son boulon 8

Deux susbandes bien tournées & percées bien juste, pesant 36

Vingt clavettes doubles, pesant environ 5

Clouds à teste de diamant & à teste platte, environ 12

310^{l}

Roüages.

DOuze bandes de 3 pouces & ½ de large, & 5 lignes d'épaisseur, pesant .... 134^{l}

Cent vingt clouds à bandes, pesant environ 60

Douze liens doubles, pesant environ 54

Douze liens simples, pesant environ 40

Trente-six chevilles de liens, pesant 10

Quatre cordons, pesant 40

Quatre frettes, pesant 44

Six clefs de cordon, pesant 3

Seize caboches pour les frettes, pesant 1

Quatorze crampons pour les emboëstures, pesant 4

390^{l}

Essieu.

DEux équignons de 2 pieds & ½ de long bien coudez, & leur maille, pesant 40l
Cinq brebans, pesant 7
Deux heurtequins, pesant 3
Deux anneaux du bout d'essieu, pesant 3
Deux esses de 1 pouce de diametre, pesant 5
Deux estriers, pesant environ 30

88l

Les ferrures d'affust de vingt-quatre doivent peser sur le pied cy-dessus .... 788l ou environ.

Pour le corps d'Affust de seize.

IL faut un peu diminüer les proportions des ferrures en sorte qu'elles ne passent pas 740l

Pour les Affusts de douze,

AUsquels il ne faut que 12 liens aux roüages, il faut aussi diminüer les proportions des ferrures en sorte qu'elles ne passent pas 650l

Celles de huit doivent estre d'environ 600

Et celles pour affusts de quatre, dont on ne lie point les rouës, & où l'on ne met que six chevilles, ne doivent pas passer 500

Ferrures d'Avantrain.

SEize bandes & cent clouds pour les rouës, pesant environ 70l
Quatre cordons, pesant environ 14
Quatre frettes, pesant environ 16
Six clefs de cordons, pesant environ 1

Quatre

Quatre boëstes pour les rouës, les deux grandes de 5 pouces de diametre par le dedans, & 3 pouces de large, & les petites 3 pouces aussi par le dedans, pesant 14l

Huit crampons pour les boëstes, pesant 2

Deux équignons longs de 2 pieds 8 pouces, coudez à 1 pied & ½, pesant 12

Quatre brebans, pesant 2

La platine de la sellette de fer battu, ayant 24 pouces de long, & 12 de large, coupée en roze aux costez, percée pour dix-huit ou vingt clouds, pesant 8

La cheville ouvriere longue de 3 pieds 3 pouces, de 7 pouces & ½ de tour à l'endroit le plus gros, les bouts en fusée, ayant sous la sellette une double clavette, & une petite plaque de fer sous l'essieu pour la passer, pesant 30

Deux sayes, pesant 4

Deux contre-sayes, pesant 2

Deux anneaux de bout d'essieu, pesant .... 1 ½

Deux esses, pesant 2

Deux ragots, pesant .... 1 ½

Deux estriers qui prennent sur les bouts de la sellette, pesant 10

Deux liens d'épars longs de 2 pouces 4 lignes, larges de 2 pouces & ½, percez pour environ trente clouds, pesant 8

198l

Emboëstures de fonte pour roüages de trente-trois.

LEs deux grandes de 9 pouces de diametre en dedans, & 8 pouces de large, faites un peu en entonnoir.

Les deux petites, 5 pouces 4 lignes de diametre, & 5 pouces de largeur.

De vingt-quatre.

LEs deux grandes de 8 pouces & ½ de diametre en dedans, mesme largeur, un peu en entonnoir.

Les petites 5 pouces 2 lignes de diametre.

De seize.

LEs grandes de 7 pouces & ½.

Les petites de 4 pouces 9 lignes.

Il ne s'en met gueres aux autres affusts.

Les affusts que M. de Vigny fait faire à Doüay sont pareils aux Figures cy à costé.

A *Figure de Piece de 12 à l'ordinaire montée sur son affust de campagne.*

B *Figure de Piece de 12 à l'Espagnole ou de la nouvelle invention, montée sur son affust de campagne.*

Cette figure B, & les planches qui la suivent, la premiere marquée C representant un affust de 24, & la seconde marquée D representant un affust de 4, serviront de modeles pour des affusts de tous calibres à Pieces de la nouvelle invention, cela suffisant, parce qu'outre qu'en Flandres ces sortes de Pieces ne sont pas beaucoup estimées, & que par consequent on n'en renouvelle gueres les affusts, on verra les proportions par le détail des affusts de cette espece, dans ce que nous dirons du département d'Allemagne. Ainsi je passe aux affusts à l'ancienne maniere, & des calibres dont l'on se sert le plus ordinairement en Flandres. Et pour en connoistre plus distinctement & plus precisément les proportions & les mesures, aussi-bien que les noms des pieces de bois & de fer qui entrent dans leur construction, on n'a qu'à jetter les yeux sur la figure d'un affust complet de vingt-quatre qui suit, & sur le devis pour les affusts de tous calibres, que M. de Vigny a eû luy-mesme la bonté de m'envoyer. En quoy M. Hervy Commis au Controlle de l'Artillerie en Flandres, & M. Thomassin Capitaine general des ouvriers m'ont beaucoup aidé.

S. Fourier del.

E. Fourier del.

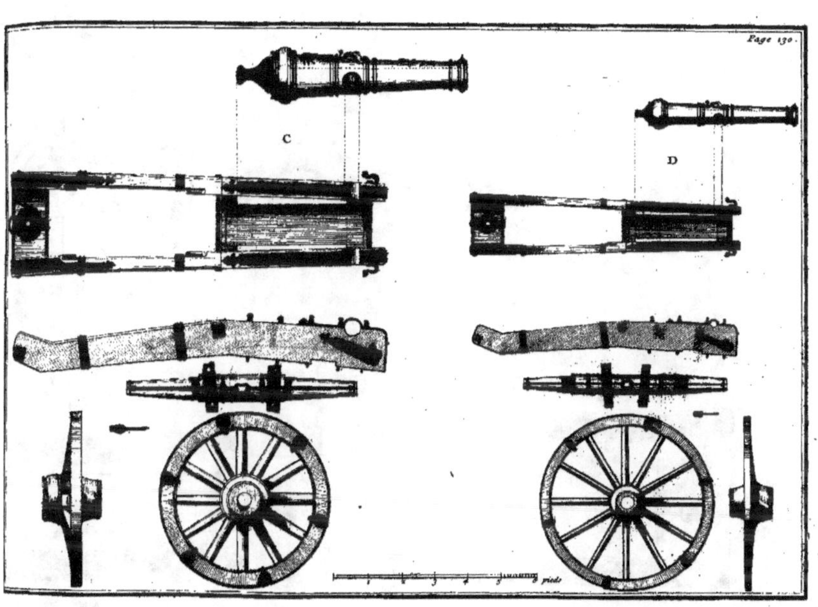
C
D
pieds

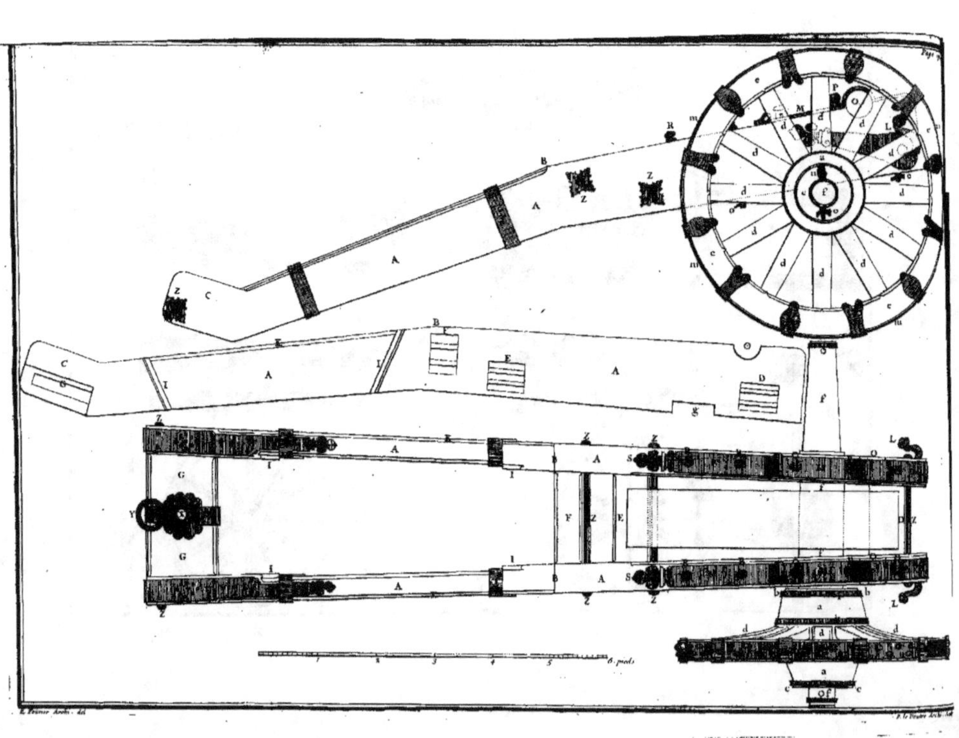
1 2 3 4 5 6. pieds

EXPLICATION DE LA FIGURE d'un Affust complet de vingt-quatre, à la maniere de M. de Vigny.

A *Flasques.*
B *Ceintre des flasques.*
C *Talons de flasques.*
D *Entretoise de vollée.*
E *Entretoise de couche.* avec leurs mortoises sur le flasque, veû en dedans.
F *Entretoise de mire.*
G *Entretoise de lunette.*
H *Semelle.*
I *Ornemens de flasques.*
K *Astragalles.*
L *Crochets de retraitte.*
M *Susbandes.*
N *Contreheurtoirs.*
O *Place des tourillons.*
P *Heurtoirs.*
Q *Chevilles à teste platte.*
R *Cheville à teste de diamant.*
S *Fleurs de Lys de contreheurtoirs.*
T *Liens de flasque.*
V *Bout d'affust de lunette.*
X *Lunette.*
Y *Anneau d'embreslage.*
Z *Boulon & contreriveûre.*

a *Moyeux.*
b *Gros bout du moyeu.*
c *Menu bout du moyeu.*
d *Rais.*
e *Jantes.*
f *Essieu.*
g *Place de l'essieu.*
h *Lien simple.*
i *Lien double.*
k *Cordon.*
l *Frette.*
m *Bandes de rouës.*
n *Esse.*
o *Clavette.*

Ce mesme affust veû par dessous se trouve à la Figure suivante.

Maniere de M. de Vigny pour les Affusts de campagne.

Proportions d'Affusts à Canon.

ILs sont composez de deux flasques d'orme, & de quatre entretoises de chesne, le plus sec est le meilleur.

L'affust de 33 doit avoir 14 pieds de longueur, les flasques 16 pouces de hauteur à la teste, 14 pouces à l'entretoise de mire & 12 au talon, & 6 pouces d'épaisseur, & 7 pouces & demy de ceintre, l'entretoise de vollée ou de devant, celles de couche & de mire de 8 pouces de largeur, & de 6 pouces d'épaisseur, celle de lunette de mesme épaisseur, mais de 16 pouces de largeur, l'entretoise de vollée se place de la teste venant au heurtoir à 6 pouces & donne 15 pouces d'ouverture à l'affust entre les tourillons, celle de couche se place de maniere qu'il faut qu'il y ait de son milieu au heurtoir 3 pieds 10 pouces, celle de mire qui se met sur le chant ou sur son étroit se place au definitif du ceintre qui doit estre de 7 à 8 pouces, & celle de lunette se place au talon, & n'a qu'un tenon à chaque bout, & les trois autres deux, elles se logent dans les mortoises & doivent estre recouvertes & donnent 19 pouces d'ouverture pour loger la culasse.

L'affust de vingt-quatre doit avoir 13 pieds & ½ de long, les flasques 15 pouces de hauteur à la teste, 13 pouces à l'entretoise de mire, & 11 au talon, & 5 pouces & ½ d'épaisseur; 7 pouces de ceintre, les entretoises de devant, de couche & de mire, de 7 pouces & ½ de largeur, & de 5 pouces & ½ d'épaisseur; & celle de lunette de mesme épaisseur, mais de 15 pouces de large; l'entretoise de devant, se place de la teste venant au heurtoir, à 5 pouces & ½, & doit donner 14 pouces d'ouverture à l'affust entre les tourillons; celle de couche se place de maniere qu'il faut qu'il y ait de son milieu au heurtoir 3 pieds 10 pouces, elle doit donner 18 pouces d'ouverture pour placer la culasse de la Piece qui sera mise dessus; celle de mire qui se met sur son estroit se place au définitif du ceintre qui doit estre de 7 pouces; & celle de lunette se pla-

Profil du corps d'affust de campagne avec sa ferrure.

A

Plan du corps d'affust de campagne veu par le dessous avec sa ferrure.

B

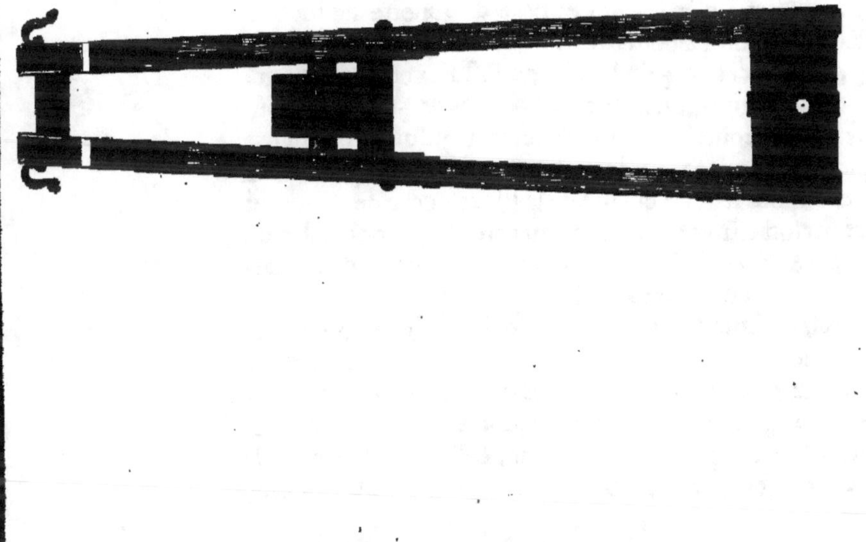

ce au talon, & n'a qu'un tenon à chaque bout, & les trois autres deux, elles se logent dans les mortoises, & doivent estre recouvertes.

L'affust de seize doit avoir 13 pieds de long, les flasques 14 pouces de hauteur à la teste, 12 à l'entretoise de mire, & 10 au talon, & 5 pouces d'épaisseur; les entretoises de devant, de couche, & de mire, doivent estre de 7 pouces de large, de 5 d'épaisseur; & celle de lunette de la mesme épaisseur, de 14 pouces de large; l'entretoise de devant se place à 5 pouces de la teste venant au heurtoir, & doit donner 13 pouces d'ouverture à l'affust; celle de couche se place à la mesme distance que celle de vingt-quatre venant au ceintre, & donne 16 pouces & ½ d'ouverture à l'affust pour la culasse de la Piece; celle de mire qui se met sur son estroit, se place au définitif du ceintre qui doit estre de 6 pouces & demy, & celle de lunette au talon, & n'a qu'un tenon à chaque bout, & les trois autres comme celles de vingt-quatre.

L'affust de douze doit avoir 12 pieds & ½ de long, les flasques 13 pouces de hauteur à la teste, 11 à l'entretoise de mire, & 9 au talon, & 4 pouces & ½ d'épaisseur; ses entretoises de devant, de couche & de mire, 6 pouces & ½ de large, & 4 pouces ½ d'épaisseur; & celle de lunette de mesme épaisseur, mais de 13 pouces de large; l'entretoise de devant se place à 4 pouces & ½ de la teste de l'affust venant au heurtoir, & luy donne d'ouverture 12 pouces & ½; celle de couche se place depuis le devant du heurtoir jusqu'à son milieu à 3 pieds 10 pouces, & doit donner d'ouverture à l'affust 15 pouces pour loger la culasse de la Piece; celle de mire qui se met sur son estroit au définitif du ceintre qui doit estre de 6 pouces; & celle de lunette au talon, les tenons de l'entretoise comme il est cy-devant dit.

L'affust de huit doit estre de 10 pieds & ½ de longueur, ses flasques de 12 pouces de hauteur à la teste, 10 à l'entretoise de mire, & 8 au talon, & 4 pouces d'épaisseur; ses entretoises de devant, de couche & de mire, doivent estre de 6 pouces de large & de 4 pouces d'épaisseur; celle de lunette de la mesme épaisseur, de 12 pouces de largeur; l'entretoise de devant se place à 4 pouces de la teste de l'affust venant au heurtoir, & luy donne entre les tourillons 10 pouces; celle de couche se place depuis le devant du heurtoir venant au ceintre à 3 pieds à son milieu, & doit donner 12 pouces d'ouverture pour placer la culasse de la Piece qui sera mise dessus; celle de mire se met sur son estroit, & se place au définitif du ceintre qui doit estre de 5 pouces $\frac{1}{2}$; & celle de lunette au talon: ces quatre entretoises n'ont qu'un tenon à chaque bout, & elles doivent estre recouvertes.

L'affust de quatre doit estre de 10 pieds de longueur, les flasques de 11 pouces de hauteur à la teste, 9 à l'entretoise de mire, & 7 au talon, & 3 pouces & $\frac{1}{2}$ d'épaisseur; ses entretoises de devant, de couche & de mire, de 5 pouces & $\frac{1}{2}$ de large, & de 3 pouces & $\frac{1}{2}$ d'épaisseur; & celle de lunette de la mesme épaisseur, de 11 pouces de large; l'entretoise de devant se place à 3 pouces & $\frac{1}{2}$ de la teste de l'affust venant au heurtoir, qui doit luy donner entre les tourillons 8 pouces & $\frac{1}{2}$; celle de couche se place en sorte que, depuis le devant du heurtoir à son milieu, il y ait 3 pieds 1 pouce, & donne 10 pouces & $\frac{1}{2}$ d'ouverture pour placer la culasse de la Piece qui sera mise dessus; celle de mire qui se met sur son estroit se place au définitif du ceintre qui doit avoir 5 pouces; & celle de lunette au talon, les entretoises comme celles de l'affust de huit.

Poids de toutes sortes de ferrures, de corps d'Affusts à l'ordinaire, à la maniere de M. de Vigny.

Pieces de	33.	24.	16.	12.	8.	4.
DEux contreheurtoirs	63 l.	55 l.	52 l.	42 l.	32 l.	25 l.
2 Heurtoirs	28..	25..	23..	18..	15..	11.
2 Susbandes	59..	55..	46..	36..	23..	19.
2 Crochets de retraitte	30..	27..	25..	21..	16..	13.
4 Chevilles à teste platte	45..	35..	30..	24..	15..	14.
4 Chevilles à teste de diamant	36..	31..	29..	24..	19..	17.
4 Boulons de traverse	45..	37..	33..	31..	29..	18.
2 Lunettes, une dessus, & une dessous	13..	12..	10..	9..	8..	7.
1 Anneau d'embresslage	12..	11..	9..	7..	5..	4.
2 Grands bouts d'affust pour le derriere	21..	18..	14..	11..	10..	7.
2 Petits bouts pour le devant	13..	10..	7..	6..	5..	4.
2 Petites Fleurs de Lys	$2\frac{1}{4}$.	2..	$1\frac{3}{4}$.	$1\frac{1}{2}$.	$1\frac{1}{4}$.	1.
4 Liens de flasques	11..	9..	8..	7..	6..	4.
6 Contreriveûres	9..	8..	7..	6..	5..	4.
6 Sous-contreriveûres	4..	$3\frac{1}{2}$.	$3\frac{1}{4}$.	$2\frac{3}{4}$.	$2\frac{1}{2}$.	2.
20 Clavettes	7..	6..	5..	4..	3..	2.
350 Clouds à teste de diamant	13..	12..	10..	9..	7..	6.
2 Estriers	42..	39..	38..	26..	23..	18.
2 Equignons	62..	55..	45..	39..	33..	22.
2 Esses	9..	7..	5..	4..	3..	$2\frac{1}{2}$.
3 Brebans	11..	10..	8..	7..	5..	4.
1 Maille	$3\frac{1}{2}$.	$2\frac{1}{2}$.	2..	$1\frac{3}{4}$.	$1\frac{1}{2}$.	1.
2 Sayes	7..	6..	5..	4..	3..	2.
2 Anneaux de bouts d'essieu	2..	$1\frac{3}{4}$.	$1\frac{1}{2}$.	$1\frac{1}{4}$.	1..	1.
2 Heurtequins	4..	$3\frac{1}{2}$.	3..	$2\frac{3}{4}$.	$2\frac{1}{2}$.	$1\frac{1}{2}$.

PROPORTIONS DES BOIS DES ROUES D'AFFUSTS [illegible] CANON QUI SE FONT PRESENTEMENT

en Flandres, lesquelles roües doivent avoir 4 pieds 10 pouces de hauteur, les [illegible]x & les Jantes d'orme, & les Rais de chesne. L'on cheville les Rais des roües de 24. de 16 & de 12 à mesure qu'on les place dans les Moyeux, & [illegible] ceux de 8 & de 4. Les Moyeux s'emploient verds, les Jantes seches, & les Rais tres-secs; ce qui a donné lieu de dire, Pour faire de bonnes Roües [illegible]t Moyeux de deux jours, Jantes de six mois, & Rais de trois ans.

		Pieces de 33. pouces.	lignes.	de 24. pouces.	lignes.	de 16. pouces.	lignes.	de 12. pouces.	lignes.	de 8. pouces.	lignes.	de 4. pouces	lignes.
Moyeux.	Longueur	23...	0...	[illegible]	0...	22...	0...	21...	0...	19...	0...	18...	0.
	Face du gros bout	16...	0...	[illegible]	0...	14...	0...	13...	0...	12...	0...	11...	0.
	Face du menu bout	14...	0...	[illegible]	0...	12...	0...	11...	0...	10...	0...	9...	0.
	Bouge du moyeu	19...	0...	[illegible]	0...	17...	0...	16...	0...	15...	0...	14...	0.
	Ouverture des mortoises, longueur	4...	6...	[illegible]	0...	3...	9...	3...	6...	3...	2...	2...	11.
	Largeur	1...	9...	[illegible]	8...	1...	7...	1...	6...	1...	5...	1...	4.
Jantes.	Longueur	30...	0...	[illegible]	0...	30...	0...	30...	0...	30...	0...	30...	0.
	Hauteur	6...	0...	[illegible]	6...	5...	3...	5...	0...	4...	6...	4...	6.
	Epaisseur	4...	6...	4...	0...	3...	9...	3...	6...	3...	2...	2...	11.
Rais. Ceux des roües de 8 & de 4 sont à pan.	Longueur	26...	0...	[illegible]	0...	26...	3...	27...	0...	27...	3...	27...	6.
	Hauteur de la patte	5...	0...	[illegible]	9...	4...	6...	4...	3...	4...	0...	3...	9.
	Epaisseur	2...	0...	[illegible]	10...	1...	9...	1...	8...	1...	2...	1...	0.
	Face des rais	4...	6...	4...	0...	3...	9...	3...	6...	3...	2...	2...	11.
Les Boëstes ou emboëstures se font de cuivre, ou de fer.	Ouverture des boëstes pour ces roües par le gros bout	8...	6...	8...	0...	7...	6...	7...	0...	6...	6...	6...	0.
	Par le menu bout	6...	0...	5...	6...	5...	0...	4...	6...	4...	0...	3...	9.

Poids des ferrur[illegible] [illegible] ces Roües.

	Pieces de 33.	de 24.	de 16.	de 12.	de 8.	de 4.
12 Bandes	204 livres ...	1[illegible] livres ...	168 livres....	144 livres....	130 livres	120 livres.
Largeur	4 pouces ..	[illegible] pouces ½.	3 pouces ¼.	3 pouces ..	2 pouces ¾.	2 pouc. ½.
Epaisseur	6 lignes ...	[illegible] lignes ...	6 lignes ...	6 lignes ...	5 lignes ...	5 lignes.
12 Liens doubles	66 livres ...	[illegible]7 livres ...	42 livres ...	36 livres ...	il ne leur en faut point.	
12 Liens simples	54 livres ...	[illegible]5 livres ...	36 livres ...	30 livres ...	28 livres ...	24 livres.
36 Chevilles de liens	24 livres ...	[illegible]0 livres ...	18 livres ...	16 livres ...	8 livres ...	6 livr. Il n'y a que 12 chevilles aux roües de 4.
120 Clouds de bandes	30 livres ...	[illegible]5 livres ...	20 livres ...	18 livres ...	16 livres ...	14 livres.
2 Grandes frettes	25 livres ...	[illegible]2 livres ...	20 livres ...	18 livres ...	14 livres ...	13 livres.
2 Petites	20 livres ...	[illegible]7 livres ...	16 livres ...	15 livres ...	12 livres ...	10 livres.
Leur largeur	2 pouces ¾.	2 pouces ½.	2 pouces ¼.	2 pouces ..	1 pouce ¾.	1 pouc. ½.
4 Cordons	66 livres ...	[illegible]2 livres ...	40 livres ...	30 livres ...	24 livres ...	20 livres.
Leur largeur	14 lignes ...	[illegible]3 lignes ...	12 lignes ...	11 lignes ...	9 lignes ...	8 lignes.
30 Caboches	18 livres ...	[illegible]7 livres ...	16 livres ...	15 livres ...	14 livres ...	13 livres.
14 Crampons qui se mettent sur les tenons des boëstes	15 livres ...	14 livres ...	13 livres ...	12 livres ...	10 livres ...	8 livres.
Les 4 boëstes ou emboëstures de fer pesent	70 livres ...	[illegible]0 livres ...	55 livres ...	50 livres ...	45 livres ...	40 livres.

Toutes ces ferrures doivent estre de bon fer, & bien appliqué.

Les bois des corps d'Affusts en blanc, c'est-à-dire sans ferrures, pesent, sçavoir

CEluy de trente-trois	680 l
Celuy de vingt-quatre	580
Celuy de seize	480
Celuy de douze	380
Celuy de huit	260
Celuy de quatre	150

Les Roües pesent en blanc, c'est-à-dire sans ferrures, sçavoir

CElles de trente-trois	800 l
Celles de vingt-quatre	700
Celles de seize	600
Celles de douze	520
Celles de huit	360
Celles de quatre	320

Les Essieux en blanc servans à ces roües, pesent, sçavoir

CEux de trente-trois	160 l
Ceux de vingt-quatre	150
Ceux de seize	90
Ceux de douze	64
Ceux de huit	55
Ceux de quatre	48

Le tout prest à recevoir la ferrure.

Toutes les emboëstures pour le gros bout du moyeu des affusts ont 4 tenons, celles du petit bout n'en ont que 3.

EN Flandres l'on ne fait point d'Affusts à forfait, y ayant toûjours dans les Magasins des provisions de bois, fer & charbon, neanmoins par estimation, & eû égard aux prix que l'on paye présentement pour les matériaux de cette qualité, les affusts reviennent au Roy à ce qui suit; & il faut observer que M. de Vigny ne fait plus employer que des emboëstures de fer dans tous les roüages pour éviter la dépense de celles de fonte, parce qu'il s'en perd beaucoup.

Les bois des corps d'affusts reviennent environ à	Ceux de 33 & de 24 ..	25tt	5s
	de 16	20	
	de 12	15	
	de 8	10	10s
	de 4	7	10s
La façon de ces corps d'affusts	de 33 & de 24	6tt	
	de 16 & de 12	4	10s
	de 8 & de 4	2	10s
Les bois d'une paire de roues	de 33 & de 24	21tt	5s
	de 16	18	
	de 12	16	10s
	de 8	14	10s
	de 4	12	10s
La façon de ces rouës à	de 33 & de 24	8tt	
	de 16	7	
	de 12	6	10s
	de 8 & de 4	4	10s

Le prix des ferrures peut-estre environ de	pour les corps d'affusts	3s 6d la liv.
	pour les roüages	2s 6d la liv.

Les bois du corps d'un Avantrain environ à ..	5tt	
La façon à	1	10s
Ceux des roüages à	7	
La façon à	2	10s
Les ferrures à		2s 6d la liv.

L'on met présentement des emboëstures de fer par tout,

comme on l'a déja dit; elles peuvent estre payées sur le pied de la ferrure des corps d'affusts.

JE fais suivre la maniere de M. le Marquis de la Frezeliere, que l'on verra toute entiere pour toutes sortes d'affusts dans deux Tables qui en ont esté dressées par son ordre: ces Tables sont trop belles & trop intelligibles pour ne les pas mettre icy telles qu'elles sont.

EXPLICATION DE LA FIGURE qui répresente un Affust de Campagne de vingt-quatre.

A *Plan de l'affust ferré & monté sur son roüage.*
B *Profil d'un costé de flasque du mesme affust monté.*

La Planche qui suit répresente une Piece de vingt-quatre de la nouvelle invention, montée sur son affust de campagne.

EXPLICATION DE LA FIGURE qui répresente un Avantrain d'Allemagne.

D *Plan de l'avantrain sans sa sellette & sur son roüage.*
E *Costé d'une des limonnieres veüe en dedans.*
F *Sellette à part sur son essieu ferré.*

EXPLI-

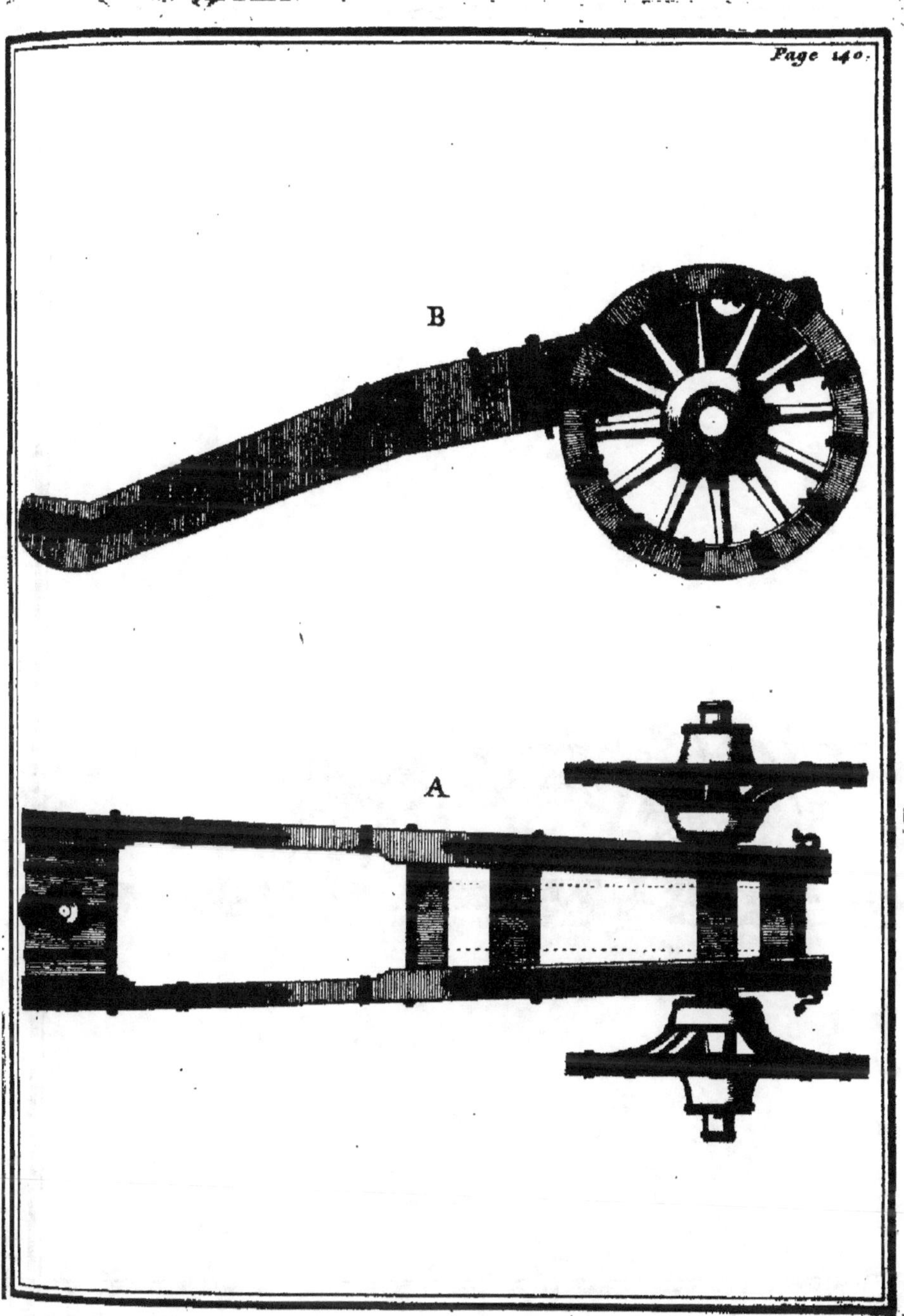
B
A

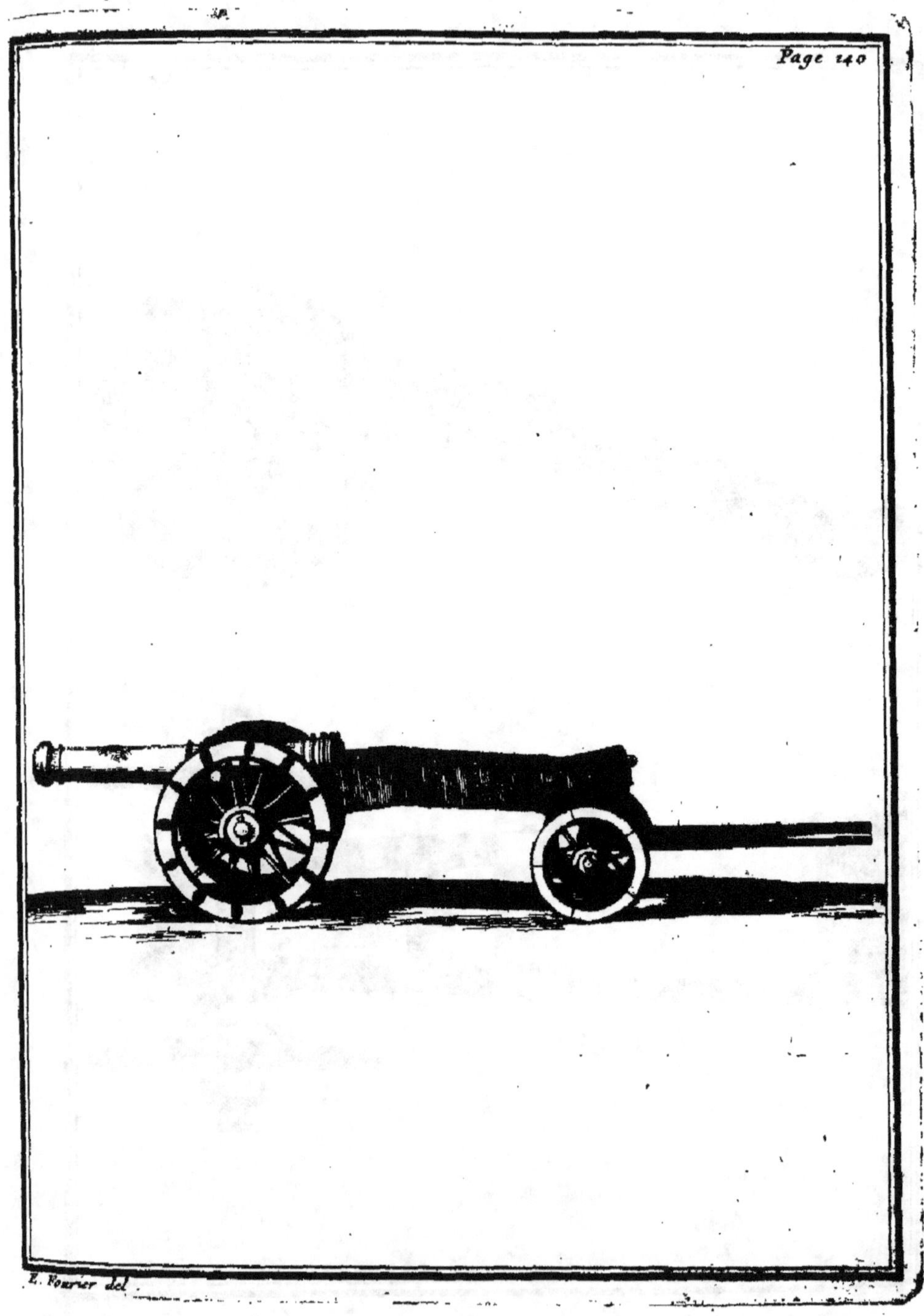

E. Fourier del.

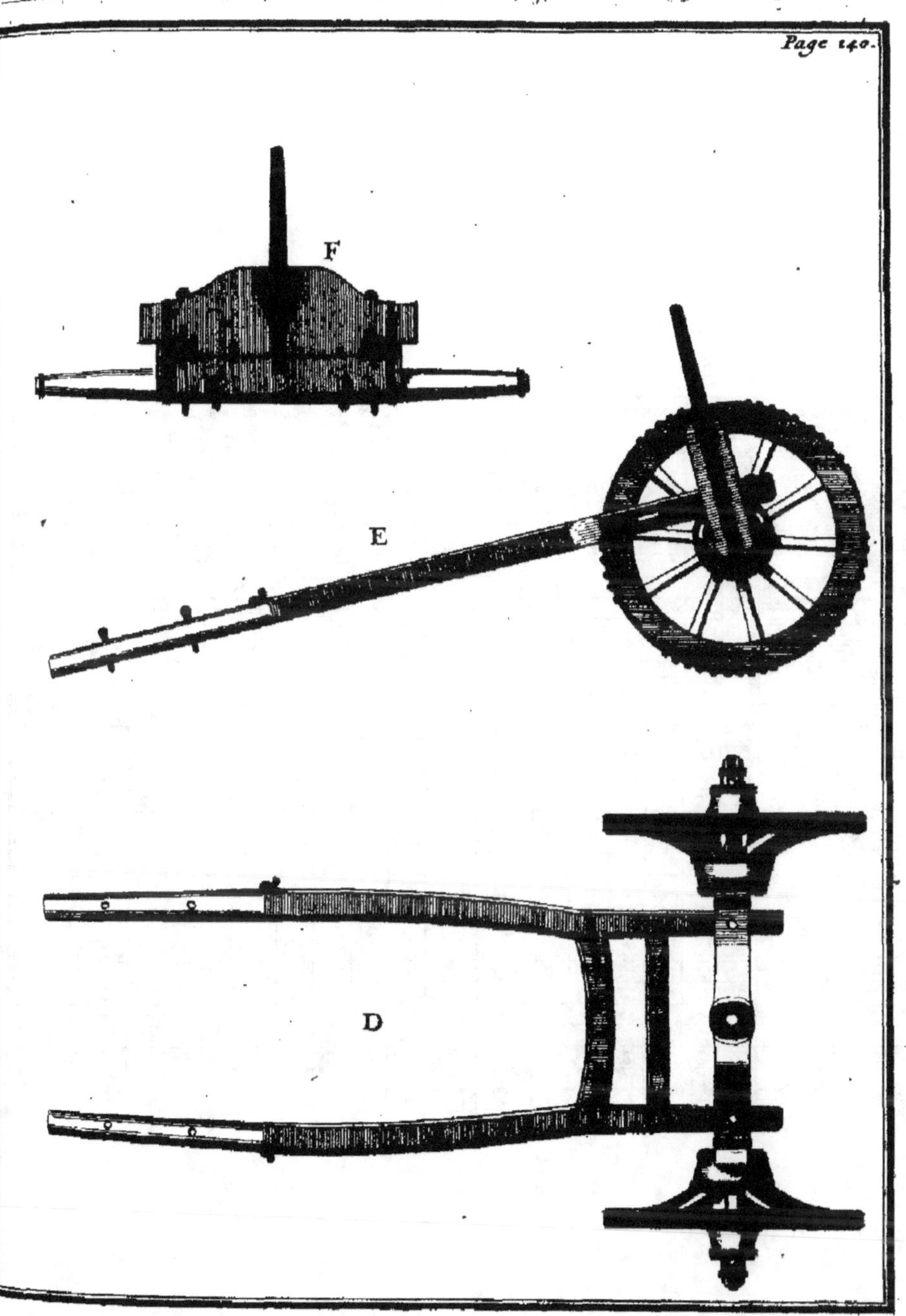
F
E
D

TABLE DES PROPORTIONS POUR MONTER LES PIECES DE CANON DES SIX CALIBRES ORDINAIRES TANT LONGUES QUE COURTES ET CARABINÉES.

Sur ces proportions ont esté faits un grand nombre d'ouvrages à Auxonne pendant l'année 1688. par les soins de Mr. le Marquis de la Frezeliere.

Observez que les affusts dont les rouages sont composés de jantes, rais, et moyeux, sont appellés affusts de campagne, et que les affusts de place, ont leur rouage d'une seule piece de bois de chesne.

N°		Pieces longues de 32.	Pieces longues de 24.		Pieces courtes de 24.		Pieces longues de 16.		Pieces courtes de 16.		Pieces longues de 12.		Pieces courtes de 12.	Pieces longues de 8.		Pieces courtes de 8.		Pieces longues de 4.		Pieces courtes de 4.	
		Affust de Campagne	Affust de Campagne	Affust de Place	Affust de Campagne	Affust de Place	Affust de Campagne	Affust de Place	Affust de Campagne	Affust de Place	Affust de Campagne	Affust de Place	Affust de Place	Affust de Campagne	Affust de Place	Affust de Campagne	Affust de Place	Affust de Campagne	Affust de Place	Affust de Campagne	Affust de Place
1	[illegible]	16. pouces	15. pou	15. pou	12. pou. 8l	12. pou. 8l	13. pou	13. pou	11. pou 8l	11. pou 8l	12. pou	12. pou	9. pou 8l	10. pou	10. pou	9. pou 6l	9. pou 6l	9. pou	9. pou	7. pou	7. pou
2	[illegible]	20 pouces	19. pou	19. pou ½	19. pou	19. pou ½	16. pou ½	16. pou ½	16. pou	16. pou	15. pou	15. pou	14. pou	13. pou	13. pou	12. pou ½	12. pou ½	11. pou ½	11. pou ½	10. pou	10. pou
3	Les proportions de la teste de l'affust [illegible]	2. pie. 2. po	22. pou	20. pou ½	2. pieds	20. pou	21. pou	18. pou	22. po	19. pou	20. pou	16. pou ½	17. pou	19. pou	16. pou ½	18. pou	17. pou	17. pou	15. pou	16. pou	15. pou ½
4	Longueur de chaque flasque	14 pieds	13. pie ½	9. pi. 3. po	10. pi. 8. po	7 pieds	13. pieds	9. pieds	10. pi. 3. po	6. pi. 10. po ½	12. pi ½	9 pieds	8. pi ½	12 pieds	7. pi. 10. po	9. pieds	6. pieds	11 pi ½	7 pi ½	8 pieds	6. pieds
5	Longueur [illegible]	12 pouces	12. pou	12. pou	10. pou	10. pou	11 pou	12. pou	10. pou	10. pou	10. pou ½	10. pou ½	10. pou	10. pou	10. pou	9. pou	9. pou	9. pou	9. pou	8. pou ½	9. pou
6	Longueur de l'ouverture du tourillon [illegible]	6. pou	6. pou	6. pou	5. pou. 3l	5. pou. 3l	5 pou	5. pou ½	4. pou ½	4. pou ½	4. pou ½	4 pou	4. pou	4. pou	3. pou 9l	3 pou. 9l	3. pou. 9l	3 pou. 9l	3. pou. 9l	3. pou ½	3. pou ½
7	Longueur du logement de la piece [illegible]	3. pi. 9. po	3. pi. 9. po	3. pi. 9. po	20. po	20. pou	3. pi. 9. po	3. pi. 9. po	10. pou	10. pou	3. pi. 9. po	3. pi. 9. po	20. pou	3. pi ½	3. pi ½	16. po	16. pou	3. pi ½	3 pi ½	16. pou	16. pou
8	Longueur du milieu de l'entretoise de couche jusqu'au centre de l'affust	16. po	16. po	4. po ½	4. po ½	4. po ½	15. po	4. po	4. po	4. po	15. po	14. po	14. po	15. po	14. po	4 po	8 po	15. po	4. po	15. po	7. po
9	Longueur depuis le centre de la crosse jusqu'au bout de l'affust	16. po	16. po	15. po	15. po	15. po	16. po	15 po	15 po	15. po	15 po	14. po	14. po	13. po	12. po	13 po ½	10 po ½	13 po	10. po ½	12. po ½	10. po ½
10	Les 3 principalles longueurs estant prises il restera [illegible]	6. pi. 1. po	5. pi. 7. po	2. pi. 4. po ½	6. pi. 1. po. 3	2. pi. 4. po. 3	5. pi. 3. po	2. pi. 3. po	5. pi. 9. po. 3	2. pi. 4. po	5 pieds	2. pi. 3. po	2. pi. 2. po	5. pi. 4. po ½	2. pi. 3. po	5. pi. 2. po	2. pi. 2. po	6. pieds	2. pi. 2. po ½	4. pi. 7. po	2. pi. 2. po
11	Crosse de l'affust	6. po	6. po	5. po	7. po	4. po	6. po	5. po	7. po	4. po	6. po	5. po	4. po	6. po	4. po	7. po	4. po	6. po	4. po	7. po	4. po
12	[illegible]	3. po	3. po	3. po	2. po ½	2. po ½	2. po ½	2. po ½	2. po ½	2. po ½	2. po ½	2. po	2. po	2. po	2. po	2. po	2. po	2. po	2. po	2. po	2. po
13	[illegible]	5. po	5. po	5. po	4. po ½	4. po ½	5. po	5. po	4. po ½	4. po ½	5. po	5. po	4. po ½	4. po	4. po	4. po	4. po	4. po	4. po	4. po	4. po
14	Hauteur du flasque à la teste de l'affust, compris les angles abatus et arrondis	18. po	17. po ½	18. po	16 po	18. po	16. po ½	18. po	15. po	18. po	15. po	18. po	18. po	14. po	18. po	13 pou	18. po	13. po	18. po	12. po	18. po
15	Hauteur du flasque au centre de l'affust [illegible]	16. po	15. po ½	16. po	13 po ½	14. po	14. po ½	15. po	13 po	14. po	13 po	15. po	14. po	12. po	14. po	11. po	14 po	11. po	14. po	10. po ½	14. po
16	Hauteur du flasque au centre de la crosse	13. po ½	13. po	11. po ½	11. po	10. po	12. po	11. po	11. po	10. po	11 po	10. po ½	10. po	10. po	10. po	9. po	10. po	9. po	10. po	8. po	10. po
17	[illegible]	14. po ½	14. po	12 po ½	12. po	11. po	13. po	12. po	12. po	11. po	12 po	11. po ½	11. po	11. po	11. po	10. po	11. po	10. po	11. po	9. po	11. po
18	[illegible]	10. po	10. po	9. po ½	9. po	8. po	9. po	9. po	9. po	8. po ½	8 po	8 po ½	8. po	7 po	8. po	7. po	8. po	7 po	8. po	7. po	8. po
19	Epaisseur du flasque [illegible]	6. po	6. po	6. po	5. po ½	5. po ½	5. po	5. po	5. po	4. po. 9l	4. po. 9l	4. po. 9l	4. po ½	4. po ½	4. po ½	4. po ½	4. po	4 po	4. po	4. po	4. po
20	Epaisseur du flasque [illegible]	4. po ½	4. po ½	4. po ½	4. po	4. po	3. po. 9l	3. po ½	3. po. 9l	3. po. 3l	3. po ½	3. po ½	3. po. 3l	3 po	3 po	3. po. 3l	3. po	3. po	3. po	3. po	3. po
21	[illegible]	6. po	6. po	6. po	5. po ½	5. po ½	6. po	6. po	5. po ½	5. po ½	5. po ½	6. po ½	5. po ½	5. po ½	5. po ½	5. po ½	4. po	5. po	5. po	5. po	4. pouces
22	[illegible]	2. po	2. po	2. po	2. po	2. po	2. po	2. po	2. po	2. po	2. po	2. po	2. po	2 po	1. po	2. po	4. po	2. po	2. po	2. po	4. pouces
23	Epaisseur de l'entretoise de volée	5. po ½	5. po ½	5. po ½	4. po ½	4. po ½	4. po ½	4. po ½	4. po	4. po ½	4. po ½	4 po	4 po	4. po ½	4 po	4. po	4. po	4. po	4. po	4. po	4. po
24	Sa largeur	7 po ½	7. po	7. po	7. po	6. po	6. po ½	6. po	6. po	6. po	6. po	6 po	6 po	6 po	6 po	6. po	6. po	6. po	6. po	6. po	5. po
25	[illegible]	5. po ½	5. po ½	6. po	4 po ½	5. po	5. po	6. po	4. po. 3l	4. po ½	4. po. 9l	4. po ½	4. po	4. po ½	4. po. 3	4. po. 3l	4. po. 3l	4. po	4. po	4. po	4. po
26	La largeur de l'entretoise de couche	9. po	8. po	9. po	7. po. 3l	8. po	7. po ½	8. po	7. po	8. po	7. po	8. po	8. po	7 po	7. po	7. po	7. po	6 po	7. po	6. po	7. po
27	[illegible]	6. po	6. po		5. po		5. po		5. po		4. po. 9l			4 po ½		4. po ½		4. po		4. po	
28	L'entretoise de mire a de hauteur	10. po	9. po		8. po		8. po		8. po		8. po			8. po		8. po		7. po		7. po	
29	[illegible]	1 po ½	1. po ½	1. po ½	1. po ½	1. po ½	1. po ½	1. po ½	1. po ½	1. po ½	1. po ½	1. po ½	1 po ½	1 po ½	1 po ½	1 po ½	1. po ½	1. po ½	1. po ½	1 po ½	1. po ½
30	[illegible]	3. po	3. po	3. po	3. po	3. po	3. po	3. po	3. po	3 po	2. po ½	2. po ½	2. po ½	2. po	2. po	2. po	2. po	2. po	2. po	2. po	2. po
31	Epaisseur de l'entretoise de lunette [illegible]	6. po	6. po	6. po	5. po	5. po	5. po	5. po	5. po	5 po	4. po. 9l	4 po 9l	4. po. 9l	4. po ½	4. po ½	4. po ½	4. po ½	4. po	4. po	4. po	4. po
32	Sa largeur [illegible]	18. po	17. po	15. po	16. po	15. po	16. po	14. po	15. po	16. po	15. po	12. po	14. po	14. po	12. po	13. po	10. po	13. po	12. po	12. po	10. po
33	[illegible]	5. po	5. po	5. po	5. po	5. po	1. po	4. po	4. po	4. po	4. po	3. po ½	3. po ½	3. po ½	3. po ½	3. po ½	3. po ½	3. po. 3l	3. po. 3l	3. po. 3l	3. po. 3l
34	[illegible]	1. po ½	1. po ½	1. po ½	1. po ½	1. po ½	1. po ½	1. po ½	1. po ½	1. po ½	1. po ½	15. lig	15. lig	15. lig	15. lig	15. lig	15. lig	15. lig	15. lig	15. lig	15. lig
35	[illegible]	5. pi 8. po	5. pi. 8. po	5. pi. 8. po	3. pi. 11. po	2. pi. 7. po	5. pi. 7. po	4. pi. 11. po	3. pi [illegible]	2. pi ½	5. pi ½	4. pi. 10. po	2. pi ½	5. pi ½	4. pi ½	2. pi. 4. po	2. pi. 3. po	5. pi ½	4. pi ½	2. pi. 4. po	2. pi. 3. po
36	Son epaisseur est de	1. po ½	1. po ½	1. po ½	1. po ½	1. po ½	1. po ½	1. po ½	1. po ½	1. po ½	15. lig	15. lig	15. lig	15. lig	15. lig	15. lig	15. lig	15. lig	15. lig	15. lig	15. lig
37	[illegible]	8. po ½	7. po ½	6. po	6. po	6. po	7. po	5. po ½	6. [illegible]	4. po. 9l	5 po ½	4. po. 9l	4. po ½	5. po	4. po ½	4. po. 3l	4. po	4. po. 3l	4. po	4. po	4. po
	Poids de la ferrure du corps d'un affust	525 ℔	480 ℔	370 ℔	300 ℔	340 ℔	400 ℔	320 ℔	3[illegible]	300 ℔	375 ℔	300 ℔	270 ℔	350 ℔	270 ℔	220 ℔	240 ℔	320 ℔	260 ℔	200 ℔	215 ℔
	Poids de la ferrure des rouages	475.	430.	60.	350.	50.	360.	50.	3[illegible]	45.	345.	40.	40.	320.	40.	200.	30.	290.	30.	180.	30.
	Poids de l'affust sur ses rouages ferré	2600 ℔	2500 ℔	1240 ℔	1600 ℔	1000 ℔	1800 ℔	1100 ℔	14[illegible] ℔	850 ℔	1600 ℔	1000 ℔	700 ℔	1400 ℔	900 ℔	1000 ℔	600 ℔	1300 ℔	850 ℔	900 ℔	550 ℔
	Prix du fer à 3s 6d la livre fourny, façonné et employé	175 lt	159 lt 5	75 lt 5	183 lt 15	68 lt 5	133 lt	64 lt 15	1[illegible]	80 lt 7. 6	126 lt	59 lt 10	54 lt 5	117 lt 5	54 lt 5	73 lt 10	47 lt 10	106 lt 15	50 lt 15	66 lt 13	42 lt 17. 6
	Prix du bois	20 lt	20 lt	12 lt	20 lt	12 lt	20 lt	12 lt	1[illegible]	12 lt	17 lt	10 lt	10 lt	17 lt	10 lt	17 lt	10 lt	17 lt	10 lt	17 lt	10 lt
	Prix de la façon	35.	34.	12. 10.	31.	12. 10.	31.	12. 10.	2[illegible]	12. 10.	26.	12. 10.	12. 10.	23.	12. 10.	21. 10.	12. 10.	21. 10.	12. 10.	21. 10.	12. 10.
	Prix d'un affust sur ses rouages ferré, [illegible]	230 lt	213 lt 5	99 lt 15	164 lt 15	92 lt 15	184 lt	89 lt 5	14[illegible]	84 lt 17. 6	169 lt	82 lt	76 lt 15	157 lt 5	76 lt 15	112 lt	70 lt	145 lt 5	73 lt 5	108 lt 3	65 lt 7. 6
	Prix des boîtes ou emboîtures de fonte [illegible]	90 lt	75 lt		24 lt		22 lt 10		1[illegible] 15							15 lt				13 lt 10	

…ABLE DES PROPORTIONS DES ROUAGES ET DES ESSIEUX, POUR MONTER LES AFFUSTS DE CAMPAGNE QUI SERVENT AUX PIECES DE CANON

…s 6 calibres ordinaires, longues et courtes, et pour les roüages d'avantrains et de chariots a tous usages, suivant les ouvrages qui se faisoient à Auxonne en 1688.

…voir de faire mettre tous les roües d'un Equipage d'artillerie à la même … plus ordinaire en France est celle … pieds moins un pouce pour les roües des affusts, et pour tous les roüages de derriere des chariots. … Roüages de devant et des avantrains sont à 4 pieds. … pour parvenir au juste à la voie que l'on veut donner, il faut remarquer combien les roües ont d'écu et y proportionner la longueur du corps de l'Essieu.	33. Rouage Pour Affust long.	24. Rouages Pour Affust long.	24. Rouages Pour Affust court.	16. Rouages Pour Affust long.	16. Rouages Pour Affust court.	12. Rouage Pour Affust long.	8. Rouages Pour Affust long.	8. Rouages Pour Affust court.	4. Rouages Pour Affust long.	4. Rouages Pour Affust court.	Gros Avantrain le Roüage a 5 jantes et 10 rais.	Moyen Avantrain le Roüage n'a que 5 jantes et 10 rais.	Petit Avantrain le Roüage n'a que 5 jantes et 10 rais.	Chariot a porter canon. le roüage du derriere a 6 jantes et 12 rais, celui de devant n'a que 5 jantes et 10 rais.	Chariot a porter mortier avec son affust. le roüage du derriere a 6 jantes et 12 rais, celui de devant n'a que 5 jantes et 10 rais.	Chariot a porter Ponton de Cuivre le roüages du derriere a 6 jantes et 12 rais, celui de devant n'a que 5 jantes et 10 rais.	Chariot a porter munitions le roüage du derriere a 6 jantes et 12 rais, celui de devant n'a que 5 jantes et 10 rais.	Charette d'Artillerie.	Trinbale a pezer.
Hauteur des Roües.	4 pie. 10 po.	4 pie. 10 po.	4 pie. 7 po	4 pi. 10 po.	4 pi. 7 po.	4 pi. 10 po.	4 pi. 7 po	4 pi. 7 po.	4 pi. 7 po.	4 pi. 7 po.	2 pi. 11 po.	2 pi. 10 po.	2 pi. 9 po.	hauteur des roües de derriere 4 pi. 7 po. hauteur des roües de devant 3 pi. 4 po.	hauteur des roües de derriere 4 pi. 7 po. hauteur des roües de devant 3 pi. 4 po.	hauteur des roües de derriere 4 pi. 7 po. hauteur des roües de devant 3 pi. 4 po.	hauteur des roües de derriere 4 pi. 3 po. hauteur des roües de devant 3 pi. 4 po.	5 pi. 2 po.	6 pieds
…Jantes doivent avoir la lon…ur a proportion de la hau… des roües, et de hauteur.	6 pouces.	5 pou. ½	4 pou. 8 li.	5 pouces	4 po. 7 li.	4 pou. 8 li.	4 pou. 2 li.	3 pou. ½	3 pou. ½.	3 pou. 4 li	3 pou. 10 li.	3 pou. ½	3 pou. 3 li.	5 pouces.	5 pouces.	4 pou. 4 li	3 pouces	4 pou. ½	5 pouces.
…paisseur des Jantes…	4 pouces.	3 pou. 9 li.	3 pou. 3 li.	3 pou. 6 li.	3 pou. 1 li.	3 pou. 3 li.	3 pou. 1 li	2 pou. 5 li	2 pou. 5 li.	2 pou. 2 li	2 pou. 8 li	2 pou. 5 li.	2 pou. 2 li.	3 pouces.	3 pouces.	2 pou. 8 li.	2 pouces.	2 pou. 7 li	3 pou. 2 li.
…longueur des rais depend pareillement de la hauteur des roües, la largeur … patte qui entre dans le moyeu … bout de laquelle se fait le crochet…	4 pou. 4 li.	4 pouces	3 po. 2 li.	3 po. 9 li.	3 pouces	3 po. 2 li.	2 po. 10 li.	2 pou. ½	2 pou. ½	2 po. 4 li.	2 po. 4 li.	2 po. 3 li.	2 po. 2 li.	2 po. 10 li	2 po. 10 li.	2 po. 4 li.	2 po. 2 li.	3 pou.	3 po. 4 li.
…largeur est ce qui s'appelle la … du rais entre le moyeu et la jante, … largeur de cette face qui touche les … diminüe au gros affust à l'endroit … jante de 3 lignes et de 2 au petit … de la face du rais est de…	4 pouces	3 pou. 9 li.	3 pouces.	3 po. 4 li.	2 po. 9 li.	3 pouces	2 po. 7 li.	2 po. 3 li.	2 po. 3 li.	22 lig.	2 pou.	22 lig.	20 lig.	2 po. 4 li	2 po. 4 li	2 pou.	22 lig.	2 po. 9 li.	3 po. 1 li
…la longueur du moyeu se doivent … les 2 boëtes sans qu'elles touchent … mortoises où se fait l'empattement … rais. le moyeu a de longueur	22 pouces	22 pouces	19 pou.	21 pouces.	18 pouces.	20 pouces	19 pouces	16 pouces	18 pouces	15 pou.	15 pou.	14 po. ½	14 pou.	17 pou.	17 pou.	15 pou.	15 pou.	18 pou.	18 pou.
…le bouge du moyeu se font les … pour ensuite de l'ouverture … et de la patte des rais, depend … la roüe qui doit estre en dehors … roüe de 4 ou 5 pouces au plus, le … du moyeu au bouge est de…	20 pouces	17 pou. ½	15 po. 4 li.	16 pouces	14 po. 4 li.	15 pouces	13 pouces	12 po. 4 li	12 po. 4 li.	9 po. ½	11 po. ¼	10 po. ½	9 po. ½	14 po.	14 po	11 po. ½	9 po. 8 li	13 po.	15 pou.
…metre du moyeu au … bout…	17 pouces	14 pouces	12 pouces.	13 pouces	10 po. 9 li.	12 pouces	10 pou. ½	9 po. 4 li.	8 po. 10 li.	7 po. 4 li	8 po. 2 li	8 pou.	7 pou.	11 po. ½	11 po. ½	8 po. ½	7 po. 4 li	10 pou.	12 pou.
…metre au menu bout…	14 pouces	12 pouces	9 pouces	11 pouces.	8 pou. ½	9 pou. ½	8 pou. ½	7 pouces	7 pouces	5 po. 8 li.	6 pou. ½	5 po. 9 li	5 pou.	9 pou.	9 pou.	6 po. 8 li	5 po. ½	8 pou.	10 pou.
…longueur du corps de l'essieu, aug… ou diminüée à proportion de la … que l'on veut donner, et pour la … de 5 pie. 2 po. et de 4 po. d'écu au … l'Essieu doit avoir de longueur.	2 pie. 5 po.	2 pie. 4 po.	2 pie ½	2 pi. 4 po.	2 pi. 6 po. ½	2 pi. 5 po	2 pie ½	2 pi. 7 po. ½	2 pi. 5 po.	2 pi. 9 po.	2 pi. 9 po.	2 pi. 9 po	2 pi. 9 po.	2 pi. 10 po	2 pi. 10 po	2 pi. 8 po. ½	2 pi. 9 po.	3 pieds.	3 pieds.
…hauteur de l'Essieu dans …elle se prend l'epaulle… et l'entaille…	10 pouces	9 pouces	7 pou. ½	8 pou. ½	6 pou. ½	7 pou. ½	6 pou. ½	6 pouces	6 pouces.	5 pouces	6 pouces	5 pou. ½	5 pouces	7 pouces	7 pouces	5 pouces	5 pou. ½	6 pouces	7 pouces
…largeur de l'Essieu est … plus du tiers du dia… du moyeu au bouge…	8 pou. ½	7 pou. ½	6 pouces.	7 pouces.	5 pouces.	6 pouces	5 pouces	4 po. 3 li.	4 po. 3 li.	4 pouces.	4 po. ½	4 po. 2 li.	4 pouces	5 po. 4 li.	5 po. 4 li.	4 pou. ½	4 pouces	4 pou. ½	5 pou. ½
…taille de l'Essieu pour le …dre aux flasques.	15 lignes	15 lignes	15 lignes.	15 lignes.	10 pouces.	15 lignes	1 pouce	1 pouce	1 pouces.	1 pouces.	1 pouce.	1 pouce.	1 pouces	15 lignes	15 lignes	15 lignes	1 pouce	1 pouces	15 lignes

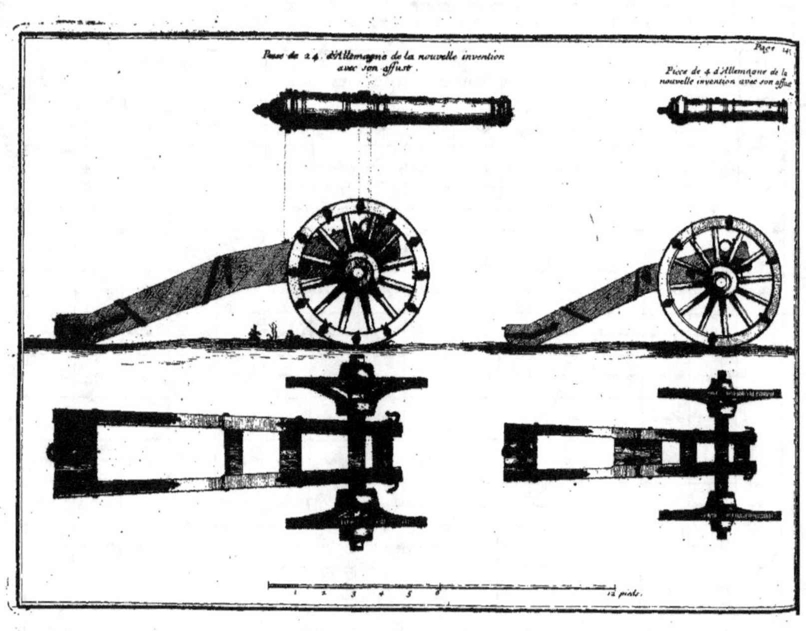
Page
Piece de 24. d'Allemagne de la nouvelle invention
avec son affust.
Piece de 4 d'Allemagne de la
nouvelle invention avec son affust
1 2 3 4 5 6
12 pieds.

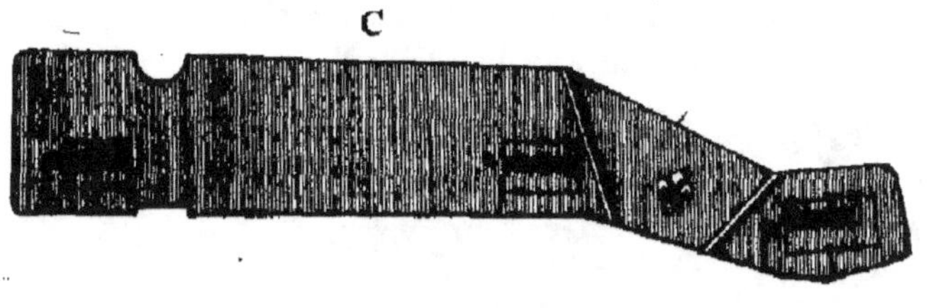
C

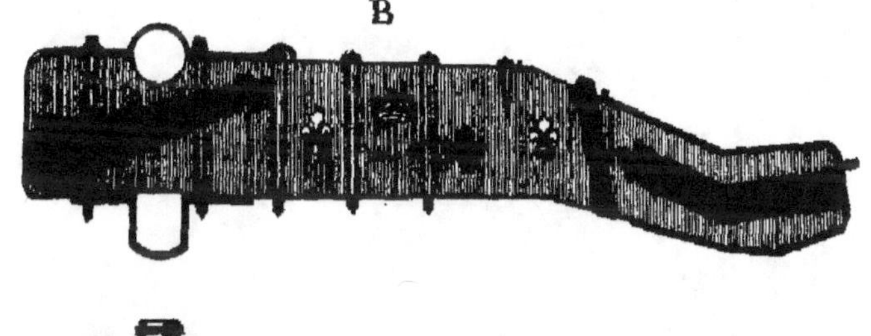
B

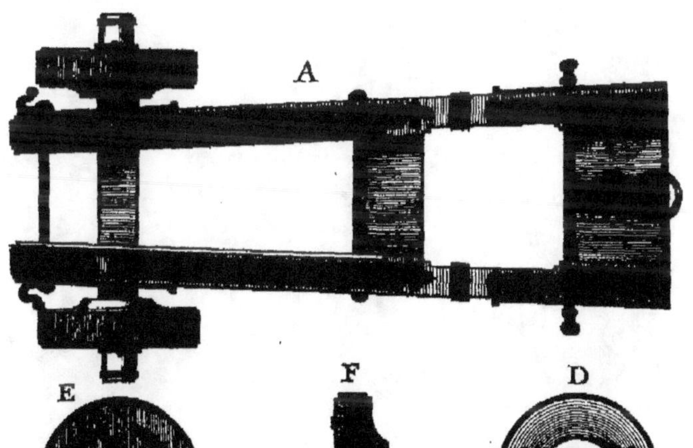
A

E
F

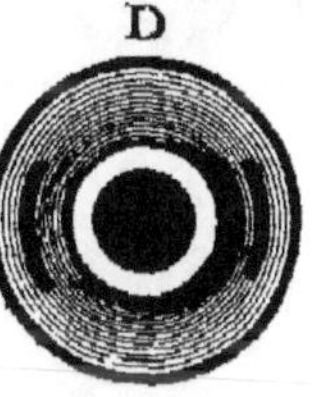
D

EXPLICATION DE LA FIGURE de l'Affust appellé Bastard, Marin, ou de Place, pour Piece de vingt-quatre longue, à la Vauban, dans le département de M. le Marquis de la Frezeliere.

A *Plan de l'affust avec sa ferrure.*
B *Profil du dehors du flasque avec sa ferrure.*
C *Profil du flasque par le dedans sans ferrure.*
D *Roüe ou roulette veüe par le dedans.*
E *Roüe ou roulette veüe par le dehors.*
F *Profil de la roüe ou roulette.*

VOicy d'autres Tables plus récentes données par les Capitaines des Ouvriers qui travaillent actuellement à tous ces ouvrages-là à Auxonne.

PROPORTIONS DES AFFUSTS A CANON SUR ROUAGES COMME ILS SE FONT PRESENTEMENT AU DEPARTEMENT D'ALLEMAGNE.

	Longueur des flasques	Hauteur des flasques a la teste	Hauteur des flasques au ceintre	Hauteur des flasques au ceintre de la crosse	Hauteur de la crosse	Longueur de la crosse	Epaisseur du flasque	Ceintre des flasques	Largeur de l'entretoise de lunette	Epaisseur de cette entretoise	Hauteur de l'entretoise de mire	Epaisseur de cette entretoise	Largeur de l'entretoise de couche	Epaisseur de cette entretoise	Largeur de l'entretoise de volée	Epaisseur de cette entretoise	Longueur des tenons	Epaisseur des tenons	Delardement des flasques depuis l'entretoise de mire et celle de lunette	Delardement des flasques pour le logement de la piece		
Pour affust de 33. Piece longue.	14. pieds	18 pou.	16. pou	14. pou.	15. pou.	19. pou.	6. po. 3. li.	6. pou.	18 pou	6 po. 3. li	10. pou	6. po. 3. li.	8. po. 6. li.	6 po. 3. li.	7. pou.	6. pou.	5. po. 6. li	1. po. 8. li.	1. po. 6. li.	10. lignes	De 33. longue.	Prix 12.tt
De 24 piece longue	13. pi. 6. po	17. pou.	15. pou.	13. pou	14. pou	18. pou.	6. pou.	6. pou.	17. pou.	6. pou	9 po 6. li.	6. pou	8 pou.	6 pou.	6 po. 6. li.	5 po 6 li.	5. pou.	1. po. 6. li.	1. po. 4. li.	8. lig.	De 24. longue.	Prix 12.tt
De 16. piece longue	13. pieds	16. pou.	14. pou.	12. pou.	13 pou.	17. pou.	5. po 3 li.	6 pou.	16. pou	5. po. 3 li	9 pou.	5. po 3 li	7 po. 6. li.	5. po 3 li.	6. pou	5 pou.	4. po. 9. li	1 po 5. li.	1. po 3. li.	7 lig.	De 16. longue.	Prix 11.tt
De 12. piece longue	12. pieds.	15. pou.	13. pou.	11. pou.	12 pou	16. pou	4 po 9 li.	5. po. 6. li.	15 pou.	5. pou.	8. pou	4. po. 9. li.	7 pou	4. po 9 li	5. po. 8. li.	4. po 9. li.	4. po. 6. li.	1. po. 4. li.	1. po. 3. li.	6 lig	De 12. longue	Prix 11.tt
De 8. piece longue	12. pieds	12. pou	12. pou.	10 pou.	11. pou.	14. pou	4. po. 6 li.	5 po. 6. li	12. pou.	4. po. 6. li.	7. po. 6. li.	4. po. 6. li.	6 po 6. li.	4. po. 6. li	5 po. 6 li.	4. po. 6. li.	3. po 6 li.	1. po. 3. li	1. po. 3. li.	5. lig.	De 8. longue.	Prix 10.tt
De 4. piece longue	11. pi. 9. po.	13. pou.	11. pou.	9. pou.	10. pou	13. pou.	4. pou	5. pou.	13 pou	4. pou.	7. pou.	4. pou.	6. pou.	4. pou.	5. pou.	4. pou.	3. pou.	1 pou.	1. pou.	4. lig.	De 4. longue.	Prix 10.tt
De 33. piece Carabinée courte.	12. pi. 6. po	17. pou.	15. pou.	13. pou.	14. pou.	16. pou.	6. pou	6. pou.	16. pou.	6. pou.	10. pou.	6. pou.	8. pou.	6. pou.	7. pou.	5. po. 6. li.	4. po. 3. li.	1. po. 6. li.	1. po. 6. li	10. lig.	De 33. Carabinée courte.	Prix 12.tt
De 24. Carabinée.	12. pieds	16. pou	14. pou	12. pou.	13. pou	15. pou.	5 po 4 li.	6. pou.	15. pou.	5. po. 4. li.	9. pou.	5 po 4. li.	7. po. 6. li.	5. po. 4. li	6. po. 6. li.	5. po. 4. li.	4. pou.	1. po. 6. li.	1. po. 6. li.	8. lig.	De 24. Carabinée	Prix 12.
De 16. Carabinée.	12. pieds.	15. pou.	13. pou.	11. pou.	12. pou.	14. pou	5. pou.	6. pou.	14. po. 6. l.	5. pou.	8. pou.	5. pou.	7. pou.	5 pou	6. pou.	5. pou.	3. po. 6. li	1. po. 3. li.	1. po. 2. li.	7. lig.	De 16. Carabinée	Prix 11.tt
De 12. Carabinées.	11. pieds.	14. pou.	12. pou.	10. pou.	11. pou.	13. pou.	4. po. 9. li.	6. pou.	14. pou.	4. po. 9. li.	7. po. 6. li.	4. po. 9. li.	6. po. 6. li.	4. po. 9. li	5. po. 8. li.	4. po. 6. li.	3. po. 4. li.	1. po. 2. li.	1. pou.	6. lig.	De 12. Carabinée	Prix 11.tt
De 8. Carabinée.	9. pieds.	13. pou.	11. pou.	9. pou.	10. pou.	13. pou.	4. po. 6. li.	6. pou.	13. pou.	4. po. 6. li.	7. pou.	4. po. 6. li.	6. pou.	4. po. 6. li.	5. po. 6. li.	4. po. 6. li.	3. pou.	1. pou.	1 pou.	6. lig.	De 8. Carabinée	Prix 10.tt
De 4. Carabinée.	8. pi. 8. po.	12. pou.	10. pou.	8. pou.	9. pou.	12. pou.	4. pou.	6. pou.	12. pou.	4. pou.	6. po. 6. li.	4. pou.	5. po. 6. li.	4. pou.	5. pou.	4. pou.	3. pou	10. lign.	10. lig.	5 lignes	De 4. Carabinée	Prix 10.tt

ETAT DES FERRURES QUI S'APPLIQUENT AUX AFFUSTS CY DESSUS Y COMPRIS CELLE DES ROUAGES ET CE QUE PEZE CHACUNE PIECE MENTIONNÉE DANS CET ETAT suivant leurs calibres & proportions.

	2 Heurtoirs pesant	2 Contre-heurtoirs pesant	2 Susbandes et leurs boullons pesant	4 Chevilles a teste de diamant pesant	2 Chevilles a pointe perdue pesant	2 Platte-bandes pesant	2 Chevilles a teste platte pesant	2 Crochets de retraite pesant	4 Liens de flasques pesant	2 Bouts d'affust pesant	5 Boulons d'assemblage avec leurs contre-rivures pesant	4 Contre-rivures quarrées pesant	1 Bandeau pesant	2 Lunettes d'affust et vis de crous pesant	2 Liens d'entretoises de lunette pesant	1 Anneau d'embrelage et son boullon pesant	2 Ebrieres pesant	270 Petits clouds pour attacher la ferrure pesant	2 Envies pesant	2 Happes pesant	2 Heurtoirs d'essieu pesant	2 Esguignons pesant	2 Esses pesant	2 Brabants avec leurs clouds pesant	16 Clouettes pour les corps d'affusts pesant	12 Bandes de roües pesant	120 Clouds pour attacher les bandes de roües pesant	24 Liens de roües et leurs 36 chevillettes pesant	4 Frettes pesant	4 Cordons pesant	4 Emboistures pesant	16 Crampons de roües pesant	Total des ferrures	
De 24. piece longue	27 l.	54 l.	76 l.	28 l.	3 l.	14 l.	16 l.	28 l.	15 l.	44 l.	64 l.	4 l.	23 l.	18 l.	6 l.	12 l.	33 l.	13 l.	4 l.	11 l.	2 l.	26 l.	4 l.	2 l.	4 l.	198 l.	30 l.	98 l.	30 l.	30 l.	30 l.	7 l.	954 l.	De 24. longue.
De 16. piece longue	20.	43.	55.	24.	3.	12.	14.	20.	12.	34.	Il n'y en a plus que [illegible]	4.	18.	15.	5.	11.	28.	13.	4.	Ce sont 2 [illegible] 3 l.	2.	20.	4.	2.	4.	180.	25.	75.	25.	25.	24.	7.	781.	De 16. longue
De 12. piece longue	19.	40.	50.	23.	3.	12.	14.	19.	12.	32.	48.	4.	17.	14.	5.	9.	27.	13.	4.	3.	2.	19.	3.	2.	4.	170.	25.	70.	20.	20.	20.	7.	726.	De 12. longue.
De 8. piece longue	18.	36.	45.	22.	3.	11.	13.	18.	11.	30.	44.	4.	16.	14.	5.	9.	26.	12.	3.	2.	2.	18.	3.	2.	4.	163.	25.	Il n'y en a plus que [illegible]	19.	19.	16.	7.	664.	De 8. longue.
De 4. piece longue	17.	34.	42.	22.	3.	10.	12.	16.	11.	28.	40.	4.	15.	13.	4.	9.	24.	12.	2.	2.	1.	18.	3.	2.	4.	153.	22.	35.	18.	18.	14.	6.	611.	De 4. longue.
De 33. pie. Carabinée courte.	27.	54.	76.	28.	3.	14.	16.	28.	15.	44.	5 boullons 64 l.	4.	23.	18.	6.	12.	33.	13.	4.	Ce sont 2 Happes qui pesent 11 l.	2.	26.	4.	2.	4.	198.	30.	98.	30.	30.	30.	7.	954.	De 33. Carabinée courte.
De 24. pie. Carabinée	20.	40.	50.	24.	3.	12.	14.	19.	12.	33.	Il n'y en a plus que 4 48 l.	4.	20.	15.	6.	10.	28.	13.	4.	10.	2.	20.	4.	2.	4.	170.	25.	75.	23.	23.	20.	7.	775.	De 24. Carabinée
De 16. pie. Carabinée	19.	30.	42.	20.	3.	12.	14.	17.	11.	30.	40.	4.	19.	14.	6.	9.	26.	13.	4.	[illegible] de bout d'essieu 3 l.	2.	19.	3.	2.	4.	160.	25.	60.	19.	19.	16.	7.	672.	De 16. Carabinée
De 12. pie. Carabinée	18.	27.	35.	13.	3.	12.	14.	16.	11.	29.	36.	4.	18.	14.	6.	9.	25.	12.	3.	2.	2.	19.	3.	2.	4.	150.	25.	Il n'y en a plus que [illegible] 22 l.	17.	17.	15.	5.	599.	De 12. Carabinée
De 8. pie. Carabinée	17.	22.	31.	12.	2.	11.	13.	15.	10.	28.	34.	4.	17.	13.	5.	8.	24.	10.	2.	1.	1.	18.	2.	1.	4.	106.	19.	26.	13.	13.	14.	3.	509.	De 8. Carabinée
De 4. pie. Carabinée	16.	18.	26.	10.	2.	10.	12.	14.	10.	24.	30.	4.	16.	8.	5.	8.	21.	10.	2.	1.	1.	16.	2.	1.	4.	96.	18.	23.	11.	11.	12.	3.	439.	De 4. Carabinée

Gravé par Berey

PROPORTIONS DES ROUAGES COMME ILS SE FONT PRESENTEMENT AU DEPARTEMENT D'ALLEMAGNE.

	Longueur du moyeu	Diametre au gros bout	Diametre au petit bout	Diametre au bouge	Largeur de la mortoise	Face du rais	Longueur de la patte	Hauteur des jantes	Epaisseur des jantes	Hauteur des roües	Ecuanteur des roües	Longueur du corps de l'Essieu	Hauteur du corps de l'Essieu	Epaisseur de l'Essieu	Ouverture des boëtes du gros bout	au petit bout	Prix
roportions de la paire de roües de 33.	22. po.	16. po.	14. po.	19. po.	4. po.	4. po.	5. po.	6. po	4. po.	4. pi. 10. po		2. pi. 5. po.	10. po.	8. po. ½	8. po. ½	6. po.	23. ₶
portions de la paire de roües de 24.	22. po.	15. po.	13. po.	18. po.	3. po. 9. li.	3. po. 9. li.	4. po. ½	5. po. ½	3. po. 9. li.	4. pi. 10. po		2. pi. 4. po	9. po.	7. po. ½	7. po. ½	5. po. ½	22 ₶
roportions de la paire de roües de 16.	21. po.	13. po.	11. po.	16. pouces.	3. po. ½	3. po. ½	4. po.	5. po	3. po ½	4. pi. 10. po		2. pi. 4. po.	8. po.	7. po.	7. po.	5. po.	20. ₶
roportions des roües de 12	20. po.	12. po.	10. po.	15. pouces.	3. po. 2. li.	3. po.	3. po. ½	4. po. 9. li.	3. po. 3. li.	4. pi. 7. po.		2. pi. 5. po.	7. po. ½	6. po. ½	6. po. ½	4. po. ½	16. ₶
roportions des roües de 8	19. po.	11 po.	9. po.	14. pouces.	3. po.	3. po.	3. po. 3. li.	4. po. 4. li.	3. po.	4. pi. 7. po.		2. pi. 5. po	6. po. ½	6. po	8. po.	4. po.	13. ₶
roportions des roües de 4	18. po.	10. po.	8. po.	13. pouces.	2. po. 9. li.	2. po. 9. li.	2. po. 3. li.	3. po. 10. li.	2. po ½	4. pi. 7. po.		2. pi. 4. po	6. po.	5 po. 2. li.	5. po. 2. li.	3. po. 2. li.	11 ₶ 10 s
roportions des roües de 24 de la nouvelle invention carabinées.	19. po.	17. po.	10. po.	15. pouces.	3. po. 2. li.	3. po. 2. li.	4. po. 8. li.	4. po. 10. li.	3. po. 3. li.	4. pi. ½		2. pi. 5. po.	7. po. ½	6. po. ½	6. po. ½	4. po.	
portions des roües de 16. carabinées.	18. po.	11. po.	9. po.	14. pouces	3. po.	3. po.	4. po. 3. li.	4. po ½	3. po.	4. pi. ½		2. pi. 5. po.	7. po.	6. po.	6. po.	3. po ½	
oportions des roües de 12. carabinées.	17. po.	10. po. ½	8. po. ½	13. pouces.	2. po. 9. li.	2. po. ½	3. po. 3. li.	4. po. ½	2. po. 9. li.	4. pi. ½		2. pi. ½	6. po. ½	5. po. ½	6. po. ½	3. po. 2. li.	
oportions des roües de 8. carabinées.	16. po.	9. po. ½	7. po. ½	12. pouces.	2. po. ½	2. po. 4. li.	3. po.	3. po. 10. li.	2. po. ½	4. pi. 4. po.		2. pi. 7. po.	6. po. 3. li.	5. po. 2. li.	5. po. 2. li.	3. po.	
oportions des roües de 4. carabinées.	15. po.	9. po.	7. po.	11. pouces.	2. po. 7. li.	2. po. 2. li.	2. po. 10. li.	3. po. ½	2. po. 3. li.	4. pi. 4. po.		2. pi. 8. po.	6. po.	4. po. 8. li.	4. po. 8. li.	2. po. 8. li.	
oportions des roües a porter corps de cano mortiers avec leurs affusts de fer coulé.	17. po.	12. po.	10. po.	15. pou. ½	3. po.	2. po. 8. li.	3. po. ½	5. po.	3. po.	4. pi. 7. po. celle devant 3. pi. 4. po.		2. pi. 8. po.	6. po. ½	6. po. 4. li.	6. po. 4. li.	4. po.	16. ₶ pour le train 18. ₶
portions des roües des chariots a porter munitions.	15. po.	9. po.	10. po.	11. pouces.	3. po. 9. li.	2. po. 2. li.	3. po. ½	3. po. 2. li.	2. po. 3. li.	4. pi. 7. po. de devant 3. pi. 4. po.		2. pi. 8. po.	5. po.	4. po. ½	4. po. ½	4. po.	27. ₶
portions des roües a porter Pontons de cuivre.	16. po.	11. po.	9. po.	15. pouces.	3. po.	2. po. ½	3. po. ½	4. po. ½	2. po. 9. li.	4. pi. 5. po. de devant 3. pi. 4. po.		2. pi. 8. po.	6. po. ½	6. po.	6. po.	4. po.	34. ₶
oportions de la paire de roües de Triqueballe.	18. po.	12. po. ½	10. po. ½	16. pouces.	3. po.	2. po. 8. li.	3. po. 8. li.	5. po.	3. po.	6. pi.		2. pi. 6. po.	7. po. 6. li.	6. po. 6. li.	6. po. ½	4. po. ½	22. ₶ y compris le corps.
oportions de la paire de roües d'avantrain de 33 et de 24.	15. po.	9. po.	7. po.	11. pouces.	2. po. ½	2. po.	3. po.	4. po.	2. po. 9. li.	2. pi. 11. po.		2. pi. 10. po.	5. po. 2. li.	4. po. ½	4. po. ½	3. po. 2. li.	10. ₶ y compris le corps.
oportions de la paire de roües d'avantrain de 16 et de 12.	14. po.	8. po.	6. po.	10. pouces.	2. po. 4. li.	1. po. 10. li.	2. po. 9. li.	3. po. 2. li.	2. po. ½	2. pi. 11. po.		2. pi. 10. po.	5. po.	4. po. 3. li.	4. po. 3. li.	3. po.	10. ₶ y compris le corps.
oportions de la paire de roües d'avantrain de 8. et de 4.	14. po.	7. po. 4. li.	5. po. 4. li.	9. pouces.	2. po. 2. li.	1. po. 8. li.	2. po. ½	3. po.	2. po. 3. li.	2. pi. 9. po.		2. pi. 9. po.	4. po. ½	4. po.	4. po.	2. po. 8. li.	10. ₶ y compris le corps.
oportions de la paire de roües pour affust de mortier de 8. po. de diametre.	17. po.	11. po.	9. po.	14. pouces.	3. po. 2. li.	2. po. 8. li.	3. po. 2. li.	4. po. 10. li.	2. po. ½	4. pieds.		2. pi. 7. po.	7. po.	6. po.	6. po.	4. po.	

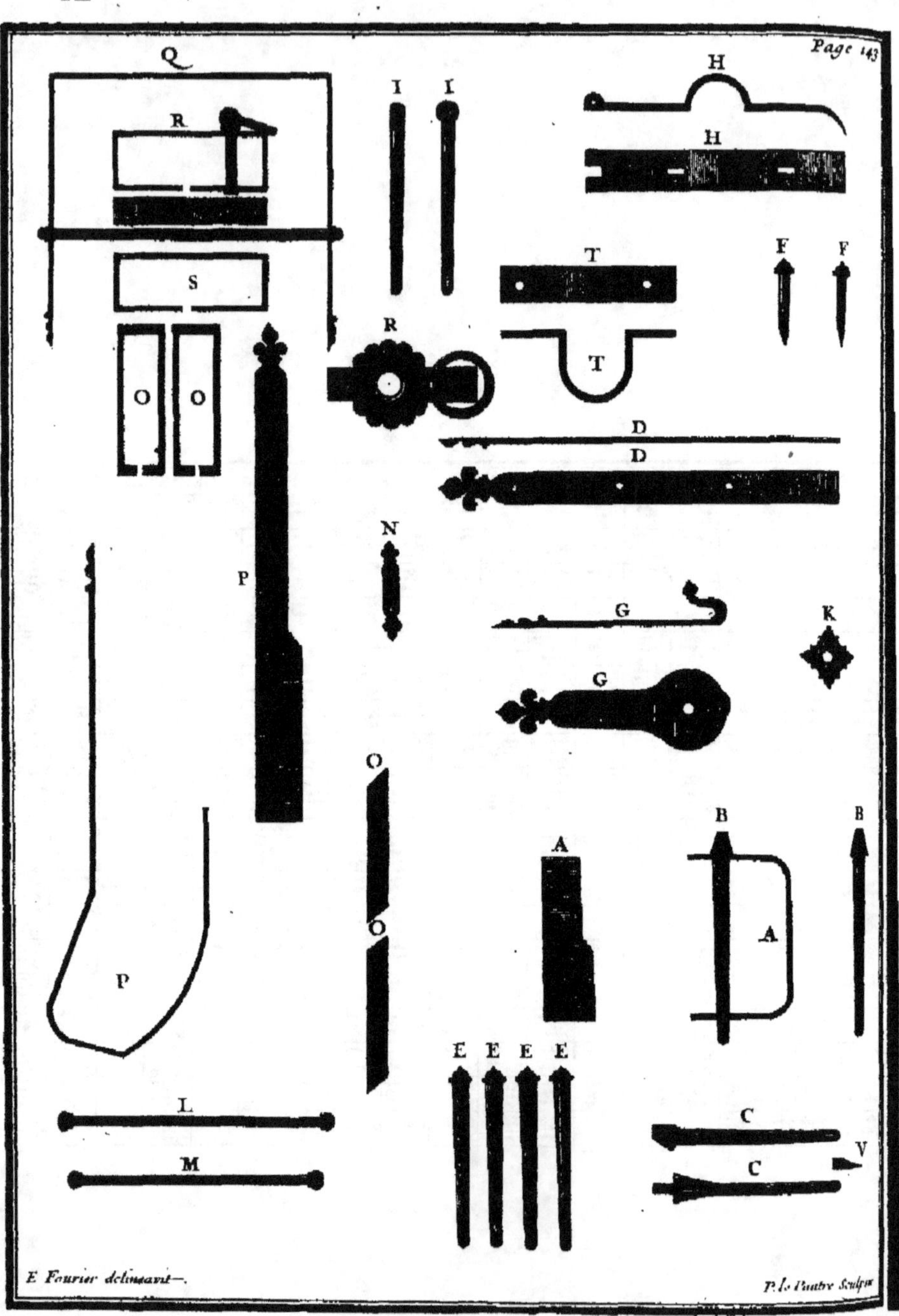
Q
R
S
O O
I I
H
H
T
T
F F
R
D
D
P
N
G
G
K
P
O
O
A
B
A
B
E E E E
L
M
C
C
V
E Fourier delineavit.
P. le Pautre Sculpsit

EXPLICATION DE LA FIGURE de la ferrure d'Affust de vingt-quatre pour Piece longue de Campagne, selon M. le Marquis de la Frezeliere.

A *Plattebande veüe de deux costez.*
B *Cheville à teste platte veüe de mesme.*
C *Heurtoir de mesme.*
D *Contreheurtoir de mesme.*
E *Quatre chevilles à teste de diamant.*
F *Deux chevilles à teste de diamant à pointe perduë.*
G *Crochet de retraitte veü de deux manieres.*
H *Susbande veüe de mesme.*
I *Cheville à charniere veüe de mesme.*
K *Contreriveûre quarrée.*
L *Boulon qui sert à l'entretoise de mire, & qui passe au travers du flasque.*
M *Boulon de vollée.*
N *Contreriveûre longue.*
O *Liens de flasque veûs de deux manieres.*
P *Bout d'affust veü de deux manieres.*
Q *Bandeau d'affust avec son boulon.*
R *Lien de l'entretoise de lunette avec sa lunette, & l'anneau d'embrestage.*
S *Liens simples de l'entretoise de lunette.*
T *Estriers veûs de deux costez.*
V *Clavette.*

EXPLICATION DE LA FIGURE qui répréſente la Ferrure de l'affuſt de Place ou à roulettes pour Piece longue de vingt-quatre à la maniere de M. le Marquis de la Frezeliere.

A *Plattebande veüë de deux manieres.*
B *Cheville à teſte platte de meſme.*
C *Heurtoir de meſme.*
D *Contreheurtoir de meſme.*
E *Quatre chevilles à teſte de diamant.*
F *Deux chevilles à teſte de diamant à pointe perduë.*
G *Crochet de retraitte veû de deux manieres.*
H *Susbande veuë de meſme.*
I *Cheville à charniere veüë de meſme.*
K *Contreriveûre quarrée veüë de deux manieres.*
L *Boulon qui ſert à l'entretoiſe de couche.*
M *Boulon de vollée.*
N *Liens de flaſque veûs de deux manieres.*
O *Chevilles d'abbatage qui ſe paſſent dans les liens.*
P *Bout d'affuſt veû de deux manieres.*
Q *Bandeau d'affuſt avec ſon boulon.*
R *Boulon de retraitte veû de deux manieres.*
S *Lien de l'entretoiſe de lunette ſans lunette avec ſon boulon & ſon anneau d'embreſlage.*
T *Eſtriers veûs de deux façons, dont un ſur l'eſſieu.*
V *Corps de l'eſſieu ponctué, ſur lequel on ſuppoſe que la ferrure ſoit appliquée.*
X *Equignon.*
Y *Rondelles veües de deux manieres.*
Z *Anneau du bout de l'eſſieu veû de deux manieres.*

a *Heurtequin.*
b *Envie.*
c *Breban veû de deux manieres.*
d *Eſſes.*
e *Crampons de roulettes en dehors de l'affuſt veûs de deux manieres.*

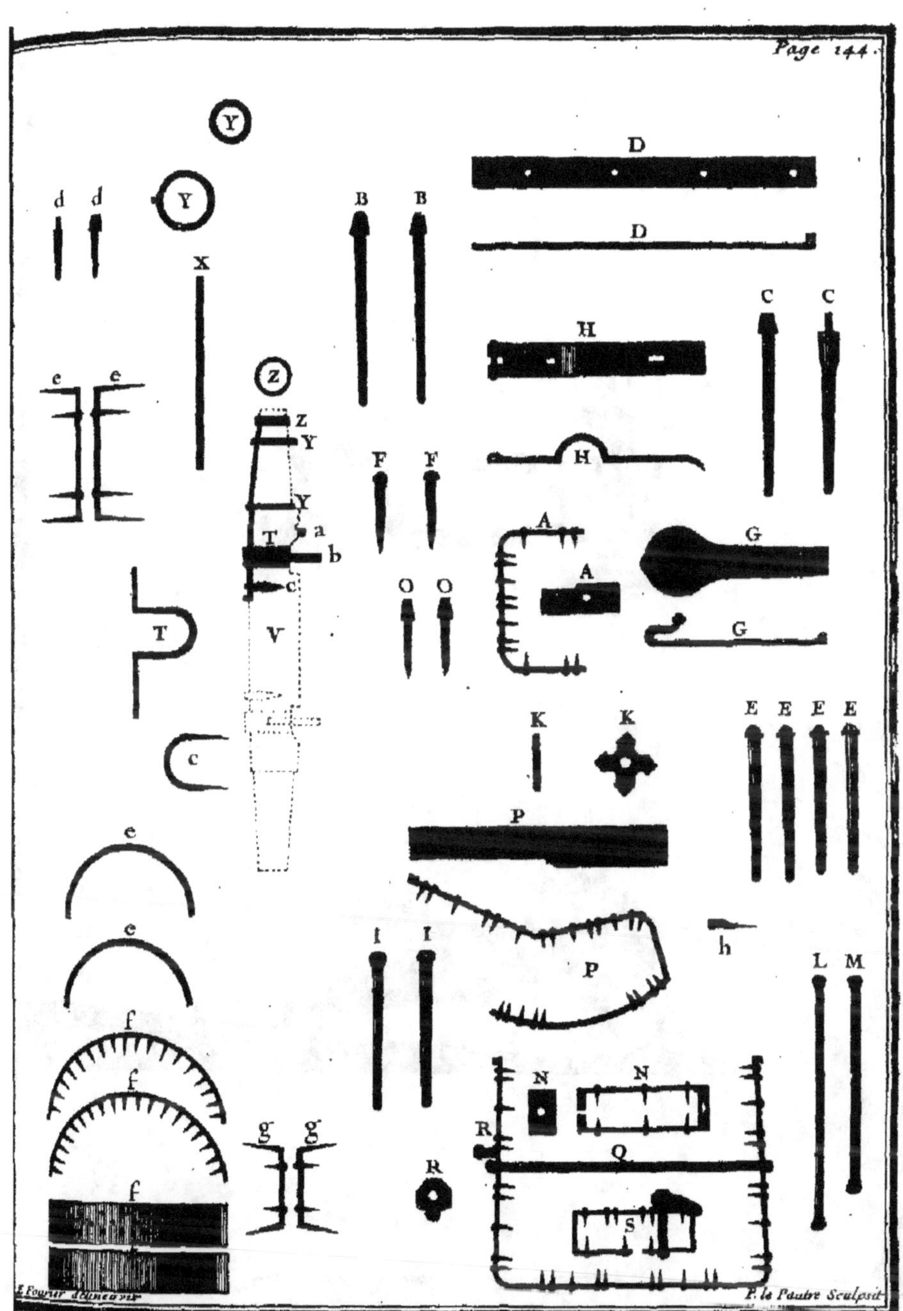

E. Fourier delineavit

P. le Pautre Sculpsit

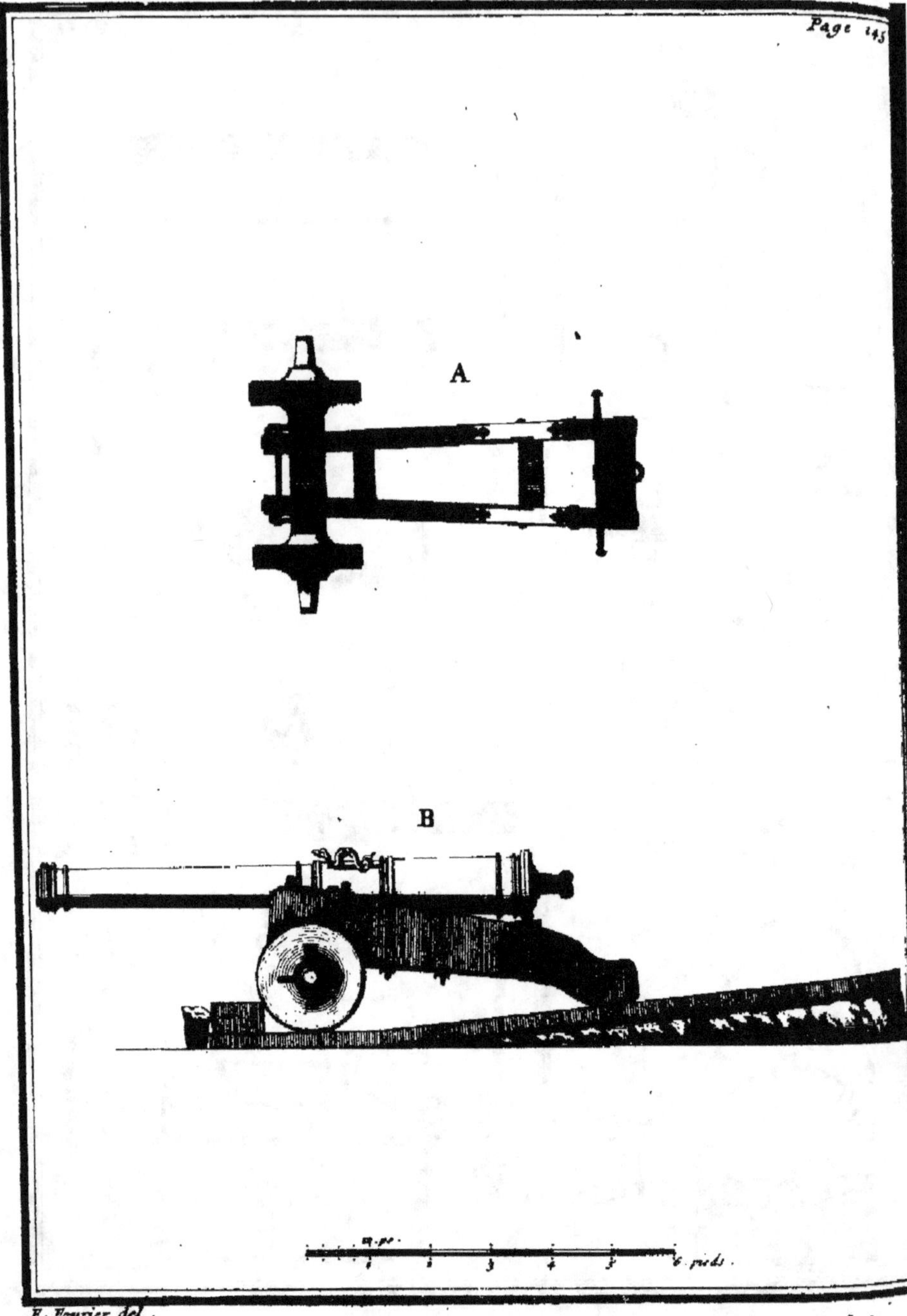

E. Fourier del.

f *Bandage.*
g *Petits crampons de roulettes en dedans de l'affuſt.*
h *Clavette.*

L'on peut remarquer le nombre de clouds qu'il y a ſur chacune des pieces de fer qui s'attachent.

La Figure qui ſuit fera voir en quoy les Affuſts de cette qualité qui ſe font en Flandres, different de ceux-là.

EXPLICATION DE LA FIGURE qui répréſente un Affuſt Marin, ou Baſt[illegible] ou de Place à Piece de [illegible]-quatre, [illegible] département de Flandres.

A *Plan de l'affuſt ferré & monté ſur ſes roulettes.*
B *Piece de quatre montée ſur ſon affuſt & en batterie ſur une platte-forme pour tirer à barbette, c'eſt-à-dire ſans épaulement & à découvert.*

Abregé des proportions de Flandres pour les Affuſts de Place marins de tous calibres.

Pour Piece de trente-trois.

LEs flaſques ont 7 pieds de long, & 6 pouces & ½ d'épaiſſeur.

Les ferrures tant de l'affuſt que des rouës, & de l'eſſieu où l'on ne met point d'équignons, peſent ... 360^{l}

Pour Piece de vingt-quatre.

LEs flaſques 7 pieds de long, & 6 pouces d'épaiſſeur.

Les ferrures peſent .... 320^{l}

Pour Piece de ſeize.

LEs flaſques 7 pieds de long & 5 pouces & ½ d'épaiſſeur.

Les ferrures peſent .... 280^{l}

Pour Piece de douze.

LEs flaſques 7 pieds de long, & 5 pouces d'épaiſſeur.

Les ferrures peſent 240^{l}

Pour Piece de huit.

LEs flaſques 6 pieds de long, & 4 pouces & ½ d'épaiſſeur.

Les ferrures .... 180^{l}

Pour Piece de quatre.

LEs flasques 6 pieds de long, & 4 pouces d'épaisseur.

Les ferrures pesent............................ 155^{l}

Ces proportions sont pour les Pieces qui se fondent à Doüay ordinairement, & il les faut changer pour les autres Pieces suivant leur grosseur & longueur, & leur donner plus ou moins d'ouverture selon qu'elles le desirent: l'on ne met point d'équignons aux essieux, & le boulon d'entretoise de lunette se ferme avec une clavette par dessous la lunette, à cause des deux bouts qui sortent pour pousser l'affust avec des leviers.

Suite de ces proportions pour un Affust de Place servant à une Piece de vingt-quatre à l'ancienne maniere, de celles qui se fondent à Doüay.

L'Ouverture de l'affust aux tourillons .... 15 pouces.
L'ouverture à l'entretoise de couche ... 17 pouces.
L'ouverture à l'entretoise de lunette ... 18 pouces.
Longueur de chaque flasque .... 7 pieds.
Longueur du logement de la Piece depuis les tourillons jusqu'à la platte-bande .. 3 pieds 10 po.
Ceintre de l'affust .... 4 pouces.
Hauteur du flasque à la teste de l'affust .. 17 pouces.
Hauteur du ceintre de l'affust .... 12 pouces.
Hauteur du ceintre de la crosse .... 12 pouces.
Epaisseur du flasque .... 6 pouces.
Délardement pour loger la Piece ...... $\frac{1}{2}$ pouce.
Délardement entre les deux moulures selon le besoin & la prudence de l'Ouvrier.

Proportions du roüage fait d'une Piece, & de l'essieu.

HAuteur des roües	20 pouces.
Epaisseur de la roüe à l'endroit de l'essieu.	12 pouces.
Epaisseur au bandage	6 pouces.
Ouverture de la roüe au gros bout	8 pouces.
Ouverture au petit bout	7 pouces.
Longueur du corps de l'essieu	2 pieds 7 pou.
Largeur de l'essieu	9 pouces.
La fusée de l'essieu a 6 pouces de longueur au delà de l'épaisseur du roüage, pour servir d'appuy au levier, & a en tout de longueur	18 pouces.
L'entaille de l'essieu dans le flasque	2 pouces.
Le poids de la ferrure de l'affust est de ...	290^{l}
La ferrure du roüage	30^{l}

A l'égard du prix du fer, il est different selon les lieux: à Doüay l'on le tire des Forges, & les Ouvriers d'Artillerie le façonnent; ainsi l'on ne peut dire précisément à combien il revient, & ainsi de l'affust entier.

Autres proportions des roüages des Affusts bastards, expliquées d'une autre maniere.

TOutes les roües ont 20 pouces de hauteur, & lorsqu'on n'a pas de bois assez gros pour les faire d'une piece, on les fait de deux, assemblées avec des clefs bien chevillées.

Les roües pour affust à Piece de trente-trois ont 13 pouces d'épaisseur au milieu, comme si l'on disoit le moyeu revenant à 6 pouces & ½ aux extrémitez, comme qui diroit épaisseur des jantes.

Le bandage est de deux pieces, & n'a qu'une ligne d'épaisseur.

L'ouverture pour passer l'essieu dans les roües est de 8 pouces & ½ au gros bout, & 7 pouces & ½ au menu bout.

Celles

Celles de vingt-quatre ont 12 pouces au milieu, venant à 6 aux extrémitez.

L'ouverture pour passer l'essieu est de 8 pouces au gros bout, & 7 au menu.

Celles de seize ont 11 pouces au milieu, & 5 & ½ aux extrémitez.

L'ouverture 7 pouces & ½ au gros bout, & 6 & ½ au menu.

Celles de douze ont 10 pouces au milieu venant à 5.

L'ouverture 7 pouces au gros bout, & 6 pouces au menu.

Celles de 8 ont 9 pouces au milieu, venant à 4 & ½ aux extrémitez.

L'ouverture 6 pouces & ½ au gros bout, & 5 & ½ au menu.

Celles de quatre ont 8 pouces au milieu, & 4 aux extrémitez.

L'ouverture 6 pouces au gros bout, & 5 au menu.

L'on fait passer les essieux de 6 pouces hors des roües pour y avoir prise avec des leviers, aussi-bien qu'aux boulons d'entretoise de lunette dont l'on fait aussi passer des testes pour pouvoir mettre les Pieces en batterie.

Raisonnement de feu M. Laisné, l'un des plus appliquez Officiers de l'Artillerie, sur ces Affusts.

CEs affusts marins s'appellent présentement affusts de Place. Les bois que l'on employe à faire les flasques & les roües d'une Piece doivent estre d'orme ; & dans les lieux où l'on ne trouve pas de ce bois, l'on peut fort bien se servir de chesne ; ceux qui croissent dans les terres grasses sont les meilleurs estant coupez en bonne saison & bien sechez sous des auvents avant de les mettre en œuvre : les épaisseurs se donnent aux flasques suivant le calibre des Pieces : l'on donne 6 pouces aux flasques des plus grosses Pieces, 5 pouces aux moyennes, & 4 pouces aux petites, ou 3 pouces & ½ ; ce n'est pas que le bois estant d'une bonne qualité, l'on ne puisse en diminüer quelques lignes : il en est de mesme du fer ; il est certain que la bonté des materiaux & l'habileté de l'Ouvrier contribüent à la bonté de l'ouvrage ; les autres proportions dépendent la plufpart des proportions des Pieces.

A l'égard des Pieces étrangeres qui font de differentes groffeurs, il faut les voir & en prendre les proportions pour les pouvoir monter.

Et pour donner l'élévation à la Piece fur fon affuft, il faut voir les embrafeûres où elles font deftinées : l'on donne ordinairement 18 pouces de hauteur aux flafques des affufts marins, & 22 pouces de diametre aux roües ; s'il manque quelques pouces dans ces mefures, on les reprend fur l'effieu auquel l'on donne plus de hauteur au corps, & moins d'entaille : c'eft tout ce qu'il y a à obferver dans cette manufacture d'affufts.

Et comme l'on trouva d'abord quelque difficulté à fe fervir de ces affufts en certaines Places, à caufe de la genoüilliere des embrafeûres qui eftoit trop haute, M. Laifné répondit ce qui fuit.

Je ne croy pas qu'il y ait d'embrafeûres où l'on ne puiffe faire fervir nos affufts de Place, puifque l'on eft toûjours maiftre d'élever la platteforme à difcretion, fuppofé que l'on ne puiffe pas baiffer la genoüilliere de l'embrafeûre ; il n'y a que les embrafeûres faites de pierre où cette impoffibilité fe rencontre.

Je conviens que des roües plus hautes que celles de 22 pouces que nous donnons à celles des affufts de Place, élevant les affufts les rendroient plus propres à fervir à toutes fortes d'embrafeûres : mais l'on ne rencontre pas toûjours des bois propres à faire des roües de cette hauteur qui doivent eftre d'une piece, joint que cette hauteur oblige de tenir les flafques plus longs ; c'eft ce qui a fait arrefter ces proportions dont M. de Vauban eft convenu avec M. de la Frezeliere.

Pour faire connoiftre que l'on monte les petites Pieces comme les groffes fur ces affufts de Place, je vous donne le deffein & le devis d'un affuft marin ou de place fait au Montroyal pour des Pieces de fer de $\frac{1}{2}$.

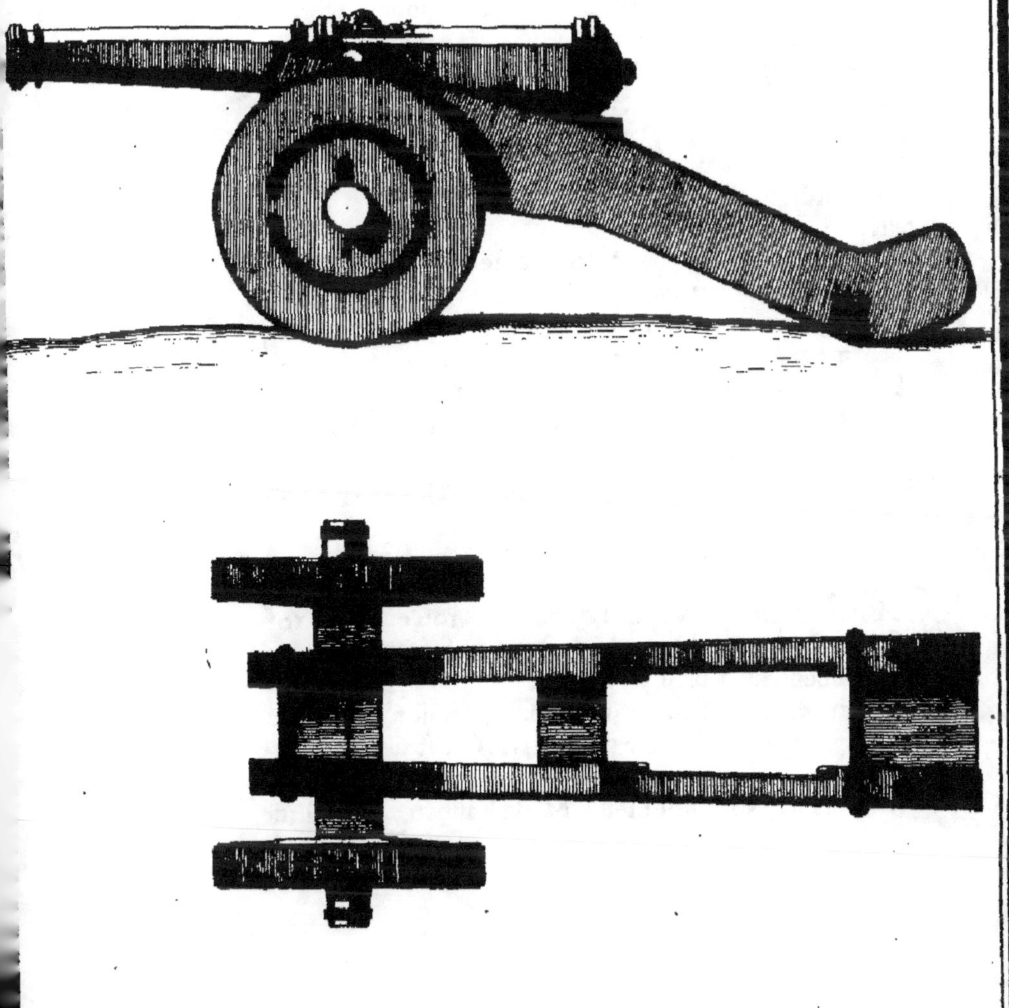

1 2 3 4 5 6 pie

Proportions.

LEs flasques ont de longueur	4 pieds 7 pouces.
Leur épaisseur est de	2 pouces 8 lig.
La largeur à la teste est de	10 pouces.
La largeur au ceintre est de	7 pouces.
Et au coude de lunette de	6 pouces.
Le coude a de longueur	9 pouces.
L'ouverture de l'affust à l'entretoise de vollée	4 pouces 3 lig.
Ouverture à celle de mire	5 pouces 3 lig.
Ouverture à celle de lunette	6 pouces 9 lig.
Largeur & épaisseur de l'entretoise de vollée	4 pouces sur 3 po.
Largeur & épaisseur de celle de mire .	5 pouces sur 3 po.
Largeur & épaisseur de celle de lunette	7 pouces sur 3 po.
Les tourillons se posent à six pouces de la teste.	
L'essieu se pose à cinq pouces de la teste par dessous, sa longueur est de	2 pieds 6 pouces.
Longueur du corps d'essieu	1 pied 5 pouces.
Sa hauteur & largeur est de	4 po. $\frac{1}{2}$ sur 3 po. $\frac{1}{2}$.
Les roulettes ont de hauteur	20 pouces.
Leur épaisseur aux extrémitez & à l'œil	3 pou. sur 5 po. $\frac{1}{2}$.
La Piece a de longueur, y compris le bouton	4 pieds 2 pouces.

Devis de la Dépense.

CHaque affust, y compris l'essieu & les roulettes, 4^{tt} 10^{f} de façon ; l'on a pris des madriers à platte-forme de 3 pouces d'épaisseur sur 1 pied de largeur.

La ferrure ne passera pas 100^{l} pesant, à raison de 1^{f} 9^{d} la livre de vieux fer qui a esté pris dans le Chasteau de Traërback.

Au mois de Novembre 1689. M. de Vauban avoit eû intention de faire réformer quelque chose à ces sortes d'affusts de place ou marins.

Il en fit mesme faire un modele à Ypres pour servir à une Piece de seize, comme il est icy représenté.

Les proportions de chaque piece de bois & de fer ont esté prises sur le modele : il y a une échelle sur le Dessein qui vous guidera.

Les flasques sont de deux pieces jointes ensemble avec des goujons à l'endroit des redans.

Les roües sont de trois pieces jointes avec une bande de fer appliquée dessus en maniere de feüillage, au lieu de goujons, dont on n'a pû se servir pour cet usage, les pieces des roües estant coupées en queuë d'Aironde.

Ce n'est pas qu'on ne fasse des flasques d'une piece, & des roües aussi d'une piece, mais cecy est pour les lieux où l'on pourroit manquer de bois propre, ce qui peut arriver à cause de la hauteur que l'on donne à ces flasques, dans lesquels l'essieu n'est point encastré comme à l'ordinaire, mais seulement joint avec un lien ou une bande de fer attachée avec un boulon à chaque bout qui pénetre dans les flasques environ 6 pouces ; cela est fait pour hausser la Piece.

L'ouverture des tourillons n'a de profondeur que la moitié du calibre de la Piece, quoy qu'elle ait ordinairement les deux tiers ; tout cela joint à la hauteur des flasques, la Piece sur son affust est élevée de 2 pieds & $\frac{1}{2}$, bien que les roües n'ayent que 2 pieds de diamettre ; ainsi l'on peut fort-bien tirer avec ces affusts-là : cependant il n'en a jamais esté fait que seize, dont la ferrure est mesme demeurée imparfaite : & dans l'affust de seize dont je vous donne la Figure, il est entré 350[l] de fer.

On pourroit estre dans quelque incertitude sur la hauteur des roües de ces affusts, parce que dans les desseins que l'on voit icy, & dans les raisonnemens, elles se trouvent tantost de 20 pouces, tantost de 22, tantost de 24. On aura pû remarquer qu'il a déja esté fait sur cela des observations ausquelles feu M. Laisné répondit : mais ce que l'on peut dire en général, est que d'abord les roües n'eurent que 20 pouces. La

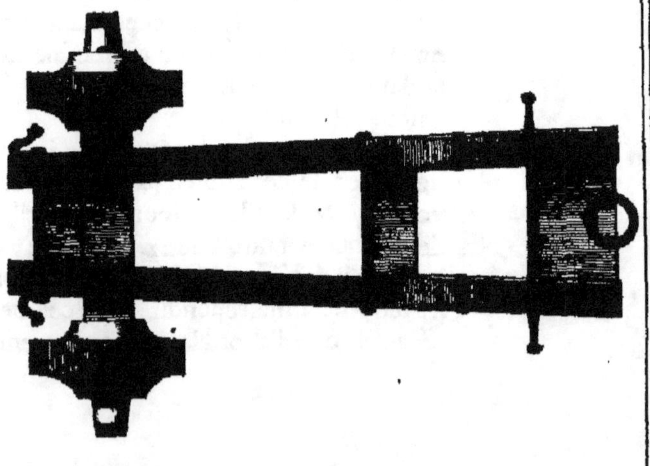

Fourier del.

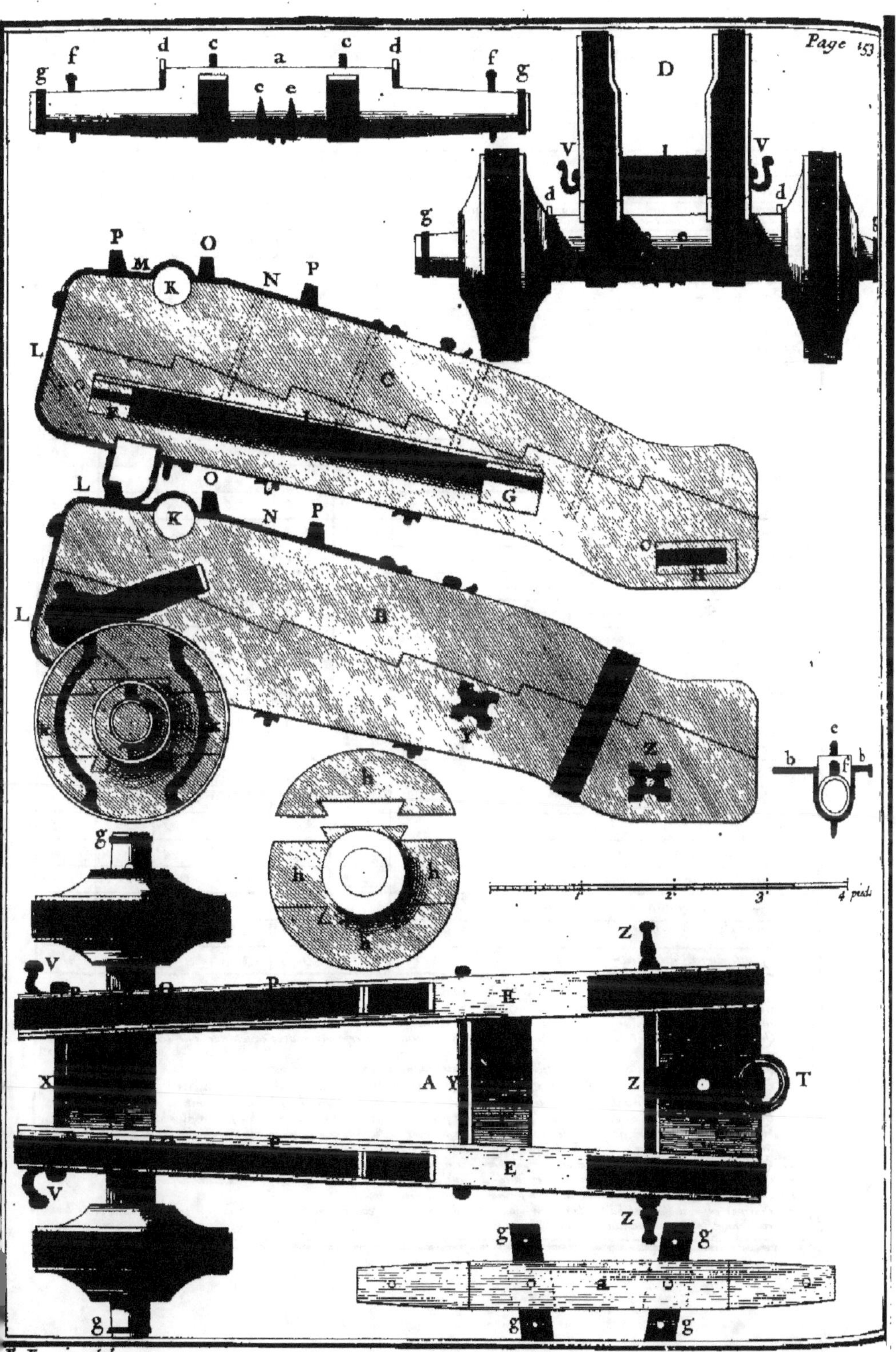

E. Fourier del.

TABLE DES PROPORTIONS DES AFFUSTS DE PLACE POUR LES CANONS DE TERRE des six calibres ordinaires.

Calibres des Pieces.	33.	24.	16.	12.	8.	4.
	Toi. Pie. Po.	Toi. Pie. Po.	Toi. Pie. Po.	Toi. Pie. Po.	Toi. Pie. Po.	Toi. Pie. Po.
Longueur des flasques	1. 2.	1. 2.	1. 2.	1. 2.	1. 2.	1. 2.
Longueur depuis la teste de l'affust a l'ouverture des tourillons	1	1	1	1	1	1
Diametre des tourillons	6	5¼	5	4½	4	3¾
Du derriere des tourillons a la platte bande de la culasse qui poze a plomb sur le milieu de l'entretoise de couche longueur	3. 9	3. 9	3. 9	3. 9	3. 6	3. 6
Diametre de la piece derriere les tourillons entre les flasques qui sont assemblez par l'entretoise de vollée	1. 4	1. 3	1. 1	1	10	9
Diametre de la platte bande de la culasse entre les flasques assemblez par l'entretoise de couche	1. 8	1. 7¼	1. 4½	1. 3	1. 1	11½
Epaisseur des flasques	6	5½	5	4½	4	3½
Diametre des roües	2	2	2	2	2	2
Epaisseur des roües au bandage	6	5½	5	4½	4	3½
Epaisseur des roües a l'Essieu	1	11	11	10	9	8½
Ouverture de la roüe en dedans	7	6	6	5	4½	4
Ouverture en dehors	6	5	5	4	3½	3
Bout de l'Essieu passant au dela des roües pour appuïer le levier	6	6	6	6	6	6
Hauteur de l'Essieu	9	9	9	10	10	10
Sa largeur	7	6	6	5	4½	4
Sa longueur	5. 10	5. 6	5. 2	5	4. 10	4. 10
Longueur du corps de l'Essieu entre les roües	2. 10	2. 8	2. 4	2. 4	2. 4	2. 4
Entaille de l'Essieu dans les flasques	2	2	2	2	2	2
Largeur des flasques a la teste les arrondissemens compris	1. 11	1. 10	1. 9	1. 8	1. 7	1. 7
Largeur du bout des flasques assemblez par l'entretoise de lunette	1. 7	1. 6	1. 5	1. 4	1. 3	1. 2
L'Entretoise de vollée est a simple tenon, et distante de la teste de l'affust	6	6	6	6	6	6
L'Entretoise de vollée est distante du bas de l'affust	3	3	3	2	2	2
Epaisseur de l'Entretoise de vollée	5½	4½	4½	4	4	4
Largeur de la mesme	7	6	6	6	5	5
Entretoise de couche a simples tenons distante du bas de l'affust de	3	3	3	2	2	2
Son Epaisseur	6	5	5	4½	4	4
Sa largeur	9	8	8	7	7	7
Epaisseur de l'Entretoise de lunette	6	5	5	4½	4	4
Largeur de la mesme	1. 3	1. 2	1. 1	1. 1	1. 1	1.
Les tenons sont egaux aux mortoises et ont de longueur	5	4½	4	3½	3	2½
Epaisseur de la semelle qui passe de l'entretoise de couche a celuy de vollée	1½	1½	1½	1	1	1
De la platte forme au ceintre des tourillons il y a de hauteur	3. 3	3. 3	3. 3	3. 3	3. 3	3. 3

Bonnes qualitez de ces Affusts.

1. *Nota que l'on peut faire les flasques de trois pieces quand on n'a pas de bois de grosseur suffisante pour les faire d'une seule en les assemblant a redans arrestez par des goujons de bois comme il est figuré au dessein.*
2. *Que les roulettes peuvent estre aussi composées de trois comme il est representé avec exactitude par leurs desseins qui accompagne cette table.*
3. *Que dans les besoins on peut faire les affusts de tous bois quand ils sont secs et coupez de longue-main.*

Les avantages que ces affusts ont par dessus ceux de campagne.

1er *La Solidité, attendu qu'entre les bois de mesme grosseur et de mesme nature, les plus courts sont les plus forts.*

2e *Qu'on les peut avoir a meilleur marché puisque l'un portant l'autre ils ne reviendront pas a plus de cent livres piece, bien que les bois passez au rabot, les roües faites au tour, et la ferrure tres proprement travaillée.*

3e *Que toutes les grosseurs de bois de 8. a 9. pouces carré en face y sont propres.*

4e *Qu'ils occupent tres peu de place en comparaison des grands dans les Arsenaux.*

5. *Qu'ils peuvent estre employez dans une infinité de lieux étroits, ou on ne sçauroit se servir de ceux de campagne.*

6. *Qu'a nombre egal il faut moins de platte formes qu'aux autres.*

7. *Piece par piece il doivent battre le Canon monté sur des affusts de campagne parce que ceux cy montrent toujours leurs roüages et les autres jamais.*

Gravé par Bery

nécessité fit connoistre ensuite qu'il falloit leur donner plus de hauteur, en sorte que l'on en est venu jusqu'à les faire de 24 pouces, comme on le va voir, & c'est à cette mesure qu'il faut s'arrester.

C'Est qu'il vient de me tomber entre les mains une Table générale des affusts de Place de tous calibres, que M. de Vauban fit faire il y a quelque temps pour la défense des costes de Bretagne. Sur cette Table a esté dressé un Dessein qui fait voir ces sortes d'affusts de tous les costez ; ainsi je croy qu'il n'y a plus rien à desirer à cet égard.

EXPLICATION DE LA FIGURE de l'Affust de vingt-quatre de Place, à la Vauban.

A *Plan de l'affust ferré & monté sur son roüage.*
B *Profil de l'affust monté, veû par le dehors, ses flasques de deux pieces, & ses roües de trois.*
C *Profil du flasque veû par le dedans.*
D *Mesme affust monté sur ses roües veû par le devant.*
E *Epaisseur des flasques.*
F *Entretoise de vollée.* } avec leurs mortoises sur le flasque veû en dedans.
G *Entretoise de couche.* }
H *Entretoise de lunette.* }
I *Semelle.*
K *Ouverture des tourillons.*
L *Platte-bandes.*
M *Susbandes.*
N *Contreheurtoirs.*
O *Heurtoirs.*
P *Chevilles à teste platte.*
Q *Lien de flasque.*
R *Bout d'affust.*
S *Lunette.*
T *Anneau d'embrestage.*
V *Crochet de retraitte.*

X *Boulon de vollée.*
Y *Boulon de l'entretoise de couche.* } avec leurs contreriveûres.
Z *Boulon de retraitte.*

a *Corps de l'essieu.*
b *Estrier.*
c *Envie.*
d *Heurtequin.*
e *Breban.*
f *Esses.*
g *Anneau du bout de l'essieu.*
h *Bois du roüage de plusieurs morceaux.*
i *Bandage de roües.*
k *Crampons sur le dehors des roües pour asseûrer & tenir ensemble l'assemblage du bois des roües.*

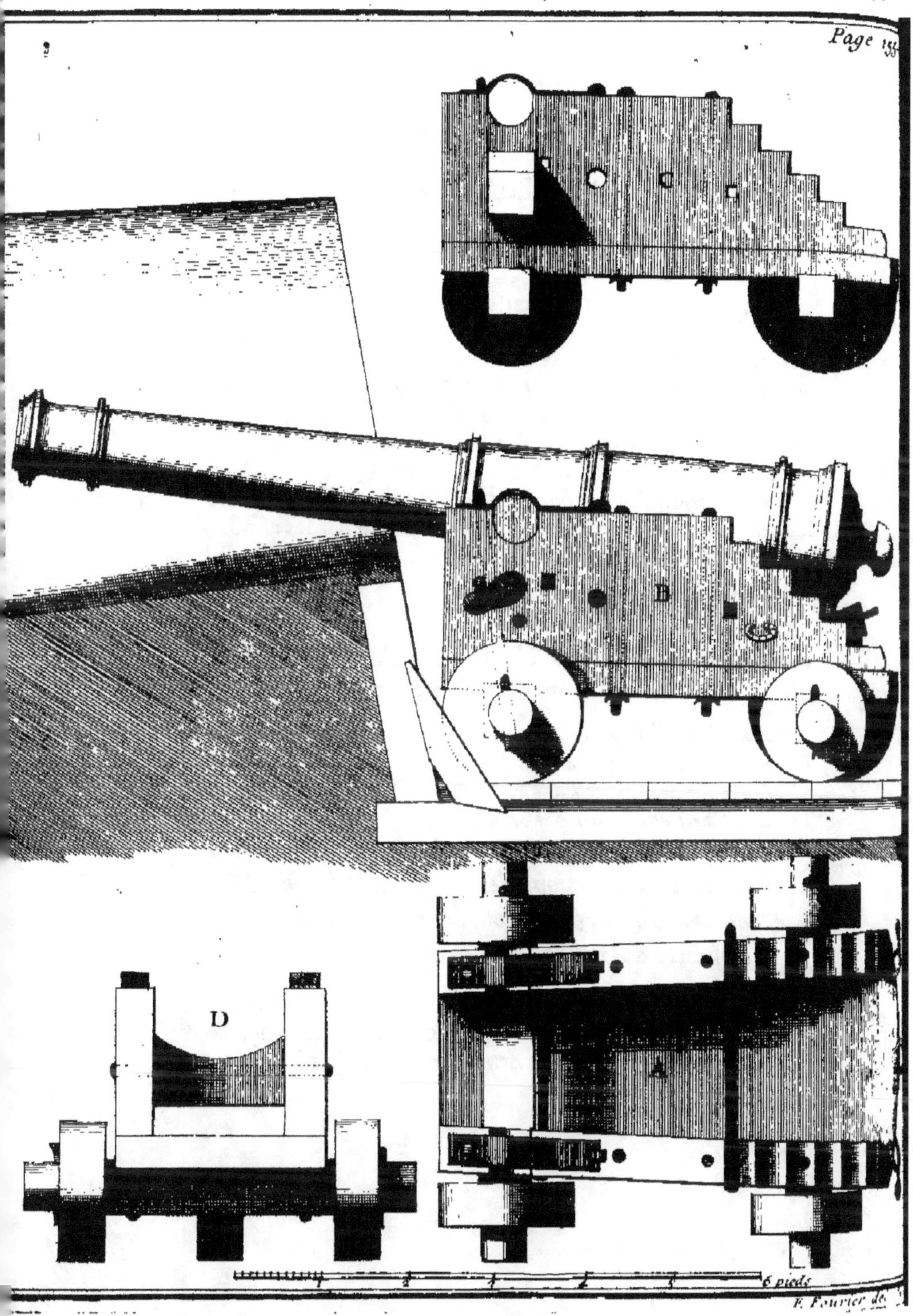
B
D
A
1
2
3
4
5
6 pieds
F. Fourier del.

Affusts de Marine.

ON se sert d'affusts de marine en quelques Places voisines de la mer par la facilité que l'on a à les éxécuter, & par l'épargne que l'on y fait, particulierement pour monter les Pieces de fer qui ne veulent pas une aussi forte dépense que celles de fonte, ne pouvant pas résister aussi long-temps.

En quelques endroits on en fait les flasques tout d'une piece; les roües se font aussi d'un seul morceau; en d'autres, quand on manque de bois & que l'on veut ménager, on fait les flasques de deux pieces, & les roües pareillement.

La Planche cy jointe qui répresente un affust servant à une Piece de trente-six de boulet, fait voir distinctement toutes ces differences.

L'explication des proportions de cette Piece de trente-six se trouve à la fin de ce devis, qui commence par les affusts du plus bas calibre, & va toûjours en augmentant jusqu'à celuy de trente-six.

EXPLICATION DE LA FIGURE de l'Affust de marine à Piece de trente-six.

A *Plan de l'affust avec ses roulettes.*
B *Profil de l'affust portant sa Piece.*
C *Profil du dedans de l'affust.*
D *Profil de l'affust veû par le devant.*

Devis pour les proportions des Affusts de Marine, suivant leur calibre & leur longueur, envoyé par les Officiers d'Artillerie de terre qui sont à Brest.

1°. POur une Piece de quatre, qui aura 6 pieds de long, le fond ou table aura 3 pieds & $\frac{1}{2}$ de long, 2 pouces d'épaisseur, 14 pouces de large par le devant, 17 pouces par le derriere; tous les flasques, de quelque calibre que ce soit, doivent avoir un dixiéme de long moins que la table, & l'on donne aux flasques telle hauteur que l'on veut; cette table aura pour la Piece de quatre 3 pouces d'épaisseur, ainsi que l'entretoise, laquelle a aussi pour toutes sortes d'affusts la mesme épaisseur que le flasque, & se place toûjours directement sous les tourillons; le flasque sera pour cette Piece, divisé en cinq parties égales, dont trois sont pour le devant, & les deux autres pour le derriere, qui seront coupées en trois marches égales, lesquelles servent à donner plus ou moins de vollée à la Piece; les tourillons seront coupez à 4 pouces prés de la teste de l'affust; le corps de l'essieu de devant aura 15 pouces de long, les fusées 5 pouces & ½ chacune, 3 pouces de grosseur.

L'essieu de derriere aura 27 pouces de long, dont le corps en aura 18, & les fusées 4 & ½ chacune, & 2 pouces & ½ de grosseur.

Les roües de devant 11 pouces de haut & 3 d'épaisseur, celles de derriere 9 pouces de haut, & 2 & ½ d'épaisseur.

Il faut remarquer que les fusées des essieux sont aussi grosses à un bout qu'à l'autre, qu'elles ne vont point en diminüant comme celles des affusts de place ou bastards, & qu'elles font la grosseur du corps de l'essieu, que l'on ne fait qu'arrondir pour faire la fusée.

2. Pour une Piece de huit, & de 8 pieds de long, la table aura 4 pieds & ½ de long, 3 pouces d'épaisseur, 18 pouces & ½ de large par devant, 22 pouces par derriere le flasque, 4 pouces d'épaisseur: le flasque divisé comme cy-devant aura trois marches, la place des tourillons a 5 pouces prés de la teste du flasque, l'entretoise comme cy-devant; le corps de l'essieu de devant aura 19 pouces & ½ de long, les fusées 7 pouces & ½ chacune de long, & 4 pouces de grosseur.

L'essieu de derriere aura 23 pouces de long, les fusées 6 pouces & ½ chacune, & 3 pouces & ½ de grosseur.

Les roües de devant auront 13 pouces de haut, 4 pouces d'épaisseur, celles de derriere 11 pouces de haut, & 3 pouces & ½ d'épaisseur.

3°. Pour

3°. Pour une Piece de douze, de 8 pieds de long, la table aura 4 pieds 8 pouces de long, 3 pouces & ½ d'épaisseur, 21 pouces de large par devant, 25 pouces par derriere, les flasques 4 pouces & ½ d'épaisseur, la place des tourillons a 5 pouces & ½ prés de la teste du flasque qui sera en cinq comme cy-devant, & aura 4 marches.

L'essieu de devant aura par le corps 22 pouces de long, les fusées 8 pouces & ½ chacune, & 4 pouces & ½ de grosseur, celuy de derriere 26 pouces de long, les fusées 7 pouces & ½ chacune, & 4 pouces de grosseur.

Les roües de devant 14 pouces de haut, & 4 pouces & ½ d'épaisseur, celles de derriere 12 pouces de haut, & 4 d'épaisseur.

4°. Pour une Piece de dix-huit, de 9 pieds de long, la table aura 5 pieds 2 pouces de long, 3 pouces & ½ d'épaisseur, 23 pouces & ½ de large par devant, par derriere 28, le flasque 5 pouces d'épaisseur, & aura 5 marches, les tourillons placez à 6 pouces prés de la teste de l'affust.

L'essieu de devant aura 24 pouces & ½ de long, les fusées 9 pouces & ½ de long chacune, 5 pouces de grosseur, celuy de derriere 29 pouces de long, les fusées 8 pouces & ½ de long, & 4 pouces & ½ de grosseur.

Les roües de devant auront 15 pouces de haut, 5 pouces d'épaisseur, celles de derriere 13 pouces de haut, 4 pouces & ½ d'épaisseur.

5°. Pour une Piece de vingt-quatre, de 9 pieds & ½ de long, la table aura 5 pieds & ½ de long, 3 pouces 8 lignes d'épaisseur, 25 pouces & ½ de large par devant, 30 pouces par derriere, le flasque 5 pouces & ½ d'épaisseur, & 5 marches, les tourillons placez à 6 pouces & ½ de la teste du flasque.

Le corps de l'essieu de devant 27 pouces de long, les fusées 10 pouces 3 lignes de long chacune, & 5 pouces & ½ de grosseur, celuy de derriere aura 4 pieds 2 pouces de long, dont le corps aura 2 pieds 7 pouces de long, & les fusées 9 pouces & ½ de long, & 5 pouces de grosseur.

Les roües de devant 16 pouces de haut, & 5 pouces & ½

d'épaiſſeur, celles de derriere 14 pouces de haut, & 5 d'épaiſſeur.

6°. Pour une Piece de trente-ſix, de 9 pieds & ½ de long, la table aura 5 pieds 8 pouces de long, & 4 pouces d'épaiſſeur, 29 pouces de large par le devant, 34 par le derriere; le flaſque ſera diviſé comme cy-devant, & aura 5 marches 6 pouces d'épaiſſeur, la place des tourillons a 7 pouces prés de la teſte du flaſque.

L'eſſieu de devant 30 pouces de long, les fuſées 11 pouces & ½ de long, & 6 pouces de groſſeur, celuy de derriere 35 pouces de long, & les fuſées 10 pouces & ½ de long, & 5 pouces & ½ de groſſeur.

Les roües de devant 18 pouces de haut, 6 pouces d'épaiſſeur, celles de derriere 16 pouces de haut, 5 pouces & ½ de groſſeur.

La ferrure d'un Affuſt de trente-ſix.

DEux chevilles de 30 pouces de long, & 15 lignes de groſſeur qui paſſent à travers de l'eſſieu de devant, & au travers de la table & du flaſque, dont la pointe ſert à goupiller la ſusbande.

Quatre autres de 26 pouces de long, & 15 lignes de groſſeur qui paſſent au travers du milieu du flaſque & de la table.

Deux autres de 16 pouces de long qui paſſent au travers de l'eſſieu de derriere & de la table, & ſortent ſur la deuxiéme marche du flaſque, & joint le tout enſemble, ont 15 lignes de groſſeur, deux gros clouds qui joignent le bout du flaſque avec la table.

Deux autres chevilles quarrées qui paſſent au travers des deux flaſques, une auprés de l'entretoiſe ſous les tourillons, & l'autre vers le bout du flaſque, deux crochets à œillets, deux platte-bandes de 20 pouces de long, 3 pouces de large, 6 lignes d'épaiſſeur.

Quatre goupilles,

Il n'y a que les deux ſusbandes de goupillées, avec les chevilles du devant de l'affuſt, & les deux chevilles quarrées qui passent au travers de l'affust, lesquelles ont 1 pouce & $\frac{1}{2}$ de grosseur.

Toute la ferrure pese environ 135 ou 140^{l}, compris les esses.

Quoy-que l'on vienne de voir ce que coûtent les affusts en certains départemens, il n'est pas possible de dire bien au juste à quoy ils pourroient revenir dans chaque Province en particulier, car le temps, la situation des lieux, & la saison mesme, font varier le prix des bois & le prix du fer; mais neanmoins, pour approcher le plus prés qu'il se peut de cette connoissance, j'ay rassemblé plusieurs Memoires de prix payez en differens pays, & par le détail, ce qui donnera assez de lumieres aux Officiers pour s'empescher d'estre trompez par les Ouvriers & par les Marchands.

Prix des bois d'Affusts de tous calibres rendus à Mezieres.

PAr un marché que M. de la Frezeliere a fait, la paire de flasques d'orme pour affust de vingt-quatre, longs de 15 pieds,

Epais de 6 pouces & $\frac{1}{2}$,
Hauts de 22 pouces, } pour 12 francs.

La paire de flasques d'orme de seize,

Longs de 14 pieds,
Epais de 5 pouces & $\frac{1}{2}$,
Hauts de 18 pouces, } pour 12 francs.

La paire de flasque d'orme de douze,

Longs de 13 pieds 5 pouces,
Epais de 5 pouces,
Hauts de 15 pouces, } pour le mesme prix.

La paire de flasque d'orme de huit,

Longs de 12 pieds,
Epais de 4 pouces & $\frac{1}{2}$,
Hauts de 14 pouces, } pour le mesme prix.

On luy doit aussi fournir l'essieu & les roüages, sçavoir les essieux de bois d'orme pour affusts des calibres cy-dessus, longs de 7 pieds, & ayant 7, 8, 9, & 10 pouces d'équarrissage, pour 20[f].

Les jantes d'orme pour affusts de vingt-quatre,

Longues de 2 pieds 10 pouc.
Epaisses de 4 pouces & $\frac{1}{2}$,
Hautes de 7 pouces, } à 30[tt] le cent.

Autres jantes d'orme pour affusts au dessous,

Longs de 2 pieds 10 pouces,
Larges de 4 pouces,
Hautes de 6 pouces, } à 30[tt] le cent.

Autres jantes d'orme,

Longues de 2 pieds 10 pouc.
Larges de 4 pouces,
Hautes de 5 pouces & $\frac{1}{2}$. } à 30[tt] le cent.

La paire de moyeux d'orme de vingt-quatre,

Longs de 2 pieds,
Et de 22 pouces de diametre, } à 50[f] la paire.

Pour l'affust de seize,

Longs de 23 pouces,
Et de 20 pouces de diametre, } à 50[f] la paire.

La paire de moyeux d'orme de douze,

Longs de 21 pouces,
Et 18 pouces de diametre,

Pour l'affust de huit, } à 50ſ la paire.

Longs de 19 pouces,
Et 16 pouces de diametre,

La table de bois d'orme,

Pour l'entretoiſe de lunette,
Epaiſſeur de 5 pouces,
Haute de 15 pouces, } à 4ᵗᵗ 10ſ piece.
Longue de 15 pieds,

pour eſtre réduite en 10 parties pour faire 10 entretoiſes de vingt-quatre & de ſeize.

La table de bois d'orme pour l'entretoiſe,

De lunette de 12 & de 8,
Longue de 15 pieds, } à 4ᵗᵗ 10ſ piece.
Epaiſſe de 4 pouces,
Haute de 14 pouces,

pour eſtre réduite de meſme en 10 entretoiſes.

Les rais de bois de chesne jeune.

Coupez de quartier, Longs de 2 pieds 10 pouces, Larges de 5 pouces, Ayans de face 4 pouces & $\frac{1}{2}$, *Autres rais de chesne.* Longs de 2 pieds 10 pouces, Larges de 4 pouces & $\frac{1}{2}$, Ayant de face 3 pouces & $\frac{1}{2}$, *Autres rais de chesne.* Longs de 2 pieds 10 pouces. Larges de 4 pouces, Ayant de face 3 pouces & $\frac{1}{2}$,	à 13# le cent.

Le morceau de bois de chesne,

Long de 2 pieds, Ayant 7 pouces de face, Epais de 6 pouces, Le morceau de bois de chesne, long de 2 pieds, ayant 6 pouces de face, épais de 5 pouces,	à 4 f le pied.

Tous ces bois coupez dans le décours de la Lune de Septembre, livrez au Pied-de-Roy, & remis dans les Magazins de Mezieres, tous frais faits.

Mais à Auxonne,

LA paire de flasques pour gros affusts, rendus dans l'Arsenal, couste .... 12#

Les entretoises de bois de chesne, à 8 f piece, ... 1 4 f

La paire de moyeux, ... 2

Le cent de rais 6ˡˡ

Le cent de jantes 16 10ˢ

Le milier pesant de fer, poids de forge, rendu à Auxonne 62 10ˢ

Le poids de forge est de 104ˡ, au lieu de 100ˡ, le tout poids de Marc.

Les emboëstures de fonte fournies & employées reviennent à 15ˢ la livre.

Les emboëstures de fer coustent 4ˢ la livre lorsqu'on les fait faire séparément des autres ferrures; mais en les comprenant dans le marché des roüages, elles ne reviennent qu'à 3ˢ 6ᵈ, ainsi que les autres ferrures.

Pour mieux entendre le détail des articles qui concernent la valeur des bois, sans prétendre neanmoins faire aucune comparaison avec les prix qui précedent, ni avec ceux qui suivent; il faut sçavoir que l'orme pour faire une paire de gros flasques couste 6ˡˡ d'achat en Bourgogne.

Et autres 6ˡˡ pour faire couper, ébrancher, ébaucher & scier de long, & pour la voiture dans l'Arsenal d'Auxonne, partant il revient à 12

Le mesme orme doit produire l'entretoise de lunette & la paire de moyeux pour l'affust, il couste seulement la voiture qui est de 1

Une toise de bois de chesne pour les trois autres entretoises.............................. 1 4ˢ

Une planche de chesne pour la semelle 18ˢ

L'essieu 1

Les douze jantes 2

Les vingt-quatre rais 1 10ˢ

Ainsi ce bois reviendroit à 19ˡˡ 12ˢ

L'on diminuë un escu sur les flasques pour chaque petit affust, compris 5ˢ sur l'essieu.

Les autres bois ne changent point de prix.

Le bois pour l'avantrain consiste en la sellette ...	2₶
La paire de limonnieres avec l'entretoise & l'espare	1
Dix jantes	1 12ſ
Les vingt rais	1 4ſ
Les deux moyeux	1 10ſ
Ainsi ce bois revient à	7₶ 6ſ
Pour peindre l'affust & l'avantrain avec les roüages, il en couste	6₶
Pour faire remplir les moyeux de terre glaise, & pour les faire graisser	1

M. de la Frezeliere a aussi fait les marchez suivans avec les Ouvriers.

EN fournissant les bois aux Charpentiers, & aux Charrons, il leur donne

Prix des corps d'affusts à roüages.

- 12₶ pour la façon de chacun corps d'affust à roüages des calibres de 33 & de 24.
- 11₶ pour la façon de chacun corps d'affust de 16 & de 12.
- 10₶ pour la façon de chacun corps d'affust de 8, de 6, de 4, & de 3.

Prix des corps d'affusts de Place.

- 8₶ 12ſ pour la façon de chacun corps d'affust marin, ou de place, de tous calibres.

Prix des roüages & essieux des affusts de campagne.

- 23₶ pour le roüage d'un affust de 33.
- 22₶ pour le roüage d'un affust de 24.
- 20₶ pour le roüage d'un affust de 16.
- 16₶ pour le roüage d'un affust de 12.
- 13₶ pour le roüage d'un affust de 8.

avec les essieux, & en mettant l'emboëstage.

11₶ 10ſ

11ᵗᵗ 10ˢ pour le roüage d'un affust de 4 & de 3.

Prix des roüages des affusts de la nouvelle invention.

16ᵗᵗ pour le roüage d'affust de 12 que l'on fait servir pour les Pieces de 24 de la nouvelle invention.
13ᵗᵗ pour le roüage d'un affust de 8 que l'on fait servir pour les Pieces de 16 de la nouvelle invention.
} avec les essieux, & en mettant l'emboëstage.

Prix des roulettes & essieux des affusts marins.

Et 4ᵗᵗ 10ˢ pour chacune paire de roulettes d'une Piece pour affust de Place, & l'essieu.

10ᵗᵗ pour la façon de chacun avantrain de tous calibres.

Il fait aussi payer à ses Forgeurs 3ˢ 6ᵈ de chaque livre de fer neuf fourni par eux & employé sur les affusts & les avantrains.

Et 1ˢ 9ᵈ pour la façon de chaque livre de vieux fer qui leur est fourni des Magasins, & qu'ils remettent en œuvre.

Outre cela il paye 20ˢ pour le prix & la façon des quatre clavettes garnies de leurs chaisnettes pour chaque affust à roüage.

Mais il est peu de Provinces où l'on puisse trouver un aussi bon marché de toutes choses. Par exemple, 10 affusts de campagne du calibre de 4, faits à la Rochelle au mois de Septembre 1692. ont cousté ce qui suit.

Bois & façon de chacun garni de sa semelle ...	31ᵗᵗ	
145ˡ de fer sur chacun, à 5ˢ la livre	36	5ˢ

192l sur chacune paire de roües, compris les emboëstures, à 4f la livre	38tt 8f
La paire de roües avec l'essieu	20
Peinture de l'affust & de son roüage, chacun ..	4
	129tt 13f
Cet affust avec son roüage tout peint & bien ferré revient à	129tt 13f
Chaque avantrain complet tout peint & bien ferré revient à 68tt. sçavoir,	
Bois & façon	30
Ferrure	36
Peinture	2
	68tt

LE Dessein cy à costé est un Affust inventé par un Capitaine qui estoit en garnison à Dunkerque au mois d'Octobre 1691. On fit monter sur cet affust une Piece de dix qui tira quatre coups à boulet, qui ne se trouverent point differens par aucuns mouvemens, des coups tirez par les autres Pieces montées à l'ordinaire.

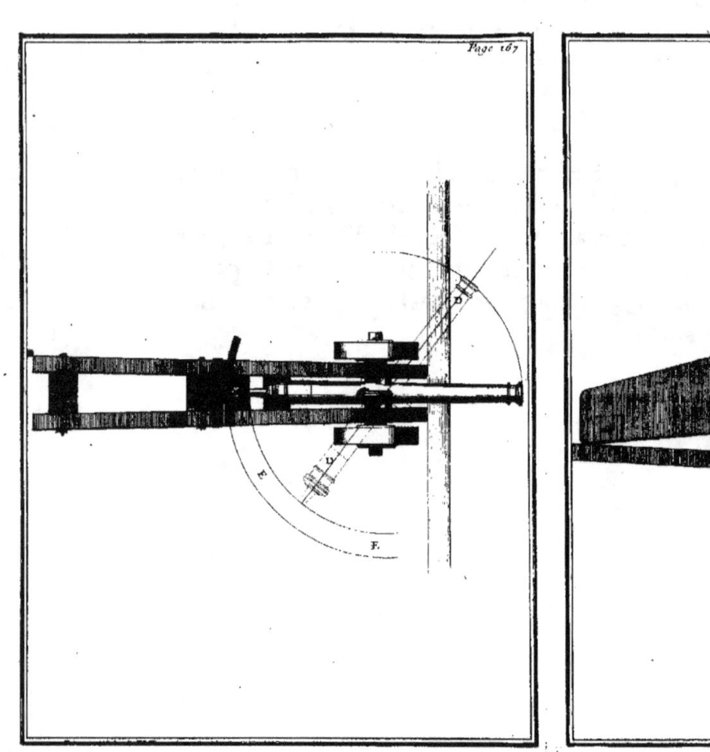
Page 167
D
E
F

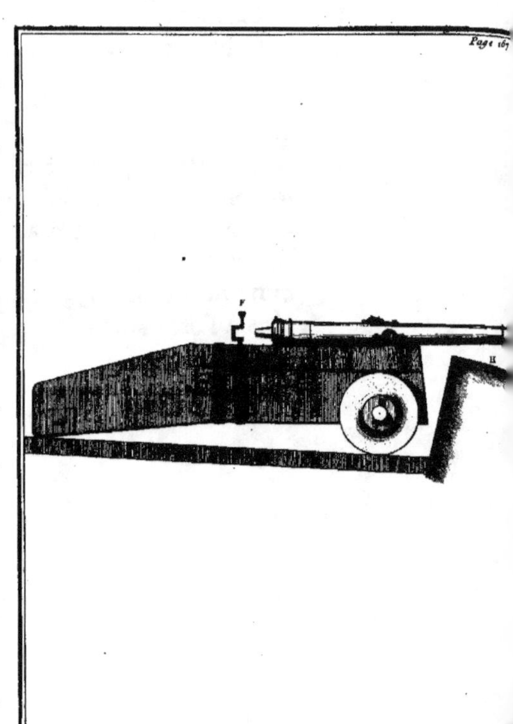
Page 167
F
H

EXPLICATION DE LA FIGURE de l'Affust de Dunkerque.

A *Affust brisé.*
B *Affust ordinaire.*
C *Lanterne.*
D *Ce que la Piece de canon peut faire.*
E *Chemin que peuvent faire l'affust & la Piece.*
F *Clef qui sert à pointer la Piece du costé que l'on veut.*
G *Platteforme.*
H *Plongée du parapet.*

M. Vaultier Commissaire ordinaire de l'Artillerie, tres-attentif aux choses qui regardent son mestier, & qui est l'Auteur du Journal des Campemens des Armées du Roy en Flandres qui a eû tant d'approbation, a beaucoup perfectionné cet affust.

Il a esté fait il y a quelques années à Marseille des Affusts de fer à Piece de ¼ de boulet pour Nostre-Dame de la Garde, par les soins de M. Mongin Commissaire ordinaire de l'Artillerie, construits de la maniere suivante : C'est luy qui parle.

IL faut deux bandes de fer larges de 4 pouces, épaisses de 6 à 7 lignes, dont j'ay formé deux flasques assemblez sur cette largeur, & placez sur leur épaisseur avec les entretoises à l'ordinaire, & les entailles pour loger les tourillons de la Piece, & une autre pour l'essieu; un moyeu, des rais, & des jantes pour les roües tous semblables à ceux de bois, mais non pas si materiels : si-bien que, quand l'affust seroit dessiné sur le papier, il ne paroistroit pas different des affusts de bois, à l'épaisseur prés ; ceux qui sont faits pesent 130^{l} chacun ou environ. Vous voyez qu'il n'y a rien d'extraordinaire ni de difficile dans leur construction, sinon que de sçavoir faire les roües ; cependant ils sont fort commodes, maniables & roullans, puisqu'on fait avancer & reculer avec une main ceux que j'ay fait faire, pourveû qu'ils soient sur un terrain ferme. On en peut faire depuis le plus petit calibre jusqu'à 8^{l}, pourveû qu'on fasse battre ces bandes de fer au martinet, de la maniere & de la largeur qu'il faudra pour contenir le diametre du métail de la Piece qu'on voudra monter, si l'on veut s'en servir.

Ces affusts ont cousté 45^{tt} piece.

M. Foüard Commissaire Provincial de l'Artillerie, Officier tres-intelligent, a fait voir que l'on pouvoit pousser plus loin cette découverte, à laquelle il a eû beaucoup de part, & a donné le raisonnement qui suit, sur des affusts de fer à Pieces de gros calibre.

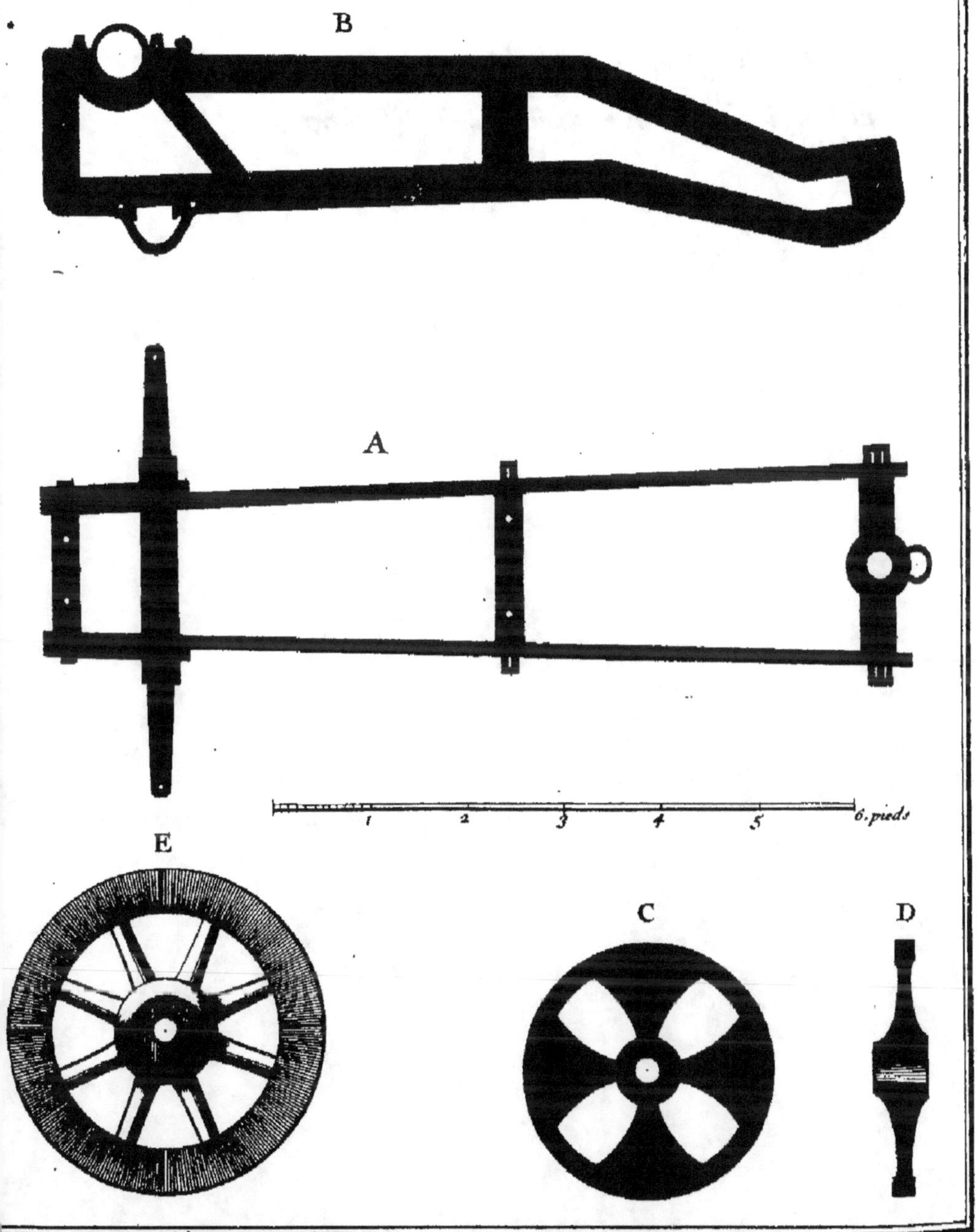

B

A

1 2 3 4 5 6. pieds

E

C

D

EXPLICATION DE LA FIGURE

du premier dessein de fer battu de vingt-quatre, de M. Foüard.

A *Plan de l'affust.*
B *Profil de l'affust.*
C *Roulette de fer fondu veuë par le dehors.*
D *Profil de l'épaisseur de la roulette.*
E *Roulette de bois pour les Pieces depuis douze jusqu'à trente-trois.*

Raisonnement sur les affuſts de fer battu marquez sur le plan & profil cy joints.

CEs affuſts ne different en rien de ceux de bois que dans la matiere, eſtant preſque dans les meſmes proportions, ils doivent eſtre compoſez de deux flaſques en cadre, comme il eſt marqué par le profil, ayant 9 pieds de long aſſemblez par 3 entretoiſes de fer, comme il eſt marqué par le plan, avec des clavettes doubles, qui eſt la meilleure maniere à mon ſens, parce que ces affuſts ſe peuvent démonter facilement & remonter, en cas qu'il y euſt quelque choſe à raccommoder; ce qui ne ſe pourroit pas faire de meſme ſi les entretoiſes eſtoient rivées.

Ce qu'ils ont encore de bon, eſt de pouvoir s'élargir & rétrécir tres-facilement, en ajoûtant des rondeles aux entretoiſes, ou en les coupant de ce dont l'on veut rétrécir l'affuſt.

Ce Deſſein-cy eſt proportionné pour une Piece de vingt-quatre de Place, & l'on peut encore le diminüer ſur ſon épaiſſeur, ce qui le rendra beaucoup plus leger, quoy-que, ſuivant les proportions où il paroiſt, il ne doive pas plus peſer qu'un de bois avec les ferrures que l'on y met ordinairement. Il eſt à propos de mettre à ces affuſts des roües de bois à rais, comme il eſt marqué par le Deſſein, depuis trente-trois juſqu'à douze, parce qu'il eſt tres-difficile de manier des Pieces d'une groſſe peſanteur ſur des affuſts à roulettes, ne pouvant pas ſe ſervir du levier qui eſt de la derniere néceſſité pour cela.

L'eſſieu doit eſtre de fer battu.

Mais pour les Pieces au deſſous de 12^{l} de calibre, on leur fera des roulettes de fer fondu, comme il eſt marqué par le Deſſein, avec l'eſſieu de fer battu, comme aux autres, de ſorte qu'il n'y aura point de bois dans les affuſts que la femelle pour poſer les coins de mire.

L'on pourra faire des affuſts de campagne à la meſme maniere ſur les proportions qui leur ſont néceſſaires, à la réſerve des roües qu'il faut abſolument faire de bois.

L'avantage de ces affuſts eſt tres-grand, eſtans pour durer bon nombre d'années, & l'on épargne par ce moyen la remonte qu'on eſt obligé de faire de temps en temps, ce qui couſte conſidérablement, tant pour l'achat des bois, leur tranſport, & la façon des affuſts, que les ferrures, & la peinture.

L'eſſieu eſt attaché à l'affuſt par le moyen d'un eſtrier, comme il eſt marqué au profil, lequel eſtrier eſt auſſi attaché à l'affuſt par le moyen de deux boulons que les deux trous marquez au profil à l'endroit de l'eſſieu, démontrent : ces affuſts ſe peuvent mener avec des avantrains comme les autres.

L'on doit diminüer les roües, roulettes & eſſieux, & la longueur & épaiſſeur de l'affuſt, ſuivant les proportions des Pieces que l'on veut monter.

L'on pourroit bien faire des roulettes de fer fondu pour les gros affuſts, mais comme j'ay déja dit, les Pieces ſeroient trop difficiles à manier : de ſorte que je crois qu'il eſt abſolument néceſſaire de s'en tenir aux roües de bois pour les affuſts de trente-trois, vingt-quatre, ſeize, & douze.

L'on verra les proportions de l'affuſt par le moyen de l'échelle qui eſt au bas du Deſſein.

L'utilité de ces affuſts eſt encore, en ce que toute l'Artillerie d'une Place peut demeurer toûjours montée ſur les remparts, ſans que l'on appréhende que les affuſts pourriſſent.

Ces affuſts ayant depuis eſté mis encore dans une plus grande perfection par M. Foüard, j'ay fait tirer le plan & le profil d'un autre de vingt-quatre qui eſt dans l'Arſenal de Paris, que vous avez icy.

EXPLICATION DE LA FIGURE du second Affust de fer battu de M. Foüard.

A *Plan d'affust de fer, avec son roüage de fer.*
B *Profil de l'affust de fer, monté sur son roüage & avantrain.*
C *Avantrain de fer.*
D *Roües dont les jantes sont de bois, & les rais & le moyeu de fer.*

Il a eû ordre de faire travailler à un grand nombre d'autres à Vienne en Dauphiné, & il m'a mandé que ces affusts pesoient, sçavoir,

Celuy de ttente-trois	2000l.
Celuy de vingt-quatre	1850
Celuy de seize	1600
Celuy de douze	1500
Celuy de huit	1250
Celuy de quatre	1050l.
Celuy de deux	750
Celuy d'une	600

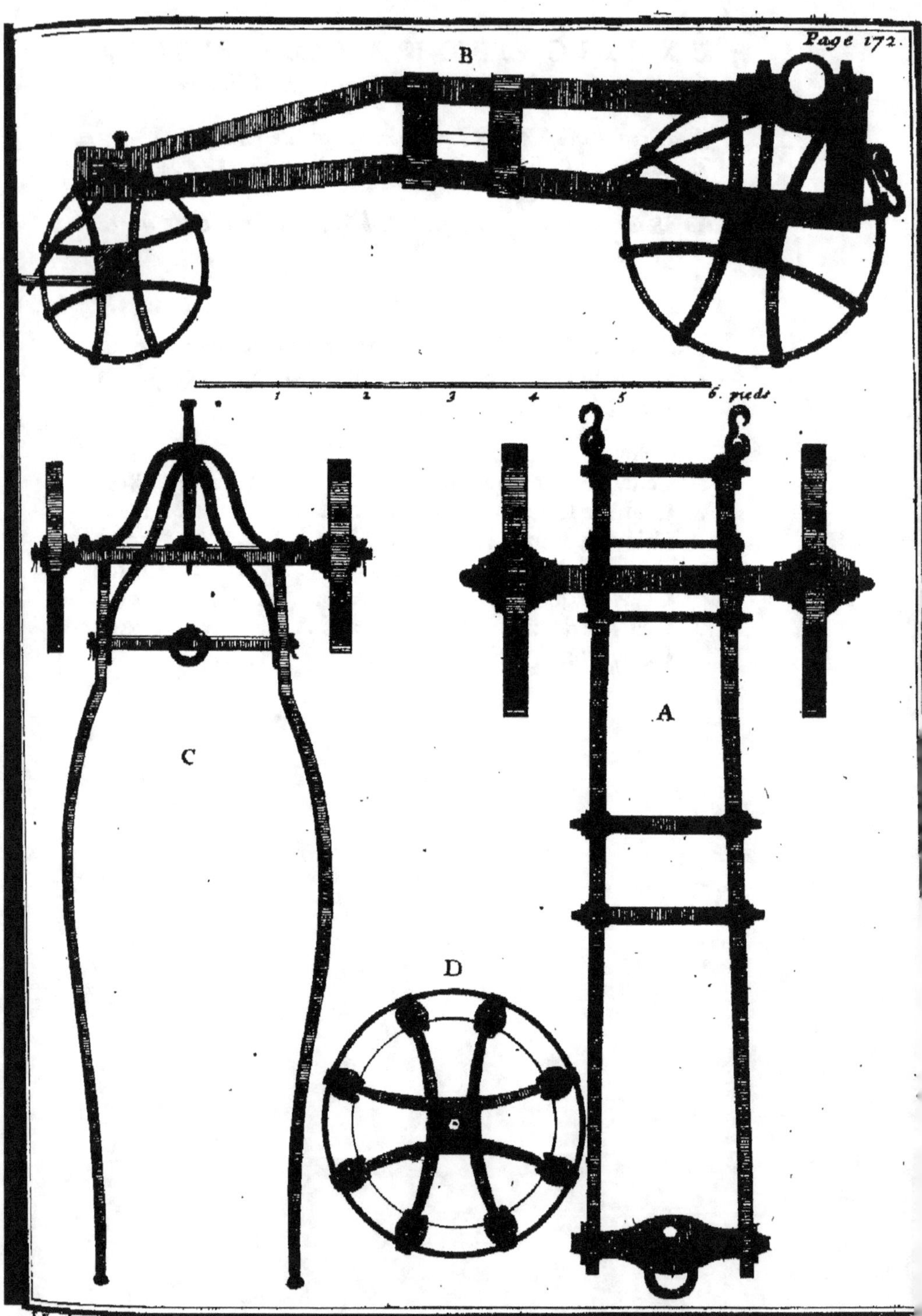

E. Fourier del.

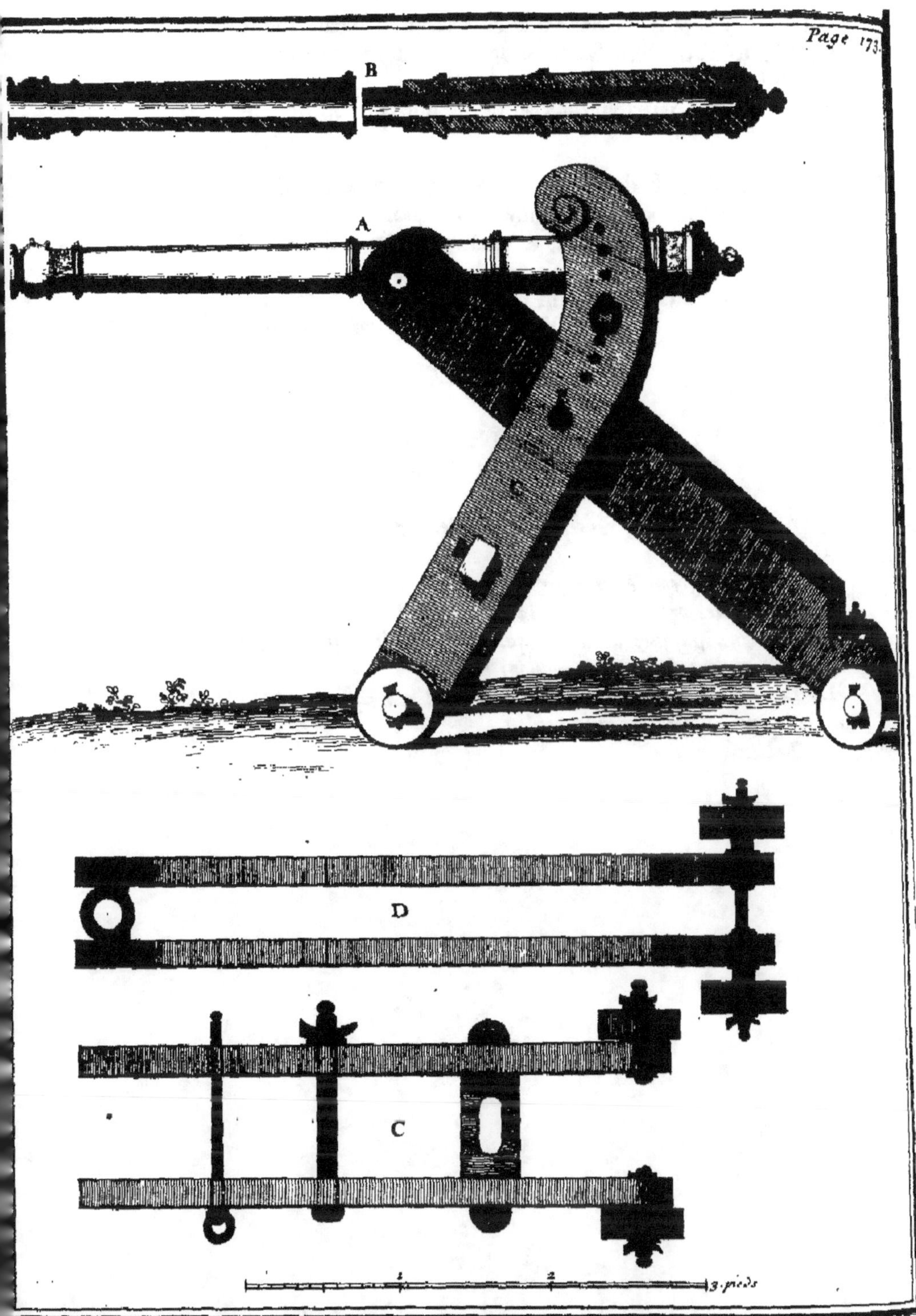

E. Fourier del.

Il s'est fait depuis peu des expériences dans le département & par les soins de M. le Marquis de la Frezeliere pour des affusts de fer fondu qui ont tres-bien réussi, & il n'est pas impossible qu'avec un peu de temps on ne prenne la résolution de s'en servir.

La façon d'affust dont vous voyez icy les répresentations est particuliere, & a esté imaginée pour monter des Pieces brisées & des Pieces entieres d'une nouvelle invention, qui ont esté fonduës à Perpignan par le sieur Faure Fondeur, qui a succedé aux Sagen aussi Fondeurs; ces Pieces sont pareilles au Dessein, & sont destinées pour servir dans les montagnes.

EXPLICATION DE LA FIGURE du premier Affust de Faure.

A *La figure premiere répresente une Piece entiere montée sur son affust.*

B *La figure seconde répresente une Piece brisée, ayant les mesmes proportions que la précédente.*

C *Les deux flasques de dessus qui embrassent l'affust, & qui sont arrestez par un boulon.*

D *Les deux flasques du dedans qui sont embrassez & retenus ensemble par le boulon.*

E *Boulon.*

L'inventeur de ces Pieces & de cet Affuſt ayant changé quelque choſe à ce premier Affuſt, a envoyé le ſecond Deſſein que l'on va voir, avec ce raiſonnement.

JE vous envoye le deſſein d'un nouvel affuſt, lequel eſt beaucoup plus commode que l'autre, tant pour la facilité d'eſtre porté, que parce qu'il ne ſe démonte jamais pour s'en ſervir, & qu'il eſt de la moitié plus leger & ſera de meilleur ſervice ; l'échelle qui eſt au bas du deſſein ſervira pour connoiſtre les proportions tant du bois que du fer. Pour ce qui eſt de l'aſſemblage de l'affuſt du premier deſſein, il ſe fait comme les deux parties d'un placet ou le pied d'une table briſée,comme vous pouvez voirpar la Piece montée au meſme deſſein. Il eſt trop embarraſſant, par la néceſſité qu'il y a de démonter tout l'affuſt pour placer la Piece dans le trou des tourillons, au lieu qu'au dernier, en ouvrant les ſuſbandes qui ſont retenuës par une charniere, l'on place la Piece ſur ſes tourillons, & l'on l'arreſte par deux clavettes, comme le démontre le deſſein de la Piece montée.

NOn ſeulement cette ſorte d'affuſt a eſté agréé de la Cour, mais on a encore approuvé les Pieces de 1^{l} non briſées qu'on a fonduës à Perpignan ; & il y a eû ordre d'en faire fondre de pareilles dans l'Arſenal de Paris.

Les autres Pieces de 1^{l} que l'on appelle renforcées doivent avoir 5 pouces 9 lignes de diametre à la culaſſe.

Celles-cy ont beaucoup moins.

Les Pieces ordinaires de 1^{l} peſent 300^{l} & plus.

Celles-cy n'en peſent pas la moitié.

Un mulet en peut porter une avec ſon affuſt, & des munitions pour 12 coups,.

En Rouſſillon on leur fait des fournimens pour 12 coups à 6 onces chacun, quoy-que quelques Officiers ſoient du ſentiment qu'on les pourroit tirer à 4 onces.

On a auſſi de petits ſacs de cuir pour mettre 12 boulets de leur calibre.

Ces Pieces ne s'éprouvent qu'avec la moitié de poudre de la pésanteur du boulet, n'ayant pas à beaucoup prés l'épaisseur des autres Pieces.

Ces petites Pieces de la maniere qu'elles sont montées sont fort faciles à éxécuter, parce qu'en déchargeant le mulet, on met la Piece sur l'affust, & l'on la pout tirer en mesme temps.

Les Kellers qui ont fondu depuis peu de ces Pieces leur donnent les proportions suivantes.

CEtte Piece d'une livre de boulet a l'ame de	1 pou. 11 lig. & $\frac{1}{2}$ de diamet.	
Elle a de longueur, de la bouche à l'extrémité de la plattebande	4 pieds 8 pouces.	
Depuis cet endroit jusqu'à l'extrémité du bouton		2 pouces 6 lignes.
Toute sa longueur est donc de ...	4 pieds 10 pouc. 6 lig.	
Mais pour en donner les mesures partie par partie, je trouve qu'elle a de l'extrémité du bouton, à la plattebande de la culasse....................		2 pouces 6 lignes.
Les moulures de la plattebande		10 lig. & $\frac{1}{2}$.
{ Du derriere de la mesme plattebande, à la lumiere, 1 pouce 6 lignes. }		
Des moulures de la plattebande à l'astragalle		1 pouce 6 lignes.
L'astragalle a............		4 lignes.
De l'astragalle à la plattebande du premier renfort	1 pied	2 pouces 9 lignes.
Les moulures de la plattebande		9 lignes.
	1 pied	8 pouces 8 lig. & $\frac{1}{2}$.

	1 pied 8 pouc. 8 lig. & ½.
Entre la plattebande & l'astragalle....................	1 pouce.
L'astragalle	4 lignes.
Entre l'astragalle & la plattebande prés des tourillons	6 pouces 8 lignes.
La plattebande	6 lignes.
Entre la plattebande & l'astragalle....................	1 pouce 6 lignes.
L'astragalle	3 lig. & ½.
Depuis l'astragalle jusqu'à la bouche de la Piece	2 pieds 3 pouc. 6 lignes.
	4 pieds 10 pouc. 6 lignes.

Les moulures du collet, y compris l'astragalle, 2 pouces 7 lignes.

L'astragalle, 3 lignes.

Entre l'astragalle & les moulures du collet, 12 lignes.

Diametre de la Piece aux endroits cy-aprés nommez.

A la plattebande de la culasse........................	4 pouces 7 lignes.
Entre l'astragalle & la plattebande de la culasse	4 pouces 1 ligne.
A l'endroit de la premiere plattebande du premier renfort	3 pouces 7 lignes.
A l'endroit des tourillons ..	3 pouces 6 lignes.
A la vollée prés du collet ...	3 pouces.
Le bourrelet prés la bouche.	3 pouc. 10 lignes.
Tourillons	1 pouce 6 lignes.
Et les ances ont de long ...	5 pouces 6 lignes.

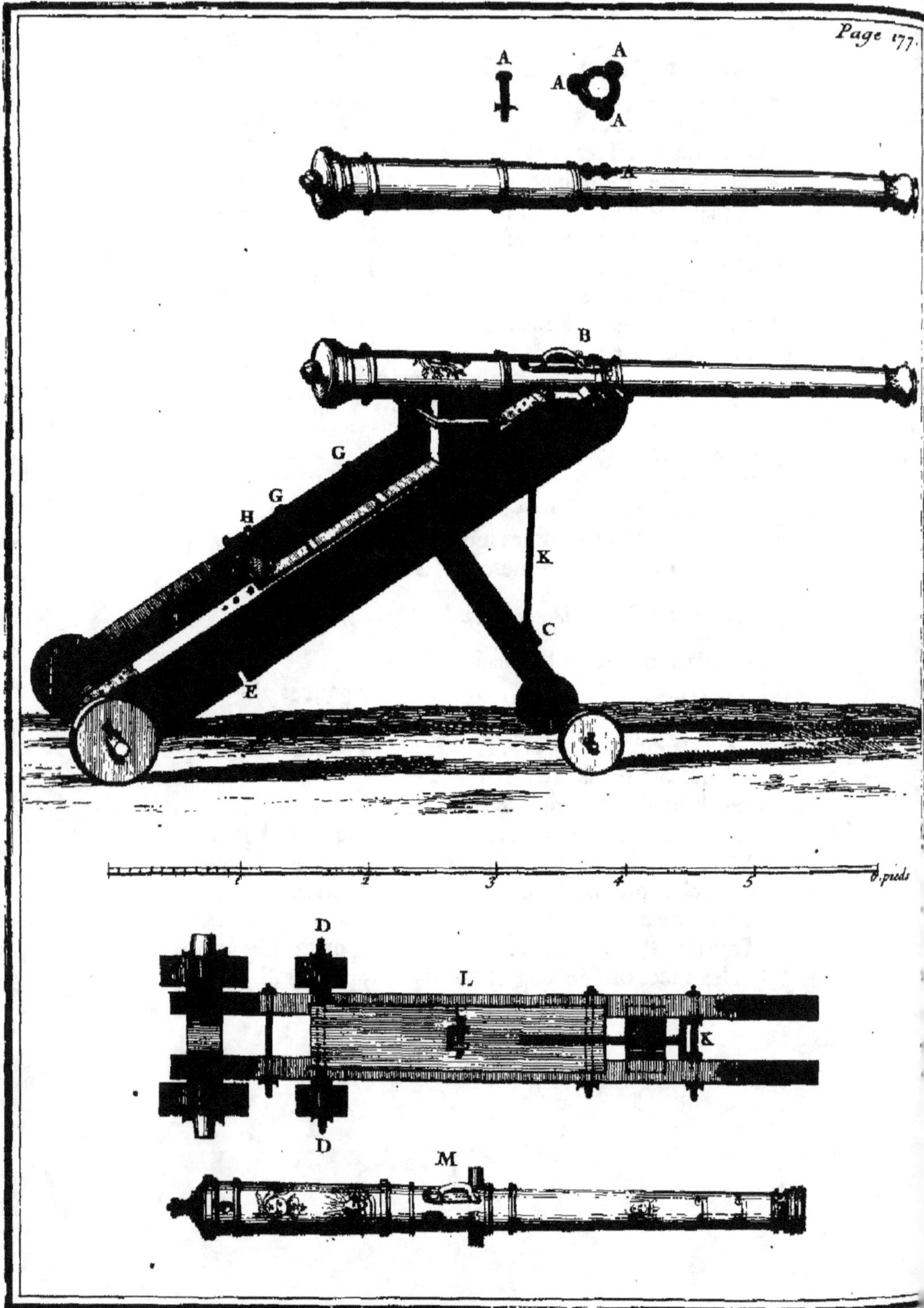
Page 177.
A
A
A
A
A
B
G
G
H
K
C
E
1
2
3
4
5
6. pieds
D
L
K
D
M

EXPLICATION DE LA DEUXIE'ME Figure d'Affust de Faure.

A *Sont trois boulons de fer avec leurs clavettes qui traversent six orillons qui sont joints au corps de la Piece fonduë en Roussillon, comme marque la figure premiere.*

B *La figure seconde répréſente une Piece fonduë en Roussillon non brisée montée sur un nouvel affust, lequel se joint & resserre pour estre plus facilement porté, en défaisant sa clavette marquée* C, *à l'emboësture marquée* D.

C *Clavette.*

D *Essieu de fer.*

E *Emboësture.*

F *Sont deux coins de bois égaux cloüez sur deux bandes de fer arrestées en forme de cadre, & mouvans de haut en bas par le moyen des coulisses marquées* G *qui servent à porter le coin de mire, & à l'arrester par le moyen de deux clavettes marquées* H.

G *Coulisses.*

H *Clavettes.*

I *C'est une entretoise qui empesche les flasques de se joindre.*

K *C'est une fourche de fer gesnée par un boulon & par une clavette, pour empescher que l'affust ne s'affaisse.*

L *Figure troisiéme, est le mesme affust paroissant tout monté, veû par le dessous, & dont on a déja expliqué les parties.*

M *La figure quatriéme, est une Piece pareille à celles que les Kellers ont fonduës dans l'Arsenal de Paris.*

ENtre les nouvelles manieres d'affusts qui ont esté inventées depuis ces dernieres guerres, l'on doit faire cas des deux affusts que M. de S. Hilaire Lieutenant d'Artillerie au département de Guyenne, & qui la commande présentement dans l'Equipage de la Meuse, a imaginez.

Le premier affust, pour mener commodément dans un chemin couvert & sans estre veû de l'ennemi, des Pieces legeres qui sont capables d'inquiéter extrémement les assiégeans & de les déconcerter dans leur travail ; car ces Pieces pouvant estre en un moment transportées avec une grande facilité bien loin de l'endroit où elles ont tiré, les assiégeans en croyent le chemin couvert entierement garni, & sont dans des allarmes continüelles.

Le second affust sert à porter des Pieces de campagne, dont les tourillons se placent entre deux branches de fer sur un pivot à la Turque, & un homme seul avec sa main les tourne tres-aisément & les pointe sans remüer l'affust, de quel costé il luy plaist.

Les Desseins en sont icy qui les feront mieux connoistre.

.Fourier del.

Proportions d'un Affuſt de contreſcarpe pour une Piece de quatre.

A La table de deſſus a de longueur 3 pieds 10 pouces, de large par devant 15 pouces, par derriere 22 pouces, 4 pouces d'épaiſſeur.

B La table de deſſous, longueur 3 pieds 6 pouces, largeur par le devant de 20 pouces, par le derriere 28 pouces, épaiſſeur 3 pouces.

C Les pilliers, longueur 22 pouces ſans y comprendre les tenons, les tenons s'encaſtrent de trois pouces dans la table deſſus, & de quatre dans l'eſſieu de deſſous, quatre pouces en quarré, ſont placez à 6 pouces du devant, & à 1 pouce du bord de la table deſſous à finir à rien de celle de deſſus.

Ceux de derriere éloignez de 21 pouces des deux du devant par le bas, & à 19 pouces par le haut, & à 2 pouces du bord des coſtez.

D Les entretoiſes longues, celles du devant 15 pouces, celles du derriere 20 pouces, épaiſſeur 3 pouces & ½, largeur 10 pouces.

E Les liens courbes, largeur 3 pouces.

F Les liens d'entretoiſes ceintrez, longueur 1 pied 3 pouces, encaſtrez de 1 pouce & ½ de chaque coſté, épaiſſeur 3 pouces, largeur 5 pouces, finiſſant à 3 pouces dans le milieu, mais on ne peut les voir ſur la Figure.

G Les eſſieux 6 pouces de haut, 5 de large, celuy de devant long de 4 pieds, & celuy de derriere 4 pieds & ½.

Les fuſées longues de 8 pouces.

H Les roulettes, 18 pouces de diametre, 5 pouces d'épais au droit du trou de la fuſée, à finir à 3 pouces.

FERRURE. on ne la peut faire voir ſur la Figure.

La crapaudine, épaiſſeur ½ pouce, 6 pouces en quarré, l'œil 3 pouces de diametre, 4 clouds.

Le pivot 13 pouces de long de dehors en dehors, 8 pouces largeur proportionnée en dedans à la grosseur de la Piece, & de ses tourillons.

Les deux susbandes 8 pouces de long, 3 pouces de large, 10 lignes d'épaisseur.

Les neuf clavettes 3 pouces de long, 1 ligne d'épaisseur, 4 boulons.

Le boulon garni de son anneau & de sa clavette.

Les quatre estriers 7 à 8 pouces de longueur, 2 pouces de largeur.

Quatre heurtequins.

Vingt-deux chevilles à teste perduë.

Les quatre esses pour arrester les roulettes.

Affust de Campagne de nouvelle invention trouvé par M. de S. Hilaire.

EXPLICATION DE LA FIGURE de cet Affust.

A *Platteforme d'orme sur laquelle sont établis la crapaudine & le pivot sur lequel aussi tourne la Piece.*

B *Autre platteforme d'orme sur laquelle tourne la plattebande de la culasse de la Piece à l'endroit où l'on voit un cercle de fer.*

C *Tasseaux entre les deux platteformes.*

D *Brancards.*

E *Coffres entre les brancards.*

F *Avantrain.*

G *Trou sur la platteforme par où passe le boulon du pivot.*

H *Pivot de fer avec son boulon portant deux branches aussi de fer, sur lesquelles se logent les tourillons de la Piece.*

I *Susbande qui se met sur la branche par dessus les tourillons, & qui s'arreste avec des clavettes, il doit y avoir une susbande à chacun costé.*

K *Crapaudine de fer avec ses revers, dans le milieu de laquelle entre le boulon du pivot.*

Les mesmes lettres de cet alphabet se trouveront répétées dans les articles qui traittent des Proportions.

A Platte-

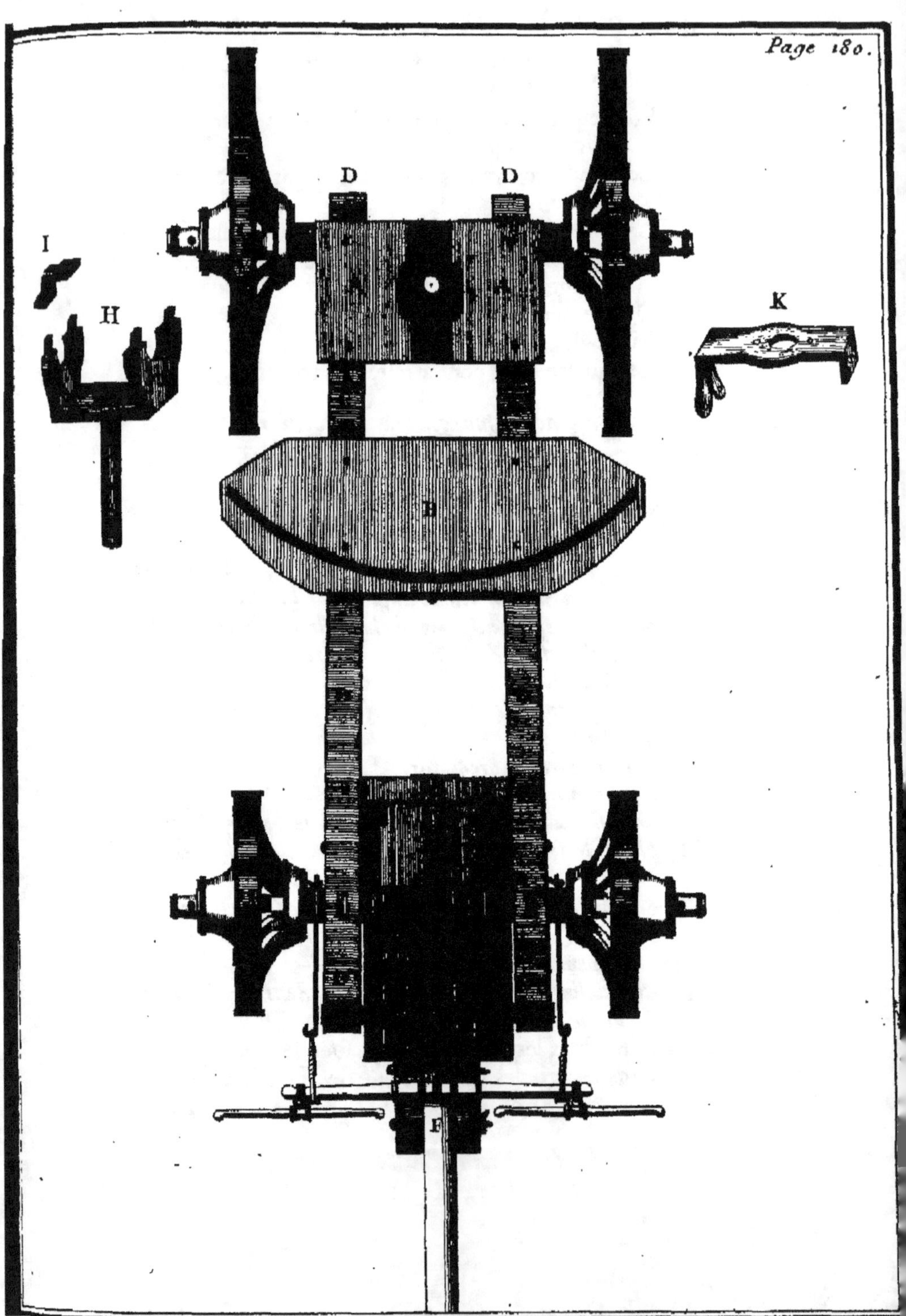
D
D
I
H
K
B
F

A PLatteforme d'orme longue de 3 pieds, 4 pouces d'épais, 20 pouces de large, passée à rase de l'essieu de derriere.

B Une autre platteforme d'orme de 5 pieds de long, 1 pied 10 pouces de large, 10 pouces d'épais, encastrée du costé de l'avantrain de $\frac{1}{4}$ de pouce dans les brancards, éloignée de l'autre de 11 ou 12 pouces.

C Deux tasseaux de 11 ou 12 pouces de long, 5 pouces de large, 4 pouces d'épais du costé de la premiere platteforme, & 2 pouces du costé de l'autre attachée avec deux chevillettes à pointe perduë sur les deux brancards.

D Deux brancards de brin de chesne longs de 9 pieds & 5 pouces en quarré, éloignez l'un de l'autre sur l'essieu de derriere de 18 pouces, ils s'encastrent de 2 pouces & $\frac{1}{2}$ dans la sellette, & la sellette de 2 pouces & $\frac{1}{2}$ dans les brancards, & sont posez sur l'essieu de devant, à 22 pouces l'un de l'autre.

E Deux coffres qui se mettent entre les brancards, celuy de devant posant sur la fourchette de bois de chesne de 10 lignes d'épais, le fond de 15 lignes, de 18 pouces de haut, 15 pouces de large, l'autre de mesme épaisseur, 12 pouces de large, 16 pouces de haut.

Deux empanons de brin de chesne de 6 pieds de long, 5 pouces de large, épais de 4 pouces du costé de l'essieu, à finir à 2 pouces à l'autre bout, encastrez de 2 pouces dans les sellettes, & de 2 pouces dans l'essieu, les débordant comme les brancards de 3 pouces.

La sellette de derriere d'orme de 7 pouces de haut, 5 pouces de large, & 3 pouces de long.

Deux entretoises d'orme, la premiere joignant l'essieu de derriere, & affleurant le brancard par dessus de 8 pouces de large, 4 pouces d'épais, les tenons de 6 pouces de large, & 1 pouce & $\frac{1}{2}$ d'épais, l'autre en estant éloignée de 19 pouces, 5 pouces de large, 4 pouces d'épais, les tenons 4 pouces de large, 1 pouce & $\frac{1}{2}$ d'épais.

Le lisoir de devant d'orme, 5 pouces de haut, 4 pouces 2 lignes de large, 3 pouces de long.

Deux moutons qui se posent à 1 pouce sous les bouts des brancards, hauteur 3 pouces 10 lignes, 4 pouces en quarré avec deux tenons: l'un entrant & affleurant le dessus des brancards de 5 pouces de long, 4 pouces de large, & 2 pouces d'épais; & l'autre dans le lisoir, de 3 pouces de long, mesme largeur & épaisseur.

Une courbe de fresne de 3 pouces en quarré, posant par le milieu sur le bout de la fourchette, & les deux bouts sous les brancards, l'on peut donner 4 ou 5 pouces de haut à l'endroit qui pose sur la fourchette.

Une fourchette d'orme longue de 3 pieds, 5 à 6 pouces de large à l'endroit qui s'encastre dans le lisoir, & aux deux bouts qui posent sur le rond, 4 pouces d'épais: elle s'encastre de 2 pouces dans le lisoir, & le lisoir de 2 pouces dans la fourchette arrestée avec deux boulons, dont la teste est encastrée dans le lisoir par dessous, & clavetez par dessus.

F *Avantrain.*

Une sellette d'orme de 3 pieds de long 6 pouces de haut, 4 pouces & $\frac{1}{2}$ à 5 pouces de large.

Le rond de bois d'orme de 2 pieds & $\frac{1}{2}$ de diametre en dehors, épaisseur 2 pouces & $\frac{1}{2}$, largeur 3 pouces 8 lignes, encastré de 15 lignes dans la sellette, & la sellette de 15 pouces dans le rond.

Deux armons de bois d'orme traversant la sellette & l'essieu de 4 pieds de long, 3 pouces en quarré, distance entre les deux bouts qui passent le rond derriere, 9 pouces.

Le timon de fresne long de 9 pieds 3 pouces 6 lignes en quarré, abattu hors des armons en chamfrain, entrant de 16 pouces dans les armons, le trou du boulon à

6 pouces, celuy de la cheville coulante à 13 pouces des bouts d'armons.

Longueur de la vollée 3 pieds 8 pouces, & se pose à 9 pouces des bouts d'armons.

Longueur des paloniers 2 pieds & $\frac{1}{2}$.

G Le trou sur la platteforme pour passer le boulon du pivot à 9 pouces du bord de la platteforme : à le prendre du centre, il a de diametre 2 pouces 8 lignes, non compris la place de l'épaisseur de la boëste de fer qui s'encastre dans la platteforme.

Roüages.

L'essieu de derriere long, compris les fusées, de 5 pieds 8 pouces; sçavoir, le corps de l'essieu 3 pieds, & les fusées 16 pouces, hauteur du corps de l'essieu 6 pouces, largeur 5 pouces, diametre du gros bout des fusées, 4 pouces 9 lignes, du menu 3 pouces.

L'essieu de devant mesme longueur, 5 pouces de haut, 4 pouces 3 lignes de large, diametre du gros bout des fusées 4 pouces 2 lignes, du menu 2 pouces & $\frac{1}{2}$.

Les roües de derriere 4 pieds & $\frac{1}{2}$ de haut, le moyeu 14 pouces de long, diametre à l'empatage des rais 1 pied 1 pouce, au gros bout 9 pouces & $\frac{1}{2}$, au menu 8 pouces, les jantes 4 pouces & $\frac{1}{2}$ de haut, 3 pouces de large.

Les rais 2 pouces 3 lignes à l'empatage, & 1 pouce 10 lignes du costé des jantes.

Les roües de devant 2 pieds 7 pouces de haut, le moyeu 14 pouces de long, diametre à l'empatage des rais 11 pouces 4 lignes, au gros bout 8 pouces, au menu 7 pouces.

Les jantes 4 pouces & $\frac{1}{2}$ de haut, 3 pouces de large, les rais 2 pouces de diametre.

Ferrure de l'Affust de nouvelle invention à Piece de quatre longue.

H Un pivot traversé de son boulon : le pivot de 10 pouces & ½ de hauteur compris l'épaisseur du fer : 6 pouces hauteur au dessous des tourillons : 4 pouces & ½ hauteur des branches du tourillon : 22 lignes épaisseur du fer : 4 pouces 10 lignes largeur du pivot par bas : 1 pouce 11 lignes largeur des branches : 3 pouces 4 lignes ouverture des tourillons : 8 pouces ouverture entre les deux branches du pivot.

Quatre pouces de diametre la teste du boulon : 16 pouces longueur de la queuë de boulon : 2 pouces & ½ diametre de la queuë.

I Deux pouces 2 lignes largeur des susbandes : 5 lignes d'épais : 3 pouces longueur des branches : 2 pouces ouverture du ceintre des branches : largeur du ceintre 1 pouce 6 lignes.

K Crapaudine 5 pouces & ½ de large : 6 à 7 lignes épaisseur : 3 pieds de longueur, compris les queuës d'aironde, & le revers attaché à l'essieu : le revers de la crapaudine par derriere de 13 pouces : & au devant de la platteforme 3 pouces.

Deux joües de 9 pouces de long, 2 pouces de large, 6 lignes d'épais.

Quatre boulons pour les deux joües traversans la platteforme, clavetez dessous de 6 lignes de diametre, 6 pouces de long.

Deux boulons aux branches de derriere de la crapaudine, traversans l'essieu de 5 lignes de diametre, 7 pouces de long clavetez.

Deux autres boulons traversans la crapaudine & la platteforme, un derriere & l'autre devant le pivot de 6 lignes de diametre, 6 pouces de long.

Une boëste qui s'encastre dans la platteforme à l'œil par où passe le boulon du pivot, épaisseur du fer 6 lignes, diametre en dedans 2 pouces 8 lignes.

Une platine de fer servant de contreriveûre à la crapaudine de 4 lignes d'épais, 4 pouces de large, 1 pouce de long attachée à l'entretoise avec deux liens d'un pouce de large chevillez.

Deux chevilles à pointe perduë pour attacher le revers de la crapaudine du costé de l'avantrain.

Une rondelle & clavette pour le gros boulon.

Deux contresayes, la teste de 6 pouces de haut, 2 pouces de large, la queuë longue de 10 pouces traversans les bouts des brancards & empanons.

Deux sayes de 6 à 8 lignes de diametre, 19 pouces de long, traversans la platteforme, brancards, empanons, sellette & essieu, & équignons placez à 2 pouces du bord de la platteforme.

Deux boulons traversans la mesme platteforme, brancards & empanons placez à 1 pouce & ½ de l'autre bord de la platteforme, de 6 lignes de diametre, de 14 pouces de long.

Quatre boulons pour l'autre platteforme traversans la platteforme, brancards & empanons de 6 lignes de diametre, 11 pouces de long, dont deux à 7 pouces du bord de la platteforme, & les deux autres du costé de l'avantrain à 2 pouces.

Deux crochets de retraitte de 6 pouces de long, sans le revers, attachez avec 8 clouds chacun.

Deux estriers qui assemblent la sellette à l'essieu de 1 pouce & ½ de large, 6 lignes d'épais.

Deux liens de bouts de brancards de 1 pouce de large, 4 lignes d'épais.

Six liens de brancards & empanons, avec leurs chevilles de 2 pouces & ½ de large, 4 à 5 lignes d'épais, dont deux se posent à 9 pouces de l'essieu, les deux autres en sont éloignez de 14 pouces, & les deux autres à 21 pouces.

Les deux liens de l'entretoise où passe le boulon du pivot.

Trois crochets qui s'attachent à costé du brancard pour porter les armes de la Piece de 2 pouces de large, 5 lignes d'épais, le premier à 18 pouces de l'essieu de derriere, l'autre en estant à 2 pieds 9 pouces, & l'autre à 1 pied du bout des brancards de devant.

Quatre couplets.

Deux charnieres.

Deux cadenats pour les coffres.

Quatre boulons pour tenir les deux coffres, traversans les brancards de 7 pouces de long, 6 lignes de diametre.

Deux autres pour tenir la fourchette avec le lisoir, de 6 pouces de long.

Quatre autres pour tenir les moutons avec le brancard & le lisoir, de 7 pouces de long.

Trois autres pour tenir la courbe sur la fourchette & aux deux bouts sous les brancards, longs de 9 à 10 pouces.

Trente-quatre rondelles & 34 clavettes pour tous les boulons.

Ferrures de l'avantrain.

Un crochet de bout de limon.

Une piece d'armon de devant.

Une piece de derriere.

Un boulon de timon de 6 lignes de diametre, de 11 pouces de long.

Une cheville coulante mesme longueur & diametre.

Deux boulons de vollée de 6 lignes de diametre, 8 pouces de longueur.

Neuf lamettes pour les vollées.

Deux crampons.

Deux cuillieres de 6 lignes de diametre, 18 pouces de long.

Deux sayes.

Quatre crampons de rond, 8 pouces de long, 1 pouce

de large, 6 lignes d'épais.

Deux estriers de sellette de 1 pouce de large, 6 lignes d'épais.

Deux estriers de lisoir.

Une cheville de bout de timon.

Ferrures des roüages.

Quatre happes.

Quatre anneaux de bout d'essieu.

Quatre esses.

Quatre heurtequins.

Quatre équignons longs de 2 pieds & ½ un pouce en quarré.

Deux mailles.

Sept brebans.

Quatre boëstes de roües de derriere, les deux du gros bout de 5 pouces 2 lignes de diametre, les deux du menu 3 pouces 2 lignes.

Quatre boëstes des roües de devant, les deux du gros bout de 4 pouces de diametre, les deux du menu 2 pouces 8 lignes, 5 lignes d'épais.

Huit frettes & huit cordons de 1 pouce de large, 6 lignes d'épais.

Vingt-deux bandes de roües de 6 lignes d'épais, 3 pouces de large.

Vingt-deux liens de 3 pouces de large, 4 lignes d'épais, avec leurs chevilles.

Cent soixante clouds & caboches.

Quatre rondelles.

Un ceintre de fer de 4 lignes d'épais, & 1 pouce & ½ de large encastré dans la platteforme de 8 à 9 lignes, surquoy pose & roule la culasse du canon, attaché de quatre clouds à teste perduë.

Les Affusts qui suivent, l'un de Campagne, l'autre de Place, sont en usage dans le département de M. de Cray.

AFFUST DE CAMPAGNE.

A *Plan de l'affust de Campagne de vingt-quatre avec son avantrain.*

B *Profil de l'affust de Campagne de vingt-quatre avec son avantrain.*

AFFUST DE PLACE.

C *Plan de l'affust de Place de vingt-quatre.*

D *Profil de l'affust de Place de vingt-quatre.*

Vous remarquerez sans doute que cet affust de Place est different de ceux dont je vous ay déja parlé ; il est à haut roüage, avec des rais, & les autres sont à roües pleines, ou autrement basses roulettes ; les affusts à roüages ont de tout temps esté d'usage dans les Places, & quelques-uns de ces Messieurs les Lieutenans, entr'autres M. de Vigny & M. de Cray se trouvant mieux de ces derniers, parce qu'ils sont plus aisez à manier, ils les ont conservez dans leurs départemens ; ils different des affusts de campagne par la ferrure, y ayant beaucoup moins de fer sur ceux-là que sur les autres.

TITRE

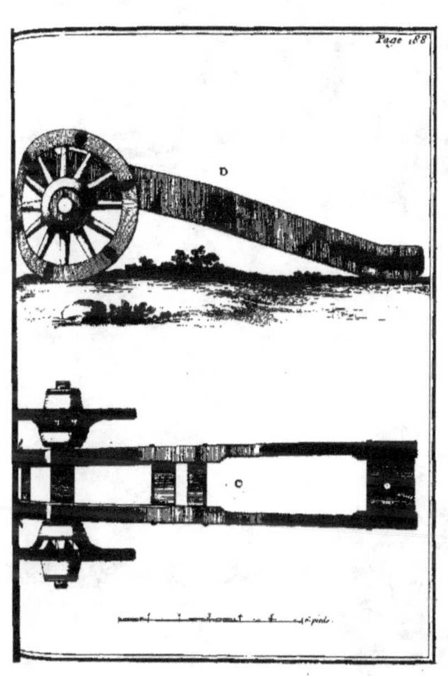
Page 188
D
C

Page 188
B
A

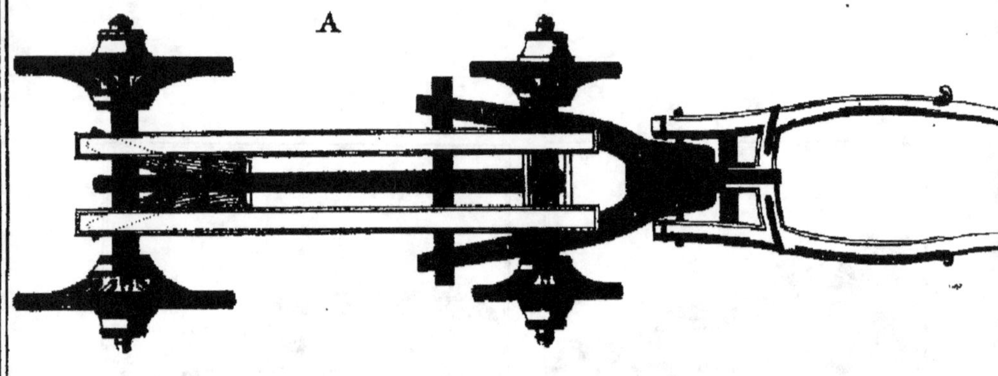

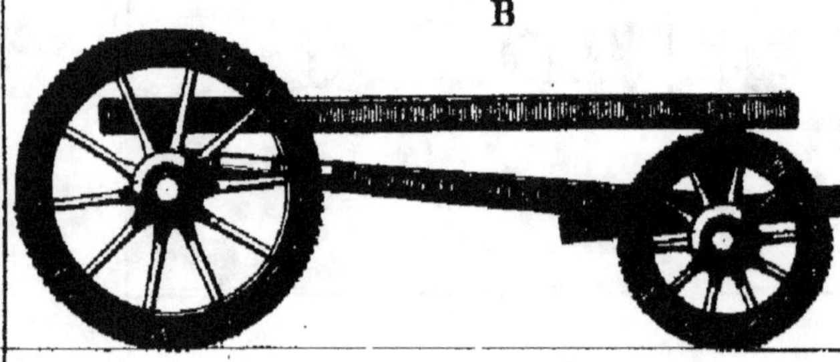

1 2 3 4 5 6 12 pieds

TITRE VII.

Chariots à canon, Triqueballe & Traisneaux.

BIen que dans les Tables de M. le Marquis de la Frezeliere l'on trouve des proportions pour les chariots à canon, l'on a jugé à propos de les donner encore dans ce Chapitre-cy qui en traitte expressément.

L'on fait des chariots à porter canon, tant pour soulager les affusts, que pour occuper moins de chevaux, & pour passer plus facilement les mauvais chemins en campagne.

Chariot à porter corps de canon de vingt-quatre de balle.

LA construction s'en fait comme il suit : la Planche suivante en marque la figure.

EXPLICATION DE LA FIGURE du Chariot à canon à Piece de vingt-quatre.

A *Plan du Chariot à canon.*
B *Profil du Chariot à canon.*

La fléche sera de bois de brin d'orme, longueur de 10 pieds, son diametre de 5 pouces, le bout de devant qui se nomme mufle sera aplani dessus & dessous revenant à 3 pouces arrondi par le bout, bandé de fer de la mesme largeur, cette bande épaisse de 1 ligne & $\frac{1}{2}$ attachée avec 12 clouds à teste platte, & d'un boulon de demi-pouce de diametre qui traversera les deux bouts de la bande & la fléche par le costé à 9 pouces du bout du mufle, lequel sera arresté d'un costé avec une clavette, l'on fera un trou de 1 pouce & $\frac{1}{2}$ sur le mufle qui traversera à 5 pouces du bout.

Train de derriere du Chariot.

L'Essieu sera proportionné à celuy d'un affust à Piece de seize, les roües de mesme, à l'exception des doubles liens & susbandes.

La sellette qui sera posée sur l'essieu doit estre de bois d'orme longue de 3 pieds 3 pouces, sa hauteur & largeur 6 pouces sur 7.

Le bout de derriere la fléche sera posé sur le milieu de l'essieu.

Les deux empanons de mesme bois, longs de 5 pieds & $\frac{1}{2}$, le diametre de 4 pouces qui doivent embrasser les costez de la fléche, seront arrestez avec deux liens de fer en caboche, les bouts de derriere qui doivent estre écartez de 8 pouces francs de celuy de la fléche, reposeront aussi sur l'essieu, sur lequel la sellette sera posée & encastrée pour y recevoir les bouts de fléche & d'empanons, la sellette sera liée avec l'essieu d'un estrier de fer à chaque bout, les deux bouts d'empanons qui passeront de 4 pouces derriere l'essieu & la sellette, seront traversez de deux contresayes de fer à teste platte, pour estre attachez d'un cloud à la sellette.

Train du devant du Chariot.

L'Essieu de bois d'orme long de 6 pieds & $\frac{1}{2}$ proportionné à celuy d'un affust à Piece de huit ferré de mesme, les deux roües auront 4 pieds de hauteur avec toutes leurs ferrures & emboëstures de fonte, comme à celles d'un avantrain d'affust de vingt-quatre.

Deux armons de bois d'orme longs de 5 pieds & $\frac{1}{2}$ à 6 pieds, de 4 pouces de diametre, situez sur l'essieu à 20 pouces l'un de l'autre, la courbure des bouts de derriere sera de 3 pieds de long depuis le derriere de l'essieu, lesquels seront écartez l'un de l'autre de trois pieds francs.

La sassoire de mesme bois longue de 5 pieds & $\frac{1}{2}$, son diametre de 3 pouces & $\frac{1}{2}$ applani dessus, elle sera posée sur les bouts d'armons à 4 pouces, attachez ensemble de deux chevilles de fer, dont la teste sera encastrée dans le bois afin qu'il ne puisse empescher la sassoire d'aller & venir suivant le mouvement des roües; elle sert pour faire glisser les bouts d'armons sous la fléche dans le temps que le chariot tourne à droit ou à gauche; les bouts de devant d'armon passeront devant l'essieu de 2 pieds & ½, ferrez de deux anneaux, percez sur les costez à 6 pouces du bout pour passer le boulon de fer qui tient aussi les limonnieres.

La sellette aura les mesmes proportions que celle du derriere; elle sera posée sur l'essieu encastrée dessous à proportion des armons; il y aura aussi une évideûre dans le milieu de 9 pouces de long & 3 pouces de hauteur pour donner jeu au musle de la fléche qui doit estre placé sur le milieu de l'essieu.

La sellette sera jointe à l'essieu avec deux estriers de fer, 12 caboches, & 2 sayes de fer qui traverseront la sellette, les armons, & l'essieu.

Le lisoir sera proportionné à la sellette; il sera posé dessus attaché avec la cheville ouvriere de fer de 2 pieds de long & d'un pouce & ½ de diametre, la cheville passera dans le milieu du lisoir; la sellette, le musle de la fléche & l'essieu sous lesquels elle sera arrestée d'une clavette, & d'une rondelle sur la clavette pour servir de contreriveûre, attachée de 4 clouds à l'essieu.

L'on fera deux mortoises sur le lisoir à 6 pouces des bouts pour y encastrer deux ranches de bois d'orme longues d'un pied, de 3 pouces de diametre; elles servent à tenir les brancards en état sur le lisoir; il doit y en avoir de mesme sur la sellette du train de derriere.

Les limonnieres seront proportionnées à celles d'un avantrain d'affust à Piece de vingt-quatre, avec cette différence qu'il y aura un testard de mesme bois & grosseur que l'entretoise de limonniere, lequel sera encastré sur le milieu du derriere de l'entretoise par dedans, & passera l'épats, sa longueur ne passera pas les bouts de derriere de limonniere, ces bouts seront placez à costé de ceux d'armon, arrestez ensemble avec un boulon de fer long de 2 pieds & $\frac{1}{2}$, son diametre d'un pouce 3 lignes, une teste par un bout, & clavetté de l'autre.

Les deux brancards seront de bois de brin de chesneau, longs de 12 pieds & $\frac{1}{2}$, le diametre des bouts de devant 4 pouces, & 4 pouces $\frac{1}{2}$ par ceux de derriere ; ils seront assemblez par devant avec deux épars d'orme à la distance de 13 à 14 pouces l'un de l'autre, les épars auront 3 pouces de largeur, 1 & $\frac{1}{2}$ de hauteur, le corps de brancard sera situé entre les branches du lisoir & ceux de la sellette ; c'est sur ce brancard que la Piece de canon repose pour estre voiturée en campagne.

Construction d'un Triqueballe servant à transporter le canon d'une place à une autre sans chevre ny crik.

Ce Dessein de Triqueballe avec son Echelle vient de Flandres.

EXPLICATION DE LA FIGURE du Triqueballe.

A *Est le plan.*
B *Est le profil.*

Il se trouvera quelque petite différence dans les deux raisonnemens suivans, parce qu'ils sont d'Officiers qui ont servi en différens départemens, mais l'une ou l'autre maniere est également bonne.

LE Triqueballe est composé d'un timon, de deux empanons, un essieu, de roües hautes de 7 pieds, & d'une sellette.

Le timon sera de brin de chesneau long de 13 pieds, sa grosseur par le gros bout de derriere aura 4 pouces & $\frac{1}{2}$, réduit à 3 pouces par celuy de devant, lequel bout sera enfourché d'un fer d'un pied de long, au bout duquel il y aura un crochet, l'enfourchure sera attachée avec 18 clouds, & d'un boulon de fer qui traversera la clavette par dessus.

Deux empanons de bois d'orme longs de 4 pieds & $\frac{1}{2}$, le diametre de 4 pouces & $\frac{1}{2}$, lesquels seront attachez au der-

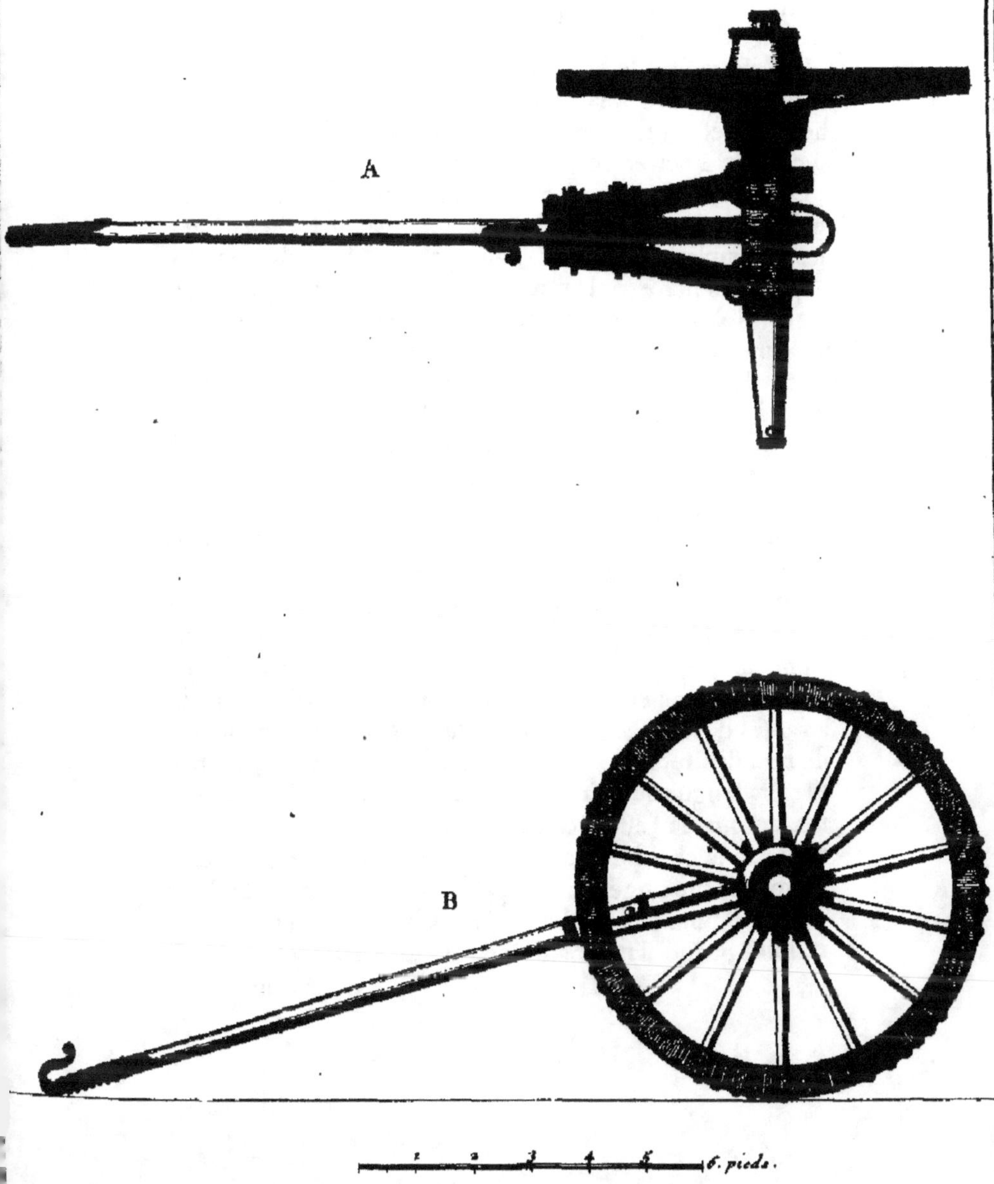

A

B

1 2 3 4 5 6. pieds.

riere du timon par les costez avec deux chevilles de bois de chesne, & deux liens de fer arrestez de 8 caboches sur le timon au bout de l'assemblage des empanons, il y aura un crochet de fer à patte lequel sera attaché avec 9 clouds.

Un essieu d'orme long de 7 pieds, sa largeur & hauteur de mesme le corps de celuy d'un affust de seize ferré de mesme, sur lequel seront posez les bouts de derriere d'empanons & de timon.

La sellette sera de bois d'orme longue de 2 pieds 10 pouces proportionnée à la grosseur du corps de l'essieu, attachée sur l'essieu de mesme que celle du train de derriere du chariot à porter corps de canon.

Les deux roües auront 7 pieds de hauteur ferrées de mesme les autres roües d'affust de seize, excepté les liens doubles & simples des bandes, le moyeu sera long de 20 pouces, son diametre par le bouge aura 15 pouces & $\frac{1}{2}$, autour duquel il y aura 7 rais de bois de chesne de 3 pouces & $\frac{1}{4}$ de diametre, & 7 jantes de bois d'orme dont la hauteur & largeur sera de 5 pouces sur 4 pouces, aprés quoy l'on passera les roües dans les fusées de l'essieu.

Le diametre de la grande emboësture du Triqueballe est de 7 pouces, la petite a de diametre 4 pouces & $\frac{1}{2}$.

Pour se servir du Triqueballe estant achevé, un homme ou deux le rouleront sur la Piece que l'on voudra transporter, il n'importera pas que la bouche de la Piece se trouve devant ou derriere le Triqueballe.

L'on passera une prolonge dans le crochet du bout de timon, aprés quoy l'on levera le bout de timon en l'air, en sorte que le milieu de l'essieu soit perpendiculairement sur les anses de la Piece, on passera dans ces anses une chaisne de fer assez forte pour porter une Piece de vingt-quatre, elle sera longue de 10 à 12 pieds, les deux bouts seront tournez autour de l'essieu & de la sellette, de maniere que les bouts de la chaisne soient arrestez, trois ou quatre hommes tireront la prolonge qui sera passée dans le crochet du bout de timon pour le faire baisser, en baissant il levera la Piece en l'air; quand il sera baissé de niveau, il faudra attacher le devant de la Piece ou la culasse, si elle se rencontre devant, avec le timon pour l'empescher de relever. Si l'on ne vouloit pas mener la Piece loin, neuf ou dix hommes rouleront bien le Triqueballe ; mais si elle devoit aller à une demi-lieuë ou une lieuë, quatre chevaux suffiront, attachant une vollée au crochet qui est situé prés des empanons, & une autre à celuy du devant : elle se peut mener par toute terre de cette façon. Quand on voudra la décharger où elle sera destinée, l'on déliera la Piece du timon, & deux ou trois hommes lascheront doucement la corde qui sera au bout du timon, de crainte que le poids de la Piece ne l'emportast trop viste en l'air.

Le détail cy-dessus suffiroit pour informer parfaitement des proportions du Triqueballe, mais cette maniere-cy est plus abregée.

LA hauteur des roües, 7 pieds.

La longueur des moyeux, 21 pouces.

La grosseur des moyeux, 13 & 11 pouces.

Hauteur des jantes, 4 pouces & $\frac{1}{2}$.

Epaisseur des jantes, 3 pouces & $\frac{1}{2}$.

Longueur des rais, 3 pieds 2 pouces.

Longueur du timon, 14 pieds.

Grosseur au bout qui s'assemble dans l'essieu & le lisoir, 4 pouces & $\frac{1}{2}$, & au bout où est le crochet, 3 pouces.

Longueur des empanons au bout qui s'assemble d'une face, 5 pouces, & de l'autre face 4 pouces.

Longueur de l'essieu, 6 pieds 9 pouces.

Diametre des grandes emboëstures, 7 pouces.

Diametre des petites emboëstures, 4 pouces & $\frac{1}{2}$.

Grosseur de l'essieu d'une face, 8 pouces.

Et l'autre 7 pouces & $\frac{1}{4}$.

Longueur du lisoir, 3 pieds d'une face.

Et de l'autre, 7 pouces & $\frac{1}{2}$ & 7 pouces.

Il y entre environ 400[l] de fer, & il pese en tout prés de 1200[l].

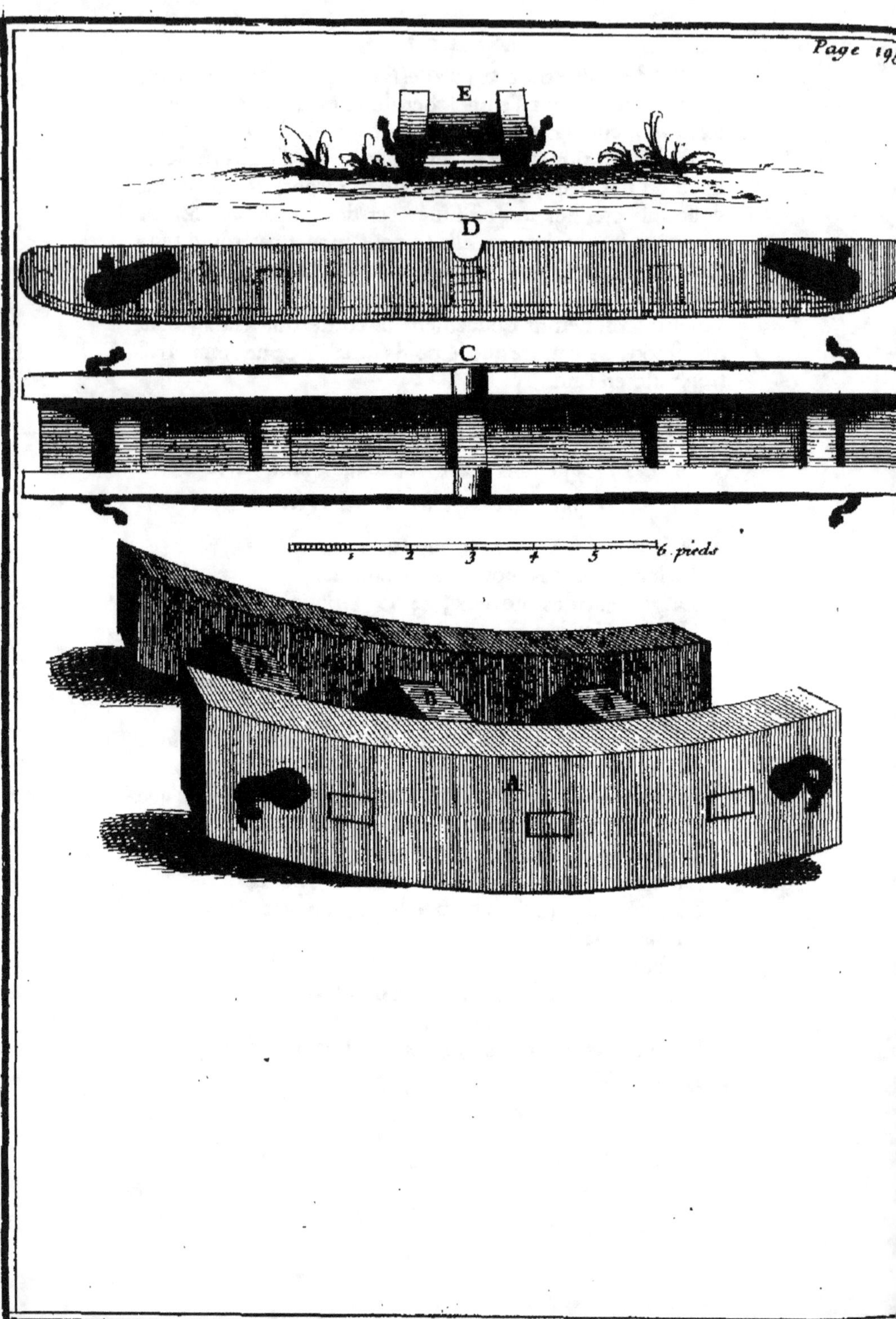

E. Fourier del.

Traisneaux.

Le Traisneau n'est composé que de deux pieces de bois jointes ensemble par deux ou trois fortes entretoises bien chevillées.

Il est de la largeur des Pieces, pour pouvoir les transporter sans roües depuis les magasins jusqu'au rempart.

On se servit au Siege de Mons de Traisneaux de marais pour approcher les Pieces prés de la Place, & les mener en batterie : le dessous de ces Traisneaux est fermé de fortes planches cloüées sous les entretoises, afin d'empescher que la fange ou boüe n'entre dedans.

EXPLICATION DE LA FIGURE réprésentant ces Traisneaux.

A *Piece de bois, flasque, ou costé de traisneau ayant cinq pieds & demi de long, douze pouces de haut, & quatre pouces d'épaisseur.*

B *Entretoises ayant quinze pouces de long entre les deux costez du Traisneau.*

C *Plan du Traisneau de Mons.*

D *Profil du costé du Traisneau.*

E *Le mesme Traisneau veû par un des bouts.*

L'Echelle n'est faite que pour le Traisneau de Mons.

ON se sert aussi de Traisneaux dans les Montagnes pour voiturer des Pieces; celuy de Roussillon estant un Traisneau à l'ordinaire, il seroit inutile de le mettre icy, mais j'ay creû ne pouvoir me dispenser de parler du Chariot à porter corps de canon qui est en usage dans ce département : M. Moullard qui y est Contrôlleur d'Artillerie, en parle ainsi dans une de ses Lettres.

Ce Chariot est tres-bon & tres-facile pour porter de gros fardeaux dans les tournans & dans les montagnes, parce qu'il se braque comme un carrosse, & qu'il tourne dans un tres-petit espace : nous avons esté deux ans & plus à le rendre parfait; l'on vous dira les inconvéniens qui arrivoient dans les commencemens, tout dépend du lisoir, car s'il n'est pas bien posé, dans les descentes le train du devant donne du nez en terre, & dans les montées il menace le ciel, ce qui estoit fort incommode & nous a bien donné de la peine; mais à présent, que ce Chariot monte ou qu'il descende, il est toûjours droit; s'il verse, il est d'abord remis sur pied sans démonter la Piece.

EXPLICATION DE LA FIGURE du Chariot à canon de Roussillon.

A *Plan du Chariot monté avec son avantrain.*

B *Profil du Chariot monté, par lequel il se voit comme les roües de devant passent par dessous le Chariot quand on le braque.*

C *Avantrain du Chariot avec ses limonnieres, sa sellette, & son lisoir.*

D *Sellette du derriere du Chariot.*

TITRE

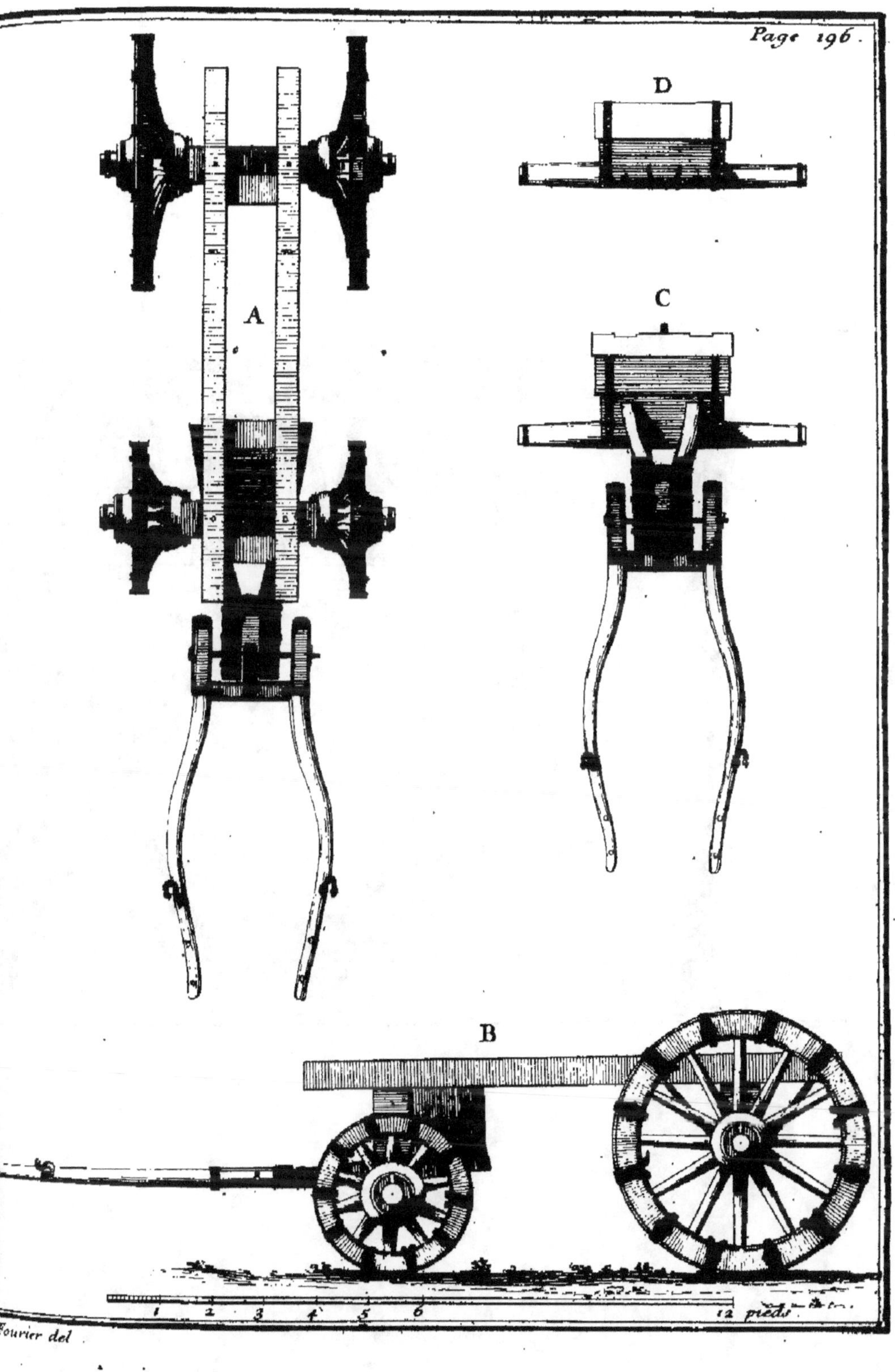

Fourier del

K
K
C
C
C
C
D
D
D
D

TITRE VIII.

Batteries & Platteformes, Fascines, Piquets, Gabions, &c.

EXPLICATION DE LA FIGURE qui réprésente le Plan d'une Batterie.

A *Merlon.*
B *Epaulement.*
C *Embraseûre.*
D *Platteforme.*
E *Petits magasins à poudre.*
F *Grand magasin à poudre.*
G *Boyau de la tranchée qui communique au magasin à poudre.*
H *Avantfossé.*
I *Grand fossé.*
K *Berme ou retraitte autour de la batterie.*

1 *Hauteur & largeur du grand fossé.*
2 *Berme.*
3 *Hauteur du merlon du costé de la campagne.*
4 *Epaisseur du merlon.*
5 *Hauteur de la genoüilliere.*
6 *Heurtoir.*
7 *Platteforme.*
8 *Petit magasin à poudre.*
9 *Grand magasin à poudre.*

Maniere de construire une Batterie à l'épreuve du canon devant une Place assiegée, & ce qu'il faut que le Commissaire qui la doit commander, observe.

IL commence par reconnoistre le terrain avec quelques Officiers de ceux qui doivent estre de la Batterie, & ensuite s'il se précautionne d'avoir toutes les choses nécessaires, comme des outils à Pionniers de toutes sortes, le double de ce qu'il y aura de travailleurs, & en prendre des qualitez qu'il jugera à propos selon le terrain. C'est à dire, pour une terre grasse & de gazon, beaucoup de besches.

Dans du sable, beaucoup de pelles de bois ferrées.

Dans des pierres, ou la terre ferme, des hoyaux ou pics-hoyaux.

Des serpes, masses, haches, & demoiselles, deux de chaque façon par Piece, des fascines & des piquets: les fascines doivent estre de 5 à 6 pieds de longueur, & environ 10 pouces de diametre; à chacune trois bons liens.

Les piquets doivent estre de 3 pieds & $\frac{1}{2}$ de longueur, & 1 pouce & $\frac{1}{2}$ de diametre par le gros bout.

Lorsque le Commissaire sera sur le terrain destiné pour la batterie, il la tracera avec de la méche & des fascines, & observera qu'elle soit parallelle à ce qu'on luy aura marqué de battre; il donnera 18 ou 20 pieds d'épaisseur à l'épaulement, suivant les bonnes & méchantes terres: & supposé que la batterie soit de 6 pieces, il faudra prendre vingt toises de terrain; & pour diligenter la batterie, il faudra du moins quatre-vingts travailleurs qui seront partagez moitié d'un costé, moitié de l'autre, & environ à 3 pieds l'un de l'autre.

A l'égard des Commissaires & Officiers qui seront destinez pour la batterie, il les postera de distance en distance d'un & d'autre costé, afin de faire travailler les soldats avec diligence; aprés quoy il faudra jetter la terre pour faire l'épaulement: ceux qui seront dans le dedans de la batterie tireront de la terre de loin pour ne pas s'enfoncer, & ceux du dehors & du costé de la Place feront un fossé d'environ 10 pieds de large & 6 pieds de profondeur, afin de trouver beaucoup de terre, tant pour se mettre à couvert du feu de la Place, que pour faire l'épaulement.

Il fera laisser entre le fossé & la fascine qui aura servi à tracer la batterie, une berme d'environ 3 ou 4 pieds, afin d'avoir plus de facilité à jetter la terre sur l'épaulement pour raccommoder la batterie lorsqu'elle sera éboulée par le soufle du canon de la batterie mesme, & par le canon de la Place.

Lorsqu'ils auront assez jetté de terre du fossé sur l'épaulement, ou que le jour commencera à faire voir de la Place les travailleurs, alors le Commissaire les fera retirer de derriere, & les fera passer devant pour toûjours jetter de la terre sur l'épaulement avec les autres, & ensuite fasciner le devant de la batterie, aussi-bien que les deux extrémitez qu'il faut faire en petit épaulement; & pour cet effet il fera faire un petit fossé de costé & d'autre afin d'avoir de la terre, tant pour se couvrir des Pieces de la Place qui peuvent battre en roüage, que pour empescher la communication & les passages qui sont incommodes, des tranchées à la batterie, & cette terre servira aussi pour emplir & fortifier les merlons des deux bouts.

Lorsque le parement de la batterie sera fasciné de 3 pieds de hauteur, qui est comme doit estre la genoüilliere, il partagera les 20 toises de terrain, qui font 120 pieds, en treize parties.

La premiere, sera de 9 pieds pour le premier merlon.

La seconde, de 2 pieds pour une embrasûre.

Et la troisiéme, de 18 pieds pour le merlon d'entre deux Pieces, & tout le reste de mesme.

Ce sera encore pour le dernier merlon, 9 pieds.

Il donnera de l'ouverture à l'embraseûre en dehors de 9 pieds, aprés quoy il partagera les embraseûres aux Commissaires & aux Officiers qui seront avec luy, suivant qu'il se pratique ordinairement, afin que les Commissaires fassent fasciner & picqueter avec soin leurs embraseûres, & observer de mettre toûjours trois bons piquets par chacune fascine, contre les liens. Il prendra garde de temps à autre que les Commissaires ouvrent & dégorgent leurs embraseûres, de maniere qu'elles puissent battre en ligne directe ce qui leur aura esté marqué; aprés quoy il fera toûjours fasciner & jetter de la terre à hauteur de 6 pieds; & en cas que la batterie soit battuë de quelque cavalier ou bastion élevé, il la fera hausser de 7 à 8 pieds autant qu'il en sera besoin.

Quand les embraseûres seront bien fascinées & dégorgées, & qu'il n'y restera plus de terre que pour s'empescher d'estre veû de la Place, on travaillera aux platteformes, & l'on commencera à mettre le terrain de niveau, en sorte qu'il n'y reste aucunes pierres, s'il se peut; aprés quoy l'on doit poser le heurtoir qui sera de 9 pieds de longueur, sur 9 à 10 pouces en quarré, & ensuite le madrier qui sera de 9 pieds & $\frac{1}{2}$ de longueur, sur 1 pied de large & 2 pouces d'épaisseur.

Le second sera de 10 pieds de longueur.

Le troisiéme de 10 pieds & $\frac{1}{2}$.

Et tous les autres ensuivant jusqu'au nombre de dix-huit, & toûjours un demi-pied de plus les uns que les autres, pour rendre la platteforme depuis les heurtoirs jusqu'au dernier madrier de recul, de 18 pieds de long, & 18 pieds de large au recul.

La platteforme sera relevée depuis le heurtoir jusqu'au dernier madrier de recul de 9 à 10 pouces, & bien arrestée au recul par deux gros piquets de bois de charpente; aprés quoy il pourra demander à faire marcher le canon du grand parc, qui doit estre armé chacune Piece de deux lanternes & deux refouloirs, autant d'écouvillons & de coins de mire, & de huit leviers.

Les Canoniers ordonnez pour mettre le feu au canon, doivent avoir chacun deux dégorgeoirs, deux fournimens, deux boutte-feux, & pour toute la batterie, quelques tirebourres du calibre des Pieces.

Il faudra choisir un endroit pour un grand magasin à poudre pour toute la batterie, derriere un fossé relevé, ou redan de terre, & s'il n'y en a point, faire un épaulement à cinquante pas de la batterie; quelques-uns mesme sont d'avis de porter ce magaſin à cent pas pour mettre à couvert une cinquantaine de barils de poudre, & la ſentinelle pour les garder.

Il faudra auſſi avoir un petit magaſin à poudre de deux Pieces en deux Pieces, qui puiſſe contenir deux tonneaux de poudre, éloigné du recul des Pieces d'environ dix à douze pas, & couvert de faſcines, avec un petit boyau de chaque coſté pour y entrer, en cas que l'on ſoit veû de la Place.

Il eſt néceſſaire que le canon arrive à nuit fermante à la batterie avec toutes les munitions, & qu'il y ait au moins de quoy tirer cent coups de chacune Piece; ces munitions ſeront remiſes dans le grand magaſin prés la batterie, & dans les petits que l'on aura faits à dix pas des platteformes; & l'on ne perdra aucun temps pour faire placer les Pieces, afin qu'elles puiſſent eſtre logées & en état de tirer la nuit meſme, ſi le Général l'ordonne, ou à l'ordinaire à la pointe du jour.

Le Commiſſaire doit avoir ſoin, ſur toutes choſes, de viſiter de temps en temps les grand & petits magaſins, afin qu'en prenant des meſures juſtes, il ne luy manque rien, ni poudre, ni boulets, ni fourrage, il faut meſme qu'il ait toûjours des faſcines & des piquets pour raccommoder les ſoirs les épaulemens & les embraſeûres; & ſur tout, que les platteformes ſoient bien nettes, & qu'il ne s'y répande point de poudre, nonplus que dans les magaſins, afin de ne point courre le riſque du feu qui arrive ſouvent ſans toutes ces précautions.

Maniere de diſpoſer les Soldats & Canoniers pour bien ſervir & promptement les Pieces en batterie.

1°. IL y aura deux canoniers & ſix ſoldats à chaque Piece.

Un Commiſſaire Ordinaire, & un Extraordinaire, deux Provinciaux pour commander, l'un à droit, & l'autre à gauche de la batterie, toûjours en ſuppoſant qu'elle ſoit de ſix pieces.

2°. Le canonier posté à la droite de la Piece, aura soin d'avoir un fourniment toûjours rempli de poudre, avec deux dégorgeoirs.

Ce sera à luy à amorcer la Piece, & à mettre les lanternes de poudre dans l'ame de la Piece : celuy de la gauche aura soin d'aller chercher la poudre dans un sac de cuir au petit magasin, & d'en remplir la lanterne que tiendra son camarade; aprés quoy il remettra le sac en seûreté du feu, & prendra garde que son bouttefeu soit toûjours en état de mettre le feu à la Piece au premier commandement du Commissaire.

3°. Il y aura trois soldats à droit, & trois à gauche de la Piece; les deux premiers auront soin de refouler & écouvillonner la Piece chacun de son costé, le refouloir & écouvillon se doivent mettre à gauche, la lanterne à droit. Aprés avoir refoulé huit ou dix coups sur le fourrage de la poudre, & quatre sur celuy du boulet, ils prendront chacun un levier pour passer dans les rais du devant de la roüë, les bouts desquels passeront sous la teste de l'affust pour faire tourner les roües, en pesant à l'autre bout du levier du costé de l'embraseûre.

4°. Le second soldat de la droite aura soin de faire provision de fourrage, & d'en mettre de bons bouchons sur la poudre & sur le boulet; son camarade de la gauche y fera provision de 50 boulets, & à chaque fois que l'on voudra charger la Piece, il en ira prendre un dans ce tas pour le mettre dans la Piece en mesme temps que le fourrage de la poudre sera refoulé; ensuite ils prendront tous deux chacun un levier, qu'ils passeront sous le derriere de la roüe pour la pousser en batterie.

5°. Les deux derniers avec leurs leviers seront au costé du bout d'affust pour donner du flasque à droit ou à gauche suivant l'ordre du Commissaire, & tous ensemble en cet état ils pousseront la Piece en batterie : le dernier soldat de la gauche aura encore soin de boucher la lumieré pendant que l'on chargera la Piece.

6°. Le canonier de la droite tiendra un levier prest pour

arrester la Piece au bout de son recul, en le traversant sous le devant des roües pour empescher qu'elles ne retournent en batterie avant d'estre chargées.

7°. Lorsque l'on sera obligé d'aller chercher la poudre avec les lanternes au petit magasin, le mesme canonier ira avec le soldat du bout du flasque du mesme costé; les deux seconds soldats postez au derriere des roües quand les Pieces seront en batterie, porteront leurs leviers sous le premier renfort de la culasse pour lever & abaisser la Piece, suivant le signe que le Commissaire qui la pointera, leur fera de la main.

8°. Comme aussi les deux derniers donneront du flasque, suivant le signe de main qui touchera l'un des costez du flasque.

Les canoniers & soldats ayant chacun leurs ordres & leur poste, le Commissaire fera diligemment servir la Piece, pourveû que tout ce qui est dit cy-dessus soit bien observé.

La nuit il fera rétablir son embraseûre par les canoniers & soldats, qui releveront ceux qui aûront servi vingt-quatre heures. S'il en est tué ou blessé quelqu'un, il aura soin d'en avertir le Commandant de la batterie, afin qu'il luy en fasse donner d'autres à la place.

Les Commissaires ordinaire & extraordinaire pourront se relever de temps en temps, ainsi que les deux Provinciaux.

S'il n'y a pas d'eau prés la batterie, il faut avoir soin d'en faire remplir un tonneau pour y moüiller les écouvillons, afin de rafraischir la Piece tous les 10 ou 12 coups.

EXPLICATION DE LA FIGURE qui réprésente le profil d'une Batterie, avec toutes les différentes actions des Officiers qui y servent.

A *Comme on charge la Piece.*
B *Comme on la pousse en batterie.*
C *Comme on pointe la Piece.*
D *Comme on y met le feu.*
E *Comme l'on mesure de la poudre au petit magasin.*
F *Comme l'on va querir de la poudre au petit magasin.*
G *Soldats qui roulent la poudre du grand magasin au petit.*
H *Grand magasin à poudre.*
I *Sentinelles.*

Maniere

... sur les mémoires par B. Fourier, Architecte.

Vous allez voir une maniere plus détaillée & plus expliquée des proportions d'une Batterie de canon, pour les Pieces depuis douze jusqu'à vingt-quatre livres de boulet, laquelle donnera une idée plus juste & plus précise de tout ce qu'il faut pour construire cette Batterie suivant les régles & le terrain : avec une Table pour trouver facilement & d'un coup d'œil le nombre de canoniers & de soldats, les outils, fascines, piquets, masses à battre les piquets, madriers & platteformes, pour mettre sur pied du jour au lendemain une ou plusieurs Batteries de Pieces de vingt-quatre ; comme aussi pour sçavoir positivement la poudre & les boulets qui y seront nécessaires pour tirer pendant un jour. Ces proportions & cette Table sont d'un de nos plus expérimentez Officiers, & qui a eû du commandement aux Ecoles d'Artillerie : il a réduit les proportions en maximes, qu'il nomme générales.

Disons en passant, qu'une Piece de vingt-quatre peut tirer 90 ou 100 coups par jour, bien entendu en esté : en hiver 60 à 75 ; dans une nécessité elle peut tirer davantage, quelques-uns de Messieurs nos Lieutenans assûrans d'avoir fait tirer des Pieces 150 coups par jour à des Sieges ; mais aussi il est fort à craindre que la lumiere ne s'évase, & que la Piece ne se rende bientost hors de service.

Celles de seize & de douze tireront un peu plus, étant plus faciles à servir. Il y a eû mesme des occasions où l'on a tiré des Pieces 200 coups en neuf heures de temps, & 138 en cinq ; mais, ou alors il n'estoit point question de Siege ni de pointer juste contre un but, ou dans ces épreuves l'on se servoit de gargouges ; & enfin il arrivoit que les Pieces pour estre trop échauffées se courboient & se faussoient, que la lumiere s'agrandissoit, & qu'elles crevoient mesme par quelques endroits : ainsi ce ne sont point des exemples à suivre ni ausquels on puisse se conformer.

La portée de ces Pieces de point en blanc peut aller jusqu'à environ 300 toises, chargées de poudre de la moitié de la pesanteur du boulet, laquelle charge il faudra diminüer à mesure que les Pieces s'échaufferont.

On a déja dit que l'on n'est gueres d'accord sur la vraye portée des Pieces.

Maximes générales dont on vient de parler.

1°. L'Orsqu'un Commissaire d'Artillerie sera chargé du soin de faire une batterie de telle quantité de Pieces que ce soit, il observera avec quelqu'autre Commissaire, de bien reconnoistre le terrain où elle doit estre située, ce qu'elle doit battre, & le chemin pour y faire voiturer le canon & les munitions la nuit, qu'un Capitaine de charroy reconnoistra particulierement.

2°. Il sera bon de commencer à faire faire des fascines & des piquets pendant le jour ; l'on demandera pour cela le nombre de soldats marqué dans la Table cy-aprés, des Sergens à proportion, & quelques Officiers d'Artillerie pour les faire faire des mesures & des proportions suivantes : les fascines se peuvent faire de toutes sortes de bois, les meilleures sont de branches de bois blanc.

3°. La longueur des fascines ne sera pas moins de 8 à 9 pieds, liées à trois endroits de trois bonnes harts, jamais de paille, à cause du feu, outre qu'elles ne sont pas si fortes ; le diametre des fascines de 8 à 9 pouces. La longueur des piquets sera depuis 3 pieds jusqu'à 5 ; le diametre de la teste du piquet sera depuis 2 pouces jusqu'à 3 ; il en faut 3 pour chaque fascine. Il sera encore bon de faire faire des fascines de 12 pieds de long liées en quatre endroits, jointes à celles de 8 à 9 pieds, pour les embraseûres, attachées de 4 bons piquets.

4°. Lors qu'on sera obligé de se servir des fascines de la cavalerie, l'on en prendra le nombre prescrit sur la Table, parce qu'elles ne sont jamais que de 5 à 6 pieds de long, outre qu'elles ne sont pas si bonnes que celles que l'on fait faire exprés.

5°. Un cavalier peut faire de ces sortes de fascines seize à dix-huit par jour, avec deux piquets pour chacune.

6°. Un soldat en pourra faire dix ou douze de celles de

batteries, expliquées au troisiéme article, avec leurs piquets. Il vaut mieux avoir quarante ou cinquante fascines de reste, & des piquets à proportion, que d'en manquer seulement d'une; elles servent toûjours à raccommoder les embrasseûres dans la suite.

7°. L'épaisseur des batteries pour estre à l'épreuve du canon ennemi, sera depuis dix-huit jusqu'à vingt-deux pieds, suivant le terrain & les Pieces ausquelles elles seront opposées : la hauteur des embraseûres sera depuis deux pieds & demi jusqu'à trois, & la hauteur des merlons au dessus sera déterminée suivant le terrain où sera située la batterie.

Si elle se trouve de niveau à ce qu'on voudra battre, ou que l'ennemi y ait peu de commandement sur vous, les merlons seront de bonne hauteur de 5 à 6 pieds au dessus de la genoüilliere.

Si le commandement est beaucoup superieur du costé de l'ennemi, il les faudra élever de sorte que les soldats qui serviront les Pieces ne puissent estre découverts derriere le recul des Pieces.

8°. Les embraseûres seront ouvertes du costé intérieur de la batterie, de deux pieds, & du costé extérieur de sept à neuf pieds. Il faut observer que la batterie soit toûjours parallelle, autant qu'il sera possible, aux ouvrages que l'on voudra battre; autrement l'on est obligé de dégorger les embraseûres de biais, ce qui affoiblit entierement un costé du merlon : la distance du milieu d'une embraseûre à l'autre ne sera pas moins de dix-huit pieds, ni plus de vingt.

9°. Les costez de la batterie ou épaulement auront de longueur dix à douze pieds : si la batterie se trouvoit située dans un endroit où elle peust estre veûë de revers de quelque ouvrage de l'ennemi, il faut faire un angle rentrant du mesme costé pour couvrir le dedans.

10°. Les madriers pour platteformes seront épais de deux à deux pouces & demi, la largeur d'un pied ou plus ; la longueur de ceux de derriere douze à quinze pieds, réduits à huit ou neuf par devant ; le heurtoir situé devant, de meſme longueur, ſa largeur & hauteur de cinq pouces, ſur quatre. Toutes les platteformes auront de longueur quinze à dix-huit pieds; elles auront quatre à ſix pouces de pente par devant, afin que les Pieces retournent facilement en batterie aprés eſtre chargées.

Il y aura encore un eſpace de terrain de douze à quinze pieds derriere les platteformes de meſme niveau pour le recul des Pieces. Sur le derriere de la batterie l'on fera de petits magaſins creuſez en terre de deux à trois pieds, à quinze ou vingt pas derriere les platteformes, couverts de planches ou faſcines avec de la terre deſſus pour éviter le feu : un boyau de communication pour y aller à couvert. Il ne doit y avoir qu'un tonneau ou deux de poudre à la fois, avec une ſentinelle pour empeſcher les accidens.

Le grand magaſin pour le fond de la batterie pendant le jour, ſera éloigné des petits à vingt pas. Il faut un chariot de paille pour le fourrage de ſix à ſept pieces, & deux paquets de meſche.

11°. Les Pieces ſeront armées chacune de deux lanternes, un refouloir, un écouvillon, de ſix ou huit leviers, deux coins de miré, un bouttefeu, & deux dégorgeoirs.

Il ſera auſſi néceſſaire de faire porter à la batterie une chevre, un crik, deux ou trois refouloirs & écouvillons, quelques affuſts haut le pied pour remonter les Pieces que l'ennemi pourra démonter, quelques prolonges & travers.

12°. Pour ſervir promptement & ſeûrement une Piece en batterie, il eſt néceſſaire d'avoir à chacune un ſac de cuir aſſez grand pour contenir environ vingt livres de poudre pour remplir les lanternes ſans les porter au magaſin; cela empeſche les traiſnées de poudre qui ſe font ordinairement en rapportant la lanterne du magaſin, & les accidens qui arrivent fréquemment par là. Quelques-uns ſe ſervent de barils à bourſe, qui ſont des futailles de bois garnies par deſſus avec du cuir qui s'ouvre & ſe ferme comme un ſac.

On a obſervé en divers Sieges que, quelques Officiers n'ayant pû achever leurs batteries pour tirer à la pointe du jour, se trouvoient obligez de renvoyer les soldats jusqu'à la nuit suivante, pour ne pas sçavoir, ou pour manquer de précaution à demander, ce qu'il faut, ni le nombre des fascines & piquets nécessaires à construire les batteries.

13°. Quand on se trouvera dans une situation de terrain où il faudra enterrer la platteforme d'un à deux pieds pour estre de niveau à ce qu'on voudra battre, cette terre servira à former le parapet de la batterie : au contraire, si elle se fait sur le rez de chaussée, il faudra faire un fossé le long du costé extérieur de l'épaulement, assez large & profond pour y prendre toutes les terres nécessaires à former le parapet : si elle doit estre plus élevée que le rez de chaussée, outre le fossé que l'on fait devant pour le parapet & les merlons, l'on prendra celles qui doivent servir à élever le fond de la batterie ou platteforme derriere le recul des Pieces sur les costez.

14°. Il faut, autant qu'il est possible, empescher que les soldats ou autres ne fassent un passage de la batterie, parce que cela incommode ceux qui servent les Pieces, & attire le feu de l'ennemi, & est sujet aux accidens par l'imprudence d'un soldat qui pourroit fumer en passant. L'on ne peut avoir trop de prévoyance pour éviter les malheurs du feu ; il faut pour cela prier Messieurs les Ingénieurs de faire faire un boyau de communication à quinze ou vingt pas derriere les magasins de la batterie.

15°. Quand l'on sera obligé de faire une batterie sur un terrain marécageux, il faut se servir de gabions faits de bonnes branches de chesne ou saule ; ils auront six à sept pieds de diametre, & pour le moins huit de hauteur pour chaque merlon ; il en faut sept, c'est-à-dire trois de six pieds de diametre par devant, deux de sept pieds de diametre dans le milieu, & deux de cinq pieds du costé extérieur de la batterie ; elle sera encore plus forte & plus grande si l'on en met quatre de cinq pieds de diametre par devant, trois & deux derriere, mesme diametre.

Pour une batterie de trois Pieces, il en faut trente, parce que l'on en employe six à chacun des deux costez ou épaulemens, ce qui fait douze, & que l'on en met neuf pour chacun des deux merlons, ce qui fait dix-huit. La disposition & l'arrangement de ces gabions, aussi-bien que la pluspart des ustenciles dont l'on se sert pour la construction d'une batterie, se voyent dans la Figure cy à costé.

EXPLICATION DE LA FIGURE qui réprésente les Gabions, Fascines, Hottes, Sacs à terre, Piquets, &c.

A *Hotte d'ozier à porter terre, de 14 pouces de hauteur, 14 pouces de largeur par le haut, & 4 à 5 pouces de large, & autant de long par le bas, pour le service des batteries.*

B *Panier d'ozier de 15 pouces de hauteur, 12 pouces de diametre par en haut, & 10 pouces par en bas, pour le mesme usage.*

C *Sacs de toille remplis de terre disposez de la maniere que l'on les voit sur le bord des tranchées.*

D *Sac à terre vuide, de 29 pouces de haut, & de 15 pouces de large.*

E *Gabion de 5 pieds de large, & de 8 de haut.*

F *Gabion de 6 pieds de large, & de 8 de haut.*

G *Gabion de tranchée de 3 pieds de large, & de 3 pieds de haut.*

H *Fascine de 12 pieds de long.*

I *Fascine de 9 pieds de long.*

K *Fascine de 6 pieds de long.*

L *Piquet de 3 pieds de long.*

M *Piquet de 5 pieds de long.*

N *Maillet à frapper les piquets.*

O *Claye de 12 pieds de long, & de 6 pieds de large.*

P *Batterie de gabions veuë par le dedans pour le service de trois Pieces.*

Q *Mesche pour tracer les batteries.*

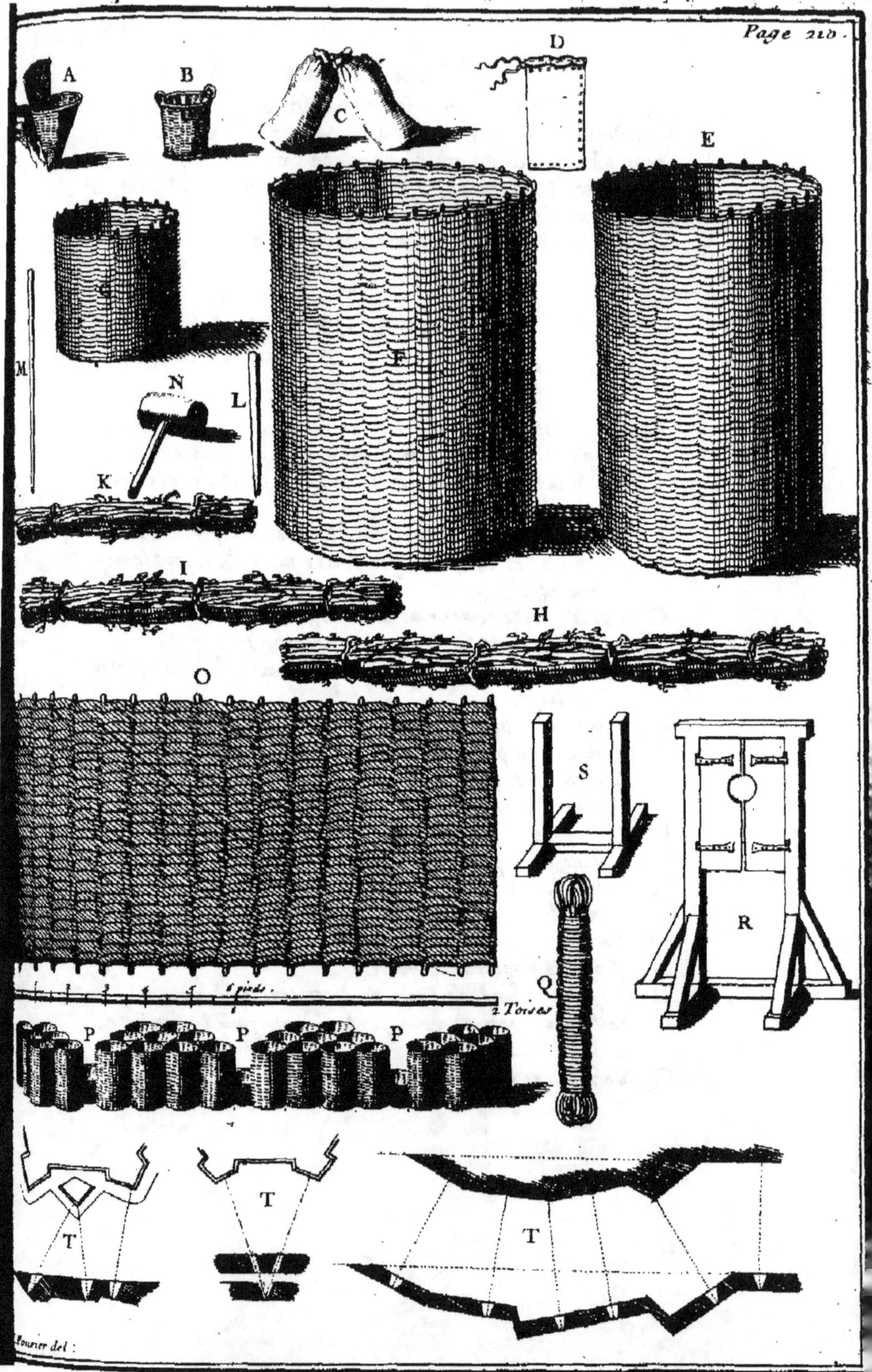
A
B
C
D
E
F
G
M
N
L
K
I
H
O
S
R
Q
1 2 3 4 5 6 pieds
2 Toises
P
P
P
T
T
T
Cousier del :

R *Portiere pour fermer les embraseûres.*
S *Chandelier.*
T *Batteries à redan de differentes manieres pour battre plusieurs faces.*

On parlera plus amplement dans le second Volume de cet Ouvrage, des sacs à terre, des paniers, des hottes, & de la mesche ; & ce n'est que par occasion que l'on en fait mention en cet endroit-cy.

L'ouverture des embraseûres des batteries de gabions sera égale aux premieres.

Les gabions estant posez, on les fera remplir de terre que l'on y apportera avec des sacs à terre des endroits les plus proches, ou de fumier meslé avec du sable : l'on pourra aussi dans une nécessité les remplir de fascines faites de grosses branches.

Pour le fond des platteformes ou batteries, l'on fera un lit où deux de fascines avec des clayes par dessus, de douze à quinze pieds de long, de six à sept de large, sur lesquelles il faudra mettre deux à trois pouces de terre pour faire le lit des platteformes, & y poser les madriers ensuite, afin que les Pieces y puissent tirer solidement.

16°. A l'égard des batteries qui se feront sur le roc où la terre est rare, l'on se servira de gabions comme cy-dessus, de sacs à terre ou de balots de laine : c'est au Commissaire d'Artillerie qui commande la batterie, à demander au Lieutenant de l'équipage tout ce dont il a besoin pour bien faire éxécuter sa batterie.

Si l'on se sert d'un boyau de tranchée pour faire une batterie proposée d'un certain nombre de Pieces, il faut diminüer le quart des soldats expliquez dans la Table pour la construire, parce que c'est déja une avance, outte qu'on y peut travailler pendant le jour estant à couvert.

Quand on sera obligé de la tracer sur un terrain à découvert, l'on ne doit commencer qu'à l'entrée de la nuit, ayant auparavant mesuré de la mesche pour la longueur qu'elle doit avoir, tant derriere que devant.

La mesche estant posée sur le terrain reconnu, & parallele à ce qu'on voudra battre, l'on fera mettre des fascines le long de la mesche pour le fondement de la batterie, & sur les costez arrestez avec de bons piquets.

Voyez l'article 13 qui explique où il faut prendre la terre pour élever le parapet, aprés quoy l'on disposera les travailleurs de trois en trois pieds, d'autres à piqueter les fascines & ranger les terres sur l'épaulement.

Quand on fera un fossé derriere la batterie, il faudra y laisser une berme de deux pieds seulement. Aprés ces maximes, vient la Table.

AU

…LE POUR TROUVER FACILEMENT CE QUI EST NECESSAIRE A CONSTRUIRE *une ou plusieurs Batteries de Pieces de vingt-quatre du jour au lendemain, & pour les faire tirer pendant un jour.*

…de Pie-…ge.	Longueur d'une Batterie.		Soldats pour construire la Batterie, il en faut ce qui suit.	Autres soldats pour faire les fascines & piquets, avec chacun une serpe & quelques haches.	Outils de toutes sortes, suivant le terrain où l'on se trouvera, il en faut ce qui suit.	Fascines de 2 longueurs faites exprés pour Batterie.		Autres fascines faites par la cavalerie, de 5 à 6 pieds, le diametre de 5 à 6 pouces, quand l'on sera obligé de s'en servir il en faut ce qui suit.	Piquets de 3 à 6 pieds de long, le diametre depuis 1 pouce & ½ jusqu'à 3 par la teste, il en faut ce qui suit.	Masses pour enfoncer les piquets, il en faut ce qu'il suit.	Serpes pour les embrasûres, outre lesquelles il faut deux haches par batterie.	Madriers pour servir à faire les platteformes de 2 à 2 pouces ½ d'épaisseur, il en faut ce qui suit.	Canoniers pour servir les Pieces en batterie, il faut ce qui suit.	Soldats pour servir les Pieces en batterie, il en faut ce qui suit.	Poudre pour tirer pendant un jour des Pieces de 24, à raison de 100 coups par Piece, chargée de 12 l. de poudre chaque fois.	Boulets de 24 livres, il en faut pour un jour ce qui suit.
	Toises, il en faut ce qui suit.	Ou pas communs de 2 pieds & ½, il en faut ce qui suit.				De celles de 8 à 9 pieds, le diametre de 8 à 9 po. il en faut ce qui suit.	De celles de 12 pieds même diametre que les premieres pour les embrasûres, il en faut									
…Piec.	7	17	50	15	70	120	40	200	520	10	4	32	4	12	2400	200
…Piec.	10	24	60	20	85	165	60	300	740	14	6	48	6	18	3600	300
…Piec.	13	31	70	25	100	210	80	400	960	18	8	64	8	24	4800	400
…Piec.	16	38	80	30	115	255	100	500	1180	22	10	80	10	30	6000	500
…Piec.	19	46	90	35	130	300	120	600	1400	26	12	96	12	36	7200	600
…Piec.	22	53	100	40	145	345	140	700	1620	30	14	112	14	42	8400	700
…Piec.	25	60	110	45	160	390	160	800	1840	34	16	128	16	48	9600	800
…Piec.	28	67	120	50	175	435	180	900	2060	38	18	144	18	54	10800	900
…Piec.	31	74	130	55	190	480	200	1000	2280	42	20	160	20	60	12000	1000
…Piec.	34	82	140	60	205	525	220	1100	2500	46	22	176	22	66	13200	1100
…Piec.	37	89	150	65	220	570	240	1200	2720	50	24	192	24	72	14400	1200
…Piec.	40	96	160	70	235	615	260	1300	2940	54	26	208	26	78	15600	1300
…Piec.	43	103	170	75	250	660	280	1400	3160	58	28	224	28	84	16800	1400
…Piec.	46	110	180	80	265	705	300	1500	3380	62	30	240	30	90	18000	1500
…Piec.	49	118	190	85	280	750	320	1600	3600	66	32	256	32	96	19200	1600

AU Siege de Mons on paya 300tt pour chacune grosse Piece mise en batterie.

150tt pour chacune des petites.

400tt pour chacune des Pieces mises dans un ouvrage à corne où il falloit plus s'exposer.

450tt pour un épaulement fait au bord du fossé de la premiere demi-lune prise, qui estoit destiné pour loger trois Pieces, lesquelles n'y furent pas menées.

Cecy est pour faire voir comment on paye ces ouvrages, quoy-qu'ils n'ayent pas servi.

10tt par vingt-quatre heures pour la subsistance de chacune des grosses Pieces qui furent mises en batterie, c'est-à-dire 5tt par jour, & 5tt par nuit.

Au mois d'Octobre 1696. au Siege de Valence il en a cousté 300tt par chacune Piece de vingt-quatre mise en batterie.

Et 15tt par jour, & autant par nuit, pour leur subsistance.

Pour mettre des Pieces de huit en batterie, il n'en a cousté que 200tt pour chacune.

Et leur subsistance a esté payée à raison de 12tt par jour, & autant pour la nuit.

Pour une Piece de vingt-quatre, mise en batterie dans le fossé de la demi-lune, on a payé 400tt.

Et 20tt par jour & autant par nuit pour sa subsistance.

A la canonade de Liege la subsistance des Pieces fut payée à raison de 10tt pour les grosses Pieces par jour & par nuit, qui est 5tt le jour, & 5tt la nuit.

Et de 50s par jour, & 50s par nuit pour chacune des petites, quelques-unes mesme de ces Pieces ayant tiré à boulets rouges.

L'on paye aussi 200tt pour chaque mortier de 12 & de 8 pouces qui se met en batterie, & pour une demi-batterie l'on ne donne que 100tt.

La subsistance de chaque mortier se paye à raison de 16tt par chaque mortier pendant vingt-quatre heures. Il n'en a pas esté payé davantage au Siege de Valence.

A l'égard des barbettes, comme il ne se construit point de batterie, on donne seulement 10tt de subsistance par nuit pour chaque Piece de batterie.

Tirer à barbette, c'est éxécuter la Piece à découvert sur le bord du fossé sans épaulement, & avec une platteforme de niveau sans épaulement. On ne tire que rarement à barbette le jour, car il y auroit trop de péril.

C'est le Commissaire Provincial qui commande la batterie, qui donne de petits certificats aux Sergens & soldats qui ont travaillé à la construction des batteries & au service des Pieces, sur lesquels certificats ou billets le Trésorier de l'Equipage les paye.

Et lorsqu'il s'agit de faire le décompte des batteries & de la subsistance des Pieces, le Trésorier rapporte ces billets, qui sont les premiers déduits sur la somme totale.

Ce qui reste est partagé aux Officiers comme il plaist à M. le Grand Maistre.

Quant à la dépense des platteformes, M. de la Frezeliere a acheté autrefois pour des platteformes à Huningue, des madriers de bon bois de chesne coupé dans le décours de la Lune, dont un tiers de 10 pieds de long, un autre tiers de 12 pieds, & l'autre tiers de 14, ayant tous ces madriers 2 pouces d'épaisseur, & du moins un pied de largeur, moyennant 2s 6d pour chaque pied courant.

TITRE IX.

Pierriers & leurs Affusts.

PAr les Pierriers il faut entendre Mortiers-pierriers, qui sont véritablement une espece de Mortiers avec lesquels on jette des pierres dans une Ville assiegée, dans des tranchées, & sur des ouvrages; on jette mesme des grenades.

L'on se servoit bien autrefois de certaines petites Pieces de canon que l'on appelloit Pierriers, qui estoient ouvertes du costé de leur culasse pour recevoir une boëste de mes-

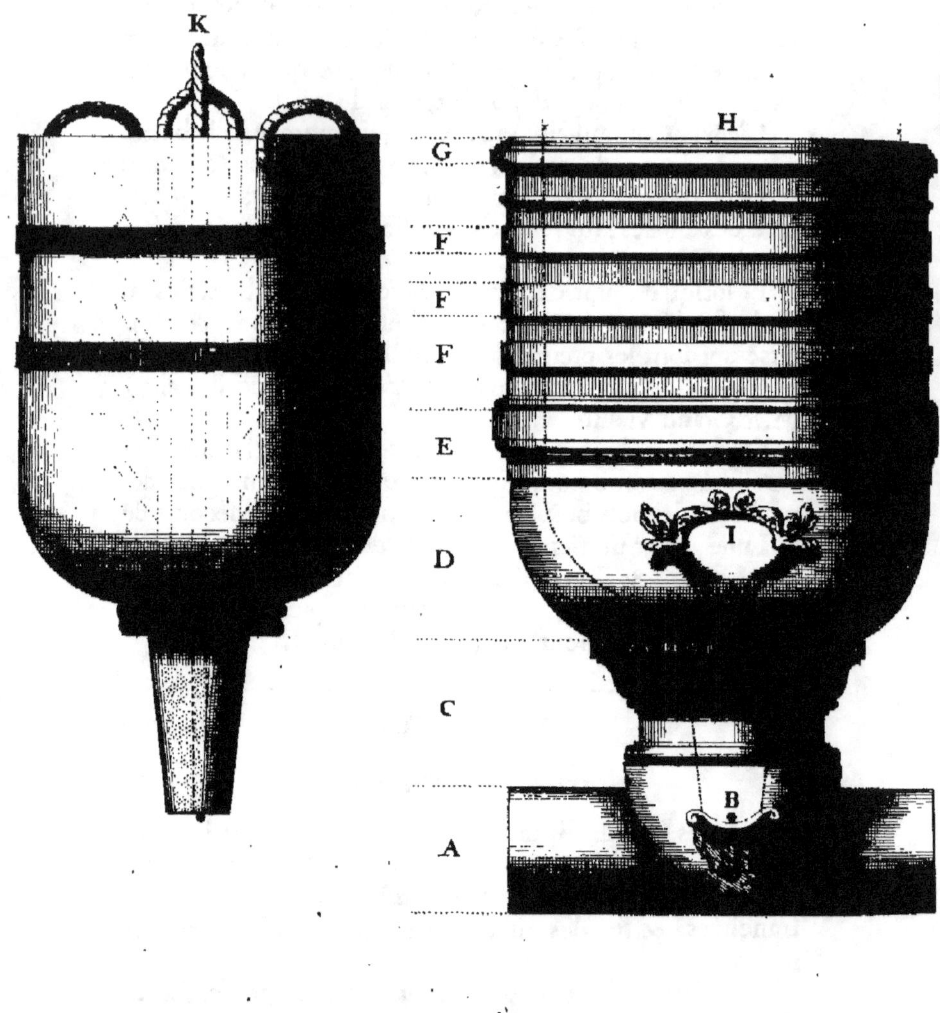
K
H
G
F
F
F
E
I
D
C
B
A
1
2
3 pieds

me métail, que l'on ostoit & remettoit quand on vouloit, & qui faisoit le mesme effet que la culasse, & que l'on chargeoit par là, mais on ne s'en sert plus présentement sur terre, & l'on refond tous ceux que l'on trouve encore dans quelques Places.

Il y a des Pierriers ou Perriers pour la marine; il ne s'agit pas de cela icy.

Il faut revenir aux Mortiers-Pierriers.

EXPLICATION DES PARTIES d'un Pierrier à la Françoise.

A *Les tourillons.*
B *Le musle avec la lumiere sur la culasse.*
C *Le renfort avec ses moulures.*
D *Le ventre.*
E *Plattebande du renfort de vollée avec ses moulures.*
F *Les cercles ou renforts sur la vollée.*
G *Le bourrelet.*
H *L'embouchure.*
I *Ance.*
K *La boëste faite exprés pour y mettre des grenades & les allumer d'un mesme feu.*

L'ame, ce qui est ponctué depuis le bourrelet jusqu'au bas du ventre.

La chambre, ce qui est ponctué depuis le ventre jusqu'à la lumiere.

Un Mortier-Pierrier qui pese ordinairement 1000^{l}, & dont la portée la plus longue est de 150 toises chargé de deux livres de poudre, a 15 pouces de diametre à sa bouche, & de hauteur 2 pieds 7 pouces.

La profondeur de l'ame, d'un pied 7 pouces.

La profondeur de la chambre évasée par le haut, sans y comprendre l'entrée où se met le tampon, 8 pouces.

Les tourillons ont de diametre 5 pouces.

La chambre doit entrer d'un pouce dans les tourillons.

L'épaisseur du métail au droit de la chambre, 3 pouces.

L'épaisseur du ventre, 2 pouces.

Et le long de la vollée, 1 pouce & $\frac{1}{2}$.

Et au droit de chaque cercle, 1 pouce & $\frac{3}{4}$.

L'ance se place au ventre : il y a un musle ou masque qui sert de bassinet à la lumiere, comme il est marqué à la Figure.

Son affust est d'une piece de bois de 5 pieds de long, 18 ou 20 pouces de large, & 12 à 14 pouces d'épais.

L'on y fait sous les bouts une entaille de 6 pouces de largeur & de 4 de profondeur, pour le tourner à droit & à gauche.

Les ferrures sont marquées dans la Figure qui suit.

EXPLICATION DES PARTIES d'un Affust à Pierrier.

LE flasque qui est de bois de chesne doit estre coupé en bonne saison.

A *Plan de l'affust.*

B *Profil de l'affust.*

C *Deux crampons servans de susbandes pour les tourillons.*

D *Quatre boulons à droit & à gauche pour l'avancer ou reculer.*

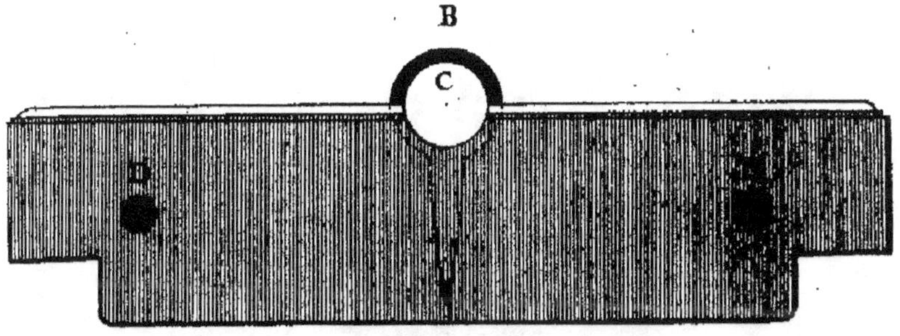

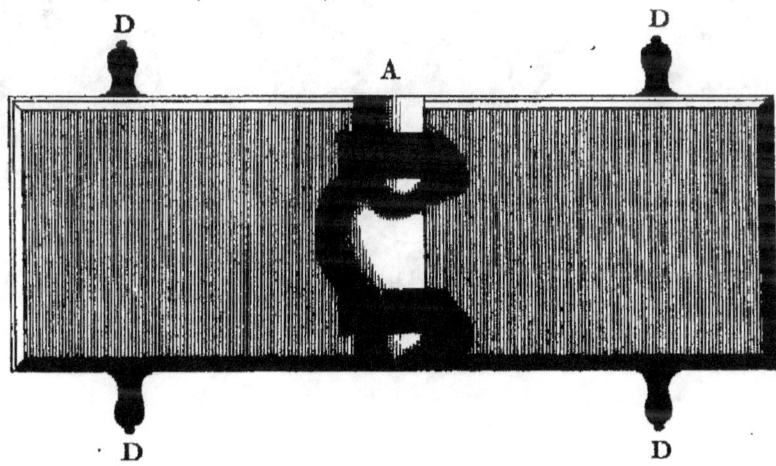

1 2 3 4 5 pieds.

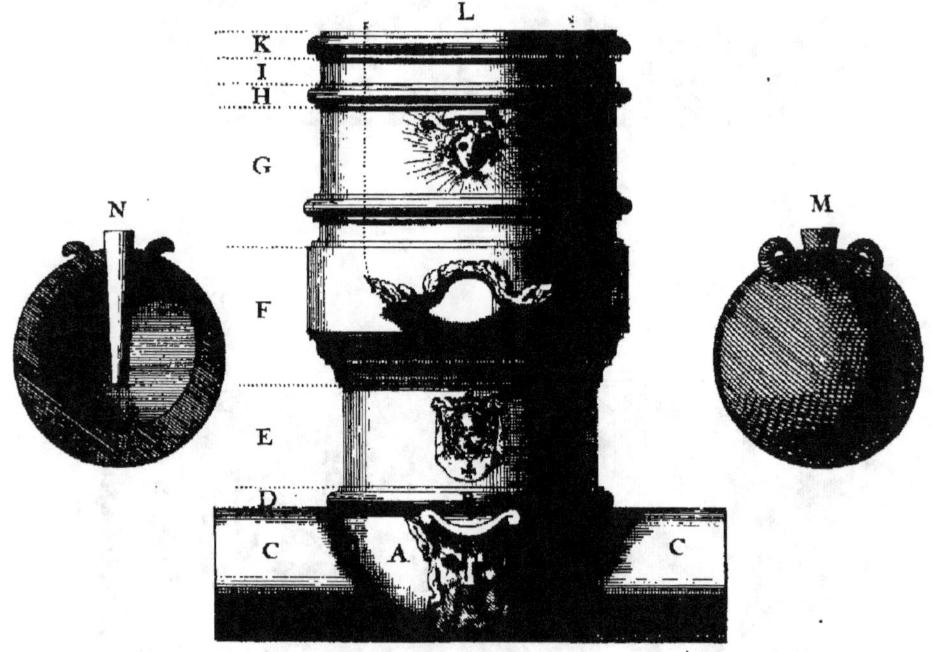
L
K
I
H
G
N
M
F
E
D
C
A
C

Titre X.

Mortiers à Bombes.

Il y a de plusieurs sortes de mortiers.

Il y en a à l'ancienne maniere, de 6, 7, 8, 9, 10, 11, 12 & 18 pouces de diametre à leur bouche.

Et qui contiennent dans leurs chambres 2, 3, 4, 5, 6 & 12 livres de poudre.

La chambre où se met la poudre est en cylindre, c'est-à-dire de mesme largeur par tout, & le fond en est un peu arrondi.

Ceux de la nouvelle invention ou à l'Espagnole ont une chambre concave.

De ces derniers il y en a qui ont 12 pouces & $\frac{1}{2}$ à la bouche, & qui contiennent dans leurs chambres 18 livres de poudre.

D'autres 12 livres.

Et d'autres 8 livres.

Explication des parties d'un Mortier de douze pouces, contenant six livres de poudre dans sa chambre.

A *La culasse.*
B *La lumiere avec son bassinet.*
C *Les tourillons.*
D *L'astragalle de la lumiere.*
E *Le premier renfort.*
F *Plattebande de renfort chargée de son ance & avec ses moulures.*
G *La vollée avec son ornement.*
H *L'astragalle du collet.*
I *Le collet.*
K *Le bourrelet.*

L *L'embouchure.*

L'ame, ce qui est ponctué depuis la bouche jusqu'au dessous de la plattebande.

La chambre ponctuée depuis le dessous de la plattebande jusqu'à la lumiere.

M *Bombe pour le mortier.*

N *Coupe de bombe avec sa fusée.*

Les proportions des Mortiers sont cy-aprés, & l'on y a mesme joint celles des Bombes qui leur sont propres, pour faire voir tout d'un coup le rapport qu'il y a des uns aux autres, quoy-que l'on se réserve à parler plus amplement des Bombes au Chapitre qui en traitte. Ces proportions ont esté prises sur les Mortiers & les Bombes dont on se sert en Flandres, par feu M. Bourdaise l'un des plus anciens Provinciaux de l'Artillerie, & des plus consommez dans le mestier, & approuvées par M. de Vigny.

Proportions des Mortiers & des Bombes de toutes sortes.

LE mortier *A* qui jette une bombe de 17 pouces 10 lignes de diametre, a l'ame de 27 pouces & ½ de long, & de diametre 18 pouces 4 lignes; il a d'épaisseur entre le bourrelet & son petit renfort 3 pouces & ½; son petit renfort a 3 pouces & ¾ d'épaisseur; son grand a 4 pouces; l'entrée de sa chambre a 5 pouces & ½ de diametre; la chambre en forme de poire a 13 pouces de longueur, & 7 pouces & ½ de diametre à son plus large; & aussi 7 pouces & ½ d'épaisseur de métail autour, & contient 12 livres de poudre.

Les tourillons du mortier ont 32 pouces de long, d'un bout à l'autre, & 9 de diametre.

Le mortier a de hauteur 4 pieds 4 pouces.

La bombe a 17 pouces 10 lignes de diametre, 2 pouces d'épaisseur par tout, excepté le culot qui a 2 pouces 10 lignes, sa lumiere est de 20 lignes d'ouverture, dedans & dehors.

1 2 3 4 pieds.

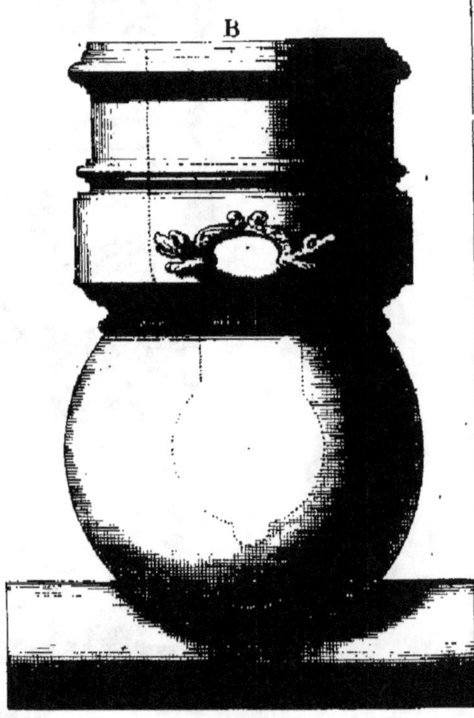

1 2 3 4 pieds

F. Fourier del.

La bombe contient 48 livres de poudre, & pese 490^{l}, & un peu plus.

LE Mortier concave *B* dont la chambre contient dixhuit livres de poudre, a l'ame de 12 pouces & $\frac{1}{2}$ de diametre, & de 18 pouces & $\frac{1}{2}$ de longueur, il a d'épaisseur entre le bourrelet & son renfort 3 pouces & $\frac{1}{2}$, son renfort a 4 pouces & $\frac{1}{2}$ d'épaisseur.

Sa chambre a 9 pouces 7 lignes de diametre à son plus large, la portion de cette chambre par en haut a 6 pouces de diametre, & de hauteur 4 pouces, la portion d'en bas 2 pouces & $\frac{1}{2}$, & l'épaisseur du métail à l'entour de la chambre, a 6 pouces 9 lignes.

Les tourillons ont d'un bout à l'autre 31 pouces & $\frac{1}{2}$ de long, & 8 pouces de diametre.

Le mortier a de hauteur 3 pieds 5 pouces 4 lignes.

Il jette une bombe de 11 pouces 8 lignes de diametre, qui a 1 pouce 4 lignes d'épaisseur par tout, hors à son culot qui a 1 pouce 8 lignes.

Sa lumiere a 16 lignes d'ouverture par dessus & par dedans, la bombe contient 15 livres de poudre, & pese 130^{l} ou environ.

LE Mortier concave *C* dont la chambre contient douze livres de poudre, a l'ame de 12 pouces 6 lignes de diametre, & de 17 pouces 6 lignes de longueur.

Il a d'épaisseur entre le bourrelet & son renfort 2 pouces & $\frac{1}{2}$.

Son renfort a d'épaisseur 3 pouces.

Sa chambre a de diametre à son plus large 9 pouces 6 lignes.

La portion de cette chambre par en haut a 5 pouces 4 lignes de diametre, & de hauteur 3 pouces 6 lignes.

La portion d'en bas a 2 pouces.

L'épaisseur du métail à l'entour de la chambre a 6 pouces.

Les tourillons ont d'un bout à l'autre 30 pouces de long,

& 7 pouces de diametre.

Le mortier a de hauteur en tout, 3 pieds 2 pouces.

Il jette une bombe de 11 pouces 8 lignes de diametre, qui a 1 pouce 4 lignes d'épaiſſeur par tout, hors à ſon culot qui a 1 pouce 8 lignes.

Sa lumiere a 16 lignes d'ouverture par deſſus, & par dedans.

La bombe contient 15 livres de poudre, & peſe 130^{l}.

LE Mortier *D* qui a la chambre concave, contenant huit livres de poudre, doit jetter une bombe de 11 pouces 8 lignes.

Il eſt de 12 pouces & $\frac{1}{2}$ de diametre.

Il a l'ame de 18 pouces de longueur.

Epaiſſeur à ſa vollée, 2 pouces & $\frac{1}{2}$.

Son renfort de 6 pouces de long, & 3 pouces d'épaiſſeur.

Sa chambre concave a 8 pouces 8 lignes de longueur, & 7 pouces de diametre.

Epaiſſeur du métail au tour, 5 pouces.

Ses tourillons de 30 pouces de long, d'un bout à l'autre, & de 7 pouces de diametre.

La chambre concave contient 8 livres de poudre.

Il jette une bombe pareille à celle cy-devant.

LE Mortier ordinaire *E* qui jette une bombe de 11 pouces 8 lignes, a l'ame de 12 pouces de diametre, & de 18 de long.

Il a d'épaiſſeur au collet 2 pouces.

Au renfort 2 pouces & $\frac{1}{2}$.

Sa chambre a de longueur 9 pouces & $\frac{1}{2}$.

Son diametre eſt de 5 pouces & $\frac{1}{4}$.

Epaiſſeur du métail autour de la chambre, 4 pouces.

La chambre contient 6 livres de poudre.

Les tourillons ont de long, d'un bout à l'autre, 28 pouces, le diametre eſt de 8 pouces.

La bombe pareille à celle du mortier cy-devant.

Je

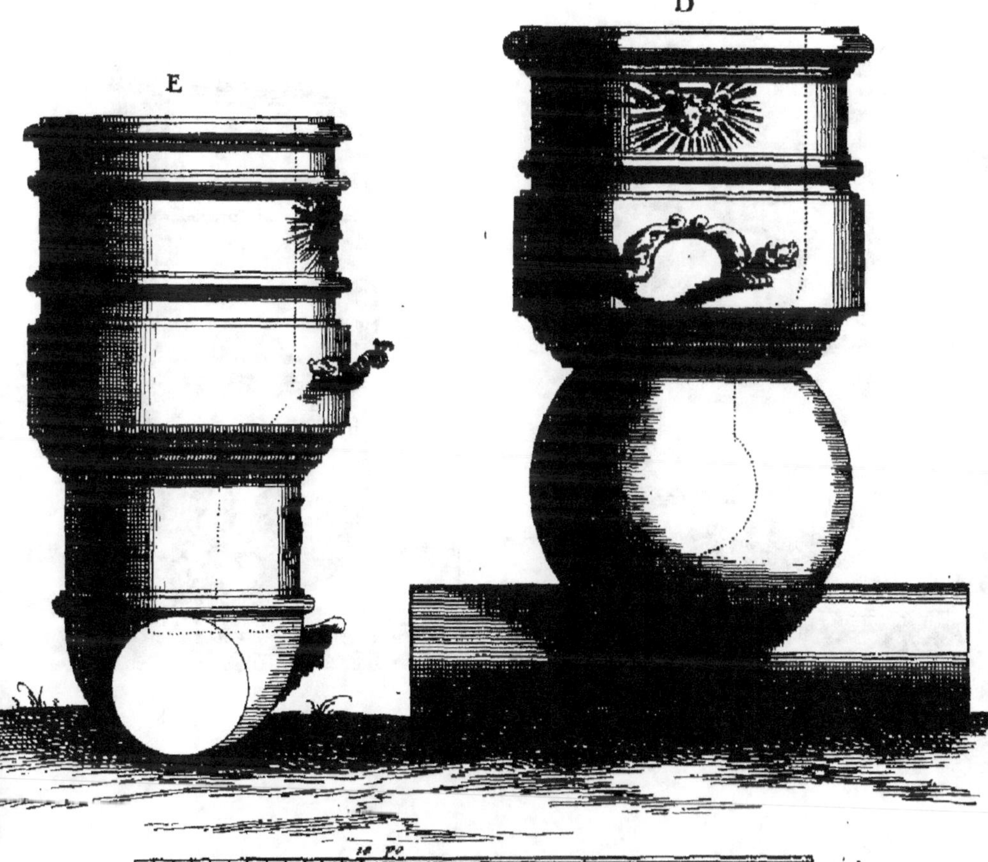

Fourier del .

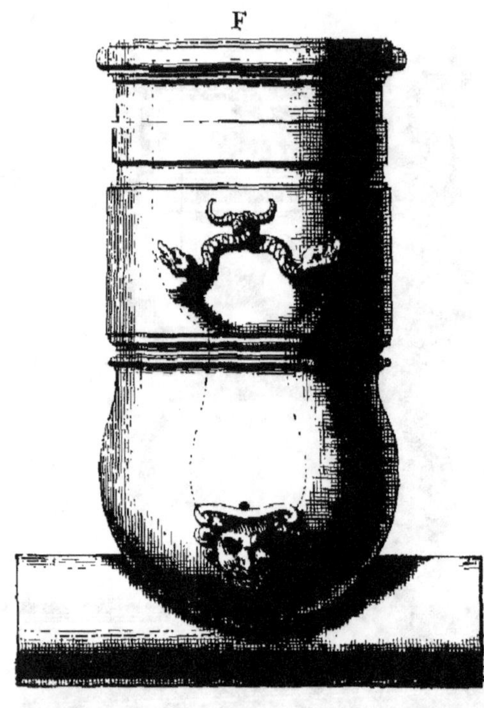

1 2 3 4 pieds

JE joins icy la figure de deux mortiers *F & G*, ayant la chambre faite en poire, & dont il en a esté fondu plusieurs en Flandres.

POur le mortier qui jette une bombe de 8 pouces de diametre, je n'en donne point de figure, non plus que de celuy de 6 pouces qui suit, car ils ne different en rien, pour leur forme, du mortier à l'ordinaire.

Ce mortier donc pour bombe de 8 pouces, a l'ame de 12 pouces de longueur, & de 8 pouces 4 lignes de diametre.

Il a d'épaisseur à sa vollée 1 pouce 4 lignes.

Son renfort a 4 pouces 8 lignes de long, & 1 pouce 8 lignes d'épaisseur.

Sa chambre a de longueur 6 pouces, & de diametre 2 pouces 8 lignes.

La chambre a 2 pouces 8 lignes d'épaisseur de métail, & depuis le fond jusqu'au derriere de la culasse du mortier, 5 pouces 4 lignes, & tient 1 livre $\frac{3}{4}$ de poudre.

Les tourillons ont de longueur 18 pouces 8 lignes, & de diametre 4 pouces 8 lignes.

La bombe de 8 pouces de diametre a 10 lignes d'épaisseur par tout, hors le culot qui en a 13, sa lumiere 1 pouce de diametre par dessus, & par dedans.

La chambre tient 4 livres de poudre, & cette bombe pese 40 livres.

LE mortier qui doit jetter une bombe de 6 pouces, a l'ame de 6 pouces & $\frac{1}{4}$ de diametre, & de longueur 9 pouces.

Il a d'épaisseur à sa vollée 1 pouce.

Son renfort 1 pouce & $\frac{1}{4}$ d'épaisseur, & 3 pouces & $\frac{1}{2}$ de longueur.

Sa chambre a 4 pouces & $\frac{1}{2}$ de longueur, & 2 pouces de diametre.

Epaisseur du métail 2 pouces, & depuis le fond de la chambre jusqu'au derriere de la culasse du mortier, 4 pouces d'épaisseur.

DAns le département de M. le Marquis de la Frezeliere les petits mortiers de ce diametre sont conformes à ce dessein.

Le mortier *H* est de 9 pouces 2 lignes de diametre, sa bombe est de 9 pouces.

Le mortier *I* est de 8 pouces 2 lignes, sa bombe est de 8 pouces.

La troisiéme figure marquée *K*, est la coupe du mortier de 9 pouces 2 lignes, avec sa bombe.

Mais les gros mortiers à chambre concave ressemblent à celuy-cy, qui porte dans sa chambre 8l de poudre.

Ce dessein m'a esté autrefois donné par le sieur Balard Fondeur Piedmontois, qui a fondu à Paris, à Bezançon, & à Brisack : & comme il y avoit joint la figure d'une Piece de 24 de sa façon à chambre concave, je l'y ay laissée, quoy-que ce ne soit pas icy naturellement sa place.

Les mortiers ordinaires sont bons pour bombarder une Place de prés, portant la bombe à 45 degrez d'élévation, & à 700 toises de distance, la chambre chargée de 5 ou 6 livres de poudre, qui est la plus grande charge & la plus longue portée.

Il semble inutile de dire, que plus on sera prés d'une Place, moins il faudra de poudre.

Les mortiers à chambre concave de mesme diametre, c'est-à-dire de 12 & 12 pouces & ½, pointez à 45 degrez, sont bons pour bombarder les Places de loin : ils portent leurs bombes depuis 1200 jusqu'à 1800 toises.

Ceux dont la chambre contient 8l de poudre, porteront la bombe à 1200 toises, & pesent deux milliers.

Ceux de 12l de poudre porteront 1400 toises, & pesent 2500l.

Ceux de 18l de poudre porteront 1800 toises, & pesent 5000l. Du vivant de M. Dumetz on fit, comme on l'a déja dit, une épreuve d'un de ces mortiers à 18l de poudre, pointé à 45 degrez ; il ne porta que 1500 toises. Cela n'est pas toûjours égal.

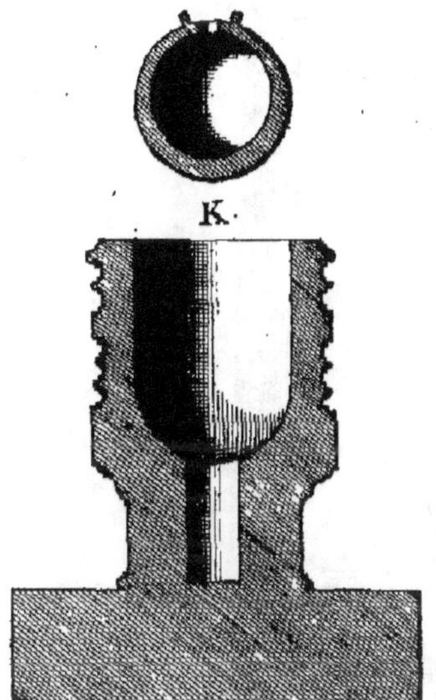

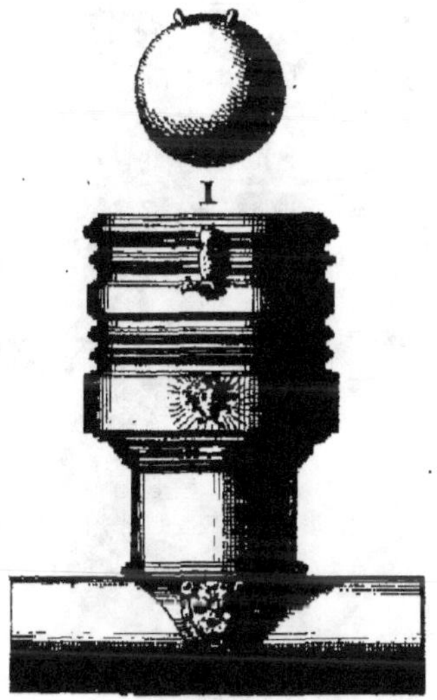

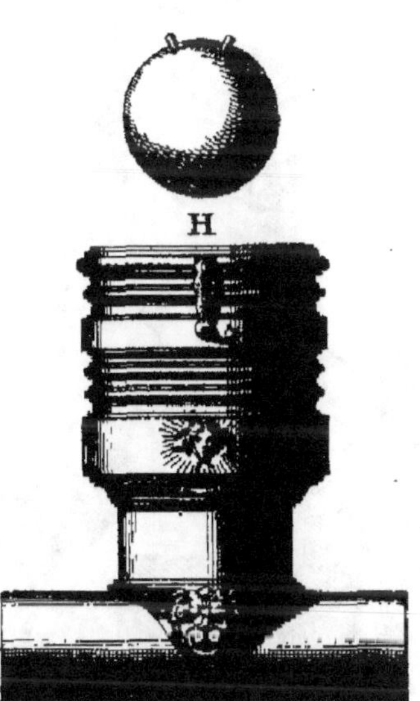

1 2 3 pieds.

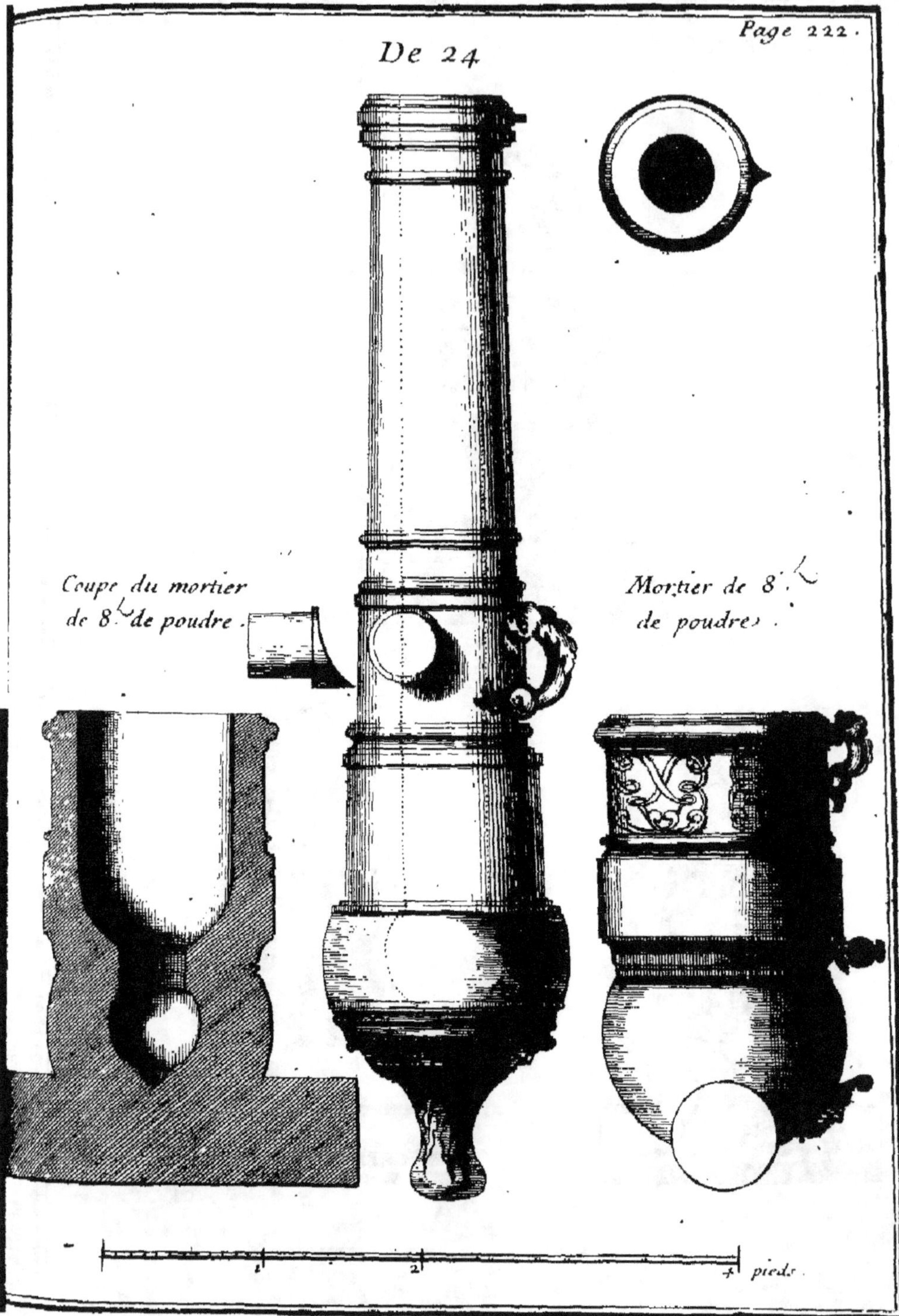
De 24
Coupe du mortier
de 8.L de poudre.
Mortier de 8.L
de poudre.
1
2
4
pieds.

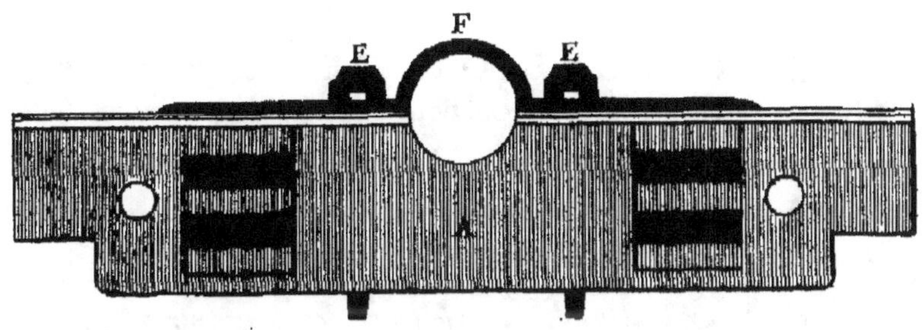
F
E
E
A

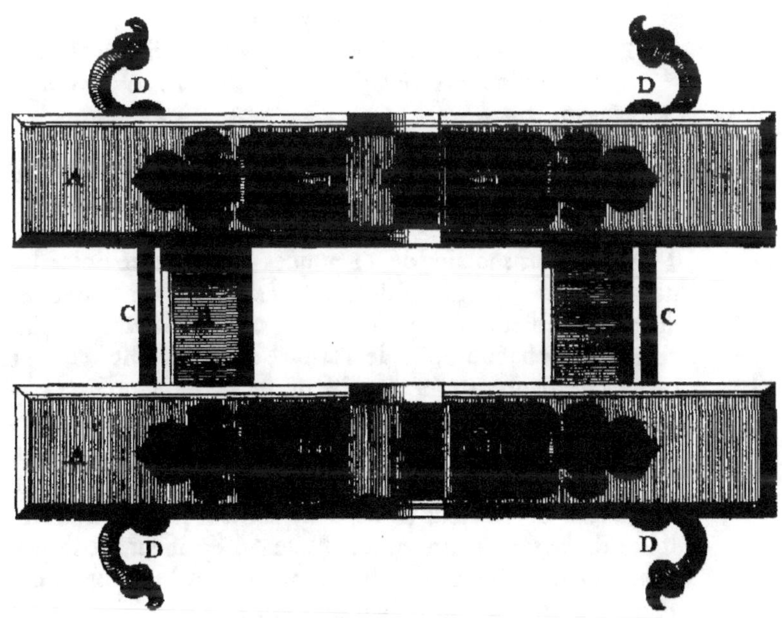
D
D
A
C
C
A
D
D

Ces derniers sont propres pour les Galiottes de la marine.

Il faut expliquer les parties de l'ancien affust de bois qui sert aux Mortiers ordinaires de 12 pouces.

EXPLICATION DE LA FIGURE d'un Affust de bois pour Mortier de 12 pouces contenant dans sa chambre 6[l] de poudre.

A *Deux flasques d'orme.*
B *Deux entretoises de chesne.*
Il y a d'autres affusts de bois pleins par tout.
C *Deux boulons de traverse contre les deux entretoises.*
D *Quatre crochets de retraitte servant de contreriveûres.*
E *Quatre chevilles à teste de diamant.*
F *Deux susbandes.*
Deux sousbandes qui ne se voyent pas.
Deux bandes de fer par dessous l'affust qui servent de contreriveûres aux chevilles à teste de diamant, qui ne se voyent pas.

Proportions d'affusts de bois à Mortier, comme M. de Vigny les fait faire en Flandres.

L'Affust pour mortier de 12 pouces de diametre doit estre de 6 pieds de long, les flasques de 12 pouces de hauteur & de 10 d'épaisseur; il luy faut deux entretoises qui se placent une à chacun bout de l'affust, elles doivent avoir 11 pouces de hauteur & 8 d'épaisseur.

Les tourillons sont placez dans le milieu de l'affust, & les entretoises à 14 pouces de distance du milieu des tourillons.

L'affust de 18 doit avoir 4 pieds de long, les flasques de 11 pouces de hauteur & de 6 d'épaisseur, les deux entretoises de 10 pouces de hauteur & de 6 d'épaisseur, & se placent à chaque bout de l'affust à distance de 11 pouces des tourillons qui sont au milieu de l'affust.

La ferrure est composée de deux boulons de traverse, quatre crochets de retraitte, deux sousbandes & deux susbandes, deux chevilles à teste platte, & deux à teste de diamant de chacun costé, qui font quatre de chaque façon, avec deux contreriveûres qui se mettent par dessous, & qui ont quatre trous chacune où l'on les encastre.

LEs affusts de bois à mortier à bombes de 8 pouces, sont pareils à cette figure.

Les bois de ces affusts de 8 pouces, reviennent à 4^{tt} 10^{f}.

La façon, 1^{l}.

La ferrure qui pese 70^{l}, à 2^{f} 6^{d} la livre.

A l'égard des affusts à mortier de 12 pouces, ils reviennent environ à 16^{tt}.

La façon, 2^{tt} 10^{f}.

La ferrure pesant 170^{l}, à 2^{f} 6^{d} la livre.

Les autres à proportion.

A Grenoble l'on en a fait quelquefois d'une autre maniere pour les mortiers de 9 pouces 3 lignes de diametre.

Les flasques ont de longueur 5 pieds.

De hauteur 22 pouces.

D'épaisseur 7 pouces.

Il y a quatre entretoises qui ont 7 pouces en quarré.

Les flasques sont éloignez l'un de l'autre de la largeur de 14 pouces, le tout de bon bois d'orme.

L'affust est ferré par les quatre bouts, les flasques ont une bande de fer dans les tourillons, laquelle a une *L* de chaque costé de la longueur de 20 pouces, qui sert de sousbande, & qui est proche du tourillon, de l'épaisseur d'un pouce.

Il y a quatre chevilles à teste platte à chaque flasque, la susbande passe par dedans; il y a une charniere au bout de la susbande, & l'on met quatre boulons à teste de diamant à six pouces du bout du flasque.

A costé de chaque flasque sont posées deux bandes de fer qui sont encastrées dans les flasques, qui vont d'une en-

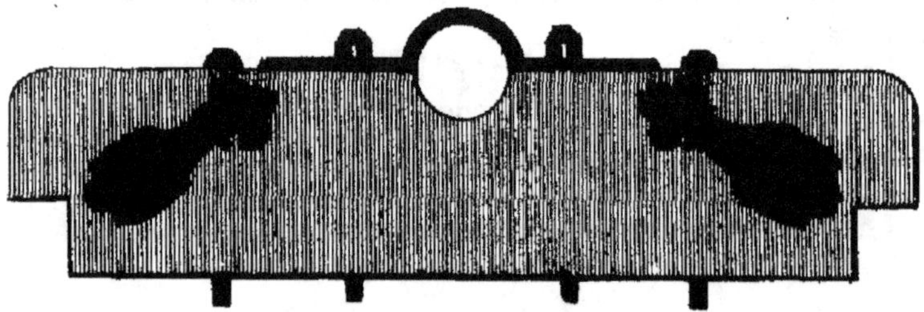

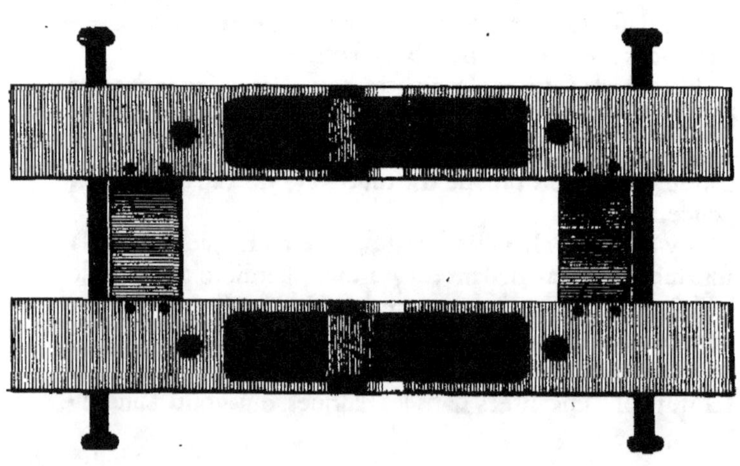

1 2 3 4. pieds

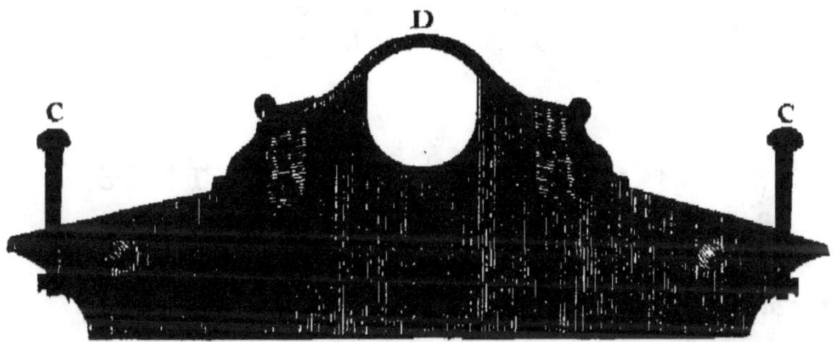
D
C
C

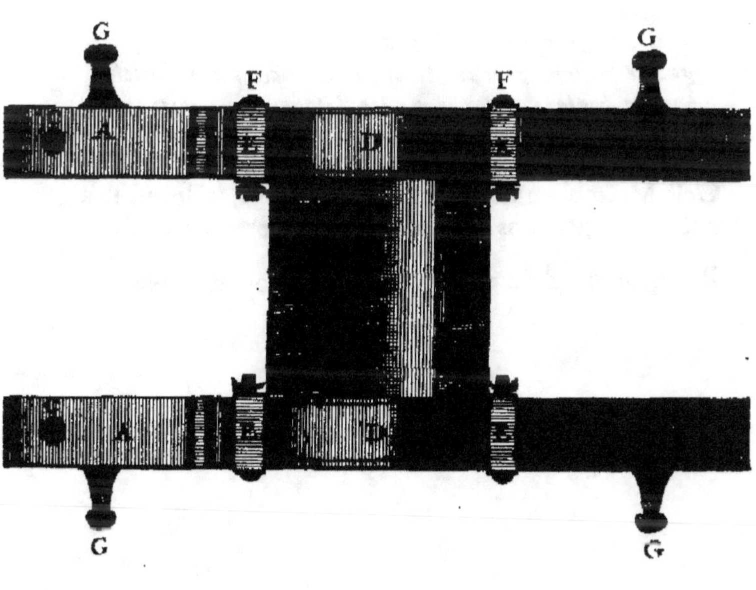
G
G
F
F
A
E
D
A
E
D
E
G
G
1
2
3
4. pieds

tretoise à l'autre, & ont par les deux bouts d'en bas un crochet de retraitte pour avancer & reculer l'affust.

Il y a quatre boulons à teste de diamant qui traversent l'affust pour le tenir bien serré; ces boulons sont bien rivez, les tenons des quatre entretoises sont fourchus, les entretoises ont leur embrasement dans le flasque; le tout est de bon fer.

Pour monter les mortiers de la nouvelle invention, l'on se sert d'affusts de fer coulé qui ont les proportions marquées par la figure.

EXPLICATION DES PARTIES d'un Affust de fer coulé à mortier de la nouvelle invention, de 12 pouces.

Les deux flasques A, *& l'entretoise* B *sont fondus en mesme temps.*

C *Quatre crochets pour tenir le coin de mire, dont deux par devant, & deux par derriere, avec chacun leurs clavettes.*

D *Deux susbandes.*

E *Quatre estriers pour les susbandes.*

F *Quatre boulons pour les tenir, avec chacun une clavette.*

G *Quatre boulons rivez dans les flasques pour avancer ou reculer le mortier.*

C'est M. Coulon Maistre de Forges à Charleville qui m'a donné les proportions & le dessein de ce premier affust.

Il s'en fait qui different un peu de ces proportions-là.

Proportions d'un autre Affust de fer coulé à mortier de 8 livres de poudre.

L'Affust a de longueur 5 pieds.

Les flasques ont d'épaisseur 4 pouces & ½.

L'entretoise a de longueur 1 pied 8 pouces.

Sa largeur par en haut est de 1 pied 5 pouces.

Et par en bas de 1 pied 10 pouces.

Le crochet de coin de mire a en bas 5 pouces, à finir par en haut, a 1 pouce & ½.

Il a dans son plus haut 16 pouces, & toûjours à proportion.

Un mortier de la nouvelle invention est monté sur son affust de fer de la maniere que le répresente cette figure.

Les affusts de fer à mortier doivent estre de bon fer, & liant, bien égaux par tout, sans feslures, crevasses, ni souflures.

Souflures sont certaines bouteilles ou bosses pleines de vent qui se forment quand le métail boüillonne, & qu'il est coulé trop chaud.

Il faut que les places des clavettes soient bien nettes & bien dégagées, & les assemblages bien joints, & que ces affusts avec leurs ferrures ne pesent que le poids porté par le marché.

Ceux de 12 pouces se font dans les Forges autour de Charleville & de Valenciennes, & ne pesent que 2000 cinq à 600^{l}.

L'on en paye au Maistre de Forges à Charleville, 45^{tt} du millier pesant, poids de marc, pris dans la Forge, comprenant le fer battu employé en

Susbandes avec leurs clavettes,

Crochets de retraitte,

Et boulons garnis de leurs clavettes.

On a veû tous les prix des ouvrages de fer coulé dans le Chapitre III. qui traitte des Boulets.

Mais en Comté, les gros affusts de fer pesent ordinairement en fer coulé, 3000^{l}.

E. Fourier del.

Et se payent 50tt le millier dans les Forges de la Saone.

55tt à Belfort.

Et 50tt à Mets.

Il y entre 190l de fer battu à 4f la livre, employées en

Deux susbandes avec leurs clavettes,

Quatre crochets de retraitte,

Et quatre boulons garnis de leurs clavettes.

Cette ferrure revient à	38tt
Les trois milliers de fer coulé, à 50tt le millier ...	150tt
C'est en tout	188tt

Le petit affust pese deux milliers, & revient, avec 160l de fer battu, à 132tt.

Il s'estoit fait aussi des affusts de fer battu à mortiers dans les Forges de Montblainville en Champagne, ils pesoient 1700l, & coustoient 6f la livre; mais on n'a pas continüé cette fabrique, parce que ces affusts revenoient la piece à 510tt ou environ.

Ceux de fer battu à Pieces de canon que fait faire M. Foüard en Dauphiné, ne coustent que 20tt le quintal, c'est-à-dire 4f la livre.

Neanmoins dans la mesme Province le fer battu pour affusts à petites Pieces de 1l, de l'invention de Faure, dans chacun desquels il en entre 50 à 55l, revient environ à 6f la livre, quelquefois moins. Ce prix varie suivant les temps & les lieux.

Ce n'est pas seulement de bois & de fer que l'on fait des affusts, on en fait encore de fonte, pareils à ceux de la figure cy à costé qui en explique les parties, & l'échelle en marque les proportions.

EXPLICATION DE LA FIGURE de l'Affuſt de fonte à Mortier de la nouvelle invention.

A *Les deux flaſques de fonte.*

B *Maſſe de bois qui fait le meſme profil que l'affuſt, à dire l'entaille par où ſe met le levier.*

C *Retraitte qui donne plus d'épaiſſeur aux flaſques au droit des tourillons.*

D *Mentonniere où ſe met le coin de mire.*

E *Quatre gros boulons de fer de chacun deux pouces de diametre, qui entretiennent les deux flaſques avec la groſſe entretoiſe de bois ou maſſe.*

F *Boulon d'un pouce de diametre qui paſſe au travers des flaſques, & ſert pour tenir les eſtriers.*

G *Les eſtriers.*

H *Susbandes.*

I *Crochets de retraitte rivez en dedans des flaſques.*

K *Bombe.*

L *Mortier.*

EN Allemagne pour monter des mortiers de 8 à 9 pouces, les mener en campagne, & les éxécuter horizontalement comme une Piece de canon, l'on ſe ſert de l'affuſt qui ſuit.

Cet affuſt, dont les plan & profil ſont cy à coſté, n'eſt qu'une piece de bois de 8 pieds 2 pouces de long ; on verra ſon ceintre, ſon équarriſſage, & ſes autres proportions par l'Echelle ; on verra auſſi que l'on l'a creuſée dans l'endroit *A* pour loger le corps du mortier & ſes tourillons juſqu'à leur demi-diametre.

Le corps d'affuſt ſe monte ſur deux roües de quatre pieds de hauteur, l'on y joint un avantrain proportionné & fait de la meſme maniere que ceux qui ſervent aux affuſts des Pieces.

La ferrure eſt auſſi pareille.

Epreuve

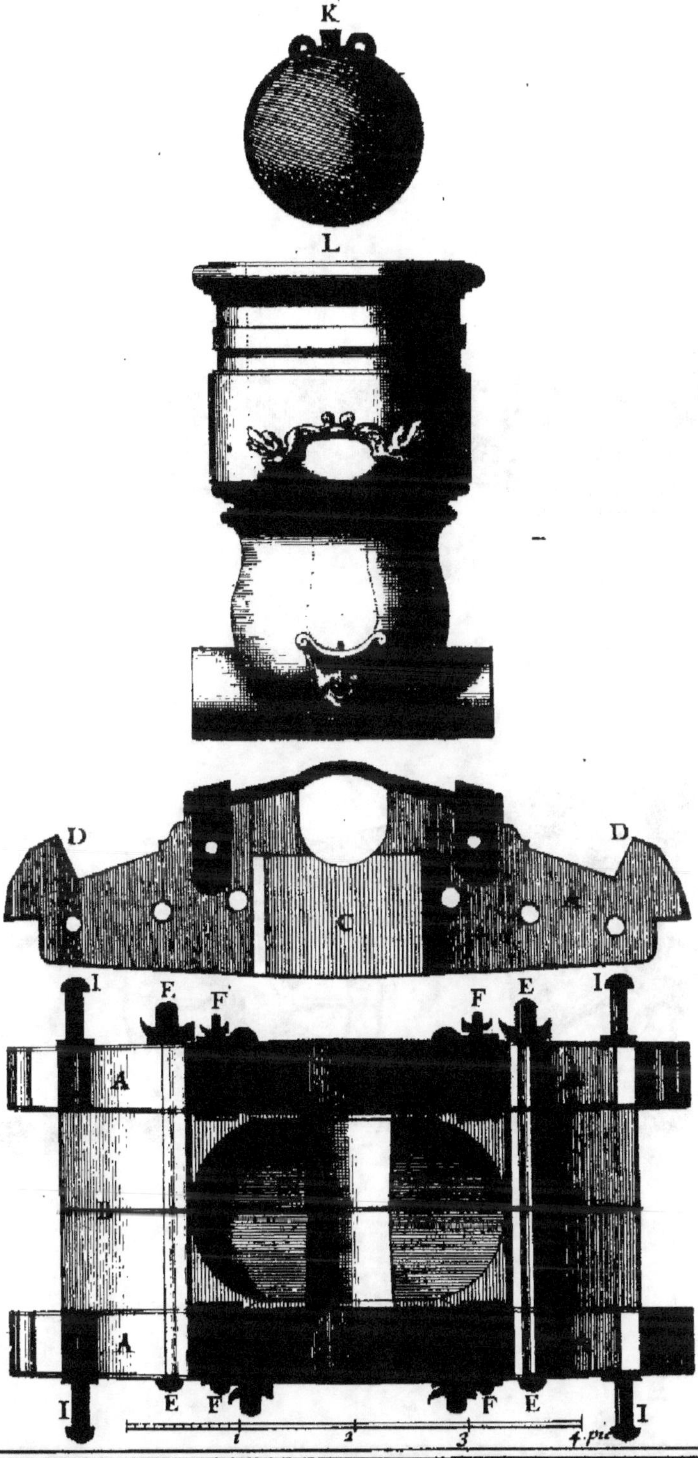

K

L

D D

C

I E F F E I

A

B

A

I E F F E I

1 2 3 4 pie

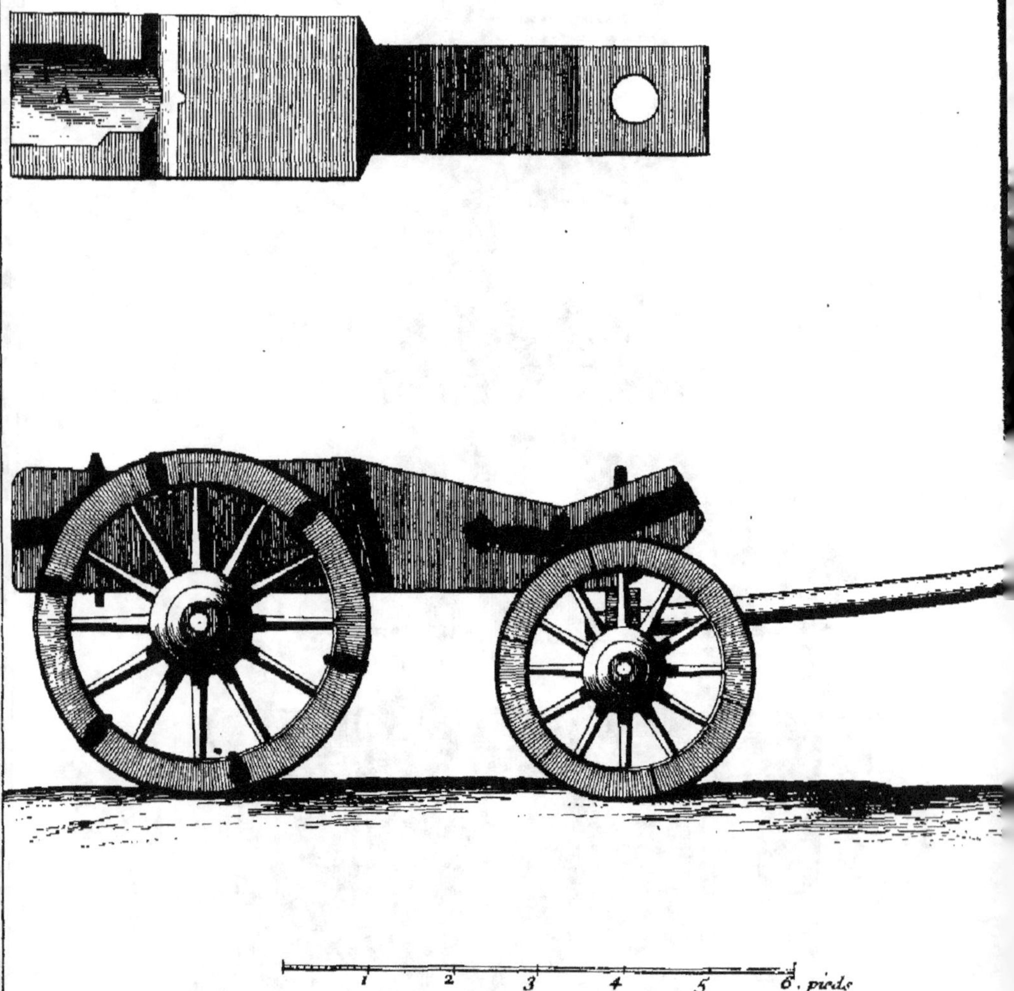

A

1 2 3 4 5 6. pieds

Epreuve qui a esté faite par M. le Marquis de la Frezeliere de cet Affust à roüages de nouvelle invention, chargé de son Mortier de 8 pouces 3 lignes de diametre.

PRemier coup. Ce mortier chargé d'une livre de poudre, & pointé sur son affust à 45 degrez, a porté une bombe de 8 pouces à 400 toises.

Second coup. Le mortier chargé d'une demi-livre de poudre & pointé comme dessus, a porté la bombe à 200 toises.

Troisiéme coup. Le mortier pointé sur son affust à 70 degrez, & chargé d'une livre de poudre, a poussé sa bombe à 300 toises, sçavoir 200 de vollée, & 100 en roulant.

Quatriéme coup. Le mortier monté & pointé comme dessus, & chargé d'une demi-livre de poudre, a porté sa bombe à 150 toises, sçavoir 100 toises de vollée, & 50 en roulant.

Cinquiéme coup. Le mesme mortier monté sur son affust & avantrain, chargé d'une livre de poudre, pointé à 90 degrez ou de niveau à l'horizon, a poussé la bombe à 300 toises, dont 250 en roulant, & 50 de premiere vollée.

Sixiéme coup. Le mortier pointé & monté comme dessus, & chargé de demi-livre de poudre, a roulé sa bombe 150 toises, ne l'ayant porté de vollée qu'à 15 toises.

Il est à remarquer que ce mortier monté sur son affust seulement, n'a pas tout-à-fait deux pieds de recul, & sur son affust & avantrain ensemble, il en a quatre, contre lesquels néanmoins il ne fait aucun effort sensible, &, tant par les épreuves que l'on en a faites, que par les observations qu'il est aisé de faire sur les proportions qui se rencontrent entre ces differentes portées, & les charges differentes qu'on luy a données ; on peut se promettre que l'on en tirera aussi juste que l'on sçauroit faire une Piece.

Il est encore à remarquer, que l'impétuosité avec laquelle ces bombes roulent, & les ricochets que l'inégalité du terrain leur fait faire, n'empeschent point qu'elles ne fassent leur effet quand leur fusée est à bout, n'y en ayant eû pas une qui ait manqué, de trois que l'on a chargées de poudre pour les épreuves cy-dessus.

Mortier à éprouver Poudre.

EXPLICATION DE LA FIGURE du petit Mortier à Poudre.

A *Ils ont sept pouces trois quarts de ligne de diametre.*

B *Longueur de l'ame, huit pouces dix lignes.*

C *Diametre de la chambre, un pouce dix lignes.*

BD *Longueur ou profondeur de la chambre, deux pouces cinq lignes.*

E *Lumiere éloignée du fond d'une ligne.*

F *Diametre par le dehors du mortier à la vollée, huit pouces dix lignes.*

G *Diametre par le dehors du mortier à l'endroit de la chambre, quatre pouces huit lignes & demie.*

H *Diametre de la lumiere, une ligne & demie.*

AI *L'épaisseur du métail à la bouche, sans comprendre le cordon, est de dix lignes.*

K *La longueur de la semelle de fonte du mortier est de seize pouces.*

L *La longueur de la semelle est de neuf pouces.*

M *L'épaisseur de la semelle est d'un pouce six lignes.*

N *Le diametre du boulet de soixante livres, sept pouces.*

O *Une ance répréséntant deux Dauphins se tenans par la queuë, l'ance placée sur le milieu de la vollée. Cette ance* O *n'est pas dessinée, il faut la suppléer.*

P *Languette de fonte qui tient au ventre du mortier & sur lequel il repose, & qui répond au bout de la semelle, estant justement placé dans le milieu.*

Il faut que le mortier soit fondu avec sa semelle, de maniere qu'il se trouve pointé juste à 45 degrez.

Cette semelle doit estre encastrée dans un madrier, & attachée bien ferme par les quatre coins, avec autant de

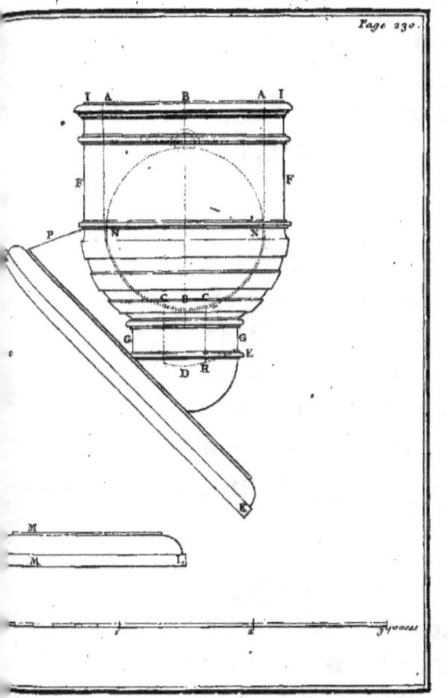

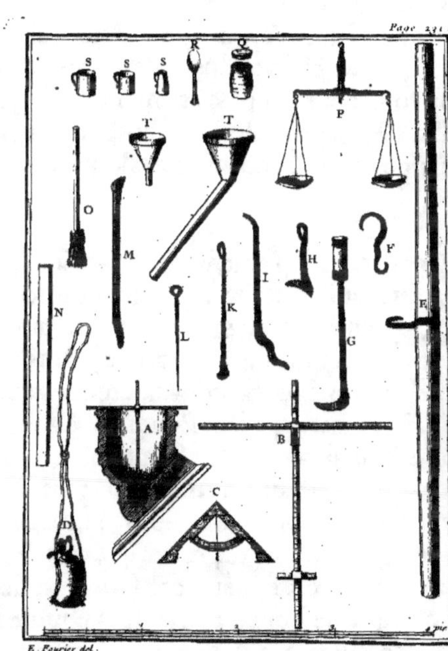

EXPLICATION

De la Figure qui represente la coupe du petit mortier avec l'instrument qui sert a le calibrer et qui fait voir aussi tous les vstanciles qui sont neces=saires pour servir ce mortier dans les épreuves de poudre.

A. *Coupe du mortier avec l'instrument.*
B. *Instrument en grand a calibrer divisé en pouces dont les branches qui le croisent, se haussent et se baissent selon le besoin.*
C. *Quart de cercle.*
D. *Fourniment.*
E. *Levier de bois avec son crochet.*
F. *Crochet pour passer dans l'anneau du boulet.*
G. *Grattoir pour le mortier.*
H. *Grattoir pour le boulet.*
I. *Pince pour ranger le boulet dans le mortier.*
K. *Grattoir pour la petite chambre.*
L. *Degorgeoir.*
M. *Pince portant vn grattoir.*
N. *Regle.*
O. *Brosse.*
P. *Balances a peser la poudre.*
Q. *Baril pour renfermer les 3 onces de poudre.*
R. *Cuilliere de bois.*
S. *Mesures de fer blanc.*
T. *Entonnoirs.*

boulons arrestez par des clavettes à l'endroit où sont placez les boulons.

Il faudra mettre deux bandes de fer qui passeront par dessous le madrier, & le viendront embrasser jusques par dessus, les quatre boulons seront passez dans les bandes de fer.

Il faut aussi bien observer, que la platteforme de bois sur laquelle on placera ce mortier encastré, comme il est dit cy-dessus, dans son madrier, soit bien unie, & bien de niveau, & il ne faut point arrester le madrier sur la platteforme, parce qu'il doit avoir une entiere liberté de reculer en tirant.

Vous trouverez aprés la figure de ce mortier, un petit Instrument que j'ay imaginé pour calibrer ceux de cette sorte qui ont esté fondus à Paris ; les proportions s'en prennent tout d'un coup & en mesme temps.

Il a esté envoyé de ces mortiers dans tous les départemens pour servir à connoistre la portée de la force des poudres.

JE parleray amplement de la fabrication de la poudre au Chapitre qui en traitte. Il faut dire icy seulement en passant, qu'en l'année 1685. il fut fait une visite générale de toutes les poudres du Royaume, dans laquelle, aprés d'autres épreuves, l'on fut convaincu que la poudre à gros grain, vulgairement appellée Poudre à Canon, estoit d'un bien moins bon service, que la menuë grenée. M. le Marquis de la Frezeliere qui s'attacha le plus à cette observation, ayant fait tirer plusieurs coups de canon avec de la poudre d'une & d'autre sorte, remarqua par le moyen d'un linge blanc qu'il avoit fait étendre sous la vollée & la bouche des Pieces, qu'une bonne partie de la poudre grosse grenée étoit sortie de la Piece sans brûler, au lieu que la poudre de menu grain brûloit entierement, & faisoit par conséquent un effet bien plus violent, parce que les matieres en estoient plus battuës & mieux mélangées ; & dés ce temps-là l'on résolut qu'il ne se feroit plus à l'avenir de poudre, que d'un moyen grain uniforme pour le canon, comme pour le mousquet ;

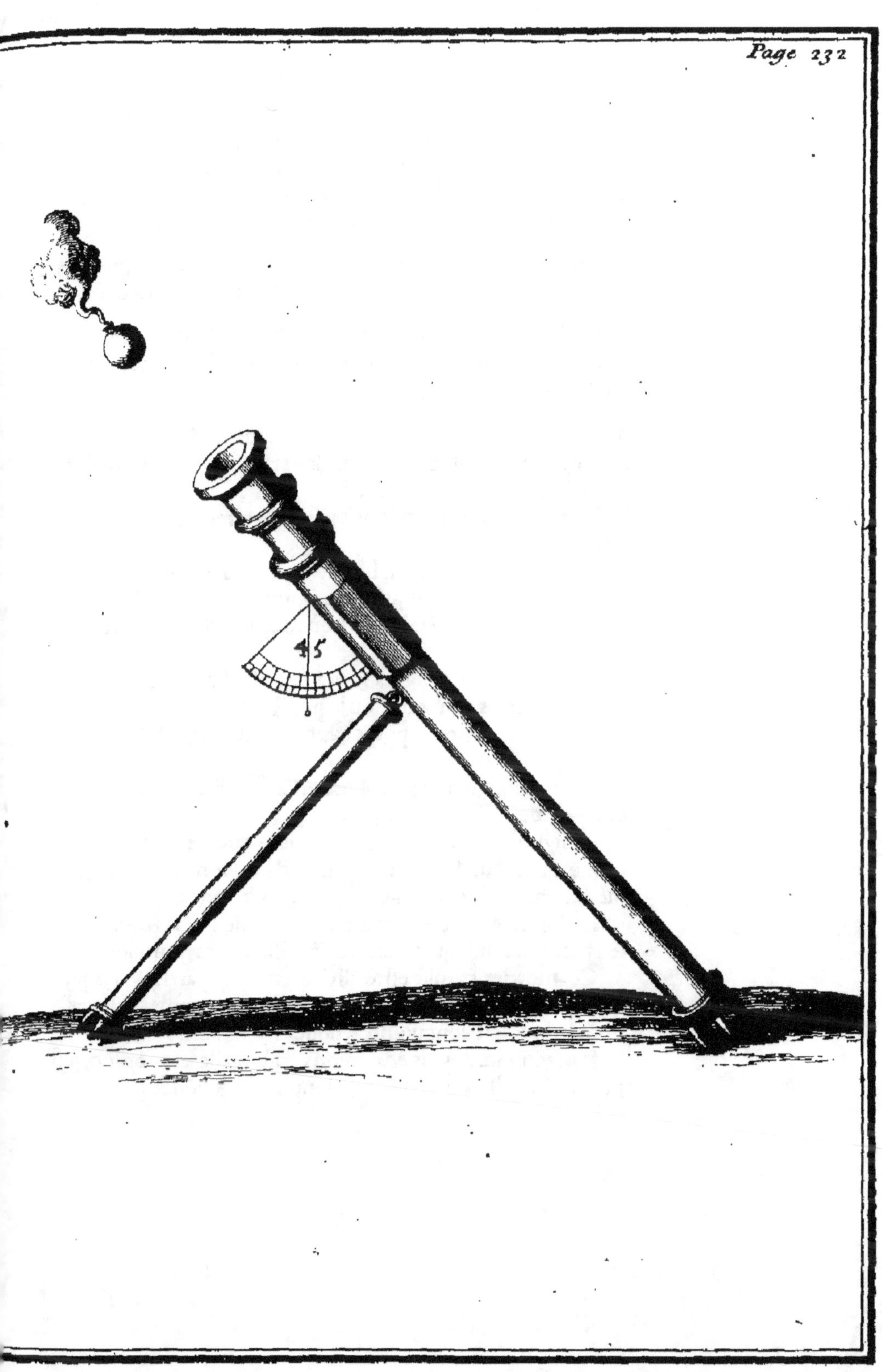
45

& l'on préféra cette maniere de mortier pour en faire les épreuves, à celle des Eprouvettes qui avoient esté anciennement en usage, & qui ne peuvent servir tout au plus qu'à comparer la force d'une poudre avec une autre, & ne décide rien pour la force de la poudre en général.

Un Officier d'Artillerie a imaginé le mortier à grenade cy joint, mais il n'a esté pris aucune résolution là-dessus.

Un Florentin a fondu dans l'Arsenal de Paris quatre mortiers d'une figure particuliere, & telle qu'elle est icy réprésentée, & qui ont les proportions suivantes.

LE premier qui pese 282[l] a de longueur depuis la bouche comprise, jusqu'aux tourillons aussi compris qui sont placez à la culasse, 2 pieds.

L'épaisseur des tourillons prise séparément, est de 3 pouces & $\frac{1}{2}$.

Le diametre à la bouche est de 8 pouces, il est égal par tout depuis la bouche jusqu'au bourrelet de la culasse.

L'épaisseur du métail à la bouche, le bourrelet compris, a 17 lignes.

L'épaisseur du métail à la vollée, est d'un pouce.

Le plus gros diametre, ou la plus grosse circonférence du mortier par le dehors, approchant de la culasse, est de 11 pouces & $\frac{1}{2}$.

Le moindre diametre par le dehors à l'astragalle de la bouche, est de 10 pouces 3 lignes.

La figure du mortier finissant par la culasse en forme conique ou cul de lampe, a de largeur dans son plus étroit, immédiatement sur la lumiere, 5 pouces 7 lignes.

La lumiere est en maniere de coquille au bas de la culasse, presque dans le milieu de l'épaisseur des tourillons.

Ce mortier paroist estre divisé en trois parties. La premiere, qui est depuis la bouche jusqu'au premier astragalle du cordon, est longue de 5 pouces 9 lignes.

La seconde, depuis & compris l'astragalle au cordon, jusqu'à l'astragalle de vollée, est longue de 8 pouces.

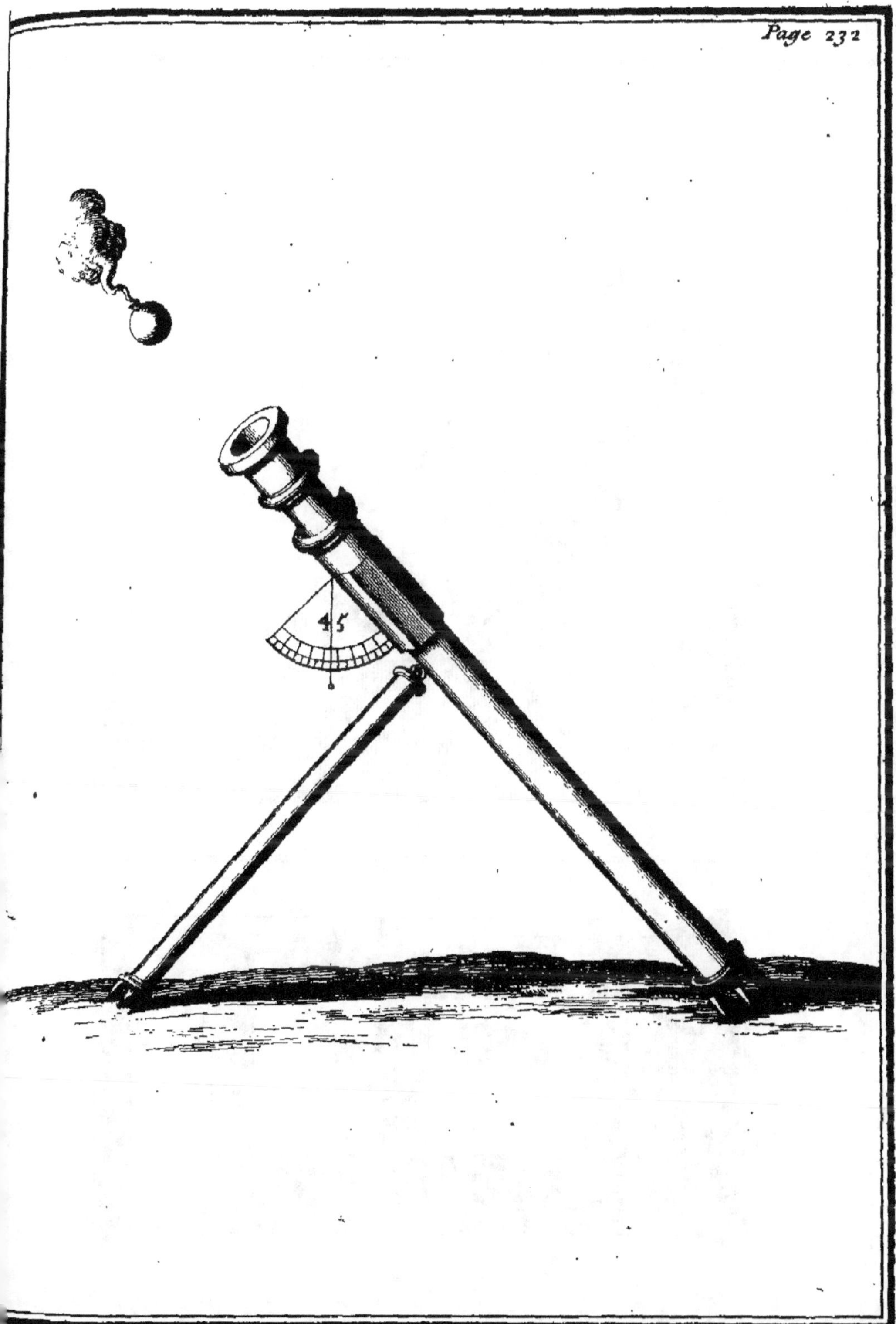
45

1.
2.
3. pieds

La troisiéme longueur depuis l'astragalle de la culasse, a jusqu'aux tourillons 7 pouces de longueur.

Le diametre de l'ame est égal par dedans, de la longueur de 16 pouces.

Et va ensuite en étraississant, 7 pouces 9 lignes.

Il a au dessus de l'astragalle ou cordon de la vollée, une charniere de fonte fonduë avec le mortier, dans laquelle est passée une vis sans fin de fer, de la longueur de 20 pouces, entrant dans une bride de fer qui est encastrée dans le madrier, & au moyen d'un écrou qui repose sur la bride, l'on hausse ou baisse le mortier comme on veut.

Ce mortier est monté sur un madrier d'orme, qui est épais dans son milieu de 9 pouces & $\frac{1}{2}$.

Et par les deux extrémitez, de 8 pouces.

Il a de long 3 pieds 1 pouce.

La largeur est par tout de 17 pouces.

Les deux bouts sont embrassez par des liens de fer de 3 lignes d'épaisseur, & de largeur de 1 pouce 6 lignes.

Il y a deux susbandes de fer qui couvrent les tourillons, & qui sont encastrées dans le madrier.

Chaque susbande a d'épaisseur 4 lignes.

Sur 2 pouces de large, & 16 de longueur.

Elles sont arrestées avec des boulons & des clavettes à l'ordinaire.

Le bois du madrier est delardé par les deux bouts de 2 pouces & $\frac{1}{2}$.

Et sous le ventre du mortier, environ 1 pouce.

LE second mortier qui pese 199^{l} a la mesme figure.

Il a quelque chose de moins pour ses épaisseurs, mais les hauteurs & le diametre en sont pareils au premier.

Il est monté sur un madrier plus foible & plus plat.

LE troisiéme mortier qui pese 310^{l} est un peu plus chargé de métail, mais il a la mesme figure, les mesmes hauteurs, & le mesme diametre que le premier.

Les bombes à ances qui servent à ces mortiers sont de 7 pouces 9 ou 10 lignes.

LE quatriéme mortier pese 205^{l} seul, & les 13 petits mortiers à grenades qui sont rangez autour de sa bouche, pesent 36^{l} ensemble.

Il a de diametre à sa bouche 8 pouces.

La bombe a 7 pouces 8 lignes.

Ce mortier a de hauteur depuis la bouche jusqu'aux tourillons, 16 pouces.

Il est divisé en trois parties dans sa longueur.

La premiere a de hauteur, depuis la bouche jusqu'à une plattebande en forme d'entablement qui reçoit les 13 petits mortiers qui sont posez dessus, 6 pouces 2 lignes.

Depuis cet entablement jusqu'à l'astragalle ou gros cordon de la culasse, il y a de hauteur 5 pouces 9 lignes.

Depuis le cordon en descendant, jusqu'au bas de la culasse sur les tourillons, il y a de hauteur 4 pouces 1 ligne.

La circonférence ou diametre par le dehors à la bouche, a 10 pouces.

Epaisseur du métail à la bouche, 1 pouce.

Mais un pouce au dessous, cela est diminüé de 3 lignes.

L'entablement qui a une plinthe d'un pouce, & qui reçoit les petits mortiers, a de saillie dans sa plus grande largeur d'aprés le corps du mortier, 2 pouces.

Le mortier a de circonférence 10 pouces & $\frac{1}{2}$ au cordon ou astragalle qui commence la culasse, non compris l'astragalle qui surmonte un peu, à cause de sa figure.

Celle du mortier finit coniquement ou en cul de lampe.

Les tourillons ont de diametre 3 pouces 6 lignes.

La circonférence ou diametre du mortier sur les tourillons, qui est le plus étroit, est de 6 pouces.

Chaque petit mortier a de diametre à la bouche, 2 pouces 3 lignes.

Sa figure est pareille à celle du gros mortier.

Il a 5 pouces 2 lignes de longueur.

Il a de profondeur dans l'ame, depuis sa bouche jus-

1
2
3. pieds

qu'à l'endroit qui commence à s'étraissir, 3 pouces.

La chambre qui va en étraississant, a de profondeur 2 pouces.

Chaque mortier a une petite lumiere percée à un pouce de son extrémité, laquelle lumiere répond à une pareille percée dans l'épaisseur du gros mortier, immédiatement au dessus de la plinthe qui arreste les petits mortiers.

Chaque mortier a 3 lignes d'épaisseur à la bouche, où il est renforcé d'un petit bourrelet de 4 lignes, & par le reste du corps il n'est épais que de 2 lignes.

Ces petits mortiers sont embrassez par deux cercles de fer ronds serrez par le devant avec une vis & un écrou de fer, à 3 lignes & ½ de diametre; le premier cordon ou cercle est passé immédiatement sous le bord ou plinthe de la bouche de ce petit mortier.

Le second cercle ou cordon est passé immédiatement à la fin du plus étroit de sa petite culasse.

Ce mortier a une lumiere au bas de la culasse, prise dans le milieu des tourillons.

Il est appuyé d'une vis passée dans une charniere de fonte qui a esté fonduë avec le mortier.

Et est monté sur un madrier comme les autres.

Ces mesures prises le 29. Aoust 1693.

Ce qui se passa à l'épreuve de ces mortiers fut mis par écrit comme il suit.

Le 2. Septembre 1693. ces Mortiers ont esté éprouvez dans la Plaine d'Ivry.

LE premier mortier qui a esté éprouvé, est celuy qui est accompagné de 13 petits mortiers; il estoit placé sur le revers d'un fossé presque à demi penché, & sur une platteforme arrestée seulement de quatre piquets, deux en haut, deux en bas, & pointé à 45 degrez.

Le sieur Petri qui est l'inventeur de ces mortiers, a coulé dans ce mortier tout simplement une demi livre de poudre fine, & dans les petits mortiers une tres-petite quantité de mesme poudre, laquelle poudre il n'a point refoulée non-plus que la bombe, ne se servant ni de gazon, ni de terre, ni de fourage, chacun mortier ayant sa grenade de fer, comme le grand sa bombe, laquelle bombe estoit remplie de 3 à 4 livres de poudre, les petites grenades à proportion.

Le feu du grand mortier se communiquant à tous les autres mortiers par les petites lumieres qui répondent à l'ame du grand mortier, & par le moyen d'une mesche ou estoupille que le sieur Petri avoit placée sur la fusée de la grosse bombe, & sur celle des petits mortiers, le coup a parti, & a porté la bombe & les grenades ensemble ; mais il n'a creve que six à sept grenades, la bombe n'a pas crevé.

La bombe a esté à 240 toises.

Et les petites grenades, depuis 240 jusqu'à 300.

Le deuxiéme mortier qui a esté éprouvé, est celuy qui pese 310 livres ; il estoit monté sur son affust ou madrier posé sur une platteforme, & penché de mesme que le premier sur le revers du fossé.

Le sieur Petri a chargé ce mortier de 18 à 20 onces de poudre fine, qu'il n'a point refoulée non plus qu'à l'autre mortier, & a mis la bombe par dessus tout simplement chargée comme la premiere ; le coup a porté à 640 toises.

Outre ces mortiers, on a tiré un mortier de 8 pouces à l'ordinaire placé simplement sur la platteforme de niveau, & pointé à 45 degrez ; on l'a chargé de 16 onces de poudre, on a mis une bombe de 8 pouces dessus, bien refoulée de terre, avec son tampon ; ce mortier a porté à 620 toises.

Ensuite l'on a tiré trois coups du mortier simple de Petri, comme le premier coup, qu'il a chargé de 21 onces de poudre.

Les trois fois il a porté sa bombe à 650, 696, & 700 toises.

On a aussi tiré le mortier à l'ordinaire trois coups de suite avec 20 onces de poudre.

Il a porté sa bombe à 625 toises pour le premier coup.

Le

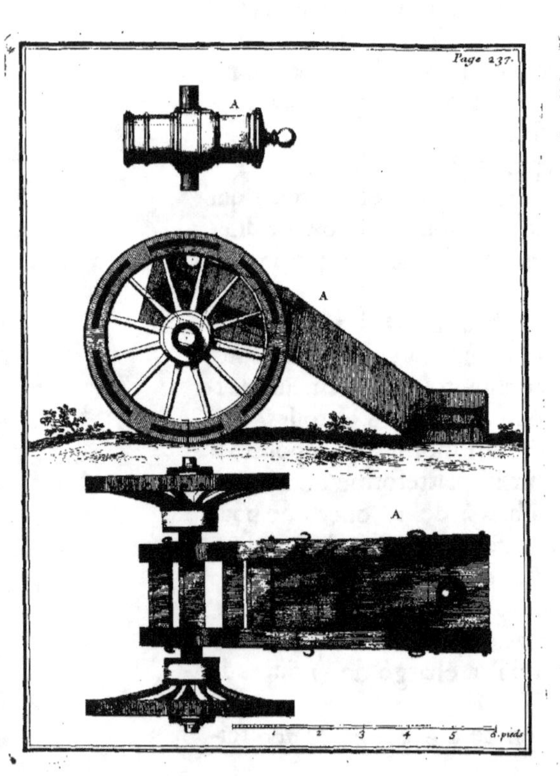
Page 237.
A
A
A
1
2
3
4
5
6 pieds

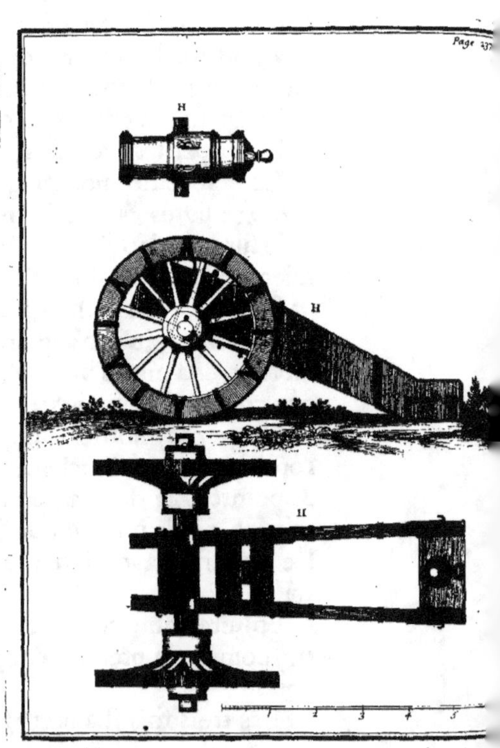
Page 237
H
H
H
1
2
3
4
5

Le second coup a porté sa bombe à 650 toises.

Le troisiéme coup a porté sa bombe à 670 toises.

Les mortiers de Petri n'ont fait aucun mouvement, le nostre s'est tourné entierement sur sa platteforme.

Le sieur Petri a ensuite chargé son mortier à grenades, & l'a tiré une fois ; il a porté à 290 toises.

La bombe & 10 ou 11 grenades ont crevé à la distance de 15 à 20 toises les unes des autres, presque en rond.

Ensuite il a tiré son mortier simple, qui a porté sa bombe à 920 toises le premier coup, & 924 le second.

Il est seur que l'on tire trois coups de ce mortier, contre un du mortier ordinaire.

Le premier coup de Petri n'a esté chargé que de 1l & $\frac{1}{4}$ de poudre.

Il a augmenté la poudre aux autres coups jusqu'à prés de 1l & $\frac{3}{4}$ de poudre en tout.

Ainsi jusqu'à présent l'on voit que ces mortiers sont plus légers

Qu'il n'y faut pas plus de poudre qu'aux autres pour tirer aussi loin.

Qu'ils portent mesme plus loin.

Et qu'ils sont chargez bien plus promptement.

Il n'est question que de sçavoir s'ils peuvent durer autant que les mortiers ordinaires, & pour cela il en faut faire une épreuve plus longue, & tant que les mortiers pourront durer.

A la Bataille de Nervinde, où l'armée du Roy commandée par feu M. le Duc de Luxembourg défit celle des Alliez à platte-coûture ; outre les 77 Pieces de fonte que les ennemis laisserent dans leur fuite, il se trouva 8 mortiers appellez Obus, qui s'exécutent de la mesme maniere que le canon : les Anglois & les Hollandois s'en servent.

Il y en a deux Anglois faits de mesme façon, & six Hollandois aussi de mesme : les Anglois sont ceux qui sont marquez *A*, & les Hollandois *H*.

Les Anglois ont le calibre plus petit, sont plus chargez

de métail de prés de 600[l] que les autres ; ils peſent 1500, les Hollandois ne peſent que 900 ou environ.

En plus d'un endroit les ennemis nous ont laiſſé des modeles des Obus ou Mortiers dont ils ſe ſervent. Voicy la figure des deux qu'ils abandonnerent au bombardement de Saint Malo pendant le mois d'Aouſt 1695.

L'Echelle & la Table alphabetique en font connoiſtre les proportions : ils peſoient 25 milliers les deux.

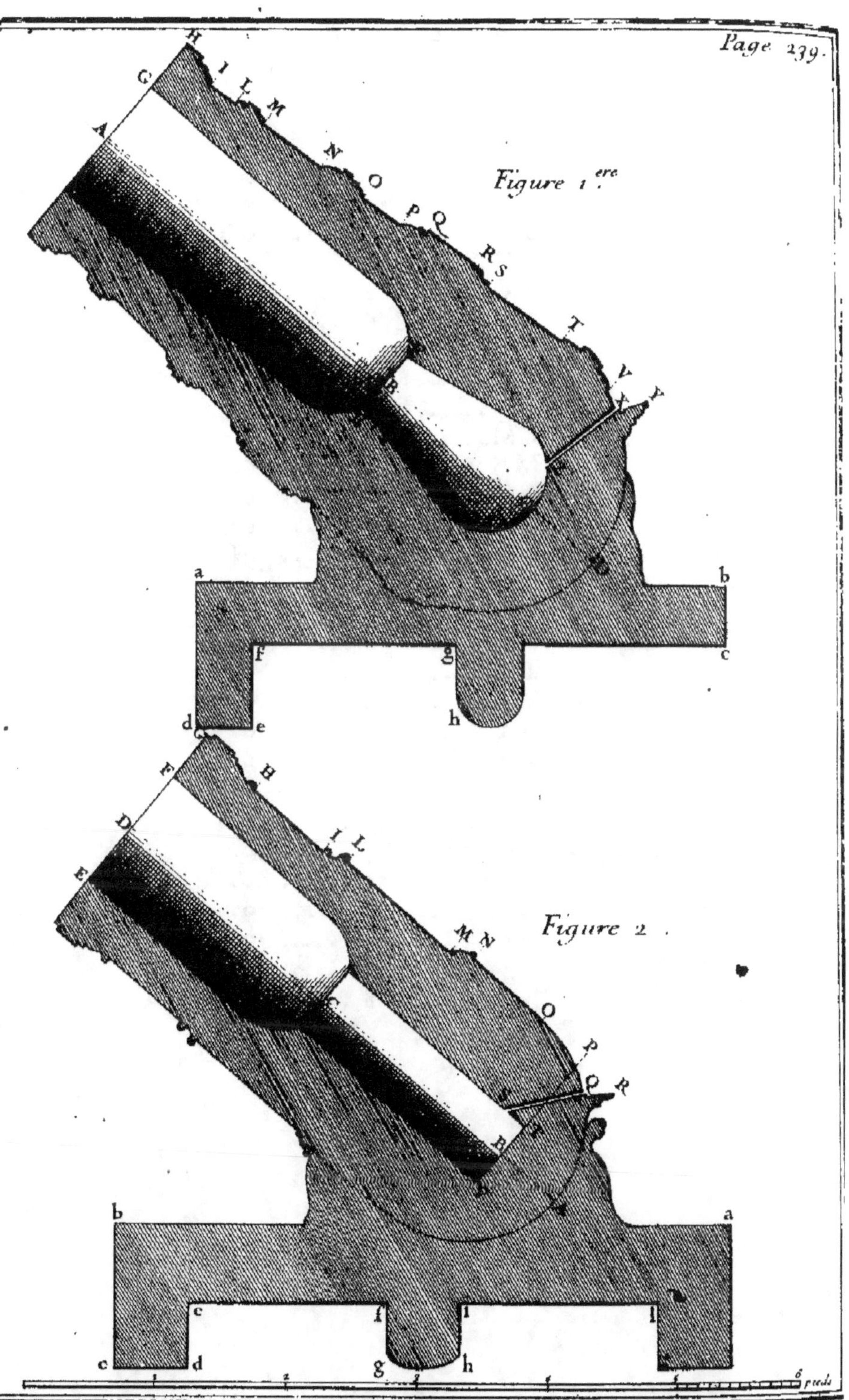
Figure 1.ere
A
G
H
I
L
M
N
O
P
Q
R
S
T
V
X
Y
B
a
b
c
d
e
f
g
h
Figure 2
D
E
F
H
I
L
M
N
O
P
Q
R
C
B
b
a
c
d
e
f
g
h
l
6 pieds

PREMIERE FIGURE D'OBUS ou Mortier de Saint Malo.

	pouces.	lignes.
A B	34	0.
B C	18	0.
C D	7	3.
E F	6	6.
A G	6	3.
G H	5	0.
H I	4	0.
I L	3	0.
L M	3	0.
M N	7	6.
N O	4	6.
O P	4	6.
P Q	2	0.
Q R	5	6.
R S	2	0.
S T	8	6.
T V	6	0.
V X	2	0.
X Y	3	0.
X Z	8	6.
ab	49	0.
bc	5	0.
ad	13	0.
de	5	0.
ef	8	0.
fg	19	0.
gh	8	0.

SECONDE FIGURE D'OBUS
ou Mortier de Saint Malo.

	pouces.	lignes.
AB	7	6.
BC	21	6.
CD	23	6.
EF	12	0.
FG	5	0.
GH	5	0.
HI	9	0.
IL	2	0.
LM	13	0.
MN	2	0.
NO	9	0.
OP	5	0.
PQ	2	6.
QR	2	6.
QS	8	0.
ST	1	6.
TP	8	0.
TV	7	0.
ab.......	57	0.
bc.......	13	0.
cd.......	7	0.
de.......	6	0.
ef.......	18	6.
fg.......	6	0.
gh.......	6	0.
il.......	18	6.

Il leur en fut auſſi pris deux devant Dunkerque avec la galiotte qui ſervoit à les éxécuter. Ces mortiers & la galiotte ſont icy répréſentez en tout ſens.

Page 241

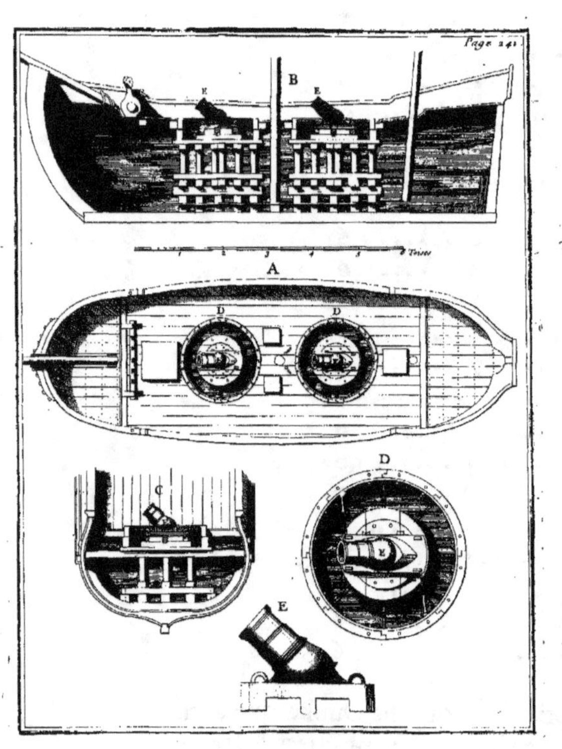

EXPLICATION DES FIGURES de la Galiotte de Dunkerque.

A *Plan de la galiotte.*

B *Profil ou couppe de la galiotte veuë par le costé, avec les bastis de charpente pour porter les mortiers.*

C *Profil de la galiotte par le bout, avec le bastis de charpente pour porter le mortier.*

D *Plan de l'espace circulaire, au milieu duquel est disposé le mortier tournant sur son pivot.*

E *Mortier sur son pivot, semelle, ou affust de fonte.*

F *Crik avec sa manivelle, ce crik appuyé d'un bout contre la semelle du mortier, & de l'autre, contre les listelles de la figure circulaire que parcourt le mortier, sert à le tourner du costé que l'on veut.*

G *Figure de la galiotte voguante.*

CEtte galiotte a de long de l'estran à l'estambord 62 pieds, elle est montée de trois masts avec un beaupré.

Elle porte deux mortiers, l'un à l'avant, l'autre à l'arriere.

Le premier de l'avant pese avec son affust 12900[l], sa chambre contient 38 à 39[l] de poudre.

Sa portée est de 1900 toises ou environ.

Sa bombe a 12 pouces 1 ligne de diametre, pesant chargée environ 140[l], & contient 14 à 15[l] de poudre.

L'autre mortier de l'arriere est un peu plus petit, & ne pese que 11200[l], ses proportions sont faites approchant de l'autre.

Les deux platteformes sont pareilles.

La galiotte tire environ 6 à 7 pieds d'eau.

Le pivot sur lequel est placé le mortier fait un trou dans la charpente fort grand en ovalle, à cause des efforts du mortier, n'ayant point de crapaudine.

Pour remédier au desordre que ce mortier peut faire sur la charpente par sa culasse en tirant; un Officier a proposé à Messieurs de la Marine de faire un mortier qui eust la mesme figure que ceux des ennemis, & qui fust pointé à 45 degrez de mesme, mais dont la semelle, au lieu d'estre platte comme on la voit sur le dessein, se terminast en cul de lampe & à plomb, ayant une pointe qui entrast dans le milieu d'un tas de gros cordages disposez & pliez en rond, prétendant que le mortier ne trouvant, en tirant, qu'une résistance molle provenant du cordage pressé, ne souffriroit pas tant, & ne feroit point tant souffrir non plus la charpente de la galiotte. L'expérience décidera ce que l'on doit attendre de cette nouvelle observation.

Chariots à porter affust de fer coulé à mortier.

IL y a des chariots faits exprés pour les affusts de fer, ils sont construits pour mortier de 12 pouces à l'ordinaire, comme il suit.

Longueur de la fléche entre les deux lisoirs, 6 pieds.
Longueur du brancard, 10 pieds 9 pouces.
Largeur du brancard, 6 pouces & $\frac{1}{2}$.
Epaisseur du brancard, 4 pouces & $\frac{1}{2}$.
Longueur des lisoirs, 3 pieds 6 pouces.
Largeur, 5 pouces 3 lignes.
Hauteur, 6 pouces 6 lignes.
Corps de l'essieu, 2 pieds 11 pouces.
Longueur des armons, 5 pieds 6 pouces.
Largeur des brancards de dehors en dehors, 2 pieds 2 pouces 6 lignes.

Roüages.

LOngueur du moyeu, 17 pouces.
Grosseur au bouge, 43 pouces.
Grosseur du gros bout, 11 pouces.
Grosseur du menu bout, 9 pouces.
Hauteur des jantes, 5 pouces.
Epaisseur, 2 pouces 10 lignes.
Hauteur des roüës de derriére, 4 pieds 8 pouces.

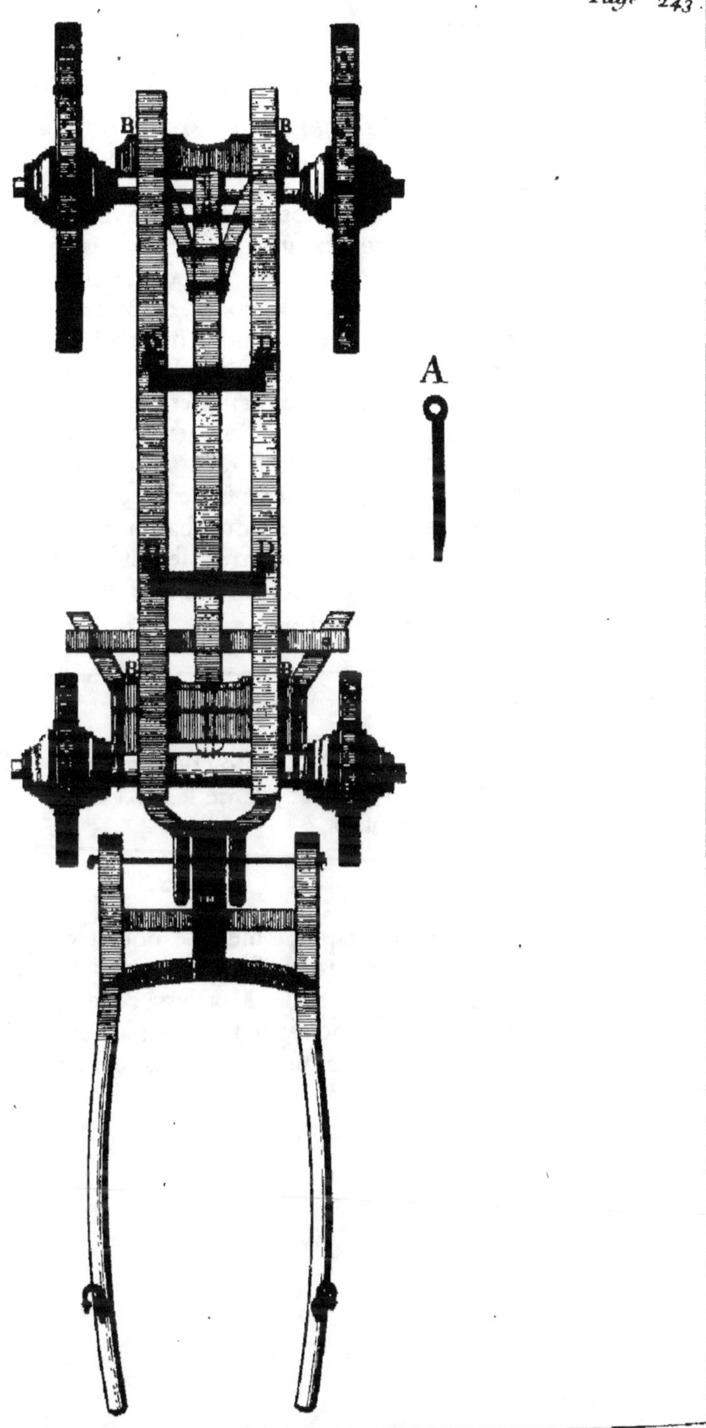
A
B
B
D
D
B
B
pieds
1
2
3
4
5
6

De devant, 3 pieds 4 pouces.

Les emboëstures comme pour Pieces de 8l de balle.

Figure du Chariot comme il se fait dans le département de M. le Marquis de la Frezeliere, suivant le Dessein envoyé par un Lieutenant d'Artillerie qui y sert.

A costé de ce chariot, dit-il dans le mémoire qui l'accompagnoit, vous verrez une des 4 chevilles de fer marquées *A* nommées ranchers percées au bout, qui se mettent sur les lisoirs aux endroits marquez *B*, cela sert pour attacher avec des cordages de l'une à l'autre, deux pieces de bois pour tenir en état sur le chariot l'affust à mortier à la hauteur de l'affust. Pour mieux vous faire entendre cela, ce sont deux especes de brancards que l'on attache aux ranchers, & qui régnent le long de l'affust, de crainte qu'il ne tombe de dessus le chariot: & les deux traverses de fer marquées *C* que vous voyez sur le milieu du chariot à deux pieds & demi l'une de l'autre, sont pour reposer l'affust; & ce qui déborde des traverses de cette façon marqué *D*, est encore pour tenir en état cet affust.

TITRE XI.

NOUS parlerons bientost de la maniere de faire des batteries à mortier, & de les servir, traittons présentement des bombes.

Bombes.

LA bombe est proprement le boulet du mortier, l'on a déja donné les proportions de toutes sortes de bombes à mortier au Chapitre des Mortiers; cependant on croit qu'il n'est pas inutile de répéter encore icy ce que l'on en a dit, & d'en traiter mesme encore plus à fond.

LA bombe *A* qui est jettée par un mortier de 18 pouces 4 lignes de diametre, qui contient 12[l] de poudre dans sa chambre concave en forme de poire, appellé de la nouvelle invention, a 17 pouces 10 lignes de diametre.

2 pouces d'épaisseur par tout, excepté le culot qui a 2 pouces 10 lignes.

Sa lumiere a 20 lignes d'ouverture dehors & dedans, elle contient 48[l] de poudre, & pese sans sa charge 490[l], & un peu plus.

Elle a 2 ances coulées auprés de la lumiere.

LA bombe *B* qui est jettée par un mortier de 12 pouces 6 lignes de diametre, & qui contient dans sa chambre concave 18[l] de poudre,

A 11 pouces 8 lignes de diametre.

1 pouce 4 lignes d'épaisseur par tout, hors le culot qui a 1 pouce 8 lignes.

La lumiere a 16 lignes d'ouverture par dessus & par-dedans.

Elle contient 15[l] de poudre.

A deux ances coulées auprés de sa lumiere.

Et pese sans sa charge 130[l] ou environ.

Les bombes qui sont jettées par des mortiers de 12 pouces, 3, 4, & jusqu'à 6 lignes de diametre, & qui ont dans leurs chambres concaves 12 & 8[l] de poudre, ont les mesmes proportions que celle marquée *B*.

C'est la mesme chose aussi pour la bombe qui sert au mortier ordinaire de 12 pouces, qui contient dans sa chambre 5 à 6[l] de poudre.

LA bombe *C* qui est jettée par un mortier de 8 pouces 4 lignes de diametre, & qui porte 1[l] & $\frac{1}{4}$ de poudre dans sa chambre, a 8 pouces de diametre, 10 lignes d'epaisseur par tout, hors le culot qui en a 13.

Sa lumiere a 1 pouce de diametre par dessus & par dedans.

Elle

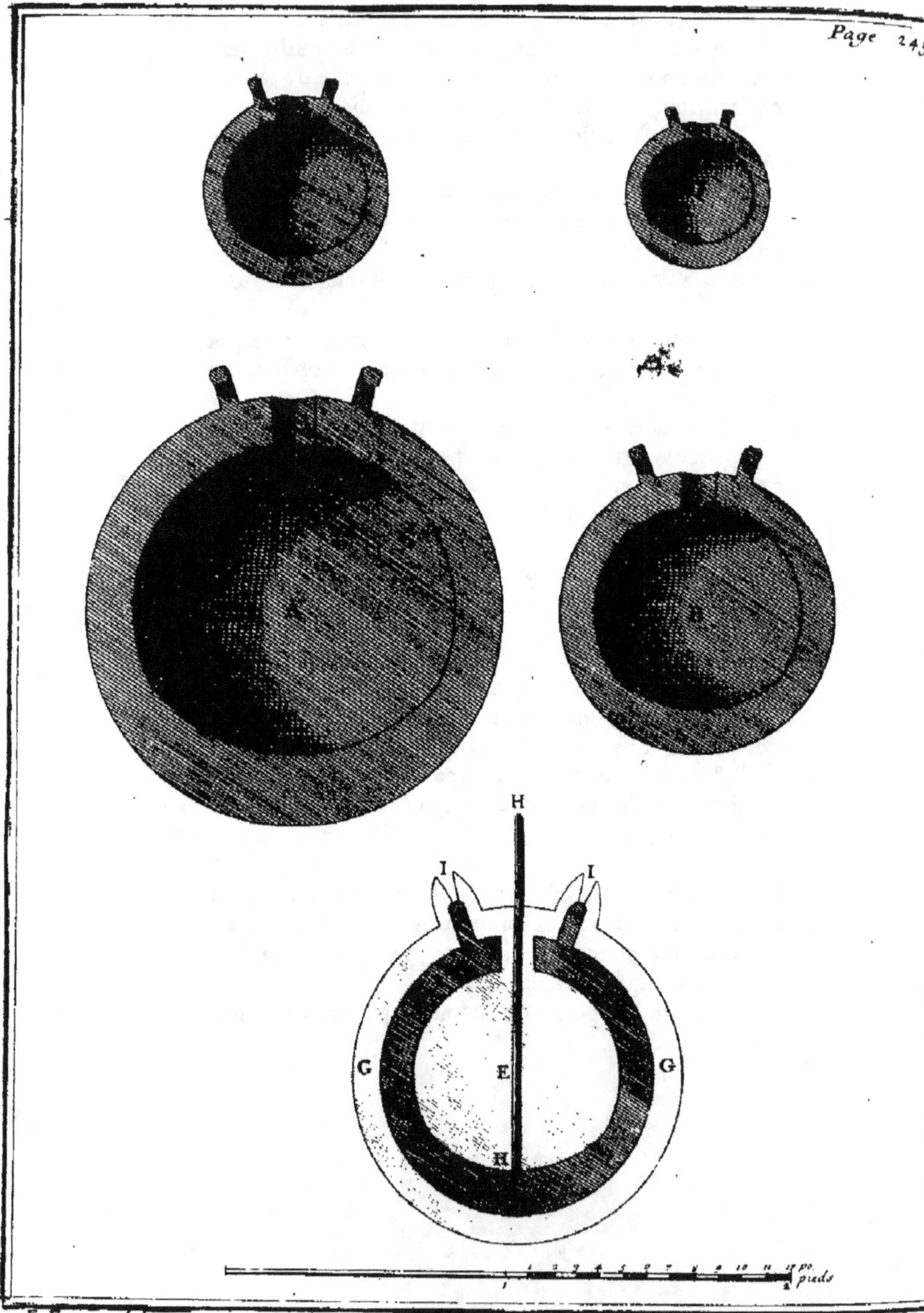

E. Fourier del.

Elle contient 4^l de poudre.

A des ances de fer battu coulées avec la bombe.

Et pese sans sa charge 35^l.

LA bombe *D* qui est jettée par un mortier de 6 pouces & $\frac{1}{4}$ de diametre, qui porte dans sa chambre 1^l & un peu plus de poudre,

A 6 pouces de diametre.

8 lignes par tout, hors par le culot qu'elle a 11 à 12 lignes.

Sa lumiere a 10 lignes d'ouverture par dessus & pat dedans.

Elle contient 3^l & $\frac{1}{2}$ de poudre.

Et pese sans sa charge 20^l ou environ.

Elles n'ont ordinairement point d'ances.

EXPLICATION DE LA PLANCHE des Bombes.

A *Coupe de la bombe de 17 pouces 10 lignes de diametre.*
B *Coupe de la bombe de 11 pouces 8 lignes de diametre.*
C *Coupe de la bombe de 8 pouces de diametre.*
D *Coupe de la bombe de 6 pouces de diametre.*

La cinquiéme figure qui est au bas de la planche fait connoistre comment se coule une bombe de 11 pouces 8 lignes, & ainsi des autres.

E *Noyau de terre.*
F *Place qu'occupe le métail formant l'épaisseur de la bombe, & d'où l'on a tiré la terre douce qui estoit entre le noyau & la chappe.*

Il faut sçavoir que la terre se tire aisément, parce que la chappe est de deux pieces : le reste est expliqué au Titre III. de la seconde partie de cet Ouvrage.

G *Chappe qui est de terre fort dure & recuitte.*
H *Est la lance qui passe au travers du noyau, & qui le sus-*

pend en l'air pour laisser couler le métail entre le noyau & la chappe.

I *Ouvertures où sont placées les ances, & par lesquelles l'on coule la bombe.*

Il y a encore des bombes de 10 pouces de diametre qui ont d'épaisseur,

12 lignes par le corps.

16 lignes par le culot.

14 lignes d'ouverture par la lumiere en dehors & en dedans.

Qui contiennent 4 à 5[l] de poudre.

Ont deux ances coulées auprés de la lumiere.

Et qui pesent 25 à 30[l] sans charge.

Les différentes qualitez des fers empeschent que l'on ne puisse fixer ces poids bien juste.

Il faut remarquer que, quand les bombes passeroient le poids cy-dessus, l'on ne les paye aux Maistres de Forges que sur ce pied-là, & conformément aux marchez que l'on fait avec eux.

Quand on veut calibrer une bombe, on prend un grand compas courbe dont les deux branches embrassent toute la circonférence de la bombe.

L'on rapporte ces deux branches sur une regle où les calibres sont marquez, & l'on trouve celuy des bombes que l'on appelle diametre.

Diametre est la troisiéme partie de la mesure ou circonférence de quelque chose qui a la figure ronde.

De sorte que, comme je l'ay déja dit aux boulets, une corde ou un fil dont on se sera servi pour mesurer la circonférence ou le tour d'une bombe par l'endroit où elle est plus grosse & plus épaisse; estant pliez en trois & rapportez sur une régle où seront marquez des calibres, ils donneront justement le calibre ou diametre de la bombe.

Il est deux autres manieres de calibrer des bombes.

La premiere est, de renfermer la bombe entre deux piquets bien unis, bien justes, & bien droits, & de faire pafſer un fil ou cordon d'un piquet à l'autre par deſſus la bombe, rapportez ce qu'il y aura de diſtance entre les piquets ſur voſtre régle de proportion, vous trouverez le diametre de voſtre bombe.

La ſeconde maniere eſt, de mettre un Pied-de-Roy tout de bout dans les bombes qui n'ont que 11 pouces 8 ou 10 lignes ou 12 pouces, car pour les bombes d'un diametre au deſſus, il faut une meſure plus forte.

Mais ſuppoſé que l'on ait une bombe de 11 pouces 8 lignes à calibrer, je mettray mon Pied-de-Roy dans la bombe.

Il a 12 pouces, ces 12 pouces ſont compoſez chacun de	12 lignes.
Mon Pied-de-Roy eſt donc plus fort que ma bombe de	4 lignes.
Le culot de la bombe eſt épais de	20 lignes.
Ce ſont	24 lignes qui font 2 pouces.

Donc, mon Pied-de-Roy doit ſortir de 2 pouces hors de la bombe.

Et les 10 pouces reſtans ſont enfermez dans la bombe.

Pour qu'une bombe ſoit bien conditionnée,

Il faut qu'elle ſoit de bonne fonte, & d'une matiere douce & liante pour éviter les ſoufleûres, les chambres, & les évents, en ſorte qu'elle ſoit à toute ſorte d'épreuves.

Bien nette par dedans, & prendre garde que l'on ait rompu le morceau de fer qui tient toûjours au culot aprés la fonte, que l'on appelle la lance.

Qu'elle ſoit bien coupée & bien ébarbée par le dehors,

Et bien ronde.

Sa lumiere bien ſaine.

Et les ances entieres, afin de pouvoir mieux s'en ſervir, & les placer dans le mortier.

Il eſt vray que, dans un extréme beſoin, au defaut d'ances, on ſe ſert d'un rézeau de corde que deux hommes prennent par chacun un coſté pour porter la bombe, mais le ſervice ne s'en fait, ni ſi promptement, ni ſi commodément.

Quand un mineur est attaché au pied d'un bastion, ou de quelqu'autre ouvrage, l'on descend une bombe, ou autrement grosse grenade toute chargée, dans laquelle il entre 8 ou 10^{l} de poudre, avec la fusée allumée, vis-à-vis du trou que le mineur a fait pour la faire crever en cet endroit, & l'étouffer dedans.

Cette bombe se descend avec une chaisne de fer ayant les mailles bien soudées, dont on régle la longueur sur la profondeur du fossé.

Et qui pese à peu prés 60^{l}.

Ces chaisnes coûtent 4^{f} 6^{d}, ou 4^{f} un liard la livre.

Cette éxécution se fait de nuit tout autant que l'on peut, mais quand elle se fait de jour, les assiégeans font tout leur possible pour couper la chaisne à coups de canon; & cela a quelquefois réussi.

Il est des bombes appellées en marmittes, parce qu'elles en ont la figure, & des bombes oblongues, que quelques-uns appellent à melon, parce qu'elles sont véritablement à costes en forme de melon: on en trouve de 12 pouces dans certains magasins du Royaume, mais elles ne sont plus d'usage que pour servir, ou dans les fossez, ou pour les artifices.

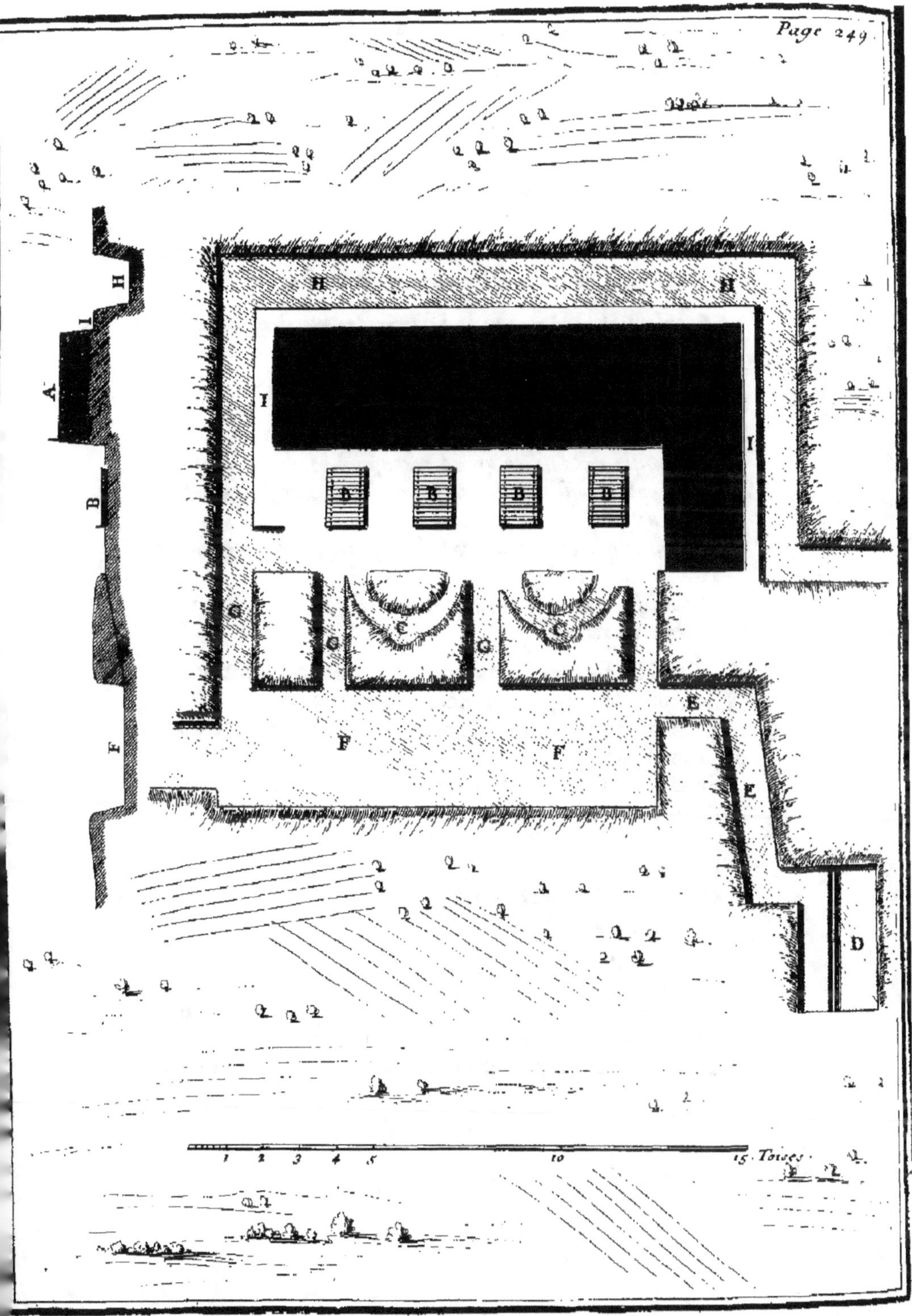

Fourier del.

TITRE XII.

Comment il faut faire les platteformes en batterie pour les Mortiers.

EXPLICATION DE LA FIGURE du Plan de la batterie de Mortiers.

A *Epaulement pour mettre la batterie des mortiers à couvert du feu ennemi.*
B *Platteformes sur lesquelles se placent les mortiers.*
C *Petits magasins à poudre.*
D *Grand magasin à poudre.*
E *Boyau qui conduit au grand magasin à poudre.*
F *Place plus basse que la batterie où l'on met les bombes à couvert.*
G *Chemins qui communiquent de la batterie au magasin où sont les bombes.*
H *Grand fossé devant l'épaulement.*
I *Berme ou retraitte.*

LEs platteformes de mortiers de 12 pouces à l'ordinaire auront de longueur 9 pieds, de largeur 6.

Les lambourdes pour les mortiers ordinaires auront 4 pouces d'épaisseur.

Pour ceux à chambre concave de 8^{l} de poudre,
Ils auront 5 pouces.
Ceux de 12^{l},
6 pouces.
Ceux de 18^{l} livres de poudre,
7 pouces ou environ.
Pour les pierriers,
3 pouces.

La largeur sera à discrétion, pourveû qu'il y en ait assez pour faire les platteformes de 9 pieds de long.

Le devant de la platteforme sera situé à deux pieds de

l'épaulement de la batterie quand l'on aura rendu le rez de chaussée de niveau.

L'on passera la premiere lambourde, & ensuite les autres jusqu'à la longueur de 9 pieds.

Il faut sur tout prendre garde que toutes les lambourdes soient bien de niveau, aprés quoy, l'on fera arrester la platteforme par derriere & par devant avec de bons gros piquets pour estre plus solide; il sera bon que les lambourdes avancent d'un pouce l'une sur l'autre, à moitié épaisseur.

Les Bombardiers pour se mettre à couvert dans leurs batteries, & n'estre point veûs de la Ville, élévent un fascinage piqueté ou épaulement de 7 pieds & plus de haut, suivant le besoin: cet épaulement n'a nulles embraseûres, & est plein par tout avec un retour à droit & à gauche, comme il est jugé nécessaire.

Armes pour servir des Mortiers.

POur bien servir promptement un mortier en batterie, il faut cinq bons leviers.

Une dame du calibre de la chambre conique pour refouler le fourrage & la terre.

Un coûteau de bois d'un pied de long pour serrer la terre autour de la bombe.

Une racloire de fer de 2 pieds de long, dont un bout sera large de 4 pouces en rond, replié en patte de 3 pouces pour nettoyer l'ame & la chambre du mortier; l'autre bout sera fait en forme de petite cuilliere pour nettoyer la petite chambre.

Une civiere pour porter la bombe.

Deux dégorgeoirs.

Deux coins de mire comme au canon, & deux boutte-feux.

Une pelle.

Un pic-hoyau.

L'Officier qui fera servir le mortier doit avoir un quart de cercle pour donner les degrez d'élévation.

Maniere de disposer les soldats pour servir promptement un mortier en batterie.

Il faut cinq soldats bombardiers ou autres ; le premier aura soin d'aller chercher la poudre pour charger la chambre du mortier, ayant déja mis son dégorgeoir dans la lumiere avant de mettre la poudre dans la chambre ; il observera de n'aller jamais chercher de poudre, qu'il ne demande à l'Officier qui commande le mortier, à quelle quantité de poudre il veut charger, parce que, suivant la distance d'où l'on tire, l'on y met plus ou moins de poudre ; le mesme aura soin de prendre la demoiselle ou dame pour refouler le fourrage & la terre qu'un soldat de la droite mettra dans la chambre, il refoulera trois bons coups sur le fourrage, & neuf sur la terre dont il achevera de remplir la chambre.

Celuy de la droite mettra encore deux pelletées de terre dans le fond de l'ame, qui sera encore bien refoulée.

La demoiselle sera remise en son lieu contre l'épaulement à droite du mortier ; il reprendra un levier au mesme endroit pour se poster derriere l'affust, afin d'aider à pousser le mortier en batterie ; ayant remis son levier il retirera son dégorgeoir pour amorcer la lumiere avec de la poudre fine.

Les seconds soldats de la droite & de la gauche pendant ce temps-là prendront la civiere ou le rezeau, qui doit estre à droite, pour apporter la bombe qui sera chargée, pour mettre dans le mortier.

Le premier soldat de la gauche aura soin de la recevoir sur le mortier, pour la poser bien droite dans l'ame du mortier.

Le premier de la droite luy fournira de la terre pour mettre autour de la bombe, qu'il aura soin de refouler avec le coûteau que le second de la gauche luy donnera, ayant laissé la civiere à remettre en sa place au second soldat de la droite.

Cela fait, chacun prendra un levier.

Les deux premiers de la droite & de la gauche poseront leurs leviers sous les chevilles de retraitte de devant, & les deux de derriere ſous celles qui y ſont, ils poufferont enſemble le mortier en batterie.

Aprés-quoy l'Officier pointera le mortier, & chacun donnera du flaſque ſuivant ſon commandement, c'eſt-à-dire que ſi le mortier eſtoit trop à droit, celuy de la droite paſſera ſon levier ſous le bout de l'affuſt.

Et le ſecond de la gauche en fera autant au bout de derriere, qui poufferont en meſme temps juſqu'à ce que l'Officier le trouve droit à ſon but.

Quand il ſera trop ſur la gauche, le premier de ce coſté-là, & le ſecond de la droite, feront ce que je viens de dire.

A l'égard de la droite, les deux ſoldats de devant paſſeront leurs leviers ſous le ventre du mortier pour le lever ou baiſſer, ſuivant les degrez d'élévation que l'Officier jugera à propos de donner au mortier.

Le dernier de la gauche, aprés avoir poſé ſon levier contre l'épaulement, prendra les coins de mire pour les pouſſer ou reculer ſous le ventre du mortier, ſuivant le commandement de l'Officier.

Pendant ce temps-là le premier ſoldat aura ſoin d'amorcer la lumiere du mortier ſans refouler la poudre.

Il mettra un peu de poulevrin ſur le baſſinet, & ſur la fuſée de la bombe ; mais il aura ſoin de gratter la compoſition avec la pointe du dégorgeoir pour que le feu y prenne promptement.

Le dernier de la droite aura ſoin de tenir ſon bouttefeu en état pour mettre le feu à la fuſée de la bombe à droite, pendant que le premier ſera preſt avec le ſien ſur la gauche, pour mettre le feu à la lumiere du mortier : ce qu'il ne fera jamais qu'il ne voye la fuſée bien allumée.

Les ſoldats de devant auront leurs leviers preſts pour relever le mortier droit auſſitoſt qu'il aura tiré, pendant que le dernier de la gauche nettoyera l'ame & la chambre du mortier avec la racloire qu'il tiendra preſte.

Le premier auſſitoſt apportera la poudre pour mettre dans la chambre : chacun fera ſa fonction comme il eſt enſeigné cy-deſſus.

Les

Les armes du mortier seront posées contre l'épaulement à droit & à gauche.

Trois leviers.

Une civiere.

Une pelle.

Et la demoiselle pour refouler, seront à droit.

Deux leviers.

La racloire.

Le coûteau de bois.

Les deux coins de mire.

Et le pic-hoyau, seront à la gauche.

Les deux bouttefeux derriere le mortier, plantez en terre à 9 ou 10 pieds de la platteforme.

Le magasin à poudre pour le service de la batterie sera situé à 15 ou 20 pas derriere, comme aux batteries de canon, avec un boyau de communication pour y aller en seûreté.

Il y aura des planches ou des fascines avec de la terre dessus pour les couvrir du feu.

Les bombes chargées seront à costé du mesme magasin à 5 ou 6 pas de distance.

Pour charger les bombes, il les faut emplir de poudre avec un entonnoir, y mettre la fusée que l'on frappera dans la lumiere avec un maillet de bois, jamais de fer, crainte d'accident.

L'on pourra tirer des carcasses dans les mortiers ordinaires, en pratiquant ce qui est enseigné cy-dessus pour les charger dans les mortiers.

Les bombes sont plus seûres.

Les mortiers de 18 pouces, & de 8 pouces se serviront à proportion des autres.

EXPLICATION DE LA FIGURE qui répréſente une Batterie à Mortiers veûë par le dedans, avec toutes les différentes actions des Officiers, Bombardiers, & ſoldats qui y ſervent.

A *Faſcinage ou épaulement pour mettre la batterie à couvert du feu de l'ennemi.*

B *Icy l'on refoule le fourrage & la terre dans le mortier, avec le morceau de bois que l'on appelle dame ou demoiſelle.*

C *Icy l'on met la bombe dans le mortier.*

D *Icy l'on met le mortier en batterie, & l'Officier place le quart de cercle ſur la bouche du mortier pour le pointer au degré néceſſaire.*

E *Icy l'on met le feu à la fusée de la bombe, & en ſuite à la lumiere du mortier.*

F *Piquets qui ſervent de viſiere pour pointer les mortiers, tous ces mortiers eſtans ſur leurs platteformes.*

G *Futaille remplie de terre pour le ſervice des mortiers.*

H *Petits magaſins couverts de faſcines & de terre où ſe prend la poudre pour le ſervice de la batterie.*

I *Autre grand magaſin à poudre auſſi couvert de faſcines & de terre où eſt la principale proviſion.*

K *Endroit retranché au derriere, & plus bas que la batterie, où l'on conſerve les bombes chargées.*

L *Soldats qui chargent la bombe ſur la civiere pour la porter à la batterie.*

M *Autres ſoldats portans une bombe avec un levier paſſé dans un crochet attaché à l'une des ances de la bombe.*

N *Sentinelles.*

O *Foſſé ou tranchée autour de l'épaulement de la batterie.*

Maniere de servir les Pierriers en batterie.

Il ne faut que trois soldats à chacun, dont l'un aura soin d'aller chercher la poudre pour charger la chambre.

Celuy de la droite aura le soin de luy donner du fourage & de la terre pour la refouler sur la poudre, comme il est dit aux mortiers.

Celuy de la gauche aura soin de luy donner une dame pour cela.

Celuy de la droite luy donnera un platteau de bois pour mettre au cul de l'ame ; aprés quoy, luy & son camarade iront chercher un panier plein de cailloux pour mettre dans l'ame du pierrier.

Le premier & les deux, dont on a parlé, prendront les leviers pour le pousser ou dresser en batterie.

Ensuite ces deux poseront leurs leviers sous le ventre du pierrier pour le hausser ou baisser, suivant le commandement de l'Officier.

Le premier amorcera cependant la lumiere du mortier.

Celuy de la gauche prendra le bouttefeu, pour y mettre le feu au commandement de l'Officier.

Les armes du pierrier sont,

Trois leviers, dont deux seront posez à la droite avec la racloire.

Une pelle.

Le platteau.

Et les coins de mire.

A la gauche il y aura,

Un levier.

Une dame pour refouler.

Le bouttefeu sera situé au mesme endroit que ceux des mortiers.

Les paniers à pierriers pour charger l'ame des pierriers, auront 15 pouces de diametre ou environ, & 20 pouces de hauteur.

Ils seront posez derriere la batterie à 10 ou 12 pas, avec

trois ou quatre tombreaux de cailloux bien durs pour les remplir.

Les quatre tombreaux pourront remplir 60 paniers qu'il faut à chaque pierrier, suivant les endroits que l'on voudra battre : rien n'est meilleur pour faire abandonner un logement, que la gresle qui sort de la bouche des pierriers.

M. le Marquis de la Frezeliere ne se sert point de paniers pour éxécuter ses pierriers, il se contente de couvrir d'un gazon la chambre qui contient la poudre, & de jetter par dessus un bon nombre de cailloux, & quelquefois de placer sur le tout 4 petites bombes chargées avec leurs fusées ; & il prétend que pour bien réussir dans cette éxécution, il ne faut pas estre éloigné de plus de 150 pas de l'endroit où l'on veut faire tomber cette gresle : on pourroit se servir de sacs à terre pour renfermer ces petits cailloux.

Devoir de l'Officier.

L'Officier qui fera servir les mortiers ou pierriers, s'attachera particulierement à reconnoistre, autant qu'il le pourra de l'œil, la distance du lieu où il voudra tirer, ayant donné les degrez d'élévation au mortier ou pierrier, suivant le jugement qu'il aura fait de la distance.

Il fera tirer sa premiere bombe, & suivant l'endroit où elle tombera, il diminuera ou augmentera les degrez d'élévation.

La pluspart des gens qui tirent des bombes n'ont gueres d'autres régles que ce que l'on vient de dire : cependant nos Bombardiers se servent souvent de Tables pour connoistre les différentes étenduës des portées, selon la différence des élévations du mortier sur tous les degrez de l'équerre, depuis 1 jusqu'à 45.

Cette maniere, quoy-que fondée sur une infinité d'expériences tres-dommageables à nos ennemis, n'a pas laissé de trouver quelquefois des censeurs. Feu M. Blondel a fait un grand Traitté là-dessus, prétendant avoir donné une démonstration pour tirer juste, beaucoup plus seûre que n'ont peû faire tous ceux qui s'en sont mélez par le passé.

Mais il semble qu'il vaille mieux s'attacher à suivre ceux qui sont dans le continüel exercice des bombes, & qui se trouvent bien de leur méthode, estant seûr que l'experience, sur tout en fait de poudre, l'emporte toûjours sur les observations les plus sçavantes.

Pour vous instruire de la méthode de ces Bombardiers dans le jet des bombes, j'ay extrait mot à mot ce que j'en ay trouvé dans le Traitté de M. Blondel mesme, pour ne rien dire de mon chef.

ILs disent donc *(c'est M. Blondel qui parle des Bombardiers)*, que le mortier chasse plus ou moins, selon qu'il est plus ou moins chargé de poudre, & qu'un mortier, par exemple, de 12 pouces de calibre, chargé dans sa chambre de 2[l] de poudre menuë grenée, donne de degré en degré 48 pieds de différence de portée; & pour la plus grande étenduë sous l'élévation de 45 degrez, 2160 pieds.

Le mesme mortier donnera de degré en degré 60 pieds de différence, s'il est chargé de 2[l] & $\frac{1}{2}$ de la mesme poudre, & 2700 pieds pour la plus grande vollée.

Enfin il donnera 72 pieds de différence de degré en degré, si la charge est de 3[l] de poudre menuë grenée, qui est la charge la plus forte * de la chambre d'un mortier de 12 pouces de calibre, & à l'élévation de 45 degrez, qui est, comme ils disent, la plus grande vollée, il chassera la bombe à distance de 3240 pieds.

* *L'on a veû au Chapitre des Mortiers, qu'il est des Mortiers qui en contiennent davantage.*

Sur ce fondement ils ont fait les Tables que voicy.

TABLES DES BOMBARDIERS
pour les Mortiers de 12 pouces de calibre.

Premiere Table à deux livres de poudre.

degrez.	portées.
5	240 pieds.
10	480
11	528
12	576
13	624
14	672
15	720
16	768
17	816
18	864
19	912
20	960
21	1008
22	1056
23	1104
24	1152
25	1200
26	1248
27	1296
28	1344
29	1392
30	1440
31	1488
32	1536
33	1584
34	1632
35	1680
36	1728
37	1776
38	1824
39	1872
40	1920
41	1968
42	2016
43	2064
44	2112
45	2160

La différence est de 48 pieds de degré en degré.

Seconde Table à deux livres & demie de poudre.

degrez.	portées.
36	2160 pieds.
37	2220
38	2280
39	2340
40	2400
41	2460
42	2520
43	2580
44	2640
45	2700

La différence est de 60.

Troisiéme Table à trois livres de poudre.

degrez.	portées.
37	2664 pieds.
38	2736
39	2808
40	2880
41	2952
42	3024
43	3096
44	3168
45	3240

La différence est de 72.

LA premiere ſuppoſe que la chambre du mortier eſt chargée de 2^{l} de poudre, & eſt depuis 5 degrez juſqu'à 45, les nombres de pieds des portées ſe trouvent en ajoûtant 48 pieds au précédent de degré en degré; ainſi ajoûtant 48 à 480, répondant à 10 degrez, vous avez 528 pour 11 degrez, & 576 pour 12, en ajoûtant 48 à 528, & 624 pour 13 degrez, mettant 48 avec 576, & ainſi des autres.

La ſeconde à 2^{l} & $\frac{1}{2}$ de charge, ne commence qu'à 36 degrez, juſqu'à 45 degrez, parce que le mortier avec cette charge donne autant de chaſſe à la bombe à 36 degrez, qu'à 45 lorſqu'il n'a que 2^{l} de poudre, car l'étenduë de la portée eſt en l'une & en l'autre de 2160 pieds, les nombres de pieds des portées ſe ſurpaſſent l'un l'autre de 60 pieds à chaque degré; ainſi 2220 du 37 degré, vient de 2160 du 36, & de 60 ajoûtez enſemble, & 2280 du 38, ajoûtant 2220 avec 60, & ainſi du reſte.

La troiſiéme à 3^{l} de poudre, qui eſt la plus grande charge que l'on doive donner à la chambre d'un mortier de 12 pouces de calibre*, ne commence par la meſme raiſon qu'à 37 degrez juſqu'à 45, parce qu'avec cette charge il chaſſe preſque auſſi loin ſous l'angle de 37 degrez, que ſous celuy de 45, avec 2^{l} & $\frac{1}{2}$ de poudre, les nombres de pieds des portées s'y ſuivent à chaque degré, de 72 pieds; ainſi ajoûtant 72 à 2664 du 37 degré, vous aurez 2736 pour le 38, & ajoûtant 72 à 2736, l'on a 2808 pour le 39, & 2880 pour le 40, en ajoûtant 72 à 2808, & ainſi des autres.

* *On a veû comme il y a des Mortiers qui en contiennent davantage.*

Ils diſent auſſi qu'un mortier de 8 pouces de calibre chargé d'une demi livre de poudre menuë grenée, donne pour chaque degré d'élévation 42 pieds de difference de portée, & pour ſa plus grande portée ſous 45 degrez donne 1890 pieds.

Le meſme chargé de trois quartrons de la meſme poudre donne 62 pieds de difference de portée à chaque degré d'élévation, & pour la plus grande qui eſt à 45 degrez 2790.

Et enfin avec une livre de poudre, qui eſt la plus forte

charge que l'on doive donner à la chambre d'un mortier de 8 pouces de calibre *, il donne 82 pieds de différence de portée à chaque degré d'élévation, & 3690 pieds pour sa plus grande étenduë sous l'angle de 45 degrez.

* *C'est la mesme chose que cy-devant.*

Voicy ces autres Tables.

La premiere à une demi livre de poudre, commence à 5 degrez jusqu'à 45, & les nombres des portées se suivent, en augmentant de 42 pieds à chaque degré.

La seconde à trois quartrons de la mesme poudre, ne commence qu'à 31 degrez, parce qu'en cette élévation avec cette charge, la portée est plus grande que celle à 45 degrez avec une demi livre de poudre; les nombres des portées s'y suivent, en augmentant de 62 pieds à chaque degré.

La troisiéme à une livre de poudre comme à 35 degrez, où la portée est plus grande que celle à 45 degrez avec trois quartrons de poudre: les nombres des portées s'y suivent, en augmentant de 82 pieds à chaque degré.

TABLES

TABLES DES BOMBARDIERS pour les Mortiers de 8 pouces de calibre.

Premiere Table à demi livre de poudre.

degrez.	*portées.*
5	210 pieds.
10	420
11	462
12	504
13	546
14	588
15	630
16	672
17	714
18	756
19	798
20	840
21	882
22	924
23	966
24	1008
25	1050
26	1092
27	1134
28	1176
29	1218
30	1260
31	1302
32	1344
33	1386
34	1428
35	1470
36	1512
37	1554
38	1596
39	1638
40	1680
41	1722
42	1764
43	1806
44	1848
45	1890

La différence est de 42 pieds de degré en degré.

Seconde Table à trois quarts de livre de poudre.

degrez.	*portées.*
31	1922 pieds.
32	1984
33	2046
34	2108
35	2170
36	2232
37	2294
38	2356
39	2418
40	2480
41	2542
42	2604
43	2666
44	2728
45	2790

La différence est de 62.

Troisiéme Table à une livre de poudre.

degrez.	*portées.*
35	2870 pieds.
36	2952
37	3034
38	3116
39	3198
40	3280
41	3362
42	3444
43	3526
44	3608
45	3690

La différence est de 82.

NOus verrons cy-aprés les proportions & les compositions des fusées à bombes & à grenades.

Mais auparavant il faut un peu parler des grenades, parce qu'elles se chargent comme les bombes, & qu'elles leur ressemblent par leur figure, excepté qu'elles n'ont point d'ances.

TITRE XIII.

Des Grenades, & des Fusées à Grenades & à Bombes.

Grenades.

IL y en a de grosses de fossé, que l'on appelle aussi quelquefois bombes, qui sont du calibre des boulets de trente-trois, & qui pesent 16l.

De vingt-quatre, & qui pesent 12l.

De seize, & qui pesent 8l.

On roule effectivement ces grenades du haut des remparts & des autres ouvrages dans les fossez, ou sur une bresche, & elles font une fort grande éxécution.

Il y a des grenades que l'on appelle à main, qui sont de la grosseur ou du calibre d'un boulet de 4l, qui ne pesent que 2l, & qui contiennent 4 à 5 onces de poudre ou environ.

Celles-cy servent à jetter à la main dans des tranchées ou retranchemens, au milieu d'une troupe, & elles tuent ou estropient infailliblement.

On observe tant que l'on peut, qu'elles soient bien vuidées & bien ébarbées, & d'un fer aigre & cassant, mais sans souflûres.

Leur lumiere doit avoir 6 lignes ou environ.

L'on se sert de petites lanternes de cuivre & de petites baguettes de bois avec des maillets pour charger les grenades, & pressant bien la poudre au dedans.

Proportions de Grenades de plusieurs diametres.

LEs grenades du calibre d'un boulet de trente-trois, ont de diametre 6 pouces, & quelque chose de plus, mais ce sont des fractions de peu d'importance, que j'obmettray tant pour cet article que pour les suivans.

D'épaisseur 8 lignes, & pesent environ 16l.

Celles du calibre de vingt-quatre ont de diametre 5 pouces 5 lignes.

D'épaisseur 6 lignes, & pesent 12l.

Celles du calibre de seize ont de diametre 4 pouces 9 lignes.

D'épaisseur 5 lignes, & pesent 8l.

Celles qui pesent 6l ont de diametre 3 pouces 5 lignes.

D'épaisseur 5 lignes.

Celles du poids de 5l ont de diametre 3 pouces 2 lignes & $\frac{3}{4}$.

D'épaisseur 5 lignes.

Celles du poids de 4l ont de diametre 3 pouces.

D'épaisseur 5 lignes.

Celles du poids de 3l ont de diametre 2 pouces 8 lignes.

Epaisseur 4 lignes & $\frac{1}{2}$.

Celles du poids de 2l ont de diametre 2 pouces 4 lignes.

D'épaisseur 4 lignes.

Celles du poids de 1l ont de diametre 1 pouce 10 lignes.

Epaisseur 3 lignes.

Celles de $\frac{3}{4}$ ont de diametre 1 pouce 8 lignes.

Epaisseur 3 lignes.

Celles de $\frac{1}{2}$ ont de diametre 1 pouce 6 lignes.

Epaisseur 3 lignes.

Celles de $\frac{1}{4}$ ont de diametre 1 pouce 2 lignes.

Epaisseur 2 lignes & $\frac{1}{2}$.

S'il se trouvoit quelque part des grenades plus grosses ou plus petites que celles cy-dessus, on pourroit, pour en sçavoir le diametre, avoir recours à la Table des Boulets Titre III. Mais, ni les boulets, ni ces sortes de grenades, ne doivent point estre mesurez si fort à la rigueur, quelques lignes moins ne font pas une affaire, & il vaut mesme encore mieux qu'un boulet jouë un peu dans une piece, ou une grenade dans un mortier, que de se trouver trop justes, & que de n'y pouvoir entrer que difficilement.

Toutes ces grenades doivent estre plus épaisses au cul que par le corps, à proportion de leur grosseur.

Fusées à Bombes & à Grenades, & premierement des Fusées à Bombes.

LE memoire qui suit contient les proportions que leur donnent les Bombardiers, & la composition qui y entre.

Les fusées pour les bombes de 12 pouces de diametre seront de bois de tilleul, saule, ou aulne bien sec, & sans aucune fistule, quoy-que dans ces sortes de bois il se trouve quantité de petits nœuds ou petits pertuis qui les rendent déféctueux : ces bois ont d'autres propriétez qui obligent de s'en servir. Il faut donc que ces fusées soient nettes & bien percées dehors & dedans, car ordinairement il se trouve dans les lumieres, quand elles ne sont pas bien percées par un bon ouvrier qui ait des outils faits exprés, des fillanges qui sont forts nuisibles, parce qu'en chargeant les fusées, elles se meslent avec la composition, & la rendent déféctueuse & sujette à s'éteindre ; & lorsqu'il s'y en trouve, il faut les en faire sortir avec la grande baguette.

On fait les fusées à bombes de deux longueurs, de 8 pouces & $\frac{1}{2}$, & de 9 & $\frac{1}{2}$; les premieres sont pour tirer prés, & les autres pour tirer loin ; au reste elles ont les mesmes proportions.

C'est-à-dire au petit bout 14 lignes de grosseur, & au gros bout 18 & $\frac{1}{2}$; les lumieres ont également 5 lignes de diametre.

Il faut pour charger ces fusées, deux baguettes de fer bien limées & bien justes à la lumiere des fusées ; la premiere sera longue comme la fusée, & l'autre comme la moitié.

Les fusées à bombes coustent en Comté 50[tt] le millier ;

qui est 1 ſ piece ; il y en a 5 ou 6 à la livre, poids de marc, ſelon la qualité du bois : le heſtre ne vaut rien à garder, eſtant ſujet aux vers.

En 1696. le cent de fuſées à bombes coûtoit à Doüay 3tt 15 ſ.

Et le millier de fuſées à grenades 7tt 10 ſ.

A Mets ces dernieres ont coûté 10tt le millier.

Pour faire la compoſition des fuſées à bombes & à grenades, ſelon les Bombardiers, il faut battre de bonne poudre & la réduire en poulvrin, de bon ſoufre qui ne ſoit point verdâtre, & le réduire en fleur, & de bon ſalpeſtre en farine auſſi bien purifié de toutes matieres nuiſibles, car c'eſt le corps de toutes compoſitions & de tous artifices.

Ces trois choſes eſtant bien battuës & pulveriſées, il faut les paſſer dans un tamis couvert & tres-fin l'une aprés l'autre, & quand on en aura ſuffiſamment, il faudra prendre une meſure de ſoufre, deux de ſalpeſtre, & cinq de poulvrin, que l'on meſlera & aſſemblera l'un avec l'autre, & l'on paſſera ces mixtions enſemble, dans un tamis de crin commun, aprés quoy, l'on chargera les fuſées.

Quand on aura bien viſité les fuſées à charger, qu'elles seront auſſi bien conditionnées, comme il eſt dit cy-devant, & qu'on aura pluſieurs fois paſſé la grande baguette dans la lumiere, pour en ſortir & chaſſer ce qui s'y pourroit trouver de nuiſible, on poſe le petit bout ſur un billot ou ſur un fort madrier avec un chargeoir fait comme une petite lanterne à charger du canon ; on prend de la compoſition environ plein un petit dez à coudre que l'on met dans la fuſée, & la grande baguette deſſus, ſur laquelle on frappe quatre ou cinq coups égaux de moyenne force avec un maillet de moyenne groſſeur, & l'on continüera de mettre la compoſition dans la fuſée ſans en mettre plus grande quantité chaque fois ; mais il faudra, à proportion que la fuſée s'emplira, augmenter la force de frapper & le nombre des coups juſqu'à douze, car plus la compoſition ſera ſerrée, & plus elle fera d'effet, meſme elle brûlera dans l'eau.

Proportion des fuſées à grenades.

Celles du calibre de.	33.	24.	16.	12.	8.	4.
Sont groſſes au gros bout de	12 lig.	11	10 ½	10	9 ½	8 ½
Au petit bout de ..	9	8 ½	8	8	7	6
Diametre des lumieres	4	4	3	3	3	2
Les fuſées ſont longues en tout de	5 po. ½	5 po.	4 po. ½	4 po.	3 po. ½	2 po. ½

Et comme les groſſes grenades ſont faites pour jetter dans les foſſez ou avec de petits mortiers, il leur faut des fuſées de différentes longueurs ; celles-cy ſont pour les petits mortiers ; celles pour les foſſez doivent eſtre plus courtes.

Maniere de les coëffer.

Les Allemans les coëffent avec du papier & du parchemin lié avec du fil autour de la fuſée.

On ſe ſert en France d'une compoſition de poix noire meſlée avec un peu de ſuif, avec laquelle on fait gaudronner les fuſées lorſqu'elles ont eſté frappées dans les bombes ou grenades, & meſme juſqu'à un doigt autour de la lumiere des bombes & des grenades.

Il y en a d'autres qui ne ſe ſervent que de cire neuve mélée avec un peu de ſuif.

Il eſt néceſſaire d'ordonner que les fuſées à bombes ayent autant de diametre au petit bout, à une ligne prés, que les lumieres des bombes pour leſquelles elles ſont deſtinées, & à proportion de celles pour les grenades ; lorſque les fuſées ſont trop coniques, c'eſt-à-dire plus menuës par le bout qui entre dans la grenade, que par le bout qui eſt dehors, elles ne tiennent jamais bien dans les lumieres des bombes, & en ſortent tres-ſouvent quand on les tire.

Autre maniere de charger les fusées à grenades, & de les coëffer.

UNe livre de poudre tamisée bien fine.

Une once & demie de salpestre en farine.

Une once de soufre.

Il faut pouvoir compter un nombre de vingt-cinq pendant la durée de la fusée.

Une livre de colofane.

Une livre de gaudron.

Une livre & demie de poix.

Et cinq quartrons de gaudron commun, faire fondre le tout & en coëffer les fusées à grenades.

Ne vous rebutez point de voir tant de memoires sur une mesme chose, il faut sçavoir l'usage de tous les lieux.

A Paris on charge les Portefeux ou Fusées à Bombes & à Grenades comme il suit.

Premiere maniere.

IL faut prendre 1l de poudre, qu'elle soit bien broyée & bien passée dans le tamis fin de soye, & le charbon de mesme, & mettre 2 onces de charbon sur chaque livre, & en faire plusieurs épreuves pour sçavoir si la composition n'est point trop vive.

Auquel cas vous la modérerez avec du charbon.

On fait encore autrement.

ON prend 1l de salpestre, 4 onces de soufre, & 3 onces de charbon, le tout passé dans le tamis de soye, & le bien messer ensemble & en charger le portefeu à grenade, qu'il soit bien battu, puis en faire épreuve.

Et pour le portefeu à bombe, il faut 3 onces de charbon sur 1l de poudre battuë mise en poussier, & c'est la plus seûre pour garder en tout temps.

On a fait charger à Paris, il y a quelques années, certaines fusées à grenades plus longues que celles à l'ordinaire, & qui venoient de Champagne, faites d'un bois blanc.

Dont le cent estant vuides, pesoit 22 onces.

Et estant chargées, 32 onces & $\frac{1}{2}$.

Et ainsi il y entroit de composition, 10 onces & $\frac{1}{2}$.

C'est sur le millier 6^{l} & $\frac{1}{2}$ ou 7^{l} de composition, ou environ.

Les Artificiers de Flandres disent, que sur 150 fusées à grenades il entre une livre de composition, compris le déchet.

En Lorrraine.

POur charger un cent de fusées à grenades, on donne les matieres à l'artificier.

Outre cela l'on luy paye,

1^{tt} 10^{f} par cent pour les charger.

Et 1^{tt} par cent pour le bois ou cartouche de la fusée.

Ce sont 2^{tt} 10^{f} par cent.

On pourroit néanmoins, dit-on, réduire ce prix à 2^{tt} 6^{f}.

A Paris elles n'ont autrefois cousté à charger que 1^{tt} 3^{f} par chaque cent, en fournissant les matieres à l'artificier.

Le bois couste 1^{tt} le cent de fusées.

Ce sont en tout 2^{tt} 3^{f}. Cela pourroit estre réduit à moins.

Il y a encore une maniere de charger les fusées à grenades, qui vient des sieurs Berenger artificiers qui servent en Flandres. C'est le memoire qui suit.

UN homme peut charger dans un jour d'été, commençant à quatre heures, & finissant à huit heures du soir, 600 fusées à grenades. Un homme ne peut charger que cinq grosses fusées à bombes dans l'espace d'une heure.

Il y a des gens qui ne demeurent pas d'accord qu'un homme puisse charger en un jour un si grand nombre de fusées à grenades.

Il y a plusieurs sortes de compositions pour charger les fusées à bombes & à grenades.

La

La premiere est de 4^{l} de poudre, 2^{l} de salpestre, 1^{l} de soufre.

La seconde, de 5^{l} de poudre, 2^{l} de salpestre, 1^{l} de soufre.

La troisiéme, celle-cy est la meilleure, de 3^{l} de poudre, 2^{l} de salpestre, 1^{l} de soufre.

La quatriéme, de 3^{l} de poudre, 2^{l} de salpestre, & $\frac{1}{2}$ livre de soufre.

Quoy-que ce soient-là les doses accoûtumées des compositions, il faut pourtant que l'artificier qui les fait, éprouve cinq ou six fusées pour voir si elles durent 25 ou 30 comptes, & qu'il voye si elles ne sont point trop fortes, auquel cas il faut mettre davantage de soufre ; il ne faut pas aussi qu'elles soient trop foibles, car elles pourroient s'éteindre en tombant dans la bouë, & l'on y remedie en y mettant plus de poudre.

Il ne faut pas qu'elles durent plus de 30 comptes, car quand elles seroient tombées dans un endroit, on pourroit les rejetter avec une pelle.

Ainsi l'on ne peut pas dire de quelle composition il faut se servir sans en avoir veû brûler trois ou quatre, parce qu'il y a de la poudre de différente qualité, ainsi que du charbon, du salpestre, & du soufre meilleurs l'un que l'autre.

Pour se déterminer donc à prendre une de ces quatre compositions, il faut en charger cinq ou six de chacune pour voir celle qui durera 30 comptes, & jettera une flâme de 3 ou 4 pouces, sans faire fendre ni éclater la fusée, ni sans faire de la peine à la tenir avec deux doigts ; & c'est celle-là qu'il faut choisir.

Il faut observer que les fusées soient chargées également, c'est-à-dire qu'elles brûlent sans cracher, & que l'oreille n'entende point comme si c'estoit un changement de composition, ce qui fait de petits coups.

Lorsque les fusées sont chargées, il faut mettre de l'onguent de l'épaisseur d'un sol marqué aux deux bouts, lequel se fait mettant fondre une demi livre de cire jaune, & un demi quartron de vieil oing ensemble.

La fusée de la grenade à main, qui est du calibre de quatre, doit avoir 2 pouces 2 lignes de long, 9 lignes de diame- *Ces proportions différent de cel-*

les que leur donnent les Bombardiers, mais cela va à peu de chose.

tre, & 6 lignes au petit bout; la lumiere de la fusée doit estre de 2 lignes & $\frac{1}{2}$.

Si l'on met les fusées aux grenades aussitost qu'elles sont chargées, il n'est pas nécessaire de mettre de l'onguent au petit bout qu'il faut couper en pied de biche, parce qu'il arrive quelquefois qu'en enfonçant la fusée dans la lumiere de la grenade, la composition de ce petit bout tombe, ce qui fait que le feu est coupé, joint aussi que le culot est quelquefois plus épais qu'on ne croit, & que la fusée touchant au culot ne communique point le feu à la poudre qui est dans la grenade.

D'abord que les fusées sont aux grenades, il faut faire fondre de la poix noire, & saucer la teste de la fusée dans cette poix, puis la tremper dans de l'eau, & jamais la composition ne se gaste, à moins que le bois ne pourrisse.

Il ne faut point recevoir les fusées à moins qu'elles ne soient pleines à fleur du bois par les deux bouts, & mesme en donner deux ou trois petits coups sur une table, pour voir si la composition ne s'ébranle point; car si elle quittoit il ne faudroit point les recevoir, non plus que celles qui sont fenduës.

L'on peut mesme en fendre quelques-unes pour voir si la compòsition est également battuë par tout.

TITRE XIV.

Du Petard.

LA figure fait connoistre comme il est fait.

Les petards ne sont pas tous de mesme hauteur ni grosseur.

Pour l'ordinaire ils ont de hauteur 10 pouces.

De diametre 7 pouces par le haut, & 10 pouces par le bas.

Leur poids est ordinairement de 40, 45 & 50^{l}.

Le madrier sur lequel est placé le petard, & où il est attaché avec des liens de fer, est de 2 pieds par sa plus grande largeur, & de 18 pouces par les costez, l'épaisseur est d'un

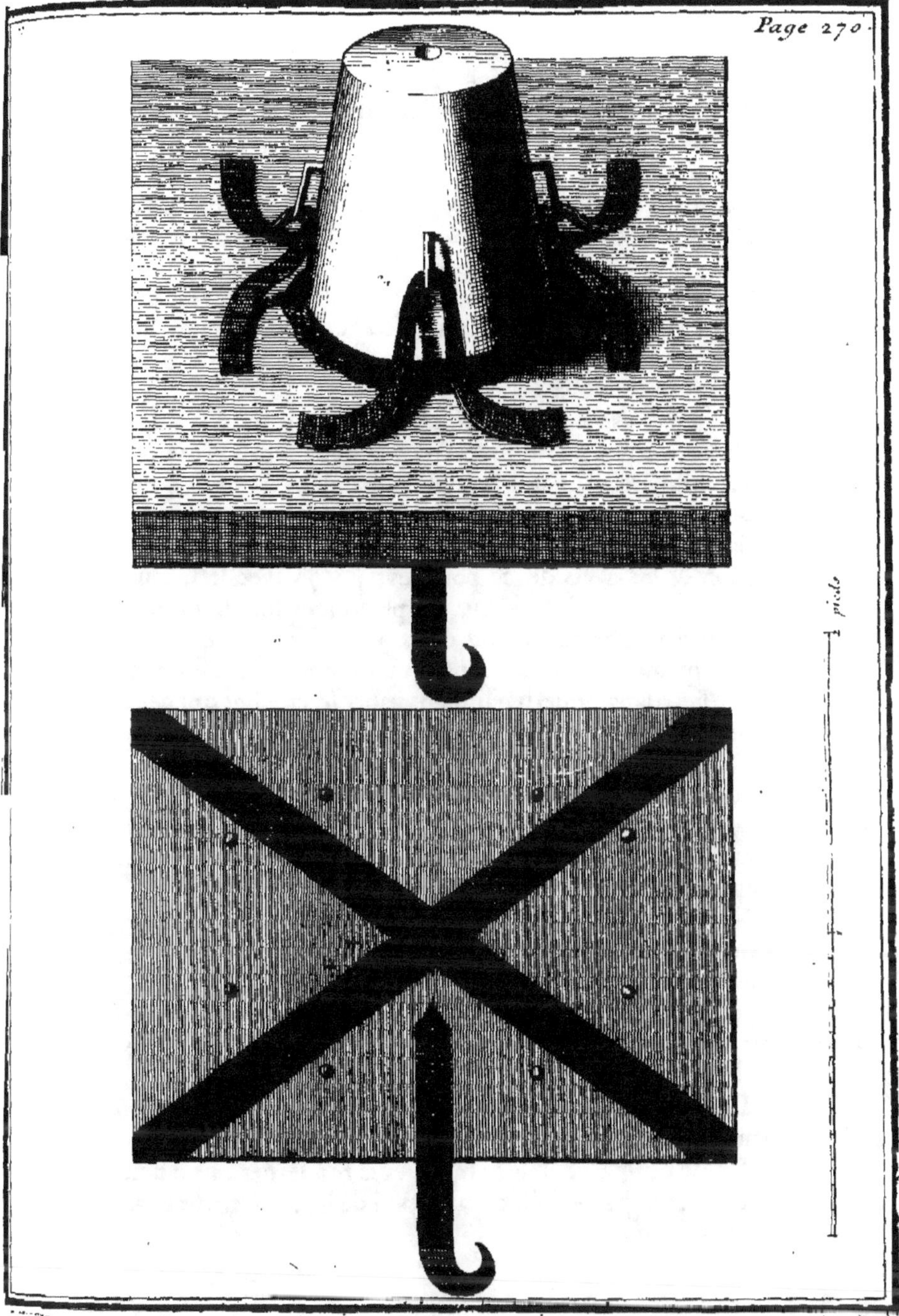

madrier à l'ordinaire ; par le dessous du madrier sont deux bandes de fer passées en croix avec un crochet qui sert à attacher le petard.

Son usage est de rompre les portes & les herses des châteaux, citadelles, ou ouvrages où l'on veut se faire une entrée.

Depuis l'année 1672. j'ay oüi dire à tous ceux qui en ont appliqué, qu'ils ne sçavoient autre secret que de s'approcher à l'entrée de la nuit avec un détachement, le plus prés de la Place qu'ils pouvoient.

De descendre dans le fossé quand il estoit sec.

Ou de trouver quelqu'autre moyen que l'occasion présente leur suggéroit, quand le fossé estoit plein d'eau (ce qui n'est pas à la verité si facile). Quand ils avoient peû parvenir jusqu'au dessous du pont-levis, ils se faisoient élever à la hauteur & vis-à-vis de ce pont-levis, & là avec le secours d'un Sergent ou d'un soldat, ils plantoient un cloud dans une des planches du pont ou de la porte si le pont estoit abbaissé ; quand il estoit levé, ils y mettoient un tirefond de Tonnelier, dans lequel ils faisoient passer le crochet qui pend à l'un des bouts du madrier sur lequel est monté le petard.

Dans l'instant ils mettoient le feu à une fusée qui estoit chargée d'une composition lente, & qui leur donnoit moyen de se retirer, & le feu prenant au petard enfonçoit l'ais sur lequel il avoit esté placé, & brisoit la porte qui par ce moyen donnoit entrée à ceux qui vouloient insulter le chasteau.

Il faut avoüer cependant une chose, que peu d'Officiers reviennent de ces sortes d'expéditions, & qu'il n'en est point qui soient plus exposez : car, ou des deffenses qui sont sur la porte, ou de celles qui sont à droit & à gauche, si les assiégez s'apperçoivent de cette manœuvre, ils choisissent le petardeur & ne le manquent presque jamais.

De sorte qu'il faut estre muni d'une tres-forte résolution pour prendre une commission pareille à celle-là.

Un de nos plus célébres Ingénieurs modernes qui a donné des ouvrages au public, parle ainsi de la maniere de charger le petard.

Pour charger le petard, dit-il, on tâchera, en battant la poudre qu'on mettra dedans, qui doit estre de la plus fine, de ne la point égrener, & quand l'on y en aura fait entrer une fois & demi autant qu'il en peut tenir, sans qu'elle soit battuë, le petard alors sera bien chargé; ensuite de la poudre on mettra un feutre par dessus, & un tranchoir de bois, & l'on remplira la teste du petard de cire jaune ou de poix grecque, couvrant le tout d'une toile cirée, pour l'attacher par son colet ou par ses ances contre le madrier.

L'on a appris ce qui suit d'un de nos plus braves Officiers & des plus intelligens, & qui a veû souvent pratiquer, & a pratiqué luy-mesme ce qu'il enseigne.

Pour charger un petard qui aura 15 pouces de hauteur, & qui sera de 6 à 7 pouces de calibre ou diametre par l'ame.

Il faut commencer par le bien nettoyer par le dedans, & le chauffer, de maniere néanmoins que la main puisse en souffrir la chaleur.

Prendre de la plus fine poudre & de la meilleure que l'on puisse trouver, jetter dessus un peu d'esprit de vin, la présenter au soleil ou la mettre dans un poësle, & quand elle sera bien seche, on la mettra dans le petard de la maniere que l'on va l'expliquer.

L'on passera dans la lumiere un dégorgeoir que l'on y fera entrer de 2 pouces, ensuite l'on y jettera environ 2 pouces & $\frac{1}{2}$ de haut de la poudre cy-dessus.

Puis, l'on aura un morceau de bois du calibre du petard bien uni par les deux bouts, & bien arrondi par les costez, lequel on fera entrer dans le petard, & avec un maillet de bois l'on frappera sur cette maniere de refouloir sept ou huit coups pour presser la poudre, observant néanmoins de ne l'écraser que le moins qu'il se pourra; ensuite l'on prendra du sublimé, l'on en sémera une pincée sur ce lit de poudre, puis l'on y remettra encore de la poudre la hauteur de 2 pouces & $\frac{1}{2}$; on la refoulera de mesme; l'on aura dans une phiole grosse comme le pouce, du mercure qui sera couvert d'un simple parchemin, auquel l'on fera sept ou huit petits trous avec une épingle, & l'on secoüera trois ou quatre fois pour en faire sortir du mercure.

Puis, l'on fera encore un autre lit de poudre comme le premier, & l'on y mettra du sublimé comme on a fait d'abord.

Ensuite l'autre lit de poudre, & encore du mercure, comme cy-devant.

Ce qui fait en tout quatre lits.

Et le cinquiéme lit sera comme le premier.

Vous le couvrirez de deux doubles de papier coupez en rond du diametre du petard, que vous mettrez dessus son ouverture.

Vous prendrez des étoupes que vous mettrez par dessus, la hauteur d'un pouce, & avec le morceau de bois dont on a parlé l'on enfoncera le tout à force.

L'on fera un mastic composé d'une livre de brique ou de tuille bien cuitte que l'on pulvérisera & tamisera d'une demi livre de poix-raisine ou colofane.

Vous ferez tout fondre ensemble, & remuërez avec un baston, en sorte que le tout soit bien dilayé ; cela bien chaud, vous le verserez sur ces étoupes.

Vous aurez un morceau ou plaque de fer de l'épaisseur de 4 ou 5 lignes, du calibre du petard, auquel il y aura trois pointes qui déborderont du costé du madrier, afin qu'elles puissent entrer dans le madrier ; vous appliquerez ce fer sur ce mastic.

Le surplus du mastic débordera par le poids du fer.

Il faut remarquer que ce fer soit au niveau du petard, puis vous le poserez sur vostre madrier qui sera entaillé de 4 à 5 lignes pour loger le petard, observant de faire trois trous pour recevoir les trois pointes de la plaque de fer appliquée sur le cul du petard.

Ensuite vous remplirez l'encastrement de ce mastic mis bien chaud, & renverserez dans le moment vostre petard dessus ; & comme il doit y avoir quatre tenons ou tirans de fer passez dans les ances pour arrester le petard sur le madrier, il faudra faire entrer une vis à chacun des tirans des quatre costez, & la serrer bien ferme pendant que le mastic ſera chaud, afin de boucher tout le jour qui pourroit ſe trouver dans l'encaſtrement.

Il eſt bon encore de remarquer que la lumiere du petard ſe met quelquefois au haut du petard, quelquefois à un pouce & demi au deſſous : mais de quelque maniere qu'elle ſoit ſituée, il faut toûjours un portefeu fait de fer du diametre de la lumiere, & de trois pouces de longueur, & l'on l'enfoncera avec un maillet de bois.

Avant que de le placer, il faut avec un dégorgeoir de fer, dégorger un peu la compoſition du dedans du petard, enſuite y faire entrer par cette ouverture un peu de nouvelle compoſition, afin de ſe donner mieux le feu & avec un peu plus de lenteur. Cette compoſition doit eſtre de,

Un huitiéme de poudre.

Un quatriéme de ſalpeſtre,

Et d'un deuxiéme de ſoufre.

C'eſt-à-dire que pour 8 onces de poudre, il faudroit, par éxemple, 4 onces de ſalpeſtre, & 2 onces de ſoufre.

Ces trois matieres ſe pulvériſent toutes ſéparément, & enſuite ſe meſlent enſemble ; on en charge le portefeu à la maniere d'une fuſée à grenade ; on couvre enſuite ce portefeu ou de parchemin ou de linge gaudronné, pour le garentir de l'injure de l'air.

TITRE XV.

Arquebuſes à croc & orgues.

L'Arquebuſe à croc eſt une eſpece d'arme qui fait le meſme effet que le canon du plus bas calibre.

Elle eſt entre le canon & le mouſquet, & l'on s'en ſert dans des flancs bas & dans des tours ſeiches, où il y a ce qu'on appelle des meurtrieres.

Les arquebuſes à croc ſont de différentes longueurs.

L'on fond des balles de plomb exprés pour les éxécuter.

Elles ſont montées ſur des chevalets ou trépieds de bois ferrez. Cette maniere de petit canon monté que vous

Page 274.

D
E
F
B
A

voyez, & qui a esté proposé par un de nos bons Officiers d'Artillerie, n'est differente qu'en peu de chose de la figure des arquebuses à croc à l'ordinaire.

Orgues.

EXPLICATION DE LA FIGURE de l'Orgue.

A *Arbre ou pivot sur son pied, sur lequel tourne le fust ou affust de l'orgue.*
B *Corps de l'affust.*
C *Boeste dans le corps de l'affust où se mettent les munitions pour la charge de l'orgue.*
D *Canons rangez sur une planche, & disposez en orgues.*
E *Lumiere qui communique à tous les canons.*
F *Fourchette qui leve ou abbaisse l'orgue à la hauteur que l'on veut.*

LEs orgues, ou un orgue, sont plusieurs canons de mousquet disposez de suite & l'un aprés l'autre sur un mesme fust, les lumieres répondant les unes aux autres, en sorte que par une mesme traisnée l'on met le feu à tous les canons à la fois. La figure peut aisément faire concevoir ce que c'est, & comme cela s'éxécute.

Cette figure est d'un orgue que l'on voit dans le Magasin Royal de la Bastille à Paris.

Cette machine aprés avoir tiré, se peut recharger en renversant les orgues sans dessus dessous, sans que l'affust bouge de sa place : ce qui est fort abrégeant, & qui se peut faire sans péril.

TITRE XVI.

Armes de guerre de toutes ſortes.

C'Eſt encore icy une des choſes les plus eſſentielles à ſçavoir dans l'Artillerie, parce qu'il eſt peu de Places où il n'y ait des armes.

Et comme il n'en ſort du Magaſin Royal de la Baſtille que d'entierement conformes aux derniers Réglemens qui ont eſté faits pour l'uniformité, je m'en vais parler de la quantité & de l'eſpece de celles qui s'y trouvent préſentement ; & ce qui ſe dira ſur ces armes-là, doit s'entendre pour toutes celles qui peuvent ſe rencontrer dans les autres magaſins du Royaume.

Les noms des Armes de guerre.

MOuſquets de rempart.
Mouſquets ordinaires, ou du calibre de France.
Fuſils.
Carabines.
Mouſquetons.
Piſtolets.
Foureaux de piſtolets.
Hallebardes.
Pertuiſanes.
Fourches ferrées.
Haches d'armes.
Serpes d'armes.
Piques.
Demi piques.
Eſpontons ou ſpontons, du mot Italien *ſpontone,* pointu, aigu.
Brins d'eſtoc.
Bâtons à deux bouts.
Fleaux armez.

Faux

Faux à revers.
Bandoüillieres & leurs charges.
Fournimens.
Fourchettes à mousquet.
Coussinets à mousquetaires.
Baguettes de mousquet.
Et porte-baguettes.
Sabres.
Espadons.
Espées.
Bayonnettes & dagues.
Cuirasses ou armes complettes à l'épreuve avec leurs pots.
Cuirasses legeres.
Corselets.
Brassards.
Cuissards.
Gantelets.
Rondaches.
Chemises de maille.
Casques.
Bourguignottes.
Morions.
Haussecols.
Pierres à fusil & à pistolet.
Armures de chevaux.
Arbalestes.
Arcs.
Flesches.
Dards.
Javelots.
Carquois.
Lances.

Figures & proportions des Armes de guerre.

EXPLICATION DE LA FIGURE qui réprésente un Mousquet à l'ordinaire.

A *Mousquet monté.*
B *Canon du mousquet avec les tenons.*
C *Culasse du canon.*
D *Baguette du mousquet.*
E *Veüë du serpentin en dehors.*
F *Veüë du serpentin en dedans.*
G *Talon du mousquet avec ses clouds à vis.*
H *Porte-vis.*
I *Ecusson.*
K *Piece de pouce.*
L *Porte-baguette à queuë.*
M *Porte-baguette simple.*

Nota. Que l'échelle ne sert que pour le mousquet monté, les parties séparées estant doublées pour les mieux distinguer.

Mousquet à l'ordinaire.

LEs mousquets ordinaires sont du calibre de 20 balles de plomb à la livre, & ils reçoivent des balles de 22 à 24, qui est le calibre que l'on appelle de France ; le nombre de cette sorte de mousquets est d'ordinaire plus grand que celuy des autres armes, parce qu'ils sont absolument nécessaires aux fantassins pour les sieges & les tranchées, où il se fait un feu continüel.

Leur serpentin est r'alongé, afin que le feu ne gaste pas le bois ; il est composé d'un ressort que la clef fait joüer pour baisser le chien sur le bassinet où est le poulvrin ou l'amorce, & de deux vis.

Ils sont, pour satisfaire à l'Ordonnance du Roy, de 3 pieds & 8 pouces de ca-

L'équipage du mousquet est le talon qui est au bout de la crosse, un écusson qui embrasse

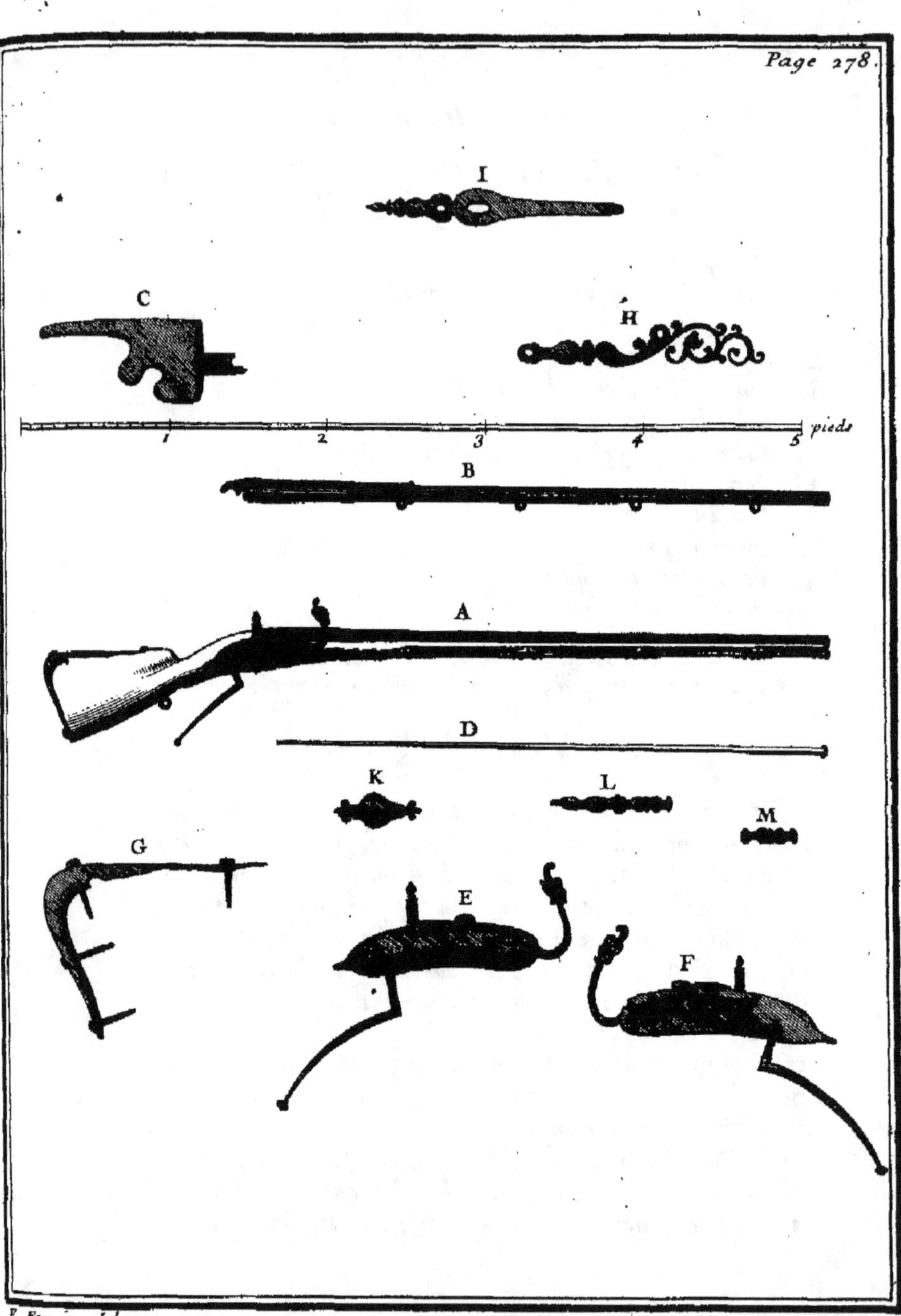

E. Fourier del.

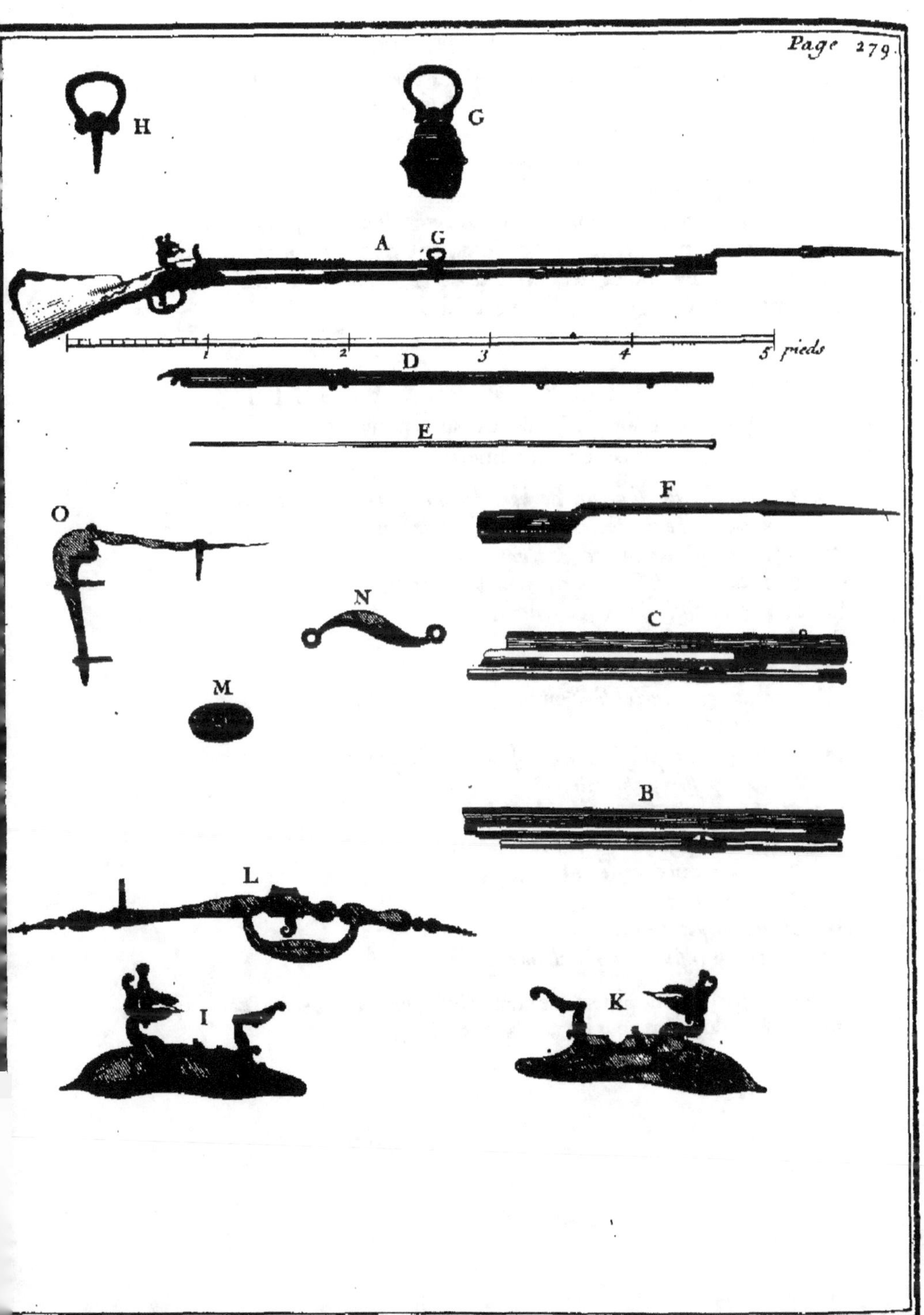

Fourier del.

non, & avec leurs fusts ou montures, de 5 pieds, tous montez de bois de noyer, les uns plus achevez que les autres, parce qu'il y a des Régimens distinguez qui sont curieux d'avoir des armes fines & propres, en observant particulierement que les canons soient à l'épreuve, polis, nets en dedans, & bien enculassez; leur portée est de 120 jusqu'à 150 toises.

la clef des porte-baguettes, la sousgarde & le collet qui est à l'extrémité du fust du mousquet.

EXPLICATION DE LA FIGURE qui répresente un Fusil ordinaire pouvant recevoir bayonnette.

A *Fusil monté sur son fust de bois de noyer, ayant sa bayonnette au bout, & ses boucles & anneaux.*
B *Bout du fusil ordinaire sans bayonnette.*
C *Bout du fusil disposé à recevoir bayonnette.*
D *Canon du fusil avec ses tenons.*
E *Baguette.*
F *Bayonnette.*
G *Anneau & boucle servant à porter le fusil par le moyen d'une bricole.*
H *Boucle & vis qui servent aussi à tenir la platine du fusil, & à passer la bricole.*
I *Platine du fusil veuë par le dehors.*
K *Platine du fusil veuë par le dedans.*
L *Sousgarde avec sa détente.*
M *Piece de pouce.*
N *Arbre ou porte vis.*
O *Talon du fusil avec ses clouds à vis.*

Nota. Que l'échelle ne sert que pour le fusil monté, les parties séparées estant doublées pour les mieux faire distinguer.

Fusil ordinaire.

LEs fusils ordinaires sont de mesmes longueur & calibre, ils servent pour les soldats qui vont en parti, & se mettent à la teste du bataillon ou de la compagnie.

Leur platine est composée d'un grand ressort en dedans, d'une noix & bride sur le chien avec sa maschoire, une vis au dessus, une batterie qui couvre le bassinet, & un petit ressort qui le fait découvrir & recouvrir, l'équipage, sousgarde, & détente, le restant comme dessus.

A ces fusils ordinaires, & aux suivans, l'on met, lorsque l'on le veut, des bayonnettes disposées de la maniere que le représente la figure qui est pour le fusil ordinaire, & pour le grenadier & fusilier.

Il y a d'autres fusils de grenadiers & de fusiliers fins, toutefois des mesmes longueur & calibre, qui ont à l'endroit de la platine une grande vis servant à tenir une partie de la platine, & qui tient aussi un anneau ou bouche tournante ou autrement, qui sert avec un autre anneau à mettre une bretelle au grenadier lorsqu'il veut mettre son fusil derriere son dos.

Il y a de différence de ces fusils aux autres, qu'ils sont plus fins, & qu'ils sont ornez de pieces de pouce, & d'un porte-vis de relief ou ouvragé.

E. Fourier del.

EXPLICATION DE LA FIGURE qui répréſente un Fuſil-mouſquet, ou Mouſquet-fuſil.

A *Mouſquet-fuſil monté ſur ſon fuſt de bois de noyer.*
B *Dehors de la platine du mouſquet fuſil.*
C *Corps du chien.*
D *Grande vis du chien.*
E *Maſchoire du chien.*
F *Pierre à fuſil.*
G *Batterie.*
H *Ouverture par où ſe communique le feu de la meſche au baſſinet.*
I *Couverture du trou du baſſinet.*
K *Baſſinet.*
L *Reſſort de batterie.*
M *Chien du mouſquet ou ſerpentin.*
N *Noix qui eſt en dedans.*
O *Petit reſſort du chien du mouſquet.*
P *Grand reſſort.*
Q *Noix du fuſil.*
R *Reſſort de gaſchette.*
S *Détente.*
T *Ecuſſon avec ſa détente & ſa clef.*
V *Porte-vis.*
X *Porte-baguette à queuë.*
Y *Porte-baguette ſimple.*
Z *Talon du mouſquet-fuſil.*

Nota. Que l'échelle ne ſert que pour le fuſil-mouſquet, les parties ſéparées eſtant doublées & meſme triplées en proportion pour les rendre plus ſenſibles.

Fusil-mousquet, ou Mousquet-fusil ; c'est la mesme chose.

IL y a d'une maniere de fusils-mousquets, qui ayant mesmes longueur & calibre, ont une platine où il y a un chien & une batterie pareils à ceux cy-dessus, laquelle batterie toutefois se découvre pour recevoir le feu de la mesche, qui peut estre compassée & mise au chien ou serpentin qui est placé à l'autre extrémité de la platine, pour s'en servir en cas que le chien portant la pierre vinst à manquer.

Ces sortes de fusils-mousquets ont esté inventez par M. de Vauban, & l'on y a ajoûté la bayonnette à doüille qui se met au bout de ces fusils, & y est arrestée par le bouton ou guidon qui entre dans un cran que l'on fait au manche de la doüille de la bayonnette, & d'où l'on peut tirer sans l'oster, & recharger l'arme de mesme, ce qui sert à fraiser un bataillon.

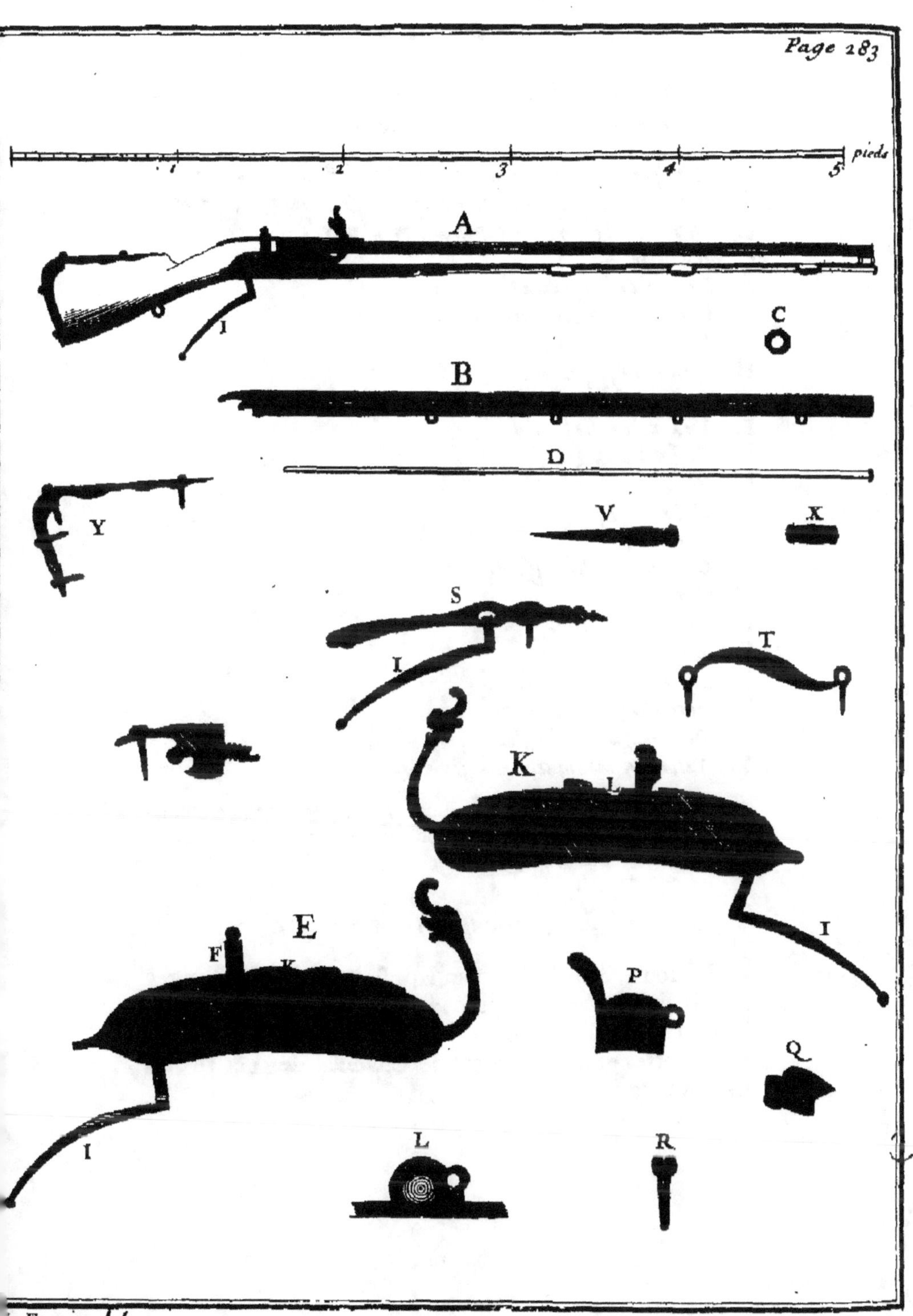

. Fourier del .

EXPLICATION DE LA FIGURE
qui répréſente un Mouſquet de rempart.

A *Mouſquet de rempart monté ſur ſon fuſt de bois de noyer.*
B *Canon du mouſquet avec ſes tenons & ſa culaſſe ſéparée.*
C *Entrée ou bouche du canon du mouſquet.*
D *Baguette.*
E *Dehors du ſerpentin.*
F *Garniture du ſerpentin.*
G *Corps de la platine.*
H *Chien du ſerpentin.*
I *Clef du ſerpentin.*
K *Dedans du ſerpentin.*
L *Baſſinet allongé.*
M *Reſſort.*
N *Noix.*
O *Gaſchette.*
P *Couverture du baſſinet.*
Q *Gardefeu.*
R *Vis de garniture.*
S *Ecuſſon.*
T *Porte-vis avec ſes vis.*
V *Porte-baguette à queuë.*
X *Porte-baguette ſimple.*
Y *Talon du mouſquet avec ſes vis.*

Nota. Que l'échelle n'eſt que pour le mouſquet de rempart monté, les autres parties ſéparées ſont doublées & triplées, pour en faire voir les proportions plus diſtinctement.

Fuſils & Mouſquets de rempart.

ON trouve dans le Magaſin Royal de la Baſtille d'autres grands fuſils & armes à croc de huit pieds de long, pour ſervir dans les Citadelles ou ſur les remparts, qui ſont, ainſi que d'autres gros mouſquets de Citadelle, de 12 & 16 balles à la livre.

EXPLICATION DE LA FIGURE qui répréſente une Carabine rayée.

A *Carabine ou mouſqueton monté ſur ſon fuſt de bois de noyer.*
B *Canon de la carabine.*
C *Dedans du canon de la carabine qui eſt rayé.*
D *Entrée du canon où les rayeûres paroiſſent.*
E *Culaſſe du canon ſéparée & démontée.*
F *Baguette de fer.*
G *Marteau pour pouſſer la balle dans le canon.*
H *Pouſſeballe.*
I *Tringle ou verge de fer, avec ſon anneau à porter la carabine qui tient par un bout ſur le porte-vis* K, *& de l'autre dans le bois du fuſt du mouſquet.*
K *Porte-vis.*
L *Souſgarde avec ſa détente.*
M *Piece de pouce.*
N *Porte-baguette à queuë.*
O *Porte-baguette ſimple.*
P *Talon de la carabine avec ſes clouds à vis.*

Carabines rayées.

LEs carabines dont l'on ſe ſert pour armer une Compagnie de Carabiniers à chaque Regiment de Cavalerie, ſont de prés de 3 pieds de long, rayées depuis la culaſſe juſqu'à l'autre bout d'une maniere circulaire, en ſorte que quand la balle, qui eſt pouſſée par force, ſort par l'impétuoſité du feu, elle s'alonge d'un travers de doigt, empreinte des rayeûres du canon. La carabine montée eſt de 4 grands pieds de long.

Sa platine eſt pareille à celle des fuſils, mais on obſerve que ces platines ſoient bonnes, & roulent bien pour ne pas manquer.

EXPLI-

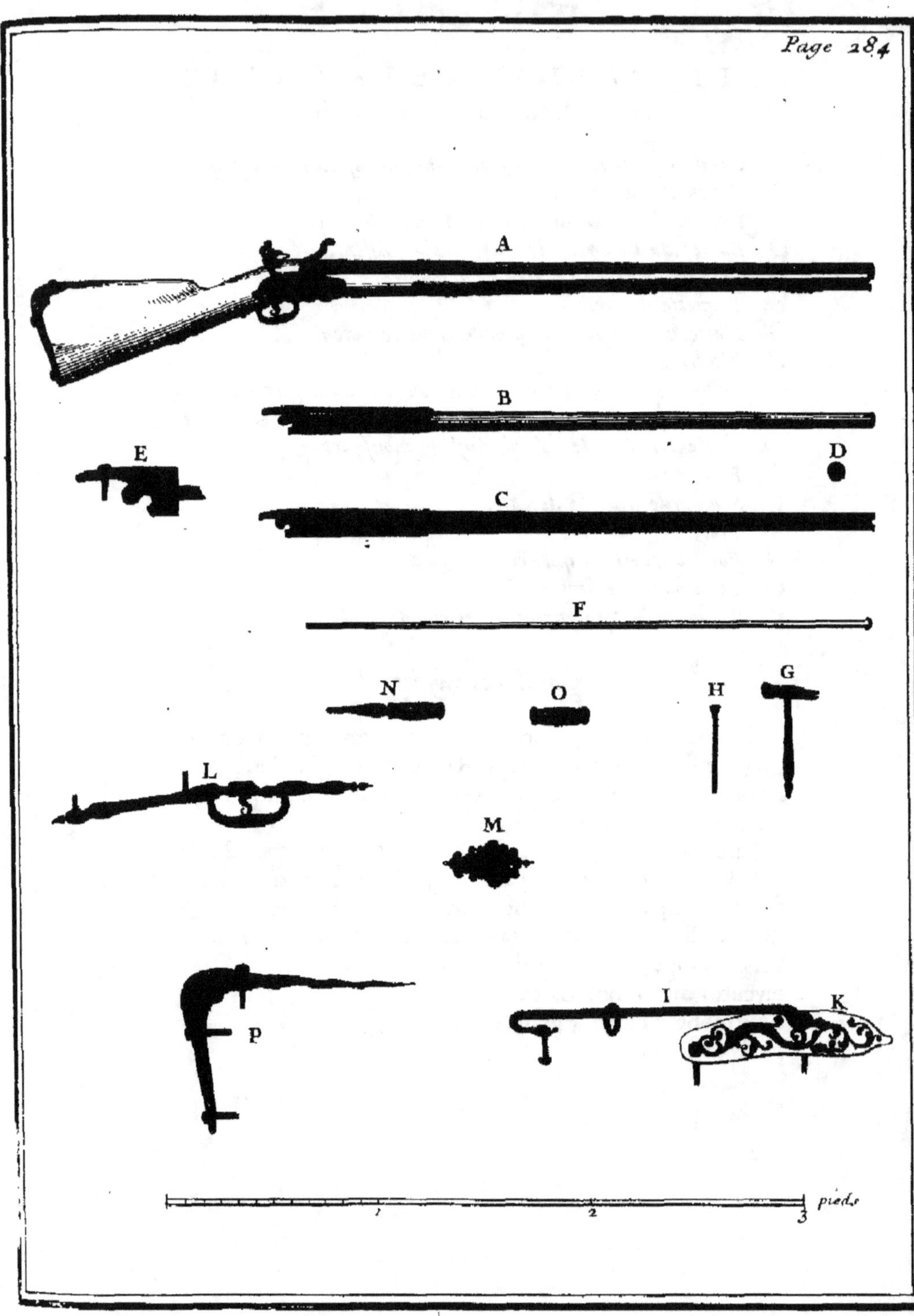
A
B
E
D
C
F
N
O
H
G
L
M
P
I
K
1
2
3
pieds

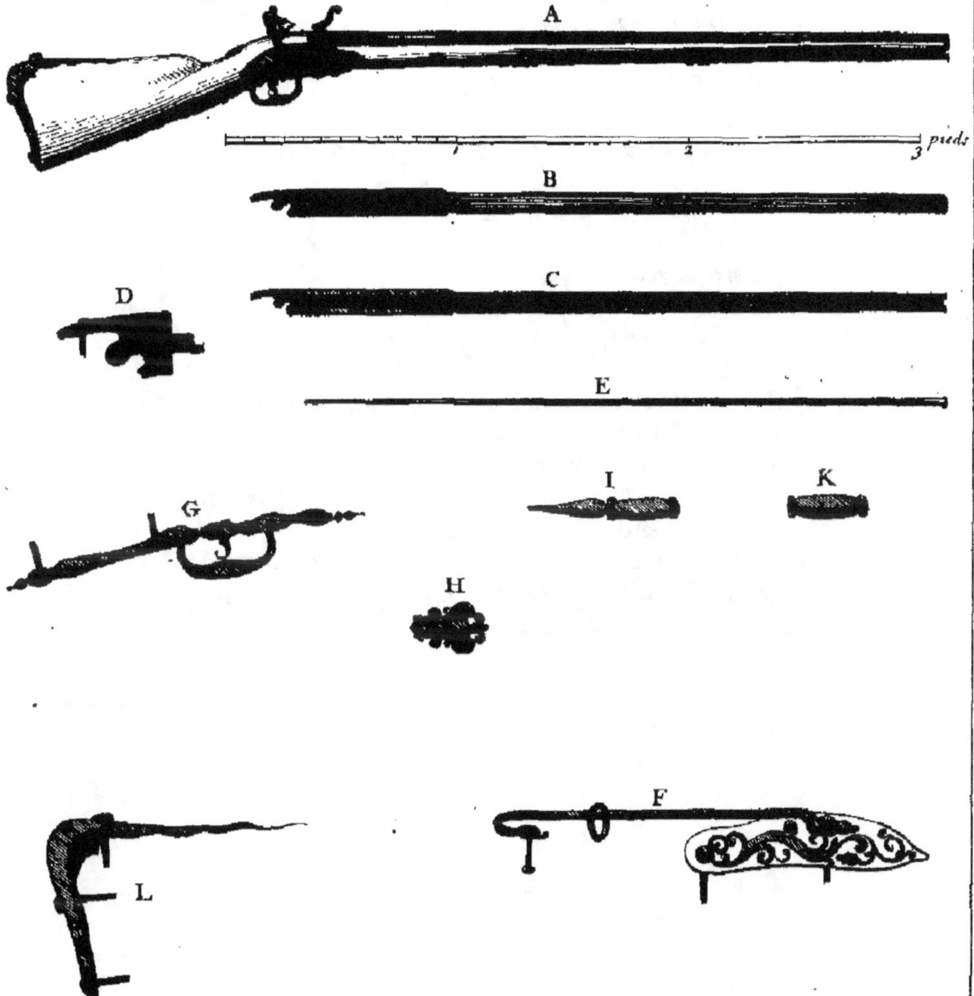

A

pieds 1 2 3

B

C

D

E

I K

G

H

F

L

EXPLICATION DE LA FIGURE qui répréſente un Mouſqueton ſimple.

A *Mouſqueton ſimple monté ſur ſon fuſt de bois de noyer.*
B *Canon du mouſqueton.*
C *Dedans du canon.*
D *Culaſſe ſéparée & démontée.*
E *Baguette.*
F *Tringle ou verge de fer avec ſon anneau à porter le mouſqueton.*
G *Souſgarde avec ſa détente.*
H *Piece de pouce.*
I *Porte-baguette à queuë.*
K *Porte-baguette ſimple.*
L *Talon du mouſqueton avec ſes vis.*

LEs mouſquetons ſont de pareille longueur que les carabines, le canon poli & net dedans.

Ceux des Gardes du Corps du Roy ſont tres-beaux & damaſquinez d'or à porte-vis & pieces de pouce de relief.

Les batteries ſont tournantes par le moyen d'un double reſſort qui fait reſter une plaque de fer ſur le baſſinet, en ſorte que la batterie eſtant détournée ne peut rencontrer rien qui luy puiſſe faire faire feu.

EXPLICATION DE LA FIGURE qui réprésente un Pistolet.

A *Pistolet monté.*
B *Culotte du pistolet.*
C *Porte-vis.*
D *Sousgarde avec sa détente.*
E *Piece de pouce.*
F *Porte-baguette à queuë.*
G *Porte-baguette simple.*

LEs pistolets fins & communs sont de 14 pouces de canon, les uns enrichis, & les autres tout simples,

On ne parle point icy des gispes, pistolets, poignards, & autres armes, qui ne sont usitées que parmi les Miquelets, les Barbets, les Houssards, & autres troupes étrangeres, ou séparées des autres corps, m'attachant à l'usage le plus général.

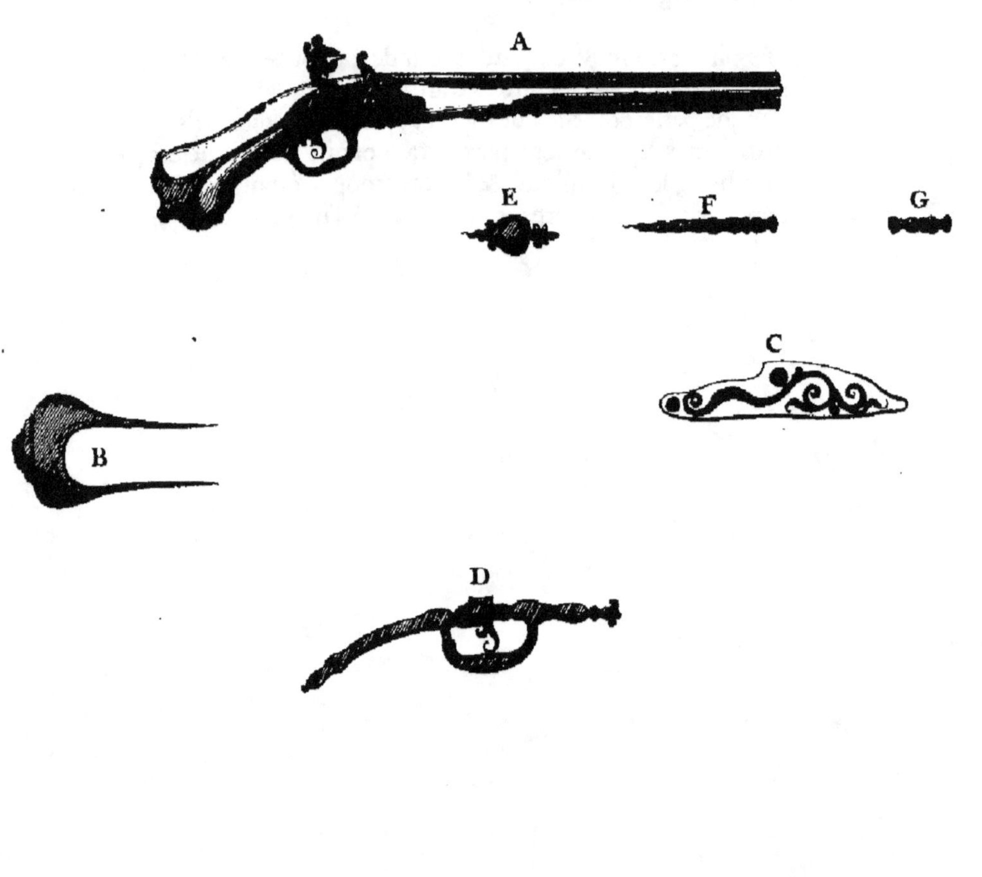
A
E
F
G
C
B
D
1
2
pieds

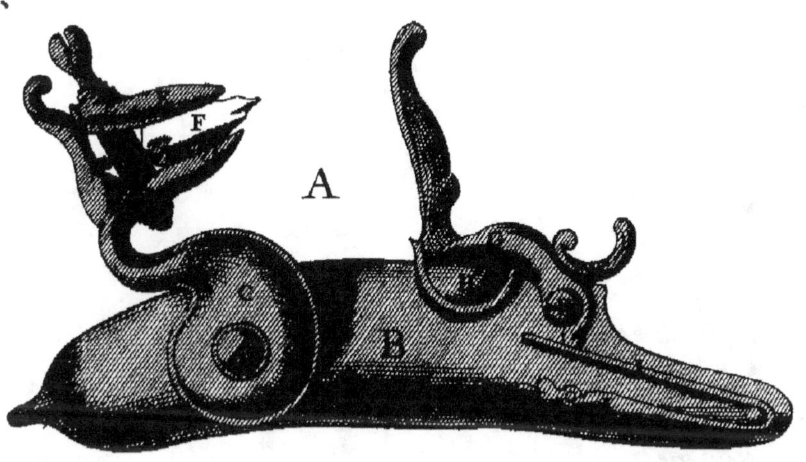
A
F
B
C
E

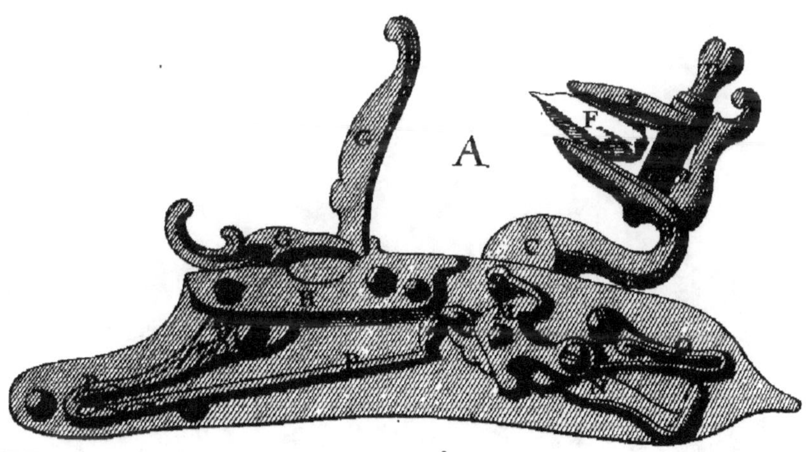
A
F
G
C
H

EXPLICATION DE LA FIGURE faiſant voir le dedans & le dehors d'une Platine.

A *Platine à fuſil, carabine, mouſqueton & piſtolet veüë dedans & dehors.*
B *Corps de la platine.*
C *Corps du chien.*
D *Grande vis du chien.*
E *Maſchoire.*
F *Pierre à fuſil.*
G *Batterie.*
H *Baſſinet.*
I *Reſſort de batterie.*
K *Vis de batterie.*
L *Vis ſervant au chien.*
M *Noix.*
N *Gaſchette.*
O *Reſſort de gaſchette.*
P *Grand reſſort.*

EXPLICATION DE LA FIGURE répréſentant des Piques, Pertuiſannes, Spontons, &c.

A *Pertuiſanne montée ſur ſa hampe pour les Cent Suiſſes du Roy.*
B *Autre pertuiſanne à l'ordinaire.*
C *Pertuiſanne à ſoleil.*
D *Sponton qui ſe briſe dans le milieu, & ſe ſépare en deux parties.*
E *Hallebarde.*
F *Pique.*

IL y a dans le Magaſin Royal quantité de piques, les unes montées de bois de Biſcaye, les autres de bois de freſne de Picardie ou Champagne, les unes de 13 pieds de long pour l'Infanterie Françoiſe, & les autres de 14 pieds de long pour les Suiſſes.

La pique a un fer ou lame de demi pied, avec deux branches qui ſervent à la cloüer & attacher au bois.

Il y a un bout au talon des piques qui eſt de fer ou de cuivre, ſelon les Régimens.

On ſe ſert préſentement pour les Officiers, au lieu de piques & de demi-piques, d'eſpontons ou de ſpontons qui ne ſont que de 7 pieds & ½ & 8 pieds de longueur, les uns dorez, les autres de relief, ou tout unis à vive-areſte, la lame d'un grand pied ſur le bois de Biſcaye, & ont de long en tout 8 pieds.

Les hallebardes & pertuiſannes ſont de 6 pieds hampe & lame avec le bout.

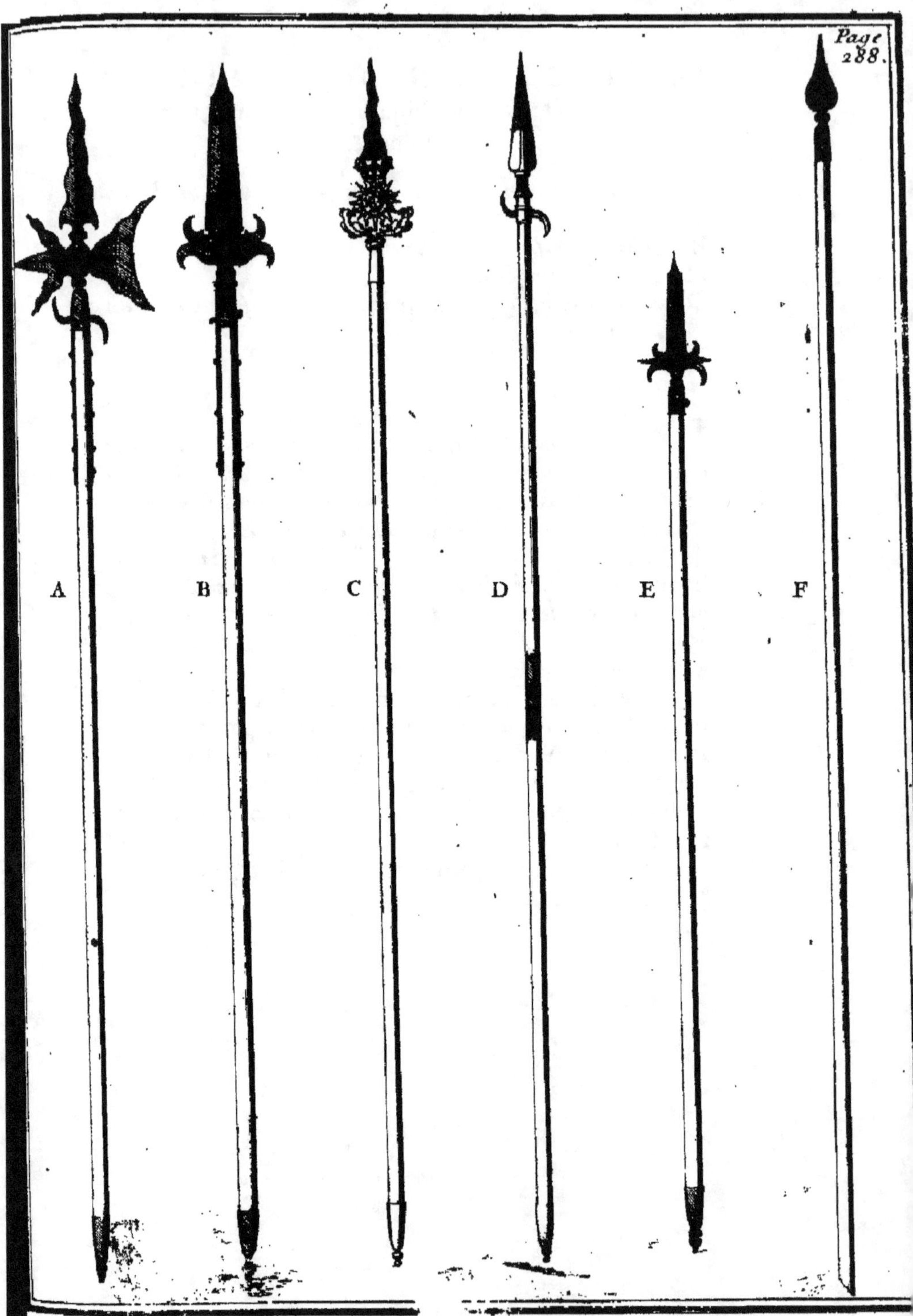
A
B
C
D
E
F

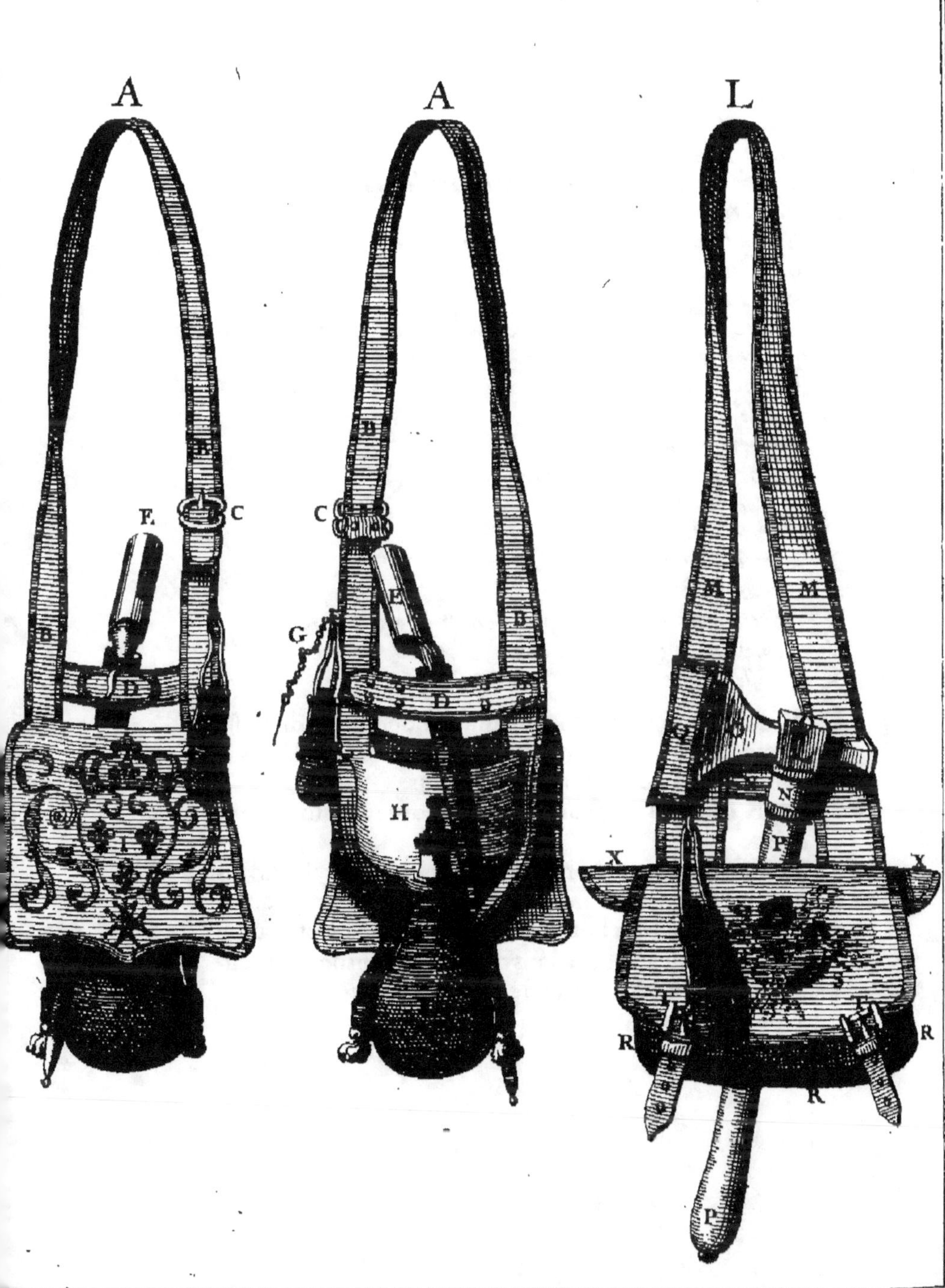
A
A
L
B
C
E
D
B
C
E
G
B
D
H
M
M
N
P
X
X
R
R
R
P

EXPLICATION DE LA FIGURE réprésentant les Bandoüillieres d'Infanterie, & Gibecieres.

A *Bandoüilliere d'infanterie veûë devant & derriere.*
B *Bande.*
C *Boucle de la bande.*
D *Travers ou porte-bayonnette.*
E *Bayonnette à doüille pour mettre dans le fusil.*
F *Poulvrin.*
G *Epinglette.*
H *Gibeciere.*
I *Dessus de gibeciere.*
K *Poire à poudre attachée ou retenuë par les deux bouts de la bande.*
L *Grenadiere.*
M *Bande de la grenadiere.*
N *Travers ou porte-hache.*
O *Hache portant son marteau.*
P *Manche de hache.*
Q *Cache-taillant.*
R *Bourse de grenadiere.*
S *Dessus de grenadiere.*
T *Boucle avec son attache pour fermer la grenadiere.*
V *Poulvrin de grenadiere.*
X *Oreille de grenadiere.*

ON donne à chaque fantassin une bandoüilliere de busle à gibeciere couverte de roussi, & un fourniment de cuir boüilli à ressort, ou à bouchon de bois.

Et aux dragons un fourniment de corne à ressort garni de cuivre.

On ne sçauroit comprendre de quelle utilité il est dans les grosses Places de se munir de baguettes de mousquet, parce que le soldat en fait une consommation surprenante; particulierement aux occasions de Siege, & l'on devroit toûjours avoir quatre baguettes de rechange contre un mousquet ou un fusil.

LEs lieux où de tout temps se sont fabriquez le plus ordinairement en France les mousquets & les autres armes à feu, sont les environs de Charleville, & le pays de Forest.

On a établi une fabrique à Nozon prés Charleville, qui est un lieu dont le Lecteur ne sera pas fâché de voir la figure.

LEs armes à feu qui se reçoivent au Magasin Royal de Paris, s'éprouvent en y arrivant : mais avant que d'expliquer de quelle maniere se fait cette épreuve, il faut sçavoir qu'il s'en fait une premiere dans les lieux où elles se fabriquent, en pratiquant ce qui suit.

Les canons de fusil & de mousquet qui se fabriquent à Nozon, sont éprouvez en y mettant de la poudre le poids d'une balle de plomb des 18 à la livre, & une balle de 20 à la livre par dessus, plantez dans terre en cette façon *A*, & appuyez contre une perche qui les tient en état.

Ceux de Saint Estienne en Forest s'éprouvent à peu prés de la mesme maniere couchez par terre en cette façon *B*; & l'on croit qu'estant ainsi couchez, l'épreuve en est plus rude qu'à ceux qui sont plantez de bout, d'autant que leur charge ne cherchant qu'à s'élever par l'activité du feu, le canon en reçoit un plus violent effort.

Il y a donc la seconde épreuve qui se fait au Magasin Royal de Paris, pour estre certain si les canons de l'une & de l'autre fabrique qui ont esté éprouvez, ne se trouvent point éventez ; & pour le connoistre, l'on donne à chaque mousquet ordinaire la vingtiéme partie d'une livre de poudre, sans les amorces, & la balle de 22 à 24 à la livre par dessus, & l'on les tire couchez en cette maniere *C*, appuyez contre une piece de bois matelassée crainte que les fusts ne brisent.

Les fusils tant communs que pour grenadiers, & les carabines rayées, s'éprouvent à 30 ou 32 coups par livre de poudre, aussi sans les amorces.

Le mousqueton, avec un peu plus que la demi charge du fusil.

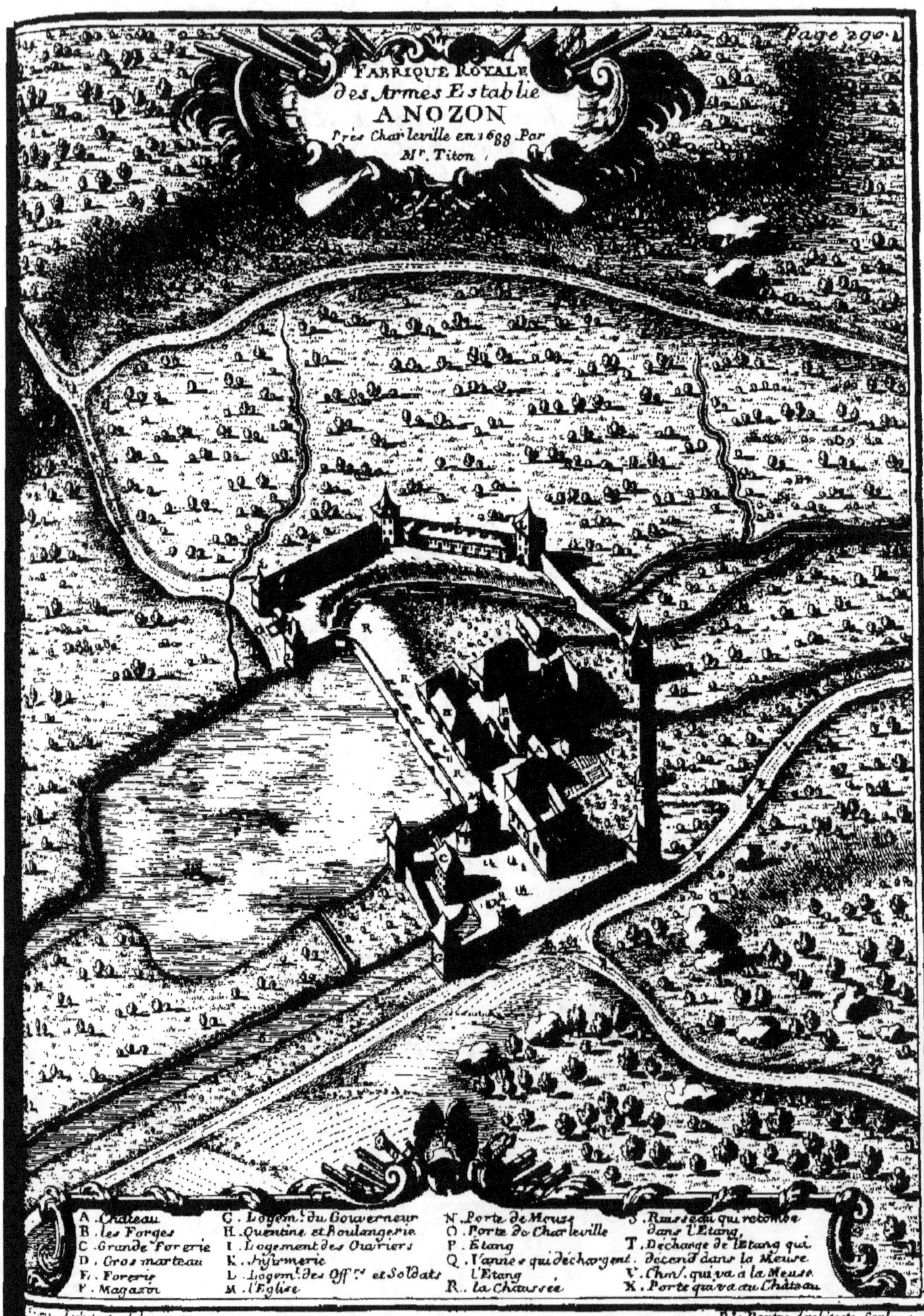
Page 290.
FABRIQUE ROYALE
des Armes Establie
A NOZON
Près Charleville en 1688 Par
Mr. Titon
A. Chateau
B. les Forges
C. Grande Forerie
D. Gros marteau
E. Forerie
F. Magazin
G. Logem.t du Gouverneur
H. Quentine et Boulangerie
I. Logement des Ouvriers
K. Infirmerie
L. Logem.t des Off.rs et Soldats
M. l'Eglise
N. Porte de Meuze
O. Porte de Charleville
P. Etang
Q. Vannes qui déchargent l'Etang
R. la Chaussée
S. Ruisseau qui retombe dans l'Etang,
T. Décharge de l'Etang qui decend dans la Meuse
V. Chm. qui va à la Meuse.
X. Porte qui va au Château
P. le Pautre Architecte Sculpsit

A
B
C
ourier del.

Armes servant à la marine.

COmme quelquefois les Officiers d'Artillerie sont obligez de s'embarquer, il n'est pas inutile qu'ils sçachent de quelles armes on se sert sur les vaisseaux.

De mousquetons de calibre à bourrelet, de pistolets de ceinture à crochet, du mesme calibre des mousquetons, & de fusils de flibustiers qui sont fort longs.

On vouloit obliger les dragons à en avoir chacun un à l'arçon de la selle.

Coûtelas, sabres, espées & bayonnettes à doüille, & à manche de buis, haches d'armes tranchantes par un bout, & pointuës de l'autre à bec de corbin, pour couper & trancher, & pour aider à monter à bord.

Ces armes tranchantes-cy servent pareillement pour la terre, & l'on en voit icy la figure, aussi-bien que celle des ceinturons.

EXPLICATION DE LA FIGURE
réprésentant des Epées & des Sabres.

A *Epée montée.*
B *Foureau d'épée.*
C *Pommeau.*
D *Corps de la garde d'épée.*
E *Garde d'épée.*
F *Poignée torse.*
G *Virolle.*
H *Crochet du fourreau.*
I *Bout du fourreau d'épée.*
K *Sabre de cavalier à deux tranchans.*
L *Sabre ou lame courbe & à dos.*
M *Corps de la garde du sabre.*

EXPLI-

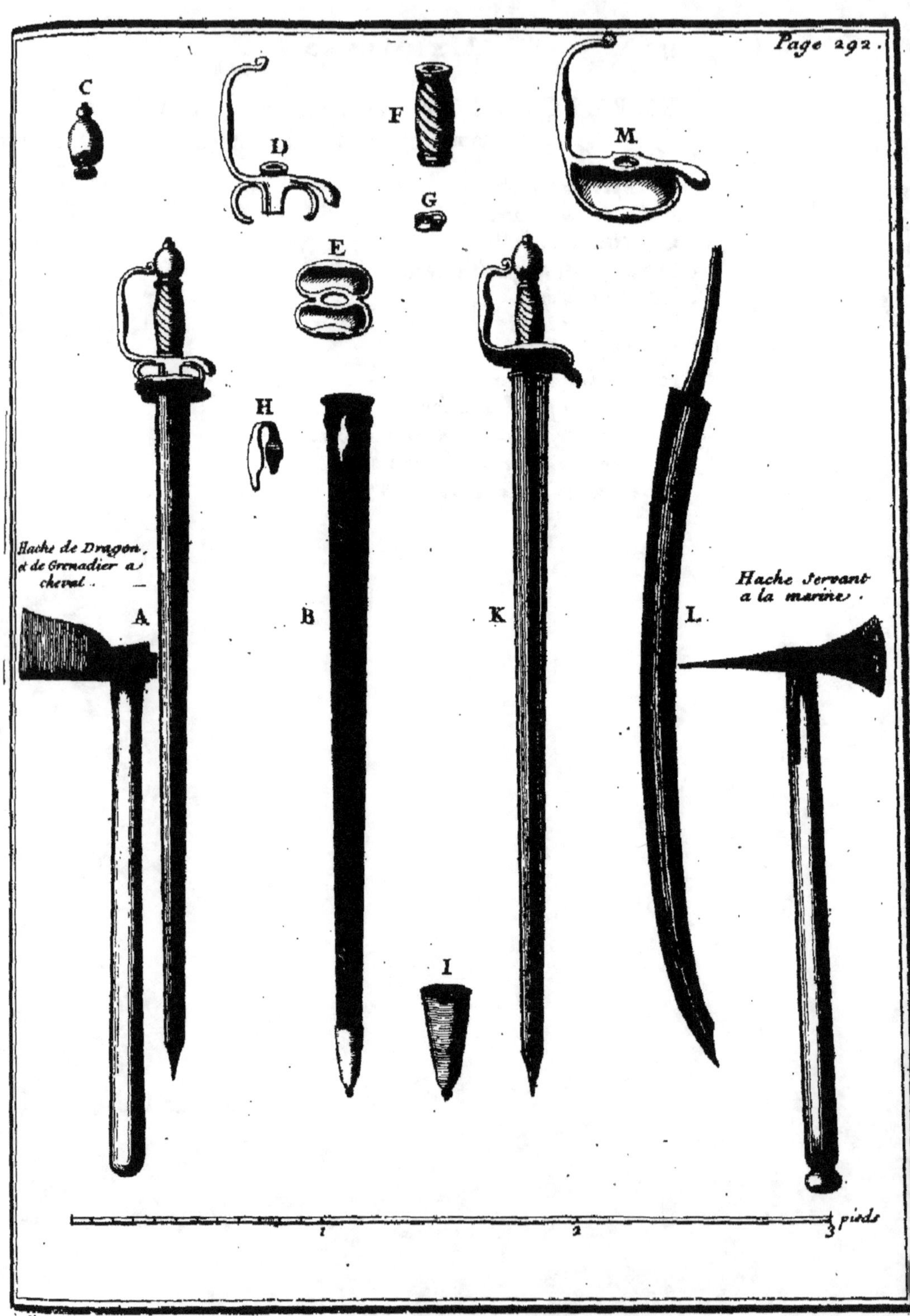
C
D
F
M
G
E
H
Hache de Dragon, et de Grenadier a cheval.
A
B
K
L.
Hache servant a la marine.
I
1
2
3 pieds

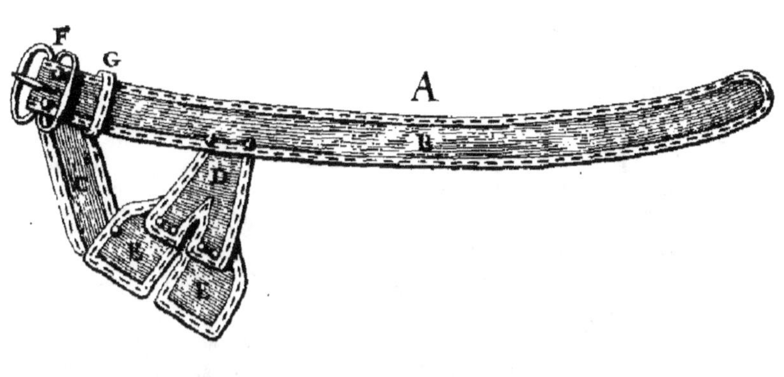
F
G
A
B
C
D
E
E

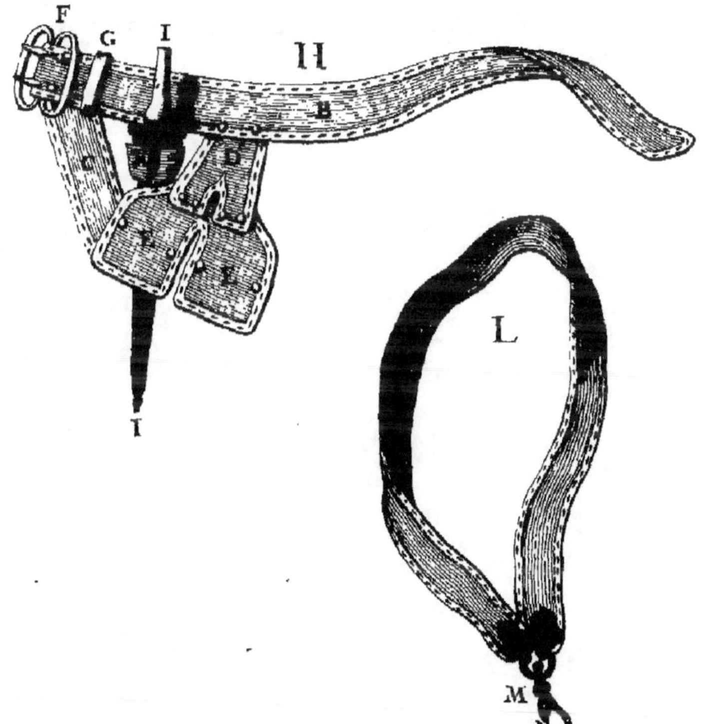
F
G
I
H
B
C
D
E
E
I
L
M

EXPLICATION DE LA FIGURE
répréſentant des Ceinturons.

A *Ceinturon pour la cavalerie.*
B *Ceinture.*
C *Barre.*
D *Face.*
E *Pendans.*
F *Boucle avec ſon ardillon.*
G *Coulant de la ceinture.*
H *Ceinturons d'infanterie & de dragons.*
I *Bayonnette de dragons & fuſiliers, à manche de buis.*
K *Porte-bayonnette.*
L *Bandoüilliere de cavalerie, ou porte-mouſqueton.*
M *Fer à plaque avec ſon crochet à reſſort pour porter le mouſqueton.*

Les coûtures s'appellent piqueûres en botte, & les clouds qui aſſemblent les pieces s'appellent rivez.

Revenons aux Armes de terre.

LEs fourchettes à mousquet, & les coussinets, sont faits pour aider sur un rempart à supporter le mousquet qui est pesant, & qui, à la longue, lasseroit un soldat ; il s'en voit dans la pluspart des magasins, aussi-bien que des brins d'estoc, des fourches ferrées, des bâtons à deux bouts, des faulx à revers, & des fleaux, qui sont toutes armes qui servent à faire des sorties, & à deffendre une bresche.

Les brins d'estoc sont de grands bâtons en forme de petites piques ferrées par les deux bouts, qui servent aussi à sauter des fossez, sur tout en Flandres.

Les fourches ferrées, & les bâtons à deux bouts n'ont pas besoin d'explication ; ces derniers sont ferrez en pointe par les deux extrémitez, à quelques-uns mesme le fer rentre dans la hampe par le moyen d'un ressort, & en sort en secoüant le bâton un peu ferme.

Les fleaux sont de fer, à peu prés ressemblans aux fleaux qui servent à battre le bled.

Les faulx emmanchées à revers, sont effectivement des faulx emmanchées autrement que les faulx ordinaires.

Au Siege de Mons les ennemis s'en servirent avec quelque succés d'abord, mais en suite ils furent repoussez avec une grande perte des leurs, & l'on leur prit quantité de ces faulx.

Le sieur Thomassin Capitaine général des Ouvriers de l'Artillerie, a inventé une maniere de faulx particuliere qui seroit extrémement utile, & pour fourrager, & pour servir de défense aux fourrageurs,

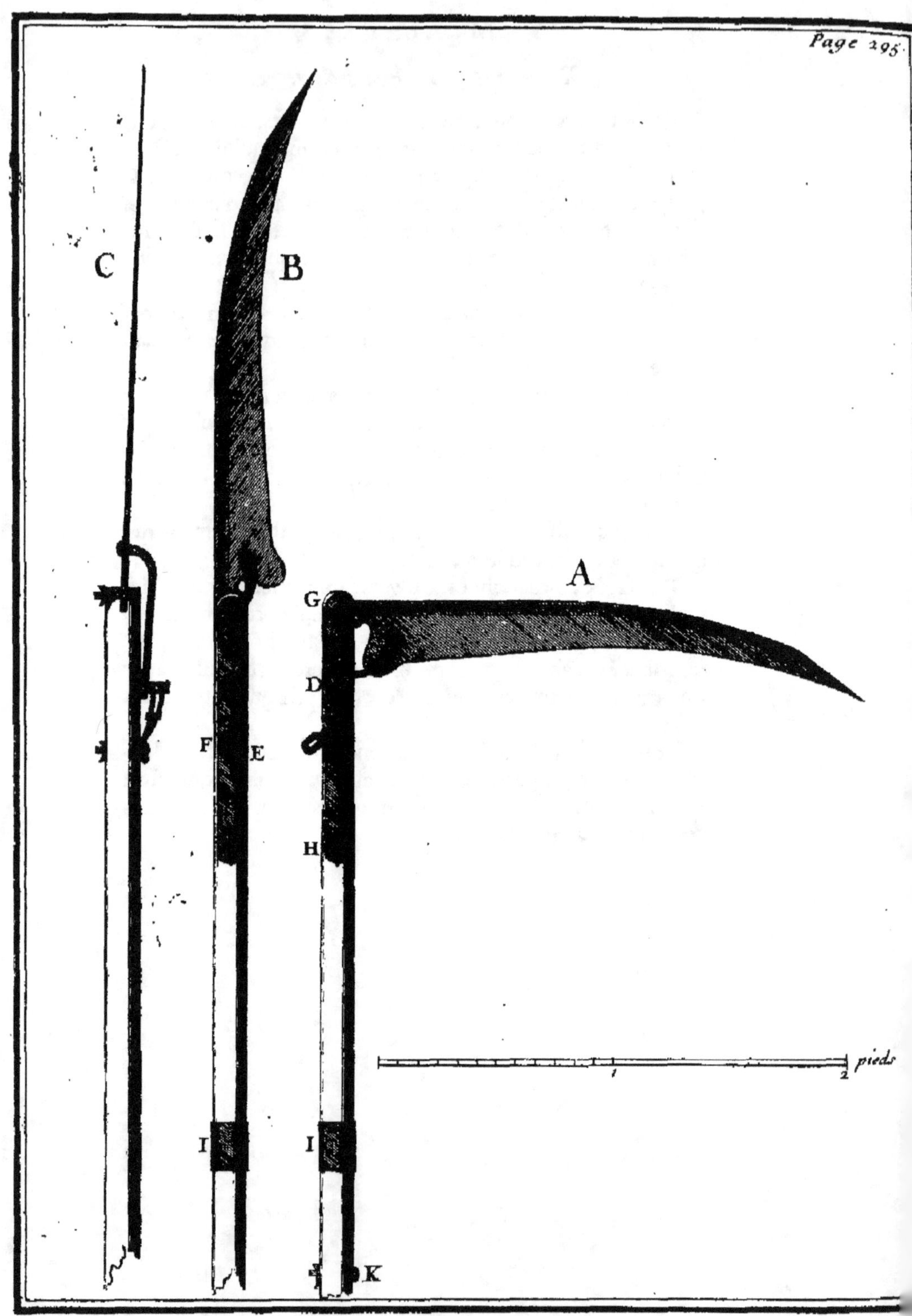
C
B
A
G
D
F
E
H
I
I
K
1
2
pieds

EXPLICATION DE LA FIGURE de la Faulx en tous sens.

A *Faulx pour servir à faucher.*
B *Faulx de deffense.*
C *Profil de la faulx.*
D *Charniere qui arreste la faulx à son quarré.*
E *Crochet qui passe dans le boulon pour tenir la faulx dans son quarré & en deffense.*
F *Boulon qui tient la queuë du crochet.*
G *Boulon qui passe au travers du manche, & du talon de la faulx.*
H *Boulon pour arrester la plaque pour renforcer la hampe de la faulx.*
I *Briseûre de la hampe.*
K *Boulon qui tient la ferrure de la briseûre.*

Cette faulx reviendra bien à 4ᵗᵗ 10ˢ quand elle sera brisée, & 3ᵗᵗ 15ˢ sans estre brisée.

TITRE XVII.

Où l'on continuë de parler des Armes de guerre, du prix de leur entretennement, des Armes anciennes, des Cuirasses, des Pierres à fusil, des Rateliers, & des Salles d'armes.

LE Garde d'Artillerie est payé pour entretenir les armes de la Place où il sert, & le Roy luy donne 2 f par chaque mousquet du premier mil.

1 f par chaque mousquet du second mil, & de ceux qui suivent.

6 d de chaque hallebarde ou pertuisanne.

3 d de chaque pique.

Il y a quelques endroits où l'on paye 2 & 3 f de chaque arquebuse à croc.

On fait payer le Garde sur le certificat du Gouverneur de la Place, qui ne le donne que sur celuy du Commissaire d'Artillerie qui y est en résidence.

Armes anciennes, & Cuirasses.

ANciennement les Officiers estoient armez de toutes pieces, & ce qu'on appelloit de pied en cap.

Leur habillement estoit de fer ou acier bien luisant, bien poli, & bien trempé, & consistoit en un heaume ou casque pour la teste,

Un corcelet composé de devant & derriere,

Des brassards pour couvrir les bras,

Des gantelets pour les mains,

Des cuissards pour les cuisses,

Et avoient mesme les jambes & les pieds couverts,

Quand ces armes estoient bien trempées, elles garentissoient du coup de lance, du coup d'épée, du coûtelas ou du sabre; on voit encore de ces sortes d'armes dans les gros magasins : mais la poudre ayant esté inventée, il a fallu imaginer des armes qui peûssent résister à son effort ; c'est ce qu'on appelle armes à l'épreuve, qui ne sont composées que d'un pot pour la teste, d'un devant & d'un derriere ; on les fait de plusieurs longueurs & grosseurs, afin d'armer plusieurs tailles différentes, & pour n'estre incommodé, ni des hanches, ni de la trop grande longueur.

Sçavoir, le devant à l'épreuve du mousquet, le derriere à l'épreuve du pistolet.

Les unes ayant 13 pouces de longueur sur 14 de grosseur, & pesent 30l, non compris le pot qui pese 16 à 18l seul, & qui est aussi à l'épreuve du mousquet.

Ce pot se met aussi quelquefois au fond d'un chapeau, en sorte qu'on ne le voit point.

Les autres 14, 15 à 16 pouces de longueur, sur 15, 16 à 17 de grosseur, pesant 32, 34 à 35l, non compris le pot qui est du mesme poids cy-dessus.

Les armes coustent à Paris 36tt la paire complette, avec le pot.

On se sert aussi de cuirasses legeres pour la cavallerie, sans pots, de mesmes longueur & grosseur que celles cy-dessus.

Le devant à l'épreuve du mousqueton, & le derriere leger grisé, & doublé de toille garnie d'écailles de serge de moüy bleuë ou rouge, & d'un gallon d'or ou d'argent faux, & pesant le devant & le derriere ensemble 18, 19 & jusqu'à 20l, à raison de 18tt la paire complette à Paris.

La bourguignotte, qui se nomme aussi armet ou morion, est un pot qui accompagne ordinairement les corcelets des piquiers ; ces corcelets & ces pots sont à l'épreuve de la pique & du coup d'épée.

EXPLICATION DE LA FIGURE des Cuirasses.

A *Pot à teste de fer à l'épreuve du mousquet.*
B *Bourguignotte de fer poli.*
C *Chapeau de fer avec sa barre à l'épreuve du mousquet, pareil à ceux que portoit autrefois la gendarmerie de la Maison du Roy.*
D *Calotte de fer ou de chapeau sans bords, qui se met entre la coëffe du chapeau & le chapeau, & est à l'épreuve du mousquet.*
E *Cuirasse complette, dont le devant à l'épreuve du mousqueton, & le derriere leger grisé.*
F *Devant de cuirasse à l'épreuve du mousquet.*
G *Derriere de cuirasse à l'épreuve du pistolet.*
H *Cuissard de fer poli avec sa genoüilliere: les Suisses en portent encore.*
I *Brassard de fer poli.*
K *Gantelet.*
L *Armure de fer pour teste de cheval.*

} Cecy n'est que pour la curiosité.

A Bezançon il se fait des cuirasses à l'épreuve qui ne reviennent qu'à 30tt avec le pot, & qui pesent 35 à 36l.

On se servoit autrefois de chemises de mailles contre l'épée, mais cela n'est plus d'usage.

Les Officiers des troupes mettent des hausslecols, qui sont des collets de fer doré, pour estre distinguez des soldats.

Les chevaux estoient anciennement armez de toutes pieces comme les cavalliers, la teste & tout le corps estoient couverts & caparaçonnez de fer: on voit encore de ces armes à Sedan, & dans quelques autres magasins.

Pierres à fusil.

LEs pierres à fusil sont extrémement nécessaires dans les Places où il y a des fusils, des carabines, & des pistolets, &

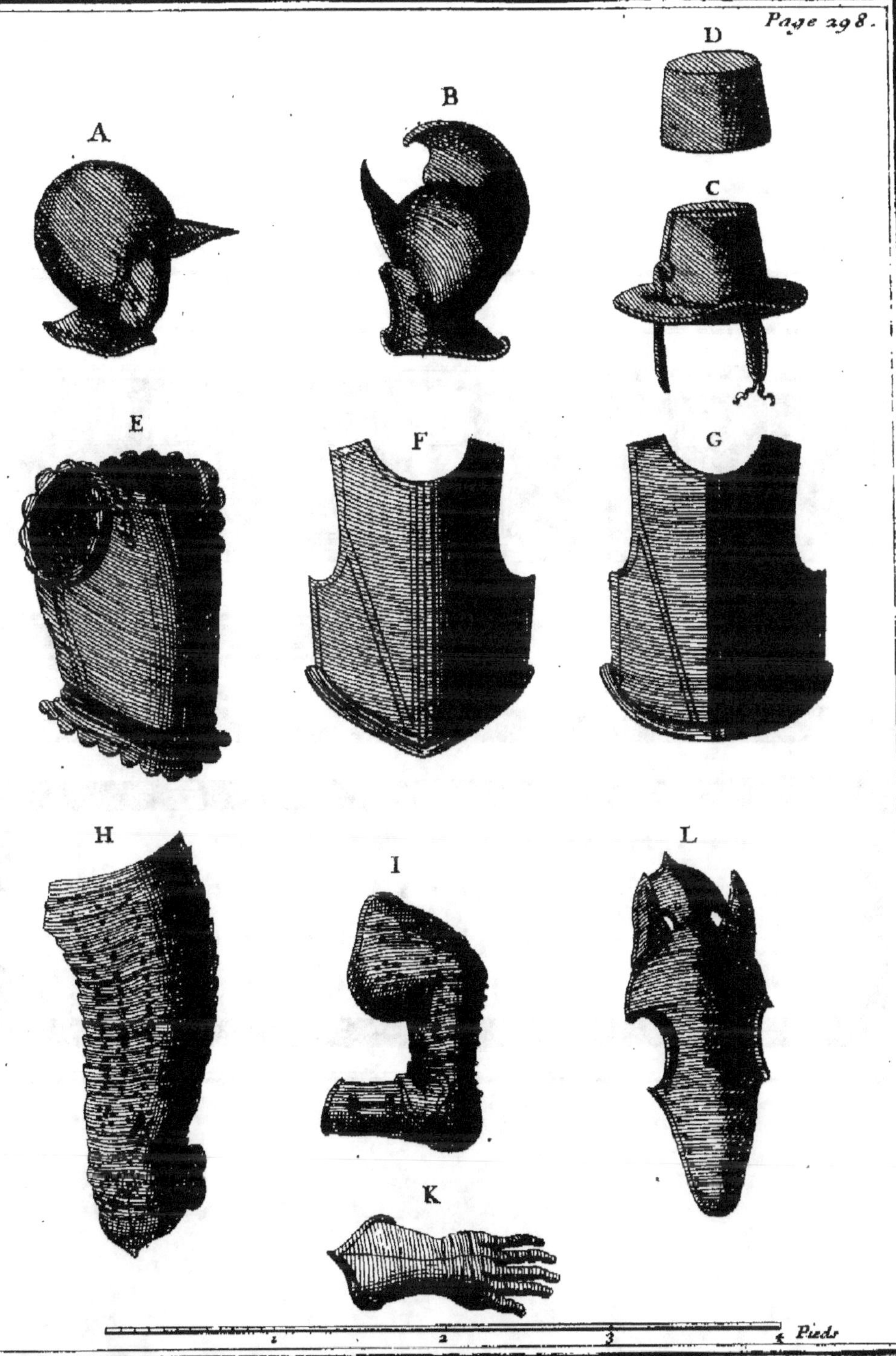
Page 298.
A
B
D
C
E
F
G
H
I
L
K
1
2
3
4
Pieds

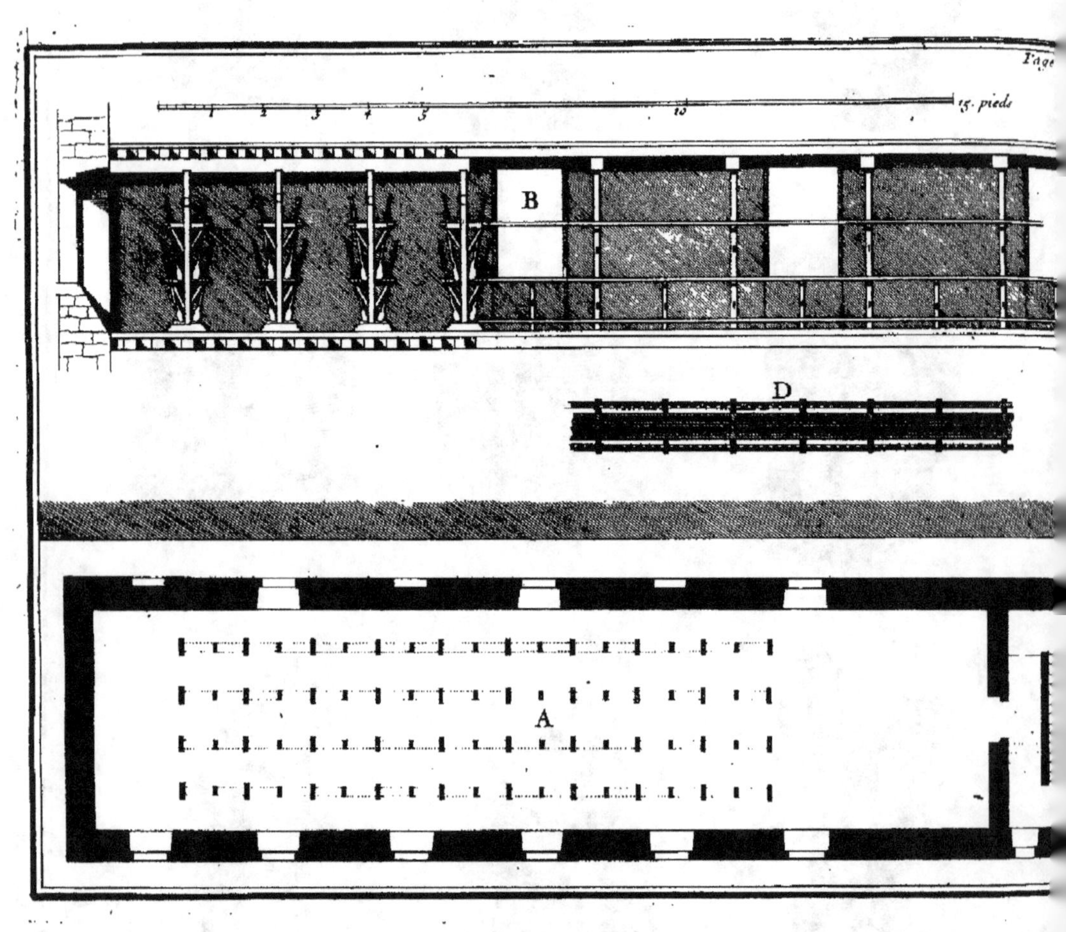
Page
1
2
3
4
5
10
15. pieds
B
D
A

l'on doit s'attacher à y en mettre toûjours une tres-grosse provision : elles ont cousté à Paris 40^{s} le millier les fines.

Et à Mets, suivant des marchez de M. le Marquis de la Frezeliere, 3^{tt} 5^{s} aussi le millier. Ce sont prix qui varient.

Rateliers à placer mousquets & autres armes.

UN Officier d'Artillerie doit sçavoir quelque chose des proportions qu'il faut donner aux rateliers sur lesquels s'arrangent les mousquets & les autres armes dans les magasins ; c'est par cette raison que je joins icy le dessein d'une salle d'armes d'une Place du Royaume où il y en a bon nombre.

Il pourra se régler là-dessus pour d'autres endroits.

EXPLICATION DE LA FIGURE qui répréſente la Salle d'Armes d'une Place forte du Royaume.

A *Plan de la salle d'armes.*
B *Profil de la salle d'armes.*
C *Profil du ratelier où se posent les armes.*
D *Plan du repos des armes.*

IL faut que j'aille plus loin ; & dans l'envie que j'ay de ne rien épargner pour contenter la curiosité de mon Lecteur, je ne puis m'empescher de luy donner la figure de la salle du Magasin Royal des Armes de la Bastille à Paris, comme le plus beau morceau de cette espece qu'il y ait en France.

TITRE XVIII.

Carcasses, petits Canons, & petites Grenades.

Carcasses.

VOicy comme estoient faites les carcasses dont on s'est servi au commencement de ces dernieres guerres, & de la maniere dont on les chargeoit ; si l'on ne s'en sert plus, c'est que l'on a remarqué qu'il y falloit trop de travail & trop de façon.

Qu'elles revenoient à plus d'argent qu'une bombe, & que leur effet estoit plus incertain par leur figure qui les faisoit piroüetter en l'air, & les empeschoit de tomber juste dans les endroits où l'on les vouloit jetter, outre qu'elles crevoient la pluspart du temps en chemin, & avant qu'elles y y fussent arrivées : ainsi l'on a préferé l'usage des bombes ordinaires à celuy des carcasses.

Le fer de la carcasse ordinaire pesoit environ 20^{l}, avoit 12 pouces de hauteur, 10 pouces de diametre par le milieu, & estoit faite de deux cercles de fer passez l'un sur l'autre en croix, en forme ovalle, avec un cullot de fer, le tout presque de la mesme figure que sont certaines lanternes d'écurie en France.

On disposoit en dedans, selon la capacité de la carcasse, de petits bouts de canon à mousquet chargez de balles de plomb.

De petites grenades du calibre de 2^{l} chargées.

De la poix noire.

Et de la poudre grenée.

L'on

MAGAZIN ROYAL DES ARMES A PARIS
de la Bastille

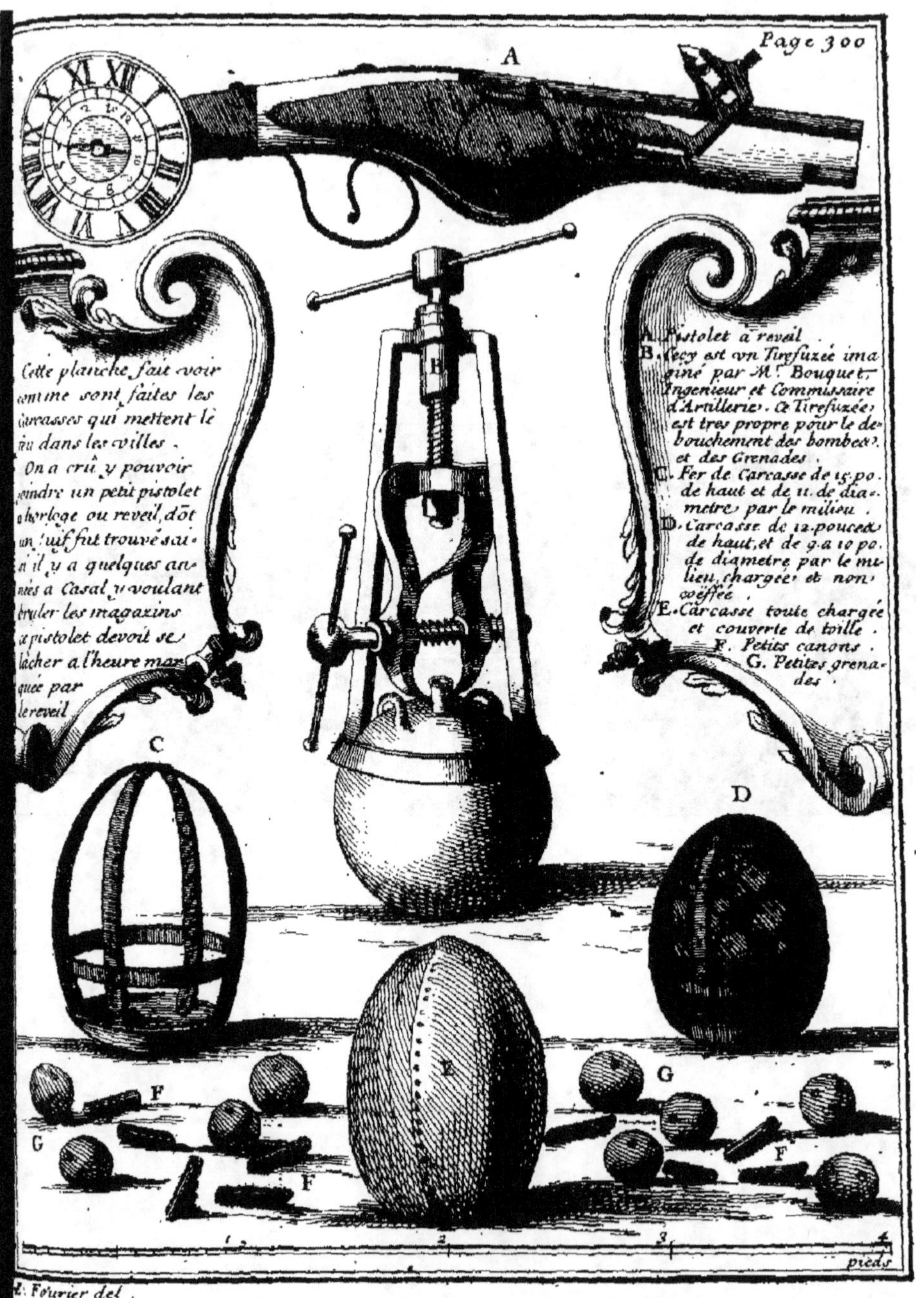

L. Fourier del.

L'on couvroit le tout d'étoupe bien gaudronnée, & d'une toile forte & neuve par deſſus.

Et l'on faiſoit un trou pour placer la fuſée qui répondoit au fond de l'ame de la carcaſſe, laquelle s'éxécutoit enſuite comme on éxécute les bombes.

Ce qui ſuit eſt un détail plus particulier de la maniere dont ſe chargeoient les carcaſſes.

Compoſition pour charger des Balles à feu, appellées autrement Carcaſſes.

PRenez 15^{l} de poix noire que vous mettrez fondre dans une chaudiere juſqu'à ce qu'elle boüille : mettez-y quatre livres de ſuif ; retirez en ſuite voſtre chaudiere & la vuidez dans une autre, que vous aurez fait enterrer juſqu'au bord afin qu'elle ſoit ſtable ; & ſi-toſt que vous aurez verſé la poix & le ſuif dedans, vous y mettrez 30^{l} de poudre que vous ferez bien incorporer avec la poix en la remuant avec des leviers ; incontinent aprés vous y mettrez 2^{l} d'étoupes que vous ferez bien imbiber. Aprés cela vous prendrez la carcaſſe que vous aurez auparavant reveſtuë d'un ſac de bonne toille, dans le fond de laquelle vous mettrez de la compoſition, & la preſſerez bien avec vos mains que vous vous ſerez frottées d'huile ou de ſuif : vous l'emplirez juſqu'au tiers, & y mettrez, ſi vous voulez, quelques grenades, & petits bouts de canon à mouſquet chargez ; puis, vous remplirez la carcaſſe juſqu'à ce qu'elle ſoit pleine, & vous acheverez de coudre voſtre ſac. Aprés quelque intervalle de temps vous la plongerez dans la poix noire, en ſorte qu'elle ſoit bien gaudronnée. Au ſortir de là vous la plongerez dans l'eau & la mettrez ſeicher ; & eſtant ſeiche, vous y percerez deux trous par en haut un peu en biaiſant vers le centre approchant l'un de l'autre à un pouce prés : vous coulerez dans ces trous de la compoſition de fuſée à bombe, la chargeant avec une baguette de cuivre, & non pas de fer, crainte d'accident ; & pour remarquer ces trous, vous y mettrez une ficelle qui prendra de l'un à l'autre trou, & vous les boucherez avec de la poix jusqu'à ce que vous vous en serviez.

TITRE XIX.

Artifices.

A *Herisson foudroyant.*
B *Serpenteau.*
C *Baril flamboyant.*
D *Baril foudroyant.*
E *Baril de composition.*
F *Petard différent en quelque chose de celuy dont on a déja donné la figure.*

C'Est une mer d'inventions que les artifices, ils ne sont plus gueres en usage présentement, car on a remarqué que des tonneaux ou des sacs pleins de poudre, auquels on attache une fusée, roullez dans un fossé, sur une bresche, ou sur un ouvrage attaqué, faisoient tout autant d'effet que ces machines qui portent des noms extraordinaires & effrayans, & qui tiennent une place si magnifique chez les plus celebres Auteurs qui ont traitté de l'Artillerie, & qui presque tous s'étendent incomparablemeut plus sur les artifices, que sur toute autre chose, s'imaginant que c'en est l'essentiel.

Je ne laisse pas de vous donner cy-aprés un petit recueil de quelques pieces & compositions d'artifices que j'ay tirées de différens endroits, & que plusieurs Officiers ont mises en pratique, & dont on se servira comme l'on voudra; mais sur tout, il faut faire cas de bonnes bombes & de bonnes grenades.

Maniere la plus usitée pour faire des Balles à feu.

L'On se sert pour faire des balles à feu, de
Une livre de salpestre,
Un quartron de fleur de soufre,

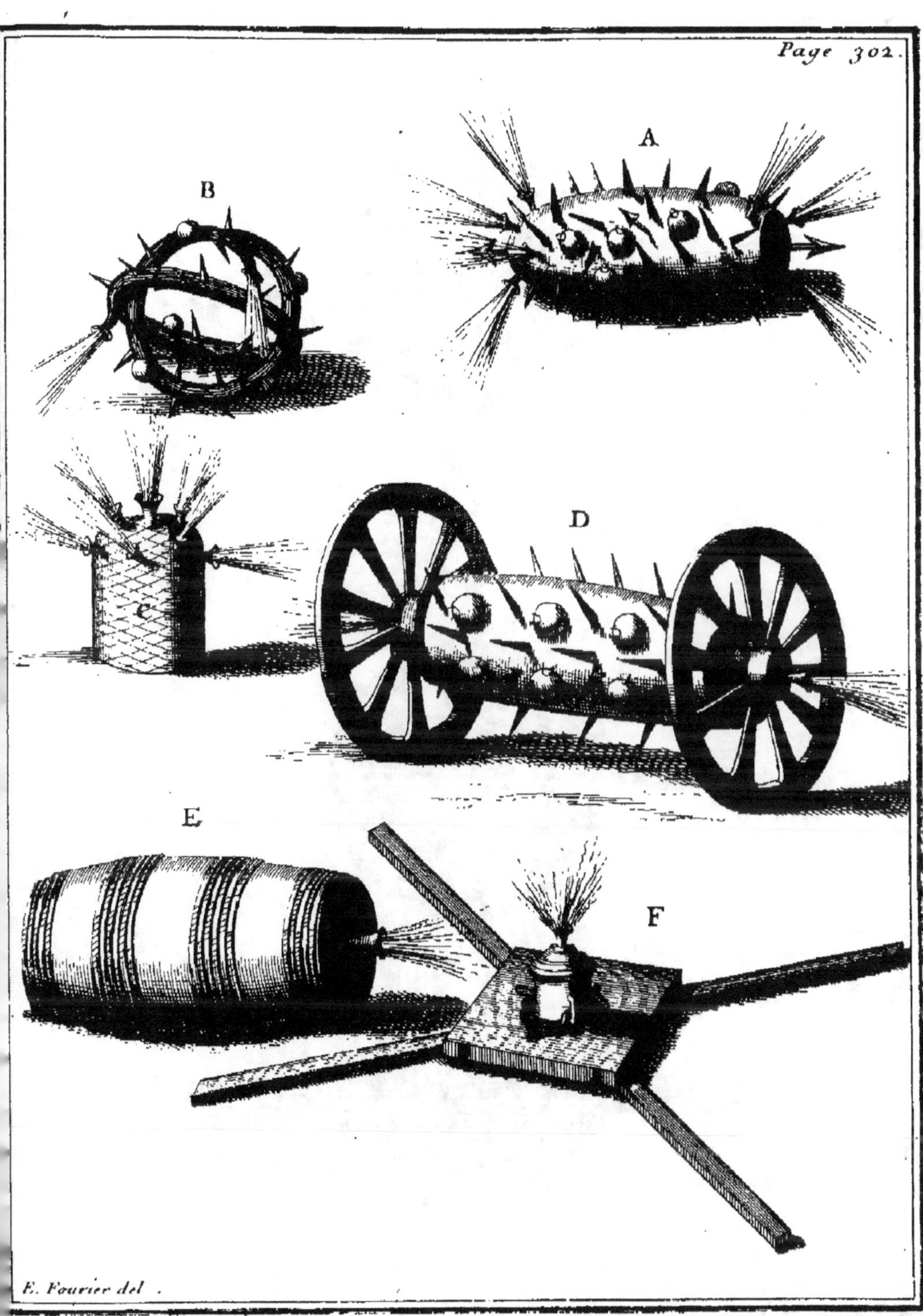

E. Fourier del.

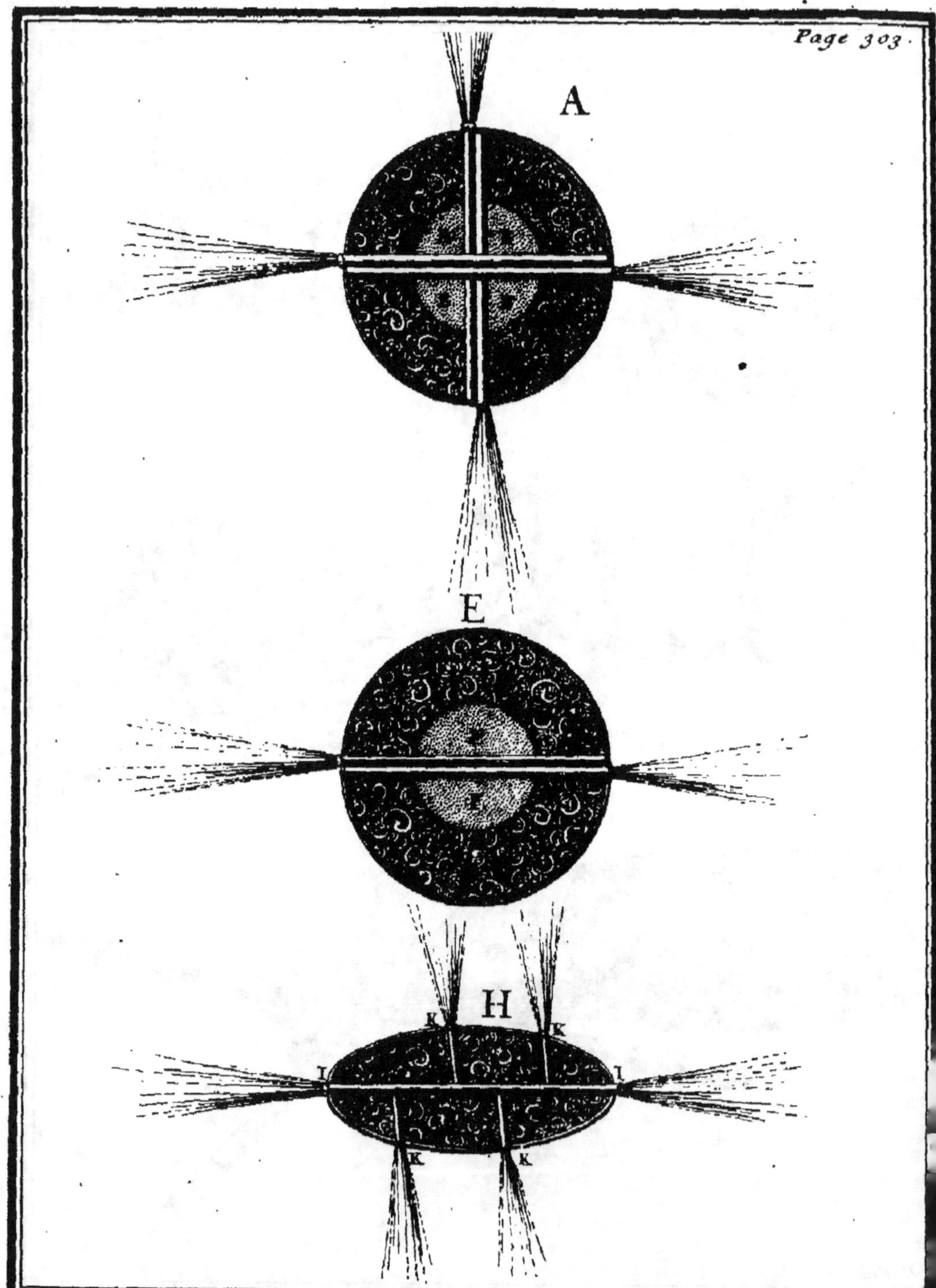
A
E
H
K
K
I
I
K
K

Deux onces de poussier broyé passé par le tamis de soye, & humecté avec l'huille de petreol ou huille de lin : il faut en faire de petites boulles de la grosseur d'une balle, les percer quand elles seront humides, y mettre de la corde d'amorce au travers, & les passer quatre à quatre, ou deux à deux, & les rouler dans le poussier vif, aprés quoy cela prend feu.

EXPLICATION DE LA FIGURE des Balles à feu dont on va parler.

A *Balle à feu garnie de quatre portefeux, & enveloppée d'une toile gaudronnée.*

B *Sac de composition de poudre & salpestre.*

C *Garniture de filasse & copeaux avec fil de fer pour tenir le tout.*

D *Mesche de cotton poudrée.*

E *Balle à feu garnie de deux portefeux, & enveloppée d'une toile gaudronnée.*

F *Sac de composition de la seconde balle.*

G *Garniture comme à la précédente.*

H *Balle à feu en ovale enveloppée comme les autres.*

I *Portefeu allumé par les deux bouts.*

K *Quatre autres petits portefeux pour communiquer le feu à quatre différens endroits.*

L *Garniture de filasse & copeaux.*

Autre maniere pour des Balles à feu qui peuvent s'éxécuter dans des mortiers.

IL faut avoir un portefeu de bois d'un pied & demi ou de deux pieds de longueur, suivant la grosseur dont l'on voudra faire la balle, sur un pouce ou un pouce & demi de diametre, lequel sera chargé d'une composition que l'on aura faite avec deux livres de salpestre, une livre de soufre, & demi livre de poudre, le tout bien pilé séparément, le passer par un tamis bien fin, & aprés mesler le tout ensemble autant qu'il se pourra.

En cas que le feu soit trop lent, on y ajoûtera un peu de poudre pilée, & s'il brûle trop viste, on y mettra un peu de salpestre pour le faire durer davantage; le milieu de la balle sera un petit sac rempli de mesme composition; les portefeux seront passez au travers de ce sac; & par dessus pour couvrir la balle, on mettra de la filasse avec de gros copeaux que l'on fera tremper dans un grand chaudron ou chaudiere, dans laquelle on mettra six à sept livres d'huille de lin, & autant d'huille de therebentine, avec huit ou neuf livres de gaudron ou poix, que l'on fera chauffer doucement, & qu'on remuëra bien souvent; & lorsque le tout sera bien lié, l'on fera tremper dans la chaudiere la filasse & les copeaux, que l'on mettra à part pour les faire seicher à demi; & aprés, l'on fera tremper aussi de la vieille toile bien grossiere qui servira pour envelopper la balle; il faut avoir du salpestre & du soufre pilé sans estre passé au tamis & en jetter sur la toile, comme aussi sur la filasse, & les copeaux à part, pour que le feu soit plus clair: il faut observer qu'il faut mettre de temps en temps du fil de fer autour de la matiere qu'on mettra dans la boule, pour la faire tenir, & ne la pas trop presser, parce que le feu seroit trop lent; quand la matiere est un peu mouvante, la flâme en est plus grande; si l'on veut davantage presser le feu, il faut prendre trois livres de poudre pilée, une livre de charbon pilé, mesler le tout ensemble, & aprés l'étendre sur une table, & faire rouler la balle sur cette matiere lorsqu'elle sera garnie de copeaux & de filasse, & aprés, l'on mettra la toile par dessus; ou si l'on ne veut pas se servir de toile pour la derniere enveloppe, l'on peut y faire une petite caisse de bois leger, le tout dépend de la conduite de l'Officier qui s'en doit servir; il peut se corriger à la premiere ou seconde balle qu'il fera joüer.

Ce qu'il faut entr'autres choses pour deffendre une Place par les Artifices.

Poudre commune, ou poudre de Guinée meslée avec de la commune.

Soufre.
Raisine de pin.
Cire commune.
Colophone.
Antimoine.
Vitriol.
Encens.
Suif de bœuf & de mouton.
Huille de petreol.
Plusieurs barils de chaux vive.
Tonnes d'eau de vie.
Safran de Mars.
Poix blanche.
Salpestre.
Poix-raisine.
Poix neuve.
Cire d'Espagne.
Camphre.
Argent vif.
Therebentine de Venise.
Huille de therebentine.
Cire neuve.
Huille de lin.
Huille de gland ou de geniévre.

Gomme adragant.

Barils d'huile d'olive.

Pots de terre.

Colle forte.

Etoupes.

Filasse.

Plusieurs tonnes de gaudron.

De la toile neuve.

De la ficelle.

Du verre pilé.

Du vieil oing.

Et toutes sortes d'autres drogues qui sont combustibles & aisées à s'enflammer.

Pour faire Roche à feu.

SOufre fondu lentement, une livre.

Salpestre en farine, quatre onces.

Poudre, quatre onces.

Vous jetterez le salpestre dans le soufre en le fondant petit à petit, & remuant tres-bien, & ensuite la poudre de mesme, & vous remüerez le tout; & quand la mixtion commencera à se refroidir, vous y ajoûterez trois onces de poudre grenée, & remettrez le tout ensemble.

Autre tres-bonne.

PRenez un pot de terre vernissé, jettez-y 3 livres de soufre grossiérement pilé, & le mettez sur un petit feu de charbon qui ne fasse point de flame; estant fondu petit à petit, vous y ajoûterez une livre de suif de mouton, une livre de poudre pilée & tamisée, une livre de salpestre pilé, le tout étant bien meslé, jettez-le dans un bassin & le laissez refroidir, ou bien estant chaud, couvrez-en vos grenades, cercles, lances, & autres artifices; & en fondant cette composition dans une cuilliere, versez-là sur ces artifices; elle sera encore meilleure, si vous y ajoûtez lorsqu'elle sera encore chaude & avant que d'y mettre la poudre & le salpestre, un peu d'antimoine en poudre, du safran de Mars, & *crocus metallorum*, ou de l'acier calciné; l'on y peut ajoûter des fumées venimeuses.

La Roche à feu plus commune se fait avec du soufre deux livres, & une livre de poudre; la faisant comme dessus, elle est propre à beaucoup d'artifices, comme pour couvrir des grenades, boulets, cercles, rondaches, coûtelas, traits ou flesches, lances, piques, flambeaux, estoupades, gerbes, herissons, foudres, dards & autres.

Poudre qui sera tantost sous l'eau, tantost dessus par sa violence.

Prenez de la poudre à canon & les trois parties de colofane, un quart d'huile commune, un sixiéme de soufre; le tout meslé ensemble, & estant sec, il faut essayer s'il brûle plus ou moins qu'il ne faut; & s'il ne brûle pas assez, ajoûtez-y du soufre ou de la colophone; enveloppez cette mixtion dans un linge, puis mettez de la paille tout autour, que vous tremperez dans la poix, ayant en premier lieu lié avec une ficelle la paille qui est autour; recouvrez-là derechez de paille que vous enduirez comme devant, afin de la garder de l'humidité; cela fait, vous ferez un petit trou pour y mettre le feu; & si l'on y mettoit de l'huille de petreol, elle seroit encore meilleure.

Pour faire des tourteaux.

Prenez de la poix noire douze livres, suif ou graisse six livres, le tout fondu ensemble à petit feu, puis y ajoûtez trois pintes d'huille de lin, faites boüillir le tout; prenez aprés, de vieilles cordes ou de vieilles mesches, faites-en des cordons de la grandeur que vous voudrez, mettez-les boüillir dans ces matieres; & si vous voulez qu'ils ne brûlent pas si fort, mettez-y six livres de colophone, & deux livres de therebentine.

Autre maniere pour faire des Fascines, des Cercles, des Tourteaux, & des Fagots gaudronnez.

IL faut avoir deux chaudieres, dans l'une desquelles vous mettrez telle quantité de poix blanche qu'il vous plaira, & la ferez fondre sur le feu; estant fonduë, vous y jetterez vos tourteaux de cordage ou d'étoupes, & les laisserez bien imbiber, puis les retirerez avec un bâton pointu, & les mettrez sur une planche moüillée; estant refroidis, oignez vos mains avec de l'huille, formez vos tourteaux, puis vous jetterez dans l'autre chaudiere quatre livres de poix noire, quatre livres de poix-raisine, une livre de suif, & une livre d'huille; & pour une plus grande quantité, prenez-en à proportion, & vous ferez fondre le tout ensemble, puis, vous y plongerez vos tourteaux, que vous retirerez promptement pour les mettre sur des planches moüillées où vous les laisserez seicher.

On trempe dans une pareille composition les toiles & sacs à terre cousus ensemble que l'on veut attacher à des portes de maisons lorsque l'on a dessein d'y mettre le feu; cela s'appelle une chemise.

Pour faire des Torches qui ne s'éteignent jamais au vent ni à la pluye.

PRenez de vieilles cordes qui soient assez grosses & les faites boüillir dans l'eau de salpestre, puis les faites bien secher; mettez-les aprés avec du soufre bien pilé & de la grosse poudre détrempée avec un peu d'eau de vie; prenez ensuite trois parties de cire, trois parties de poix, une partie de soufre, une demi partie de camphre, demi partie de therebentine, & de ces matieres jointes ensemble, couvrez-en vos cordes, & en mettez quatre ensemble, & comme une torche au milieu; ajoûtez encore entre ces quatre cordons, de la chaux vive, & trois parties de soufre meslées ensemble; ces torches résisteront à tout.

Pelottes pour éclairer pendant la nuit.

POix-raisine une partie, soufre trois parties, salpestre une livre, grosse poudre une livre; faites fondre & incorporer le tout ensemble avec des étoupes, & de cela faites des pelottes pour jetter dans un fossé, ou ailleurs.

Pots à feu.

SOufre quatre livres, salpestre douze livres, poudre douze livres, verre battu, mais pas trop, deux livres; battez ces matieres ensemble, puis les meslez à la main en y mettant un peu d'huille de lin; emplissez vos pots de terre de cette mixtion, & de roche à feu rompuë par petits morceaux comme poids ou féves, entassez le tout jusqu'à ce qu'il soit prés de la bouche, & qu'il ne s'en faille qu'un travers de doigt; emplissez le reste de poudre à canon, qu'il n'en demeure que pour y mettre un peu de poix-raisine que vous fondrez dessus; quand vous voudrez jetter ces pots en quelques lieux, rompez la poix, jusqu'à ce que vous trouviez l'amorce, puis vous y mettrez le feu.

Grenades qui brûlent dans l'eau.

SOufre deux parties, salpestre quatre parties, poudre battuë deux parties, camphre demi partie; battez le tout ensemble, & y mettez l'huile de petreol ou de lin; faites aprés, vos grenades de futaine, de treillis, de bois, de terre, ou de fer, puis les couvrez de poix-raisine: estant pleines de cette mixtion, si vous voulez les mettre en couleur jaune, mettez-y un peu d'orpiment & de mastic; si vous les voulez vertes, de verd de gris; quand vous y mettrez le feu, faites-y un trou avec un poinçon, & y mettez de bonne amorce: ne les jettez point dans l'eau qu'elles ne soient bien allumées, & qu'elles ne commencent à faire bruit.

IL eſt des occaſions de réjoüiſſance où un Officier d'Artillerie doit ſçavoir quelque choſe des Feux de joye, les fuſées volantes en faiſant une des parties plus eſſentielles. Il faut dire de quelle maniere elles ſe font, la planche en fait voir la figure, auſſi-bien que celle du moule dont on ſe ſert pour la former. On y voit auſſi les moules & les figures des ſauciſſons, ſerpenteaux, lances, pots à feu, & girandoles qui les accompagnent pour l'ordinaire.

EXPLICATION DE LA FIGURE réprésentant des Fuſées volantes à réjoüiſſances, avec leurs accompagnemens.

A *Moule de fuſée volante.*

B *Culotte du moule avec ſa broche.*

C *Baguette à rouler le cartouche.*

D *Premiere baguette percée ſervant à charger la fuſée dans le moule.*

E *Seconde baguette percée pour continüer à charger la fuſée.*

F *Troiſiéme baguette percée pour achever de charger la fuſée juſqu'au haut de ſa broche.*

G *Baguette pour le maſſif, c'eſt-à-dire qui n'eſt point percée, & dont l'on ſe ſert pour achever de charger la fuſée à la hauteur d'un pouce au deſſus de la broche.*

H *Cartouche de papier pour mettre dans le moule preſt à eſtre chargé de compoſition.*

I *Pot qui ſe met ſur la fuſée quand elle eſt chargée, pour ajuſter la garniture, de ſerpenteaux ou d'étoilles.*

K *Moule du pot.*

L *Chapiteau pour couvrir le pot quand la garniture eſt dedans.*

M *Serpenteau pareil à pluſieurs dont on ſe ſert pour remplir le pot.*

N *Moule de ſerpenteau avec ſa petite broche.*

O *Culotte du moule du ſerpenteau avec ſa petite broche.*

P *Baguette de fer du ſerpenteau avec ſon manche.*

Q *Poinçon pour percer la fuſée quand elle eſt chargée, pour donner feu à la compoſition.*

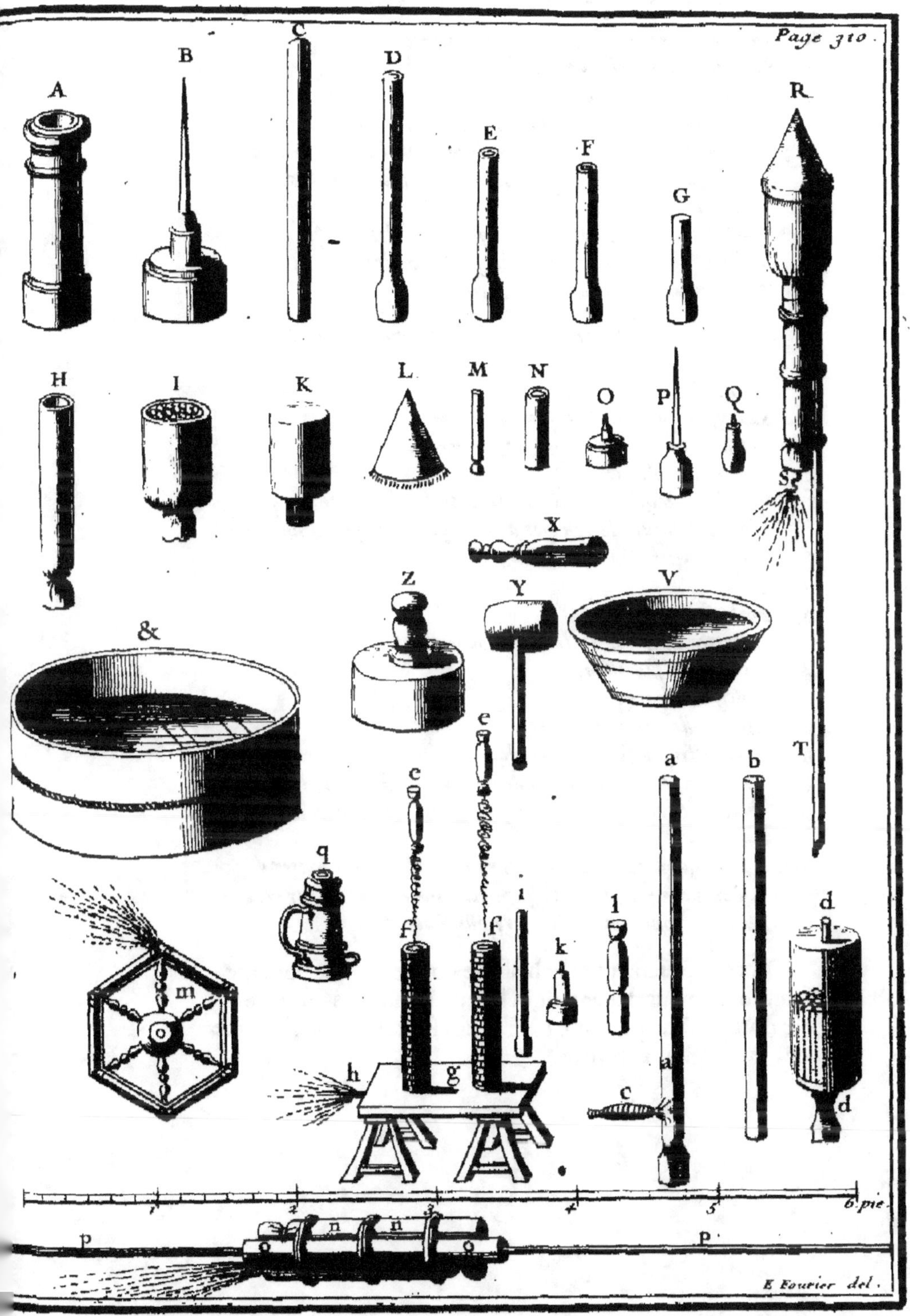
A
B
C
D
E
F
G
R
H
I
K
L
M
N
O
P
Q
S
X
Z
Y
V
&
e
c
a
b
T
q
i
l
f
f
k
d
m
o
h
g
c
a
d
1
2
3
4
5
6 pie.
p
n
n
p
o
o
E Fourier del.

R *Fusée montée sur sa baguette & amorcée.*
S *Etoupille à laquelle on met le feu.*
T *Baguette de la fusée.*
V *Sebille dont on se sert pour mettre la composition.*
X *Cuilliere pour mettre la composition dans la fusée, elle doit estre de diametre à pouvoir entrer facilement dans le cartouche.*
Y *Maillet servant à battre la composition dans la fusée.*
Z *Mollette ou pommette pour écraser la poudre.*
& *Tamis pour passer la composition.*

a *Lance à feu avec son saucisson & son manche pour l'attacher.*
b *Moule de la lance.*
c *Saucisson qui reçoit le feu de la lance.*
d *Pot à feu avec son manche & sa garniture.*
e *Saucisson volant.*
f *Pot du saucisson fait de carte attaché sur un banc pour y communiquer le feu par dessous par le moyen d'un porte-feu couché dans une coulisse.*
g *Banc.*
h *Porte-feu.*
i *Baguette pour rouler le saucisson volant.*
k *Culotte du saucisson.*
l *Saucisson chargé.*
m *Girandolle avec ses fusées.*
n *Courantin ou fusée de corde.*
o *Un tuyau, ou de canne, ou de sureau, ou de carte, ou de bois dans lequel la corde passe pour faire son chemin d'un costé à l'autre.*
p *Corde qu'on passe dans le tuyau, que l'on doit frotter de savon pour rendre le passage plus libre dans le tuyau.*
q *Boëte de fonte ou de fer à réjoüissance.*

On remarquera que l'échelle ne doit servir que pour mesurer tout ce qui dépend de la fusée volante, les autres pieces d'artifices ne pouvant estre mises sur cette planche dans leur proportion naturelle.

Fusées volantes.

LE moule *A* eſt de bois de noyer, ou de buis, ou de cuivre, & toutes les baguettes ſont de freſne.

Le moule étant ainſi diſpoſé, & les baguettes préparées ſur le pied des proportions qu'on leur donne dans la figure, & que l'on peut meſurer ſur l'échelle, il faut pour commencer à former la fuſée, avoir du carton liſſé & fort mince que l'on roulera en rond le plus ſerré que l'on pourra ſur la baguette deſtinée à cet uſage, & collant le carton à meſure avec de la colle de paſte, & rendant cette fuſée d'une groſſeur à pouvoir entrer aiſément dans le moule.

Ce carton ainſi roulé, qui eſt ce que l'on appelle le cartouche, doit eſtre de la hauteur du moule quand il eſt hors de deſſus ſon culot.

Lorſque le carton eſt ſec on l'ébarbe par les deux bouts pour le rendre égal & droit.

On y fait entrer la baguette *C* juſqu'au bout, laiſſant néanmoins un eſpace vuide de la largeur d'un bon pouce: à cet endroit l'on paſſe une ficelle que les Artificiers appellent filagore, à qui l'on fait faire deux tours; un des bouts de la ficelle eſt attaché à un bon cloud contre une muraille, ou contre un arbre, & l'autre bout eſt attaché à un bâton que l'artificier fait paſſer entre ſes jambes & par derriere luy. En cet état il prend la baguette *G*, qui s'appelle baguette pour le maſſif, qu'il fait entrer dans l'extrémité qu'il a laiſſée vuide au carton, afin que lors qu'il vient à ſerrer bien fort & à étrangler, comme ils diſent, le cartouche, il ne perde ni ſon premier diametre, ni ſa premiere figure.

Quand le cartouche eſt ſuffiſamment étranglé, & qu'il reſte au dedans du cartouche une ouverture, meſme plus petite qu'il ne la faut pour y faire entrer la broche du moule, on oſte la corde qui ſervoit à étrangler, & l'on met une autre ficelle à la place, qui s'appelle ficelle à paulmier, dont on fait pluſieurs tours en la ſerrant bien fort & l'arreſtant par de bons nœuds coulans que l'on fait les uns ſur les autres, en sorte que le cartouche devienne comme on le voit dans la figure *H*.

Le cartouche ainsi préparé, l'on monte le moule sur son culot, on fait entrer le cartouche dedans, le bout étranglé le premier, par le moyen du culot le cartouche sort du moule de la hauteur d'un pouce ou environ : alors l'on prend la premiere baguette percée *D* que l'on fait entrer dans le cartouche, au milieu duquel elle rencontre la broche de fer du moule qui traverse cette baguette, & l'on frappe sept ou huit coups dessus avec un maillet de bois, afin que le bout du cartouche qui est étranglé, reprenne entierement la forme de la grosseur & de la proportion du corps du cartouche; en cette maniere le cartouche est prest à charger.

La composition estant aussi préparée, comme on l'expliquera cy-aprés, il faut prendre la cuilliere ou petite lanterne *X* qui est, ou de fer blanc, ou de cuivre, l'emplir de la composition qui est dans la sebille *V*, porter cette charge dans le cartouche, remettre la premiere baguette percée par dessus, & frapper trois ou quatre coups bien serré avec le maillet, oster cette baguette, & frapper à costé du moule trois ou quatre coups pour faire tomber ce qui pourroit estre resté de la composition autour, on remet ensuite la baguette pour battre encore deux ou trois fois la composition, on la retourne mesme plusieurs fois, afin que cela soit également battu.

Vous retirez cette baguette, vous rechargez avec la cuilliere, comme vous avez déja fait, & vous continüez de faire la mesme chose que dessus jusqu'à trois fois, aprés quoy, vous changez de baguette, vous prenez la seconde *E*, que vous faites entrer dans le moule pour charger encore par trois fois, & frapper autant de coups que vous avez fait aux trois premieres charges.

Ensuite vous prenez la derniere baguette percée *F* pour achever de charger la fusée jusqu'à la hauteur de l'extrémité de la broche que l'on peut sentir avec le bout du doigt au travers du cartouche.

Quand vous ne sentez plus la broche, vous mettez une

cuillerée de la composition , vous prenez la baguette non percée qui s'appelle le massif, pour battre trois fois cette composition, & vous en usez de mesme qu'avec les autres baguettes.

La composition se trouvant à la hauteur du moule bien battuë & bien refoulée également, il restera un vuide au cartouche d'un pouce & demi, comme on l'a dit, & alors, vous prenez le poinçon *Q* dont vous vous servez pour séparer les plis du carton, & décoler l'extrémité du cartouche que vous rabattez en dedans sur la composition, ensorte qu'il ne reste plus qu'un pli ou deux du carton tout debout; le carton ainsi remployé, vous prenez la baguette non percée qui est le massif, vous frappez sur ce carton replié bien plus fort encore que vous n'avez fait sur la fusée, & par quatre ou cinq coups avec le maillet, vous prenez ensuite ce mesme poinçon pour faire un ou deux trous à plomb sur le carton replié & battu à costé du carton qui est demeuré debout, afin que, quand on viendra à mettre le feu à ce que l'on appelle la chasse, qui est l'espace laissé au dessus, & qui doit estre empli d'une composition particuliere, il puisse facilement se communiquer au corps de la fusée; quand on en est là l'on tire la fusée hors du moule, l'on bouche soigneusement avec un petit tampon de papier le vuide qui est resté à l'extrémité du carton qui touchoit au fond du moule, au travers duquel passoit la broche de fer.

Ensuite, sur le bout qui sortoit du moule, l'on met la chasse, qui est moitié grosse poudre grenée, & moitié de la composition qui a servi à charger la fusée, vous collez un papier par dessus bien proprement pour empescher que cette charge ne se répande, aprés quoy, vous prenez le pot *I*, vous l'assemblez sur le haut de la fusée en faisant entrer vostre cartouche dans la partie la plus étroite du pot, en sorte que la plus large & la plus évasée soit en haut, vous collez proprement & liez avec de la petite ficelle ces deux parties ensemble; ce qui estant fait, vous rangez dans le pot vos serpenteaux autant qu'il en peut tenir, & mettant mesme de la poudre pulvérisée dans le fond, & observant de mettre la teste des serpenteaux le bout amorcé en bas, pour qu'ils ayent plus de communication avec le feu.

Ce pot empli, vous collez un papier par dessus pour empescher les serpenteaux de tomber. Par dessus le pot vous appliquez, ce que vous appellez le chapiteau *L* qui déborde un peu le pot, & qui est déchiqueté pour pouvoir estre collé plus aisément, vous le liez avec du fil ou une ficelle fort délicate, pour faire que tout cela s'entretienne mieux, & vous collez mesme encore par dessus, une bande de papier qui porte sur les bouts du chapiteau, & sur le corps du pot qu'il embrasse.

La fusée estant ainsi preste à amorcer, vous prenez la culotte du moule, vous en faites entrer la broche par le bas de la fusée, & vous la serrez bien fort en la tournant deux ou trois tours pour bien presser la composition, ensuite vous la retirez, & à la place vous mettez un bout d'étoupille faite, comme il sera expliqué cy-aprés, on l'enfonce d'un pouce seulement, & il en reste un pouce en dehors; & pour faire tenir cette étoupille dans le trou, vous avez de la paste de poudre, qui est de la poudre pulvérisée moüillée dans de l'eau, & réduite en paste, vous en prenez un peu avec le doigt que vous portez au trou & à costé de l'étoupille pour l'y coller & l'y arrester; & pour tenir cette étoupille en seûreté, vous la remployez dans la gorge de la fusée, & vous appliquez un papier par dessus que vous liez un peu serré.

Lorsque vous voudrez vous servir de cette fusée, il faut avoir une baguette bien droite d'ozier, ou d'autre bois, plus grosse & plus forte quand la fusée est d'un plus gros calibre; cette baguette doit estre pelée, & longue de six ou sept pieds, observer que le gros bout de cette baguette doit estre attaché sur le corps de la fusée venant toucher immédiatement au dessous du pot, & qu'il faut l'applatir avec un coûteau, de la longueur du corps de la fusée, afin qu'elle s'y couche plus aisément; on la lie en trois endroits avec de la ficelle, d'abord à la gorge qui est au plus bas de la fusée, ensuite au milieu, & puis tout au haut, comme la figure le démontre.

Une chose importante à remarquer, est qu'il faut que la baguette soit de telle longueur & de tel poids, qu'aprés qu'elle est liée à la fusée, estant mise sur le doigt à un pouce tout au plus du bout de la gorge de la fusée, elle soit en équilibre, c'est-à-dire que la baguette n'emporte pas la fusée, ni la fusée la baguette, & si la baguette estoit plus pesante, il la faudroit couper par son bout le plus menu, & si elle se trouvoit trop legere, il la faudroit garder pour une plus petite fusée, ou la charger d'un tuyau d'une lance à feu, ou d'une fusée, pour luy donner le poids qui luy manqueroit.

Voilà donc nostre fusée toute chargée, toute amorcée, & toute preste à tirer.

A l'égard de la composition, elle se fait de cette maniere.

Il faut prendre de la poudre de guerre grosse grenée, l'écraser sur une table avec une pommelle de bois qui est faite comme la culotte du moule. Vous la passerez ensuite dans un tamis de soye tres-fin, ce qui sera pulvérisé & tamisé sera pesé, vous en prendrez seize onces poids de marc, & vous la mettrez dans un endroit particulier; vous ferez écraser du charbon, ce que les artificiers nomment aigremore, fait avec du saule ou du bois blanc, quand il sera écrasé, vous le passerez par un tamis de crin un peu plus gros que le tamis de soye: vous peserez ce charbon passé, avec des balances; vous en mettrez quatre onces pesées juste; vous prendrez ces quatre onces de charbon avec ces seize onces de poudre; vous les meslerez bien ensemble à la main; vous les repasserez encore jusqu'à quatre ou cinq fois dans un tamis de crin bien plus gros que les autres, & à chaque fois que vous les aurez passées, vous les remuërez encore avec la main: cette composition estant bien meslée & bien incorporée ensemble, vous la mettrez dans la sebille pour vous en servir comme on l'a dit.

Vous éprouverez une de vos fusées l'ayant chargée de cette composition, si elle ne monte point, c'est que la composition

position sera trop foible, il y aura trop de charbon dedans, & il faudra la fortifier avec une once de poudre pulvérisée, & si elle crevoit en chemin ou en montant en l'air, comme il arrive souvent quand on n'en a point fait d'épreuve, c'est que la composition sera trop forte, & alors, il faudra y ajoûter une once de charbon, & si cette once ne suffit pas par une nouvelle épreuve que l'on en fait encore, il faudra encore y ajoûter du charbon, le tout suivant la prudence de celuy qui travaille.

Quelques Officiers estiment que l'on peut faire des fusées volantes avec les compositions qui suivent, à proportion de leur grosseur, y en ayant quelques-unes qui pesent toute chargées & équippées, avec leur garniture, jusqu'à deux livres, comme il est expliqué à la colonne où ces sortes de fusées s'appellent doubles Marquises, les autres ayant aussi leur nom.

Dose pour faire des Fusées volantes.

Composition pour un moule de 2 livres.	Composit. pour un moule de 1 liv.	Composit. pour un moule de $\frac{1}{2}$ liv.	Composit. pour un moule de 4 onc.	Composit. pour un moule de 2 onc.
Poudre ... 2 livres	.... 1 liv.	.... 20 onc.	.... 5 onc.	... 8 ou 9 onces.
Salpestre ... 1 livre.	.... 12 onc.	.... 12 onc.	.... 1 onc.	.... $\frac{1}{3}$ d'onc.
Soufre ..... 5 onces.	.... 2 onc.	.... 1 onc.	.... $\frac{1}{4}$ d'onc.	....
Charbon ... 4 onces.	....	.... 3 onc.	.... $\frac{1}{2}$ onc.	.... $\frac{1}{2}$ once. ou 1 once.
Limaille de fer 2 onc.	....	.... 2 onc.	....	....
Le moule a 9 pouces & $\frac{1}{2}$ de haut.	Le moule a 8 pouces & $\frac{1}{2}$ de haut.	Le moule a 7 pouces & $\frac{1}{2}$ de haut.	Le moule a 7 pouces de haut.	Le moule a 4 pouces $\frac{1}{2}$ de haut.
Cette fusée s'appelle double Marquise.	Marquise.	Grosse fusée de partement.	Fusée de partement.	Fusée de caisse.

Pour faire de la Pluye de feu.

PRenez une partie de soufre, une partie de salpestre, une partie de poudre; ou trois parties de soufre, trois de salpestre, & quatre de poudre; ou quatre parties de soufre, six de salpestre, & huit de poudre, battez fort les matieres à part, fondez aprés, le soufre dans un pot de terre plombé, ou dans un pot de cuivre, qui est beaucoup meilleur; puis aprés qu'il sera fondu, mettez-y le salpestre peu à peu, en brassant toûjours, ensuite la poudre, & que ce soit à petit feu; il faut prendre garde en brassant que le feu n'y prenne. Ces trois matieres estant bien fonduës & meslées ensemble, & ne faisant plus qu'un corps, versez-en sur du papier ou sur une planche: cette composition s'endurcira; & quand vous voudrez faire de la pluye de feu, prenez-en & la brisez en petits morceaux, meslez ces morceaux parmi la poudre du petard de vostre fusée, & ce sera une pluye de feu.

Serpenteau.

ON se sert de la composition des fusées volantes pour faire les serpenteaux. A l'égard de leur construction, il faut prendre la baguette de fer *P*, rouler dessus deux cartes à joüer l'une sur l'autre, qui seront couvertes d'un papier, en sorte que ce papier paroisse toûjours dessus, & que les cartes soient en dedans; il sera nécessaire de moüiller un peu ces cartes pour les rendre plus maniables, mais il faut ne les employer que seiches; on colera avec de la cole faite de farine & d'eau, ce papier dans toute sa longueur pour l'arrester.

On prend la culotte *O* du moule, que l'on fait entrer par un des bouts du serpenteau, & en cet endroit vous l'étranglez avec de la ficelle à paulmier, que vous graissez d'un peu de savon; & quand il a esté étranglé, vous le liez avec un peu de fil.

On rapporte ensuite le moule *N* par dessus ce serpenteau, qui par ce moyen se trouve renfermé dedans; on charge ce serpenteau de la composition marquée cy-dessus, avec un tuyau de plume, & d'abord on y en fait entrer jusques environ au milieu du serpenteau; cette composition se refoule avec la mesme baguette de fer sur laquelle le serpenteau a esté roulé, & l'on frappe dessus avec quelque palette ou leger maillet de peu de coup.

Quand ce serpenteau est chargé à la moitié, l'on y fait entrer un grain de vesse, & vous achevez de le charger avec de la poudre grenée jusqu'à une distance du bout pour y pouvoir mettre un petit tampon de papier masché, que vous frappez par dessus avec la baguette de fer; ce papier estant entré, & laissant un petit espace vuide au dessus de luy, en cet endroit vous étranglez encore le serpenteau, & vous le liez avec un bout de fil comme vous avez fait à l'autre costé, avec cette différence que ce bout-cy est tout fermé, & que l'autre a conservé l'ouverture qui y a esté faite par l'aiguille ou broche que l'on a fait entrer dedans; ce vuide est rempli ensuite d'un peu d'amorce qui se fait avec de la poudre écrasée & trempée dans de l'eau.

Lance à feu.

LA lance à feu se fait avec une feüille de grand papier à dessiner du plus fort, on la roule par sa largeur sur une baguette qui est de la grosseur d'une baguette de mousquet, & d'un pied & demi de long : ce papier estant roulé, on le cole tout du long pour l'arrester; ensuite l'on fait entrer dans un des bouts de ce cartouche environ avant d'un pouce, un morceau de bois que l'on appelle le manche ou le pied de la lance, & qui est de son calibre, aprés l'avoir trempé dans de la cole, afin qu'il puisse bien tenir; l'autre bout de ce manche est plat & percé de deux trous pour l'attacher avec deux clouds sur tout ce que l'on voudra.

La voila preste à estre chargée.

La composition doit estre de quatre onces de salpestre bien rafiné & mis en farine, de deux onces de poudre & de poussier passé dans un tamis de soye bien fin, une once de soufre en fleur; tout se mélangera bien ensemble, & sera passé dans un tamis de crin un peu gros & bien remué.

On mettra cette composition dans une sebille de bois, on la prendra ensuite avec une carte à joüer que l'on coupera en houlette, & l'on s'en servira pour charger la lance; à mesure que l'on chargera avec cette houlette, on frappera cette charge en y faisant entrer la baguette qui a servi à rouler le cartouche, & avec une petite palette de bois; & quand on sera au quart de la hauteur de la lance, on mettra de poudre la valeur de l'amorce d'un pistolet, qu'on serrera doucement avec la baguette sans frapper, & l'on continüera ainsi jusqu'à quatre fois, en sorte que la lance soit pleine jusqu'au haut; apres quoy, on prendra un peu de poudre écrasée que l'on trempera dans de l'eau pour luy servir d'amorce, & ensuite on la couvrira avec un peu de papier que l'on y colera.

Le Saucisson.

LE cartouche du saucisson se fait avec une baguette. Ce cartouche doit estre de quatre pouces de long; il se fait de carton roulé deux fois & bien colé par tout; on l'étrangle par un bout à un demi pouce de son extrémité; on le lie avec de la ficelle; on prend un tampon de papier que l'on fait entrer dans ce cartouche; on le pousse dans le cul du saucisson avec la baguette; on frappe cette baguette avec un maillet; aprés quoy, l'on met de la poudre ordinaire dans ce cartouche; & quand il est plein à peu prés, l'on couvre cette charge d'un tampon que l'on frappe encore avec la baguette, & ensuite on l'étrangle & on le lie en cet endroit. Aprés cela l'on serre ce saucisson depuis les deux endroits étranglez avec beaucoup de ficelle, en sorte qu'il en soit tout couvert; en cet état on le jette dans la cole forte, & l'on le laisse secher.

Pour attacher ce saucisson à la lance, il faut prendre un poinçon, & percer le saucisson à celuy des deux bouts qui fera le mieux fait, jusqu'à ce que l'on ait trouvé la poudre; on prendra un tuyau de plume que l'on emplira de poudre en poulvrin; ce tuyau de plume sera échancré & taillé comme une plume à écrire, le costé plein entrera dans le saucisson, & le costé échancré entrera dans la lance immédiatement au dessus de son pied, où l'on fera un trou pour le recevoir; on les liera ensemble en cet endroit, & on les colera avec du papier de maniere que le tout soit bien fermé & bien joint, & que néanmoins le feu, par le moyen de la plume, puisse communiquer de la lance au saucisson.

Pot à feu.

Il faut prendre un morceau de bois tourné long d'un pied, & du diametre de trois pouces, rouler dessus du carton à l'ordinaire deux ou trois tours, & le bien coler; vous osterez ce morceau de bois; vous mettrez à sa place par un des bouts de ce cartouche un autre morceau de bois, qui s'appelle le pied du pot à feu, & qui est de mesme calibre; vous l'y ferez entrer seulement d'un pouce, & vous l'y attacherez avec trois ou quatre petites broquettes pour le faire tenir.

Vous prendrez une lance à feu pleine, mais qui n'aura point de pied; vous la mettrez au milieu du cartouche, & vous observerez qu'elle en sorte de trois ou quatre pouces; vous la retirerez; vous prendrez le morceau de bois ou moule sur lequel aura esté roulé le cartouche; sur l'un des bouts de ce moule vous ajusterez une feüille de papier coupée en deux, & que vous passerez en croix pour en former comme une espece de calotte: au fond de cette calotte qui aura pris la forme du moule du pot, vous mettrez une once de poudre grenée, & deux onces de composition telle qu'elle vous restera de vostre artifice; au milieu de ces trois onces de matiere on place la lance à feu dont nous venons de parler; on ramasse autour du pied de cette lance toute cette matiere également, & l'on la serre avec les bouts du papier que l'on lie autour de la lance avec de la ficelle; & cela s'appelle le bouton avec sa lance.

Cette lance & ce bouton se placent dans le fond du pot, en sorte que la lance soit bien droite & bien au milieu, & tout autour vous y faites entrer des serpenteaux que vous avez fourez dans le poulvrin ; vous les arrangez proprement ; & pour achever de les arrester en sorte quils ne branlent point, vous prenez du méchant papier que vous rangez doucement autour, & puis, vous prenez un autre morceau de papier au milieu duquel vous faites un trou pour passer la lance, & vous en faites une coëffure sur le pot en la colant tout autour ; & voila le pot fait.

Saucisson volant.

IL a sa baguette *i* sur laquelle vous roulez le carton que vous faites de la hauteur de quatre pouces & demi ; vous l'étranglez, & vous le liez à un pouce & demi de l'une de ses extrémitez, en sorte qu'il en reste encore trois pouces francs.

Vous faites entrer par le plus petit bout la culotte *k* pour le tenir debout ; vous le chargez par l'autre bout avec de la poudre grenée que vous fermez avec un tampon, & vous le liez par ce bout-là ; vous l'ostez ensuite de dessus sa culotte ; vous prenez de la composition de fusée volante dont vous le remplissez en plusieurs temps, & en le battant avec une baguette ; si-tost qu'il est plein, vous prenez de la corde d'amorce qui est faite avec du cotton, de la poudre écrasée, & de l'eau de vie, en sorte que cela soit liquide pour pouvoir s'attacher autour du cotton ; du moment que ce cotton est sec, vous en prenez deux bouts que vous mettez en croix sur le bout du saucisson que vous venez de charger ; par là dessus vous appliquez de la composition & vous frappez le tout avec la baguette, de façon que le cotton & la composition se tiennent ensemble : par ce moyen il sort quatre bouts de corde d'amorce qui servent à donner le feu au saucisson.

Pour se servir de ce saucisson, il faut faire un pot de carton qui soit haut de six à sept pouces, & dont le diametre soit plus fort d'une ligne que le saucisson ; on l'étrangle par en bas à un pouce prés du bout. Prenez ensuite une carte à joüer, faites-en un portefeu, emplissez-le de composition de fusée volante ; quand il est chargé & battu, faites un bouton du diametre du pot, mettez-y une once de poudre grenée, placez le portefeu au milieu, & liez le tout ensemble ; portez ce bouton dans le pot à feu le bout tourné en bas de maniere qu'il sorte par le trou qui est étranglé ; quand vous en verrez sortir le bout du portefeu, vous lierez ce bout de pot étranglé pour serrer le portefeu, & par l'autre costé vous ferez entrer le saucisson le bout amorcé, où sont les quatre étoupilles de cotton, en bas ; & ce qui restera de vuide, vous le boucherez avec du papier, & le couvrirez d'un papier colé, comme on a déja dit.

Ces pots de saucissons volans s'arrangent ordinairement sur une planche ou banc percé de trous d'outre en outre de la grosseur du portefeu que l'on fait entrer dedans en le colant, afin que l'effort du coup ne le puisse point emporter ; & par le dessus de cette planche l'on met le feu à chaque portefeu de pot ; ce portefeu bien joint au pot, demeure ferme sur la planche, & tout ce qui estoit dedans, s'éleve en l'air.

Il y a encore un autre moyen de donner le feu à ces sortes de pots pour les faire tirer de suite, sans estre obligé d'y mettre le feu aux uns aprés les autres ; qui est de faire une maniere de coulisse par dessous les trous que vous aurez percez sur la planche ; de placer dans cette coulisse des portefeux ouverts par les deux bouts & disposez les uns aprés les autres ; & de coler une bande de papier par dessus pour les tenir bien serrez & bien unis ensemble, & pour faire que le feu passe de l'un à l'autre sans interruption : cet ouvrage doit se faire avant que de placer les pots de saucissons volans, & il faut mesme piquer avec un poinçon ces portefeux par les trous que l'on a faits, afin que, lorsque l'on vient à y faire entrer les portefeux des pots des saucissons, le feu de ceux qui sont couchez, le communique à ceux qui sont debout.

Girandole.

LA girandole eſt faite en forme de rouë à ſix pans, comme on le voit dans la figure; les rais en ſont de bois leger tourné auſſi proprement que l'on le veut; le moyeu ſera d'un bois un peu plus fort, c'eſt-à-dire de heſtre ou de tilleul; les bandes de ces rouës doivent eſtre minces à peu prés de trois lignes, & larges ſeulement d'un pouce ou environ; on clouë ces bandes à leurs joints, & meſme on les cole afin qu'elles tiennent mieux. Quand cette rouë eſt ainſi diſpoſée, on applique ſur chacune des jantes ou bandes, une fuſée volante de la meſme longueur de la bande, & chargée comme le ſont les autres fuſées volantes; on la lie & ſerre bien fort avec de la ficelle en trois endroits, c'eſt-à-dire au milieu, & par les deux bouts; on continuë ainſi tout autour, obſervant qu'il y ait un bout d'étoupille qui ſorte de l'une & qui entre dans le maſſif de la fuſée qui ſuit, afin que le feu de l'une paſſe à l'autre ſans interruption: quand tout cela eſt preparé bien juſte, on couvre de papier les endroits où ſe joignent les fuſées; & ſur ce papier on en met encore deux ou trois autres pour empeſcher que le feu ne faſſe jour par là; & à la jointure qui reſte entre les deux dernieres fuſées, on prend ſoin d'en bien boucher une, & c'eſt celle qui doit agir la derniere, de papier moüillé, & bien tamponné par l'extrémité qui touche au bout de la premiere fuſée, à laquelle on met le feu par l'étoupille qui en ſort.

Pour ſe ſervir de cette girandole, il y faut faire un pied de bois de quatre pieds de long, que l'on fait entrer par le moyeu dans la girandole bien à l'aiſe, pour la faire tourner plus facilement; & à l'extrémité de cette maniere d'eſſieu l'on met une clavette pour empeſcher que la rouë ne tombe en tournant: ces girandoles s'attachent au coin du théatre ou échaffaut par un manche, avec des clouds.

Couran-

Courantin ou Fusée de corde.

ON se sert de ce courantin, quand on veut dans une réjoüissance faire porter le feu d'un lieu à un autre, & former mesme en l'air une maniere de combat entre des figures qui répresentent des hommes ou des animaux; d'autrefois du haut d'un clocher, ou d'un dôme l'on fait partir de ces sortes de figures, lesquelles allant trouver la principale qui est au haut du théatre ou échaffaut d'artifice, y portent le feu sans que l'artificier s'en mesle.

Prenez deux fusées volantes appellées Marquises, de la grosseur & de la mesme figure que celle dont nous avons parlé, sans pot néanmoins, & sans garniture, & comme elles sortent du moule; joignez ces deux fusées ensemble & à costé l'une de l'autre, la teste de l'une tournée vers le bas de l'autre fusée, & faites en sorte que l'étoupille qui sortira du massif de l'une, entre dans la gorge de l'autre, & colez cela par dessus avec du papier, pour empescher que la violence de l'effort ne les sépare; & observez aussi de prendre la précaution de boucher avec du papier moüillé & colé le bout du massif de celle qui doit tirer la derniere.

Quand ces deux fusées sont ainsi disposées, on y attache un tuyau vuide; on le lie avec ces fusées en trois endroits, bien serré, & puis on le passe dans la corde.

La premiere fusée estant allumée parcourt la corde de l'endroit d'où elle part, à l'autre; & quand elle a fini, l'autre prend feu & revient sur ses pas faisant le mesme chemin.

Si c'est une figure que vous desiriez faire paroistre pour porter ce feu, comme par exemple; un dragon, la figure estant faite de carton ou d'ozier tres leger, couvert de papier peint, on luy passe ces deux fusées au travers du corps, & l'une luy sort par la gueule, l'autre par le derriere; & l'on doit observer qu'il faut que les fusées soient proportionnées au poids de la figure.

Ce sont-là toutes les sortes de pieces d'artifice qui entrent dans les feux de joye ; il ne s'agit, aprés cela, que de les multiplier tout autant que l'on en a besoin, & de les bien placer pour les éxécuter. Communément voicy comment on s'y prend pour dresser un feu de joye.

On éleve un échaffaut de bois en quarré de vingt-quatre pieds de haut, & de dix-huit de large, soutenu de neuf piliers : au milieu de l'échaffaut se met un pied d'estal quarré de menuiserie de six pieds de hauteur, pour y placer la figure qui répresente ce que l'on veut.

L'extérieur de la charpente est revestu & couvert d'une décoration peinte en balustrades, accompagnée d'emblesmes, de devises, & de figures allégoriques ayant rapport au sujet de la réjoüissance, le tout suivant l'industrie du Peintre, & de ceux qui ordonnent & conduisent la feste.

Quelquefois aux quatre coins du théatre on a peint des vases ou des pots pleins de feu & de flâmes, ou des bombes qui crevent.

Pour l'arrangement, on place au derriere de ces figures à chacun des quatre coins, une grande caisse de bois de sapin contenant douze fusées volantes, que l'on fait partir ensemble par une étoupille qui communique à toutes.

Le haut du balustre à l'entour est garni de lances à feu, portant chacune leur saucisson, & éloignées d'un pied l'une de l'autre ; l'on garnit les intervalles, de pots à feu, & de saucissons volans.

Au pied de la balustrade en haut, on fait la mesme chose, excepté que l'on observe de ne pas placer, ni les lances à feu, ni les pots, si droits que ceux du dessus de la balustrade, pour éviter que le feu d'en bas ne se communique en haut.

Les quatre coins peuvent se garnir de pots à feu qui agissent horisontalement.

Les girandoles se placent aussi au dehors aux quatre coins, & mesme dans le milieu des quatre faces de l'échaffaut, & l'on les attache sur le plancher, comme on l'a expliqué.

Le tour du pied d'estal de la figure se garnit de la mesme maniere, & l'on met quatre caisses de fusées volantes aux quatre coins.

L'étoupille dont on se sert pour allumer cet artifice, doit faire le tour du théatre, & estre placée juste sur l'amorce des lances à feu, & mesme y estre enfoncée avec des épingles.

Quant aux pots à feu, il n'y a point d'étoupille, car on y met le feu à la main.

Les girandoles de mesme.

On allume d'abord les lances à feu, afin que de tous costez on puisse voir la disposition de la figure, & de tous les ornemens qui l'accompagnent. De temps en temps on fait partir une face de pots à feu à droit, & puis à gauche du théatre, & pareillement des fusées volantes : & lorsque vous voyez que le feu diminuë, vous allumez vos quatre girandoles qui terminent fort agréablement la feste.

IL ne conviendroit pas de quitter ce chapitre des artifices, sans dire un mot de ces foudroyantes machines que Strada nous apprend avoir esté mises en usage au siege d'Anvers, & que les Anglois regardent présentement, quoyque fort vainement, comme une des plus seûres ressources qu'ils ayent pour détruire nos Ports, & renverser nos Villes maritimes. A la verité, leur disposition a dequoy faire trembler les plus intrépides, mais l'éxécution en est ordinairement fort périlleuse pour ceux qui en sont chargez, & l'effet en est peu certain, comme il a paru devant Saint Malo, où l'une de ces machines que la Flotte Angloise avoit amenée avec elle pour la destruction de cette Ville, ne fit autre fracas que d'étonner & casser les vitres & la couverture de quelques maisons de la Place, & de tuer celuy qui y avoit mis le feu, dont le corps demeura sur la gréve avec une partie de sa machine qui ne sauta point, & qui donna lieu d'en connoistre la construction de la maniere qu'on la voit icy. On sçait aussi le peu de succés qu'elles ont eû devant Dunkerque.

EXPLICATION DE LA FIGURE de la Machine de Saint Malo, & de celle de Toulon.

A *Coupe ou profil de la machine appellée Infernalle, échoüée devant Saint Malo.*

B *Fond de calle rempli de sable.*

C *Premier pont rempli de vingt milliers de poudre, avec un pied de maçonnerie au dessus.*

D *Second pont garni de six cens bombes à feu & carcassieres, & de deux pieds de maçonnerie au dessus.*

E *Troisiéme pont au dessus du gaillard, garni de cinquante barils à cercles de fer, remplis de toutes sortes d'artifices.*

F *Canal pour conduire le feu aux poudres & aux amorces.*

Outre cela le tillac estoit garni de vieux canons, & autre vieille artillerie.

G *Coupe de la bombe de Toulon avec le canon de mousquet luy servant de fusée.*

H *Canon de mousquet ou fusée.*

I *Massif de brique, qui renferme la bombe.*

K *Vieux canons de fer, & mitraille.*

Page 328
A
F
E
E
D
D
B
L
I
I

SI l'on avoit esté persuadé en France que ces sortes d'inventions eussent peû avoir une réüssite infaillible, il est sans difficulté que l'on s'en seroit servi dans toutes les expéditions maritimes, que l'on a terminées si glorieusement sans ce secours; mais cette incertitude, & la prodigieuse dépense que l'on est obligé d'y faire, ont esté cause que l'on a négligé cette maniere de bombe d'une construction extraordinaire, que l'on a veûë long-temps dans le Port de Toulon, & qui avoit esté coulée & préparée pour un pareil usage: ce fut en 1688. & voicy comme elle estoit faite, suivant ce qu'en écrivit en ce temps-là un Officier de Marine.

LA bombe qui est embarquée sur la Flûte le Chameau, est de la figure d'un œuf; elle est remplie de sept à huit milliers de poudre; on peut de là juger de sa grosseur; on l'a placée au fond de ce bâtiment dans cette situation. Outre plusieurs grosses poutres qui la maintiennent de tous costez, elle est encore appuyée de neuf gros canons de fer de 18[l] de balle, quatre de chaque costé, & un sur le derriere, qui ne sont point chargez, ayant la bouche en bas: par dessus on a mis encore dix pieces de moindre grosseur avec plusieurs petites bombes & plusieurs éclats de canon, & l'on a fait une maçonnerie à chaux & à ciment qui couvre & environne le tout, où il est entré trente milliers de brique, ce qui compose comme une espece de rocher au milieu de ce vaisseau, qui est d'ailleurs armé de plusieurs pieces de canon chargées à crever, de bombes, carcasses & pots à feu, pour en défendre l'approche, les Officiers devant se retirer, aprés que l'Ingénieur aura mis le feu à l'amorce qui durera une heure; cette Flûte doit éclater avec sa bombe pour porter de toutes parts les éclats des bombes & des carcasses, & causer par ce moyen l'embrasement de tout le Port de la Ville qui sera attaquée. Voila l'effet qu'on s'en promet: on dit que cela coûtera au Roy quatre-vingts mille livres.

Depuis peu M. Deschiens Commissaire général de la Marine a eû la bonté de m'aider du dessein de cette bombe, que j'ay fait graver, & il a bien voulu y joindre le raisonnement que vous allez lire.

CEtte bombe fut faite dans la veûë d'une machine infernalle pour Alger ; & celles que les ennemis ont éxécutées à Saint Malo & à Dunkerque ont esté faites à l'instar de celle-cy : mais toutes ces machines ne vallent rien, parce qu'un bâtiment estant à flot, la poudre ne fait pas la centiéme partie de l'effort qu'elle feroit sur un terrain ferme ; la raison de cela est, que la partie la plus foible du bâtiment cedant lors de l'effet, cette bombe se trouvant surchargée de vieux canons, de bombes, carcasses, & autres, tout l'effort se fait par dessous dans l'eau, ou dans la vase ou le sable, de sorte qu'il n'en peut provenir d'autre incommodité que quelques debris qui ne vont pas loin, & une fraction de vîtres, thuilles, portes, & autres bagatelles, par la grande compression de l'air causée par l'agitation extraordinaire ; c'est pourquoy on l'a refonduë la regardant comme inutile.

Celle-cy contenoit huit milliers de poudre, elle avoit neuf pieds de longueur, & cinq de diametre en dehors, six pouces d'épaisseur ; mais quand je l'ay fait rompre, j'ay trouvé que le noyau avoit tourné dans le moule, & que toute l'épaisseur estoit presque d'un costé, & peu de chose de l'autre, ce qui ne se peut gueres éviter, parce que la fonte coulant dans le moule, rougit le chapelet de fer qui soutient le noyau, dont le grand poids fait plier le chapelet.

Il se raportoit dessus, un chapiteau, dans lequel estoit ajustée la fusée qui s'arrestoit avec deux barres de fer qui passoient dans les ances.

La fusée estoit un canon de mousquet rempli de composition bien battuë, ce qui ne valoit rien, par la raison que la crasse du salpestre bouchoit le canon lorsque la fusée estoit brûlée à demi, ce qui faisoit éteindre la fusée. Ainsi les Anglois ont esté obligez de mettre le feu au bâtiment de leur machine, pour qu'il parvinst ensuite à la poudre.

A
B
C

Titre XX.

Des réchauts de rempart, appellez aussi Lampions à parapet, & des Falots.

CEs réchauts doivent peser au moins 12l chacun: les uns sont avec des chaisnes pour descendre du haut du rempart dans le fossé, les autres sont à doüille pour recevoir le manche qu'on y veut mettre, & pour les attacher autour des remparts, & coustent dans le département de M. le Marquis de la Frezeliere 5tt: leurs proportions sont, sçavoir,

Ceux marquez *A* qui s'attachent autour des remparts, 5 pouces de haut,

7 pouces de diametre,

Le manche qui soutient le réchaut & qui le va prendre par dessous, a 2 pieds 3 pouces de long, & l'équerre de fer qui le soutient, a une branche de 8 pouces de long, & l'autre de 6 pouces.

Les gonds qui le retiennent ont 6 pouces de long.

Ceux à doüille marquez *B* ont 6 pouces & ½ de diametre, sur 8 pouces & ½ de hauteur.

7 pouces de doüille jusqu'à la fourche.

Les deux branches de la fourche ont chacune 8 pouces de long.

Autre réchaut *C* à doüille d'une façon différente.

A un pentagone il faut vingt-cinq réchauts, un à la pointe du bastion, deux aux deux épaules, & un à chacune courtine.

Dans les Places d'armes, à tous les coins des ruës, sous toutes les portes d'un Ville de guerre, on brûle du gaudron dans ces réchauts, que l'on attache, comme on vient de le dire, autour du rempart, ou que l'on descend dans le fossé pour y voir clair la nuit, & pour s'empescher d'estre insulté par l'ennemi.

L'on brûle aussi dans ces réchauts des tourteaux & des cercles gaudronnez.

Il y a des chaudieres dans les magasins, & d'autres ustenciles qui servent à faire chauffer le gaudron, & à gaudronner les tourteaux, fascines & fagots, comme on l'a déja dit.

Les falots sont des lanternes mises au bout d'un bâton, il y a aussi des réchauts ou lampions qui se montent de mesme pour les porter par tout.

TITRE XXI.

Chevre, Crik, Verrin, & autres engins à lever canon.

EXPLICATION DE LA FIGURE de la Chevre.

A *Chevre complette, avec un treüil, son cable, & ses poulies.*
B *Chevre simple, avec ses poulies & son cable.*
C *Cable de chevre.*
D *Maniere de passer le cable dans le mousle & les poulies d'une chevre à la Hollandoise.*
E *Maniere de passer le cable dans le mousle & les poulies d'une chevre marine.*
F *Maniere de passer le cable dans le mousle & les poulies d'une chevre Françoise.*

LA chevre doit estre composée de deux jambes de bois de brin de chesne un peu courbées en dedans, longues de 12 ou 15 pieds, écarries de 7 pouces de face sur 3 pouces d'épaisseur, & de 4 aux épaules des mortoises, où seront situez les trois épars aussi de bois d'orme ou de chesne.

Le premier épars aura de longueur 7 pieds, écarri de 5 pouces sur deux, lequel sera situé à 9 pouces du bas des jambes, entrant dans les mortoises faites de l'épaisseur des jambes; les épars doivent estre amoindris par les bouts, de de 2 pouces sur la largeur, dans la longueur de 6 pouces, afin

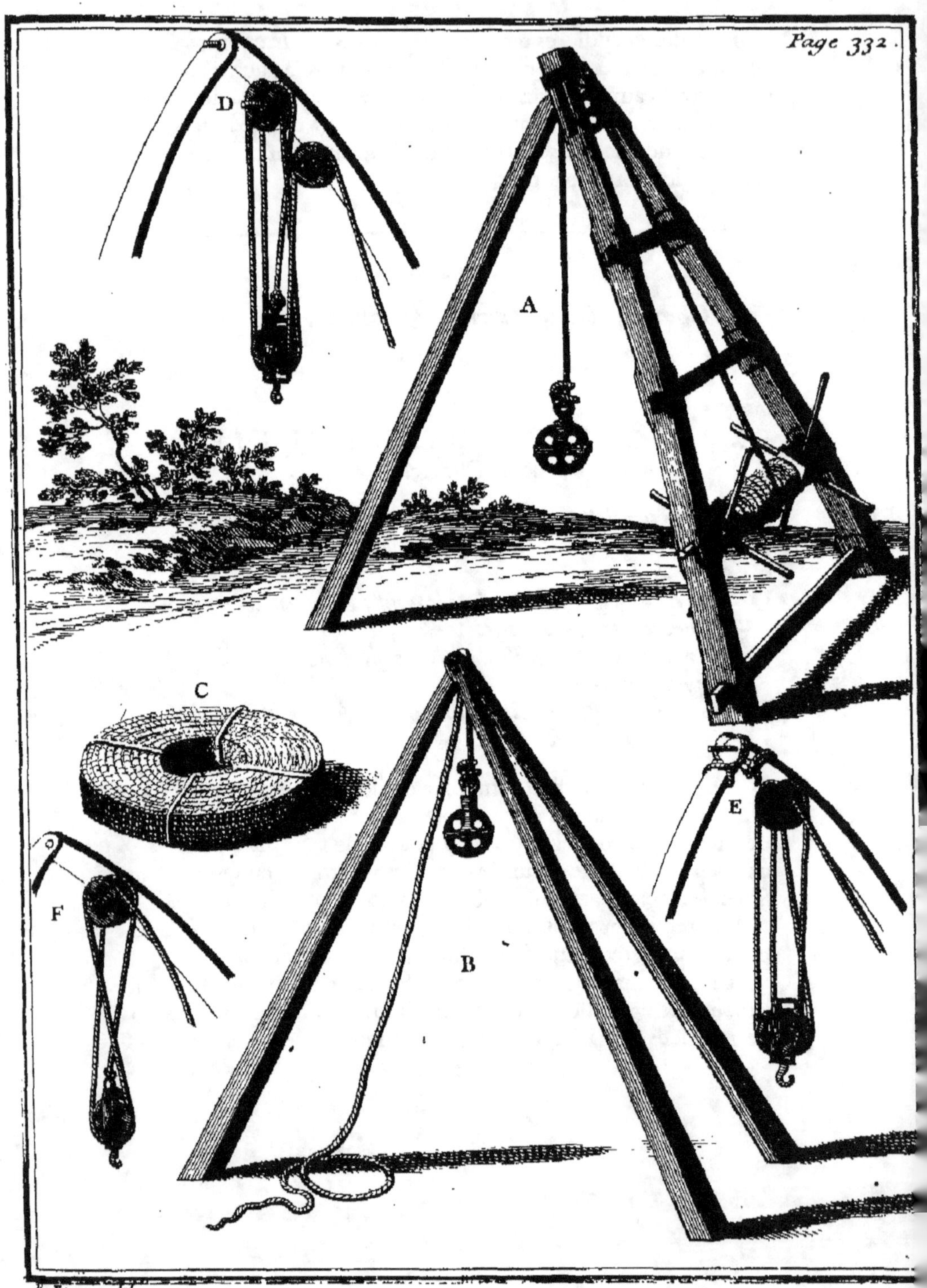

E. Fourier del.

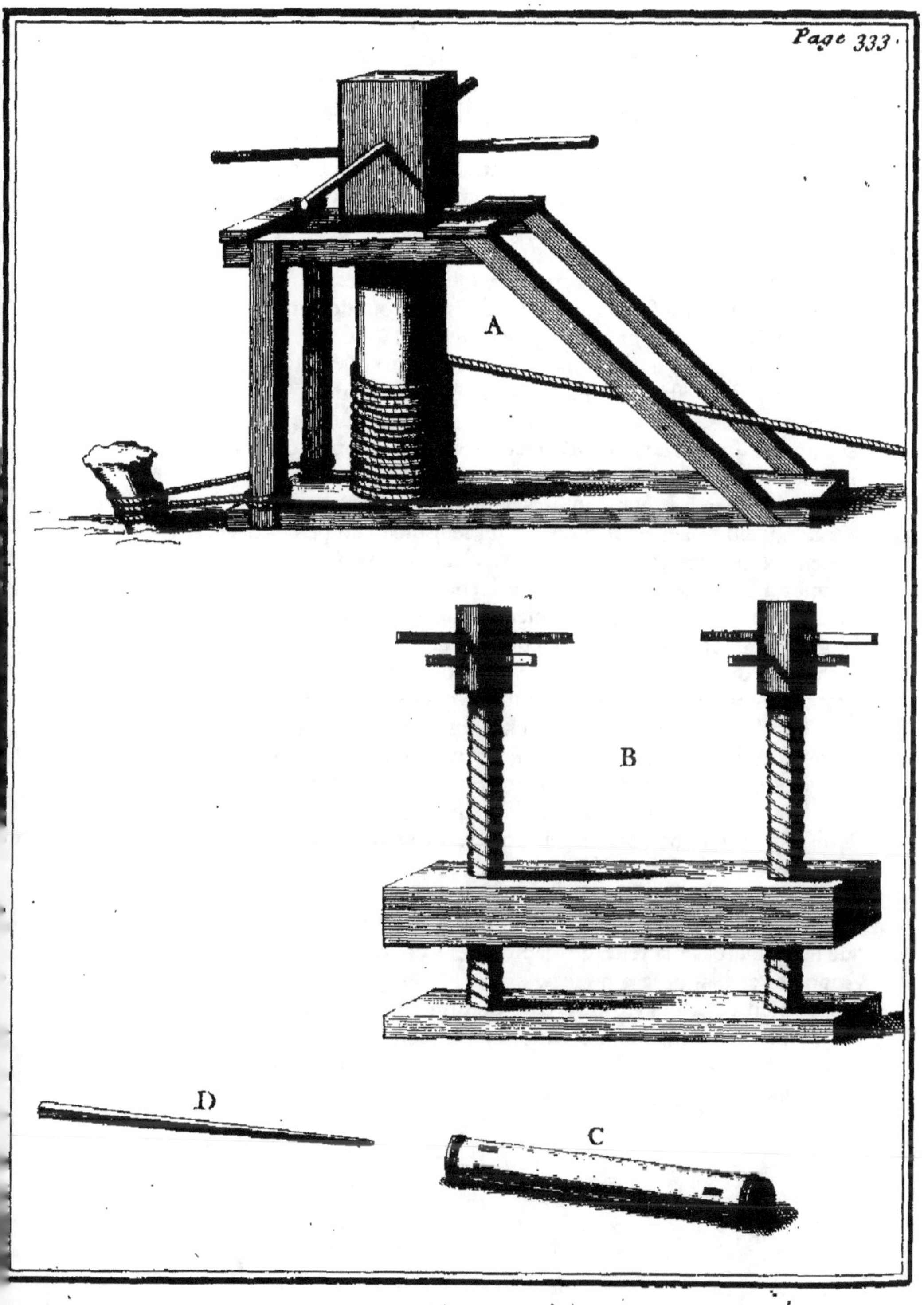
A
B
D
C

afin d'écarter les jambes en cet endroit, de 6 pieds ; les tenons d'épars qui sortiront en dehors les jambes de deux bons pouces, seront arrestez de chevilles de bois ou de fer.

Un treüil de bois d'orme long de 5 pieds 6 pouces, le diametre du milieu aura 8 pouces, autour duquel doit mouler le cable ; les deux costez seront écarris sur la longueur de 9 pouces, & de 8 pouces de face, & auront des mortoises qui traverseront le treüil à jour pour y passer des leviers, afin de le faire tourner.

Les tourillons des bouts auront de long 6 pouces, & de diametre 4 pouces, lesquels entreront dans les trous des jambes de la chevre faits exprés à 3 pieds du bas.

Le second épars sera situé à 3 pieds au dessus du treüil ; sa longueur doit estre de 4 pieds, y compris les tenons.

Le troisiéme épars aura de longueur 2 pieds 6 pouces ; il sera situé à 3 pieds au dessus du second ; ils seront tous trois égaux en tenons, largeur & épaisseur.

Les deux jambes étant jointes ensemble par les épars, formeront un triangle isocelle, & sur leur face l'on percera deux trous tout au travers, d'un pouce de diametre, le premier a 6 pouces de la teste, & le second a 1 pied, pour y passer des boulons de fer ; le premier boulon sert pour tenir la languette de fer qui sera située entre les deux jambes, pour séparer les deux poulies de cuivre qui doivent estre situées entre les deux jambes ; elles auront de diametre 7 pouces, leur épaisseur 2 pouces ; la languette sera renversée par le haut à droit & à gauche, pour tenir au dessus de la teste des jambes ; elle aura de longueur 20 pouces ; le bout d'en bas sera fait en fleur de lys, sa largeur de 4 pouces, son épaisseur de 2 lignes, percée en deux endroits vis-à-vis des boulons ; il y aura deux branches de fer sur les faces des jambes qui serviront de contreriveûres aux boulons, lesquels auront de longueur 1 pied 6 pouces, avec une fleur de lys par le bas ; la teste des jambes sera couronnée d'une cape de fer haute de 3 pouces.

Le pied de la chevre doit estre de brin de chesne sec de la mesme longueur que les jambes ; il ne sera point écarri ;

sa grosseur par le bas sera de 4 pouces & $\frac{1}{2}$, le haut de 3 pouces ; le bas du pied, & celuy des jambes seront ferrez de chacun un lien de fer, sous lesquels il y aura une pointe aussi de fer, afin que la chevre tienne plus ferme en terre.

Lorsque l'on voudra s'en servir pour monter une Piece de canon en l'air, il faudra porter les deux jambes 6 pieds à costé de la Piece, le pied à mesme distance de l'autre costé ; l'on baissera les jambes & le pied obliquement, jusqu'à ce qu'ils se rencontrent par la teste, où le pied s'encastrera dans une mortoise faite exprés aux jambes sous la cappe ; sur tout que les poulies se rencontrent bien vis-à-vis des ances de la Piece. La chevre estant en cet état, on passera le cable dans les poulies de cette maniere ; un bout sera attaché au treüil ; l'autre bout sera passé par dessus la poulie à gauche en dehors ; celuy-cy repassera dans la poulie de l'écharpe, auquel il y a un crochet qui s'acroche à un autre ; ce mesme bout repassera à la seconde poulie à droit en dedans par dessus, lequel bout s'attachera ensuite à l'ance droite de la Piece, le crochet de l'écharpe étant passé à la gauche ; ensuite dequoy il faudra passer deux leviers dans les mortoises du treüil, où il y aura deux bons hommes à chacun, lesquels abaisseront leurs leviers pour faire tourner le treüil, pendant que deux autres de chaque costé en tiendront un prest pour mettre dans les autres mortoises, afin de relever les premiers : l'on continüera de cette façon, jusqu'à ce que les Pieces soient assez élevées pour passer un affust ou chariot à porter canon, dessous : quand l'un ou l'autre seront ajustez sous la Piece pour la recevoir, il faudra lâcher doucement le treüil afin de rendre du cable.

Le cable doit avoir de longueur 48 à 50 pieds, sa grosseur d'environ 2 pouces, de bon chanvre en brin déja cordelé ; la livre vaut 4^{f} 6^{d} ou 5^{f}, selon les endroits plus ou moins.

Ces sortes de chevres pourtant ne sont bonnes que pour les Places ; mais pour la campagne il ne les faut que de sapin & bien moins épaisses, afin qu'elles soient plus légeres.

Les leviers feront de brin de bois de chesne, ou fresne un peu verds, longs de 6 pieds, leur grosseur 3 pouces par le gros bout, réduit à deux par le petit; le gros sera un peu aplani pour entrer dans les mortoises du treüil.

En certains lieux l'on voit qu'une chevre complette pese 7 à 800l.

Qu'il y entre 50l de fer à 4f la livre, ce qui fait ..	10tt
Le bois revient à	12
Le cordage pese 80l à 4f 6d la livre	18
Notez que le cordage pour les chevres Hollandoises ne pese que la moitié.	
L'écharpe de cuivre avec ses poulies pese 120l, à 20f la livre	120
Ce qui revient donc à	160tt

Ce n'est pas un prix fixé pour tous les départemens.

FIGURES DU CAPESTAN, DU VERRIN, du Rouleau, & du Levier.

A *Capestan.*
B *Verrin.*
C *Rouleau.*
D *Levier.*

CEs engins sont tellement connus de tout le monde, qu'ils n'ont pas besoin de plus ample explication.

Crik, Chevrettes, Leviers d'abatage, & Pinces.

EXPLICATION DE LEURS FIGURES.

A *Crik.*
B *Chevrette de trois pieds & demi de hauteur.*
C *Levier d'abatage pour la chevrette, de douze pieds de long.*
D *Autre levier d'abatage portant sa chevrette par le moyen d'un boulon.*
E *Pince à pied-de-chevre sur deux roulettes.*

DE toutes les machines dont on se sert pour lever de gros fardeaux, le crik est une des mieux imaginées, car un homme seul peut hausser un fardeau, ce que six ne pourroient quelquefois pas faire.

Le crik est pour l'ordinaire une piece de bois ou arbre haut de 3 pieds, & épais de 4 pouces sur 8, dans lequel est enchassée une cramailliere qui, par le moyen d'une manivelle, sort & rentre pour hausser le fardeau, ou pour le remettre en son repos.

Cette cramailliere est longue de 2 pieds 8 pouces.

La gorge qui est de fer au haut de la cramailliere, a 1 pouce 6 lignes.

Le vuide de la gorge, 3 pouces 6 lignes.

La saillie du crochet au bas de la cramailliere, a 5 pouces.

Il est fretté de deux frettes par en haut de l'épaisseur de 2 lignes, de la hauteur de 18 lignes, & d'une en bas de mesme qualité.

Il y a une plaque de fer sous le pied, & 3 pitons ou pointes de fer.

Il y a une manivelle de fer pour élever la cramailliere, & le crochet de fer pour l'arrester.

Au defaut des chevres & des criks qui ne peuvent pas toûjours se transporter, ou que l'on ne trouve pas toûjours par tout, il est divers expédiens dont on se sert pour relever les Pieces de canon versées, cet article est d'une importance extréme, & tout Officier d'Artillerie qui veut se

Page 336.
C
E
D
A
B

rendre habile dans sa profession, doit s'appliquer particulierement à voir ce que l'on doit faire en pareille rencontre, car une Piece ainsi versée arreste quelquefois un équipage entier ; & lorsque l'on se repose de cet ouvrage sur les seuls Capitaines du charroy, ou sur les bas Officiers, il en peut arriver des accidens tres-préjudiciables au service. Messieurs les Lieutenans d'Artillerie ne recommandent rien davantage aux Officiers qui servent sous eux, & il seroit à desirer que tous sçeûssent parfaitement le charroy.

Voicy donc la maniere de relever une Piece versée, comme le pratique l'un de nos plus habiles Capitaines ; c'est M. Rigollot Capitaine général.

Maniere de relever une Piece versée en panier ou en cage, & sur le costé.

PIece versée en panier ou en cage, c'est lorsque la Piece touche terre, & que les rouës de l'affust ou du chariot à porter corps de canon, sont en l'air.

Il faut commencer à se mettre en état de la mettre sur le costé, & choisir le terrain le plus propre, soit à droit, soit à gauche, c'est-à-dire du costé qui aura le plus de pente pour aider à son dessein.

Si c'est un affust, il faudra se présenter avec un cordage nommé prolonge, seulement du costé de la pente, s'il y en a ; attacher la prolonge par un lien de charruë, au moyeu de la rouë qui est de l'autre costé, & tirer sur la prolonge à force d'hommes, pendant que quatre ou six autres hommes feront effort avec des leviers, pour aider à la rouë ou à l'affust devant & derriere la rouë.

Lors donc qu'elle est sur le costé, il faut ensuite passer deux prolonges dans l'intervalle des rais de la rouë qui est en l'air, & les attacher par des liens aux jantes de la rouë qui est sous la Piece, assez prés l'une de l'autre, c'est-à-dire qu'il n'y ait qu'un rais de séparation de l'une à l'autre, puis, tirer sur les prolonges à force d'hommes, mais également, & non point par secousses, y ayant toûjours pour lors, dix ou douze hommes avec des leviers de l'autre costé de la Piece pour la soulager & la soutenir, en cas qu'une partie de ceux qui tirent aux prolonges se fatiguassent trop, ce qui les aide à reprendre haleine.

Si l'on estoit assez fort d'hommes, il ne seroit pas nécessaire de passer, comme on vient de le dire, les deux prolonges par la rouë qui est en l'air, ce qui se fait seulement pour empescher que, quand la Piece est dans le mouvement de se remettre en son assiette, elle ne renverse du costé que l'on la tire, ce qui arrive toûjours quand on n'a pas cette précaution ; si, dis-je, l'on est fort d'hommes, il faudra faire lier un travers ou une demi prolonge à une ance de la Piece, & faire soutenir la Piece par dix ou douze hommes, qui seront avec des leviers de l'autre costé de ceux qui tirent sur les prolonges, lorsque la Piece sera preste à prendre son dernier mouvement pour se remettre sur son assiette.

On verra ce que c'est que tous ces cordages au titre qui en traitte.

Si donc l'on se trouve fort d'hommes pour mettre en deçà & en delà de la Piece, il ne faudra, en ce cas, qu'attacher deux prolonges aux jantes de la rouë de dessous, & croiser ensuite les deux prolonges par dessus les jantes de la rouë qui est en l'air.

Pour relever une Piece versée sous un chariot à porter corps de canon, il faut faire la mesme maneuvre qu'à l'affust, à l'exception qu'il faut se servir d'une prolonge aux rouës de devant, & d'une autre seulement à celles de derriere ; & faire plus force d'hommes à celles de devant qu'à celles de derriere, parce qu'elles sont ordinairement plus chargées.

S'il se trouve que l'on ne soit pas fort d'hommes, il faudra faire la mesme maneuvre avec les prolonges qu'il est dit cy-devant, & y attacher sur chacune, le plus prés de la Piece qu'il se pourra, une branche de chevaux ou de mulles, c'est un costé de la bande des chevaux ou mulles qui tirent la Piece lorsqu'ils sont doublez ou de front ; par exemple, s'il y avoit vingt bestes à tirer une Piece, il y en auroit dix sur une branche, neuf sur l'autre, & celuy du limon, &, s'il se peut, il faut avoir des leviers de l'autre costé, & observer toûjours, qu'en cas que l'on soit obligé de se servir de chevaux ou de mulles, les prolonges doivent estre passées par l'intervalle des rais de la roüe qui est en l'air, parce que c'est ce qui l'empesche de verser du costé que l'on la veut relever.

Si la Piece estoit versée & hors de l'affust, ou du chariot à porter corps de canon, il faut, si c'est un affust, oster l'avantrain, puis la roüe de l'affust qui est du costé de la Piece, ensorte que le bout ou la fusée de l'essieu soit à terre, & que la Piece soit parallelle à l'affust & à distance seulement, pour qu'elle touche le bout de deux chevrons, ou poutrelles, ou brins d'arbres, suivant que l'occasion le permet, qui toucheront d'un bout à la Piece, & les deux autres bouts seront dressez contre l'affust; attacher ensuite deux prolonges à l'affust, à l'espace d'environ la longueur de la Piece, puis faire des tours de mouliner, c'est-à-dire trois tours de chacune des prolonges, à la Piece, sçavoir l'une à la vollée, & l'autre à la culasse; passer ensuite les prolonges par dessus la Piece & par dessus l'affust, & les tirer également à force d'hommes, & avoir dix ou douze hommes avec des leviers au delà de la Piece pour la conduire également jusqu'à ce qu'elle entre dans sa situation; observer toutefois, que si l'une des prolonges estoit tirée plus vigoureusement que l'autre, il faut la tenir en arrest jusqu'à ce que l'autre prolonge ait remis la Piece en équilibre sur les chevrons, & les faire ensuite tirer également.

C'est la mesme maneuvre pour le chariot à porter corps de canon, sinon qu'il faut faire mettre bas les deux roües du costé de la Piece versée.

Pour mettre ensuite les roües lorsque l'on n'a ni chevre ni crik, il faut faire des pesées de la maniere qui suit.

IL faut avoir des pierres un peu grosses, ou des troncs ou billots de bois, & deux chevrons ou brins d'arbres; mettre deux pierres aux deux costez de l'essieu, faire pincer deux bouts de deux chevrons sous le bout de chaque costé de l'essieu; oster de la terre de dessous pour cet effet, si c'en est; faire porter les chevrons sur la pierre; & faire peser sur les bouts des chevrons qui sont en l'air quatre ou cinq hommes, ou plus, s'ils peuvent contenir sur chacun; & à mesure que l'essieu se leve, il faut que d'autres hommes ayent des pierres ou billots de bois, les plus plats qu'il se pourra, qu'ils mettront sous le corps de l'essieu, & le plus prés du bras qu'il se pourra, de sorte toutefois que les pierres n'empeschent pas la roüe de prendre sa place quand il sera temps; & faire aussi la mesme maneuvre de pierres l'une sur l'autre, jusqu'à ce que l'essieu soit assez levé pour recevoir la roue: quand l'on s'entend à cette maneuvre, la Piece & le chariot à porter corps de canon, ou l'affust, sont en leur assiette, avant mesme qu'une chevre, quand on en a, soit apportée & dressée, outre que, dans les défilez de certaines montagnes, comme des Pyrénées, il est tres-souvent impossible d'y faire passer une chevre, & encore plus souvent impossible de la dresser, par le défaut du terrain.

Un lien ou nœud de charruë fait avec une prolonge ou autre cordage, se fait pour le pouvoir délier promptement, sans estre obligé de le couper, comme il arrive toûjours quand il se fait par un lien ou nœud droit.

Ces sortes de nœuds ou liens sont absolument nécessaires à sçavoir lorsqu'il faut donner des demi tours de rouës, soit en approchant des batteries, soit dans des retours ou détours de montagnes, où souvent il ne peut rester que le cheval ou la mulle de limon, faute de terrain devant.

Ils sont aussi nécessaires quand une Piece s'abîme dans de mauvais chemins.

Maniere de faire le lien ou nœud de charruë par un des bouts de la prolonge.

Pour faire le nœud ou lien, il faut, avec un bout de la prolonge, embrasser une jante de la roüe de l'affust, la faire glisser sous un rais, & tourner le bout deux ou trois fois dans l'embrasl'embrassement que la corde fait de la jante ; de sorte que ces tours se pressant contre la jante à mesure que l'on tire dessus, ils se ferment, & sont ensuite fort faciles à défaire.

Autre maniere de relever les Pieces, que j'ay apprise d'un Officier principal.

IL est plusieurs manieres de relever les Pieces lorsqu'elles sont versées, ou sur le costé, ou en cage : pour celles-cy, les uns font deffaire les clavettes des susbandes, ensorte que la Piece quitte son affust & pose à terre sur deux fascines ; on releve cet affust à bras & avec des leviers ; on le met à quartier ; la Piece se retourne, & se remonte avec la chevre.

Mais généralement toutes les Pieces se relevent & plus aisément & plus viste de cette maniere-cy. On embresse la culasse par son bouton à un des flasques, ensorte qu'elle soit ferme ; un forgeur frappe les clavettes pour qu'elles asseûrent les susbandes ; l'on embrasse ensuite avec deux prolonges, & la culasse & l'affust vers l'entretoise de couche, & la vollée & l'affust à son entretoise de vollée ; l'on fait placer dix ou douze hommes sur chaque prolonge ; l'on a deux forts leviers & grands, sur chacun desquels il y a trois ou quatre hommes ; on les place de l'autre costé au deffaut des rouës ; l'on fait contretenir le bout d'affust pour asseûrer le mouvement, & la maneuvre ainsi disposée, on fait étendre les hommes qui tirent les prolonges, les leviers agissent, & s'engagent à mesure que la Piece s'éleve ; & il ne reste qu'à diminüer l'effort quand la Piece est en l'air, pour ne la pas verser du costé qu'on la releve.

Quand les Pieces sont sur des charriots à porter canon, & qu'elles versent, difficilement peut-on se passer de chevre pour les remonter.

TITRE XXII.

Romaines, Balances, poids & mesures de toutes sortes.

EXPLICATION DES FIGURES.

A *Romaine avec son poids.*
B *Fleau de fer avec ses cordages & ses platteaux.*
C *Poids de marc de cuivre de 16 onces à la livre.*
D *Plusieurs poids de fer aussi de 16 onces à la livre.*
E *Mesures de fer blanc de plusieurs sortes.*

LA Romaine est une verge de fer ou de fonte suspenduë de travers en l'air par un crochet qu'elle a à l'une de ses extrémitez, attachée à une poutre ou à la chevre lorsqu'elle est dressée, sur laquelle verge sont gravez des chiffres pour désigner les poids depuis 10 jusqu'à 1000, 2000, &c.

Il y en a qui peuvent peser jusqu'à six milliers & au delà.

Cette piece de fer ainsi élevée par un bout, est passée par l'autre dans un anneau de mesme métail, duquel pend un poids fait ordinairement en forme de poire, & qui pese une certaine quantité de livres.

L'on attache les munitions avec un cable, à celuy des bouts de la romaine qui est suspendu en l'air, & de l'autre costé l'on fait couler le poids qui pend à l'anneau tout du long de la verge de la romaine, & l'on l'arreste sur le chiffre où ce poids fait l'équilibre avec les pieces ou les munitions attachées; & c'est là ce qu'elles pesent.

Il y en a de toutes grandeurs.

Le dessein fera mieux connoistre cette maniere de peser, laquelle, à la verité, n'est pas la plus juste, car il y a toûjours sur une pesée deux ou trois livres d'erreur pour le trait.

Les platteaux avec les fleaux de fer sont beaucoup plus certains.

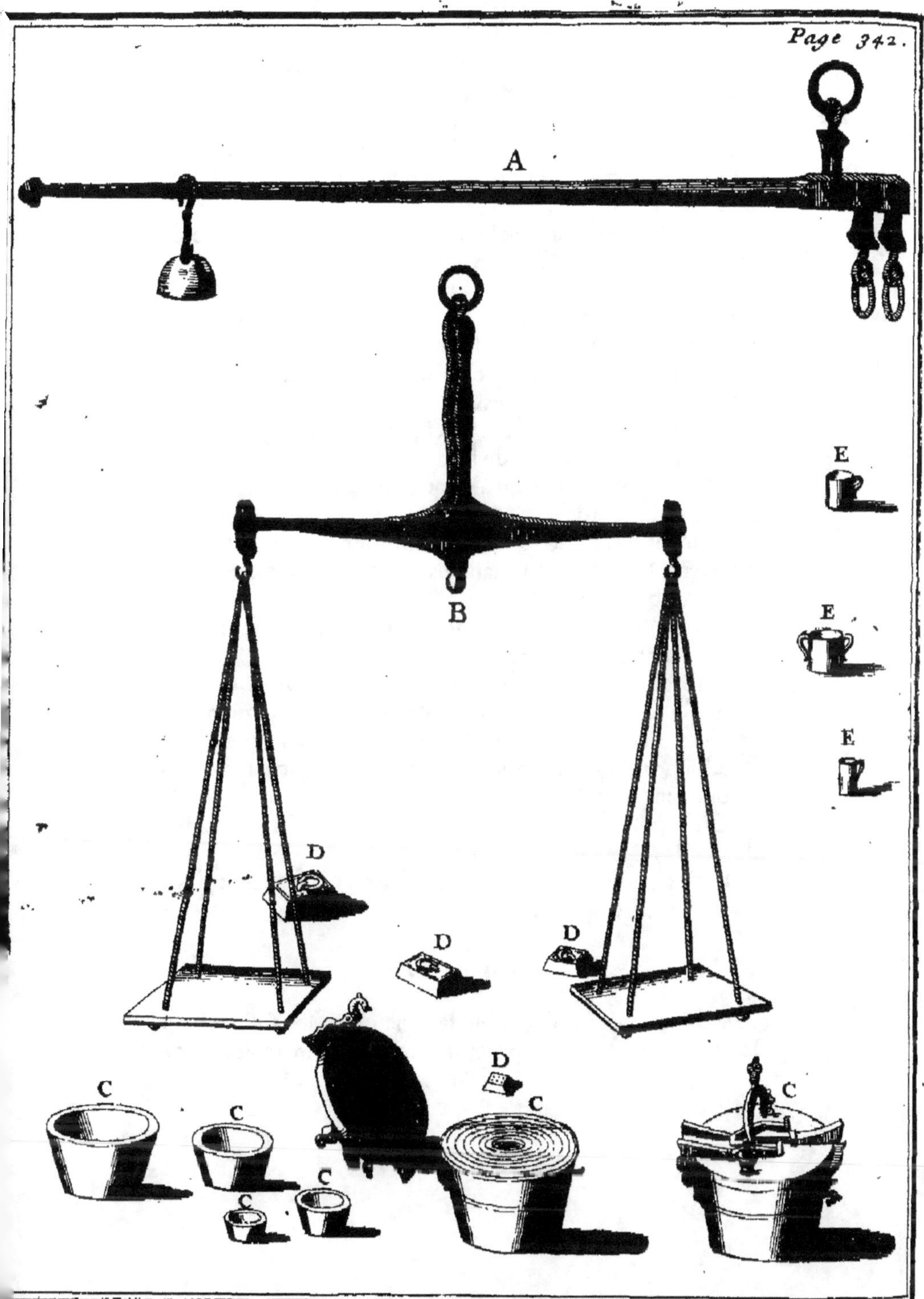
A
B
C
C
C
C
C
C
D
D
D
D
E
E
E

Le fleau eſt une verge de fer ſoutenuë dans le milieu par un autre morceau de fer qui eſt attaché à une ſolive ou poutre qui puiſſe ſoutenir un lourd fardeau.

Des deux bouts du fleau pendent deux cordes qui ſoutiennent deux madriers de bois appellez platteaux, ſur l'un deſquels ſe mettent les poids à peſer, & ſur l'autre les munitions que l'on peſe.

Il y a des fleaux qui peſent juſqu'à ſix milliers de poids d'un coſté, & ſix milliers en munitions de l'autre, ce ſont douze milliers.

Il y a de petites balances de cuivre, ce ſont deux petits baſſins ſoutenus par un petit fleau ou une petite verge de fer, comme je viens de le dire; elles ſervent pour les petites diſtributions dans les magaſins.

Le fleau d'une balance à peſer, par éxemple, juſqu'à 25^{l}, ne doit avoir que 12 à 15^{l} de fer.

Ce fleau ne revient qu'à quatre ou cinq écus, avec les plateaux, les cordages, & les poids de marc.

Il faut ſçavoir que toutes les munitions du Royaume ſe reçoivent & ſe délivrent dans les magaſins du Roy, au poids de marc, qui eſt de 16 onces à la livre.

Les poids dont on ſe ſert, ſont tantoſt de fer, tantoſt de plomb, tantoſt de pierre.

Ceux de cuivre & de fer ſont les plus ſeûrs, car ils ne ſçauroient ſouffrir que peu de diminution, & ceux de plomb & de pierre s'écornent & s'alterent toûjours de quelque choſe. Il eſt bien vray que ceux de fer peuvent acquerir par la roüille un peu plus de peſanteur.

On trouve les plus petits poids dans les piles de cuivre de poids de marc.

Il n'y a perſonne qui ne connoiſſe tous ces ſortes de poids, il y en a preſque par tout.

Poids de Table.

SOuvent on voit des conteſtations entre les Officiers ſur la différence qui ſe trouve entre le poids de marc & le poids de table qui est en usage en plusieurs endroits du Royaume, & particulierement en Provence, en Languedoc, & en Roussillon ; & la plusspart des Gardes n'ayant point de poids de marc dans leurs magasins, sont obligez de faire leurs délivrances sur le pied du poids de table ; ce qui est un abus & ne doit point estre souffert.

Afin donc que l'on puisse connoistre en quoy ils different l'un de l'autre, j'en donne icy une table qui résoudra toutes ces difficultez.

Réduction du poids de Table au poids de Marc.

IL est à noter que la livre du poids de table, est de 16 onces de mesme que la livre poids de marc ; mais la différence qu'il y a, c'est que les onces poids de table, sont plus legeres que celles du poids de marc ; de sorte qu'une livre du poids de table ne fait que 13 onces & ½ poids de marc, & la livre poids de marc fait 19 onces poids de table.

Le quintal poids de table, qui est autant que 100^{l}, ne fait que 84^{l} 6 onces poids de marc ; & le quintal poids de marc 118^{l} 12 onces poids de table. Le détail fera mieux connoistre cette différence.

1 livre poids de table, fait poids de marc 13 ½

livres poids de table.	livres poids de marc.	onces
2	1	11.
3	2	8 ½.
4	3	6.
5	4	3 ½.
6	5	1.
7	5	14 ½.
8	6	12.
9	7	9 ½.
10	8	7.

livres poids de table.	livres podis de marc.	onces
11	9	4 ½.
12	10	2.
13	10	15 ½.
14	11	13.
15	12	10 ½.
16	13	8.
17	14	5 ½.
18	15	3.
19	16	0 ½.
20	16	14.
21	17	11 ½.

livres poids de table.	livres poids de marc.	onces	livres poids de table.	livres poids de marc.	onces
22	18	9.	57	48	1 ½.
23	19	6 ½.	58	48	15.
24	20	4.	59	49	12 ½.
25	21	1 ½.	60	50	10.
26	21	15.	61	51	7 ½.
27	22	12 ½.	62	52	5.
28	23	10.	63	53	2 ½.
29	24	7 ½.	64	54	0.
30	25	5.	65	54	13 ½.
31	26	2 ½.	66	55	11.
32	27		67	56	8 ½.
33	27	13 ½.	68	57	6.
34	28	11.	69	58	3 ½.
35	29	8 ½.	70	59	1.
36	30	6.	71	59	14 ½.
37	31	3 ½.	72	60	12.
38	32	1.	73	61	9 ½.
39	32	14 ½.	74	62	7.
40	33	12.	75	63	4 ½.
41	34	9 ½.	76	64	2.
42	35	7.	77	64	15 ½.
43	36	4 ½.	78	65	13.
44	37	2.	79	66	10 ½.
45	37	15 ½.	80	67	8.
46	38	13.	81	68	5 ½.
47	39	10 ½.	82	69	3.
48	40	8.	83	70	0 ½.
49	41	5 ½.	84	70	14.
50	42	3.	85	71	11 ½.
51	43	0 ½.	86	72	9.
52	43	14.	87	73	6 ½.
53	44	11 ½.	88	74	4.
54	45	9.	89	75	1 ½.
55	46	6 ½.	90	75	15.
56	47	4.	91	76	12 ½.

livres poids de table.	livres poids de marc.	onces	livres poids de table.	livres poids de marc.	onces
92	77	10.	97	81	13 ½.
93	78	7 ½.	98	82	11.
94	79	5.	99	83	8 ½.
95	80	2 ½.	100	84	6.
96	81	0.			

Réduction des quintaux poids de table, au poids de marc, estant à remarquer que l'on compte par quintaux en Languedoc, Provence & Roussillon, & non par cent, ni par milliers de livres, comme on fait en France, & qu'un quintal est autant que cent livres, & dix quintaux autant qu'un millier de livres.

1 quintal, c'est-à-dire 100[l] poids de table, pese poids de marc 84[l] 6 onces.

quintaux poids de table.	livres poids de marc.	onces	quintaux poids de table.	livres poids de marc.	onces
2	168	12.	19	1603	2.
3	253	2.	20	1687	8.
4	337	8.	25	2109	6.
5	421	14.	30	2531	4.
6	506	4.	35	2953	2.
7	590	10.	40	3375	0.
8	675	0.	45	3796	14.
9	759	6.	50	4218	12.
10	843	12.	55	4640	10.
11	928	2.	60	5062	8.
12	1012	8.	65	5484	6.
13	1096	14.	70	5906	4.
14	1181	4.	75	6328	2.
15	1265	10.	80	6750	0.
16	1350	0.	85	7171	14.
17	1434	6.	90	7593	12.
18	1518	12.	95	8015	10.

100 cens, ou cent quintaux poids de table, vallent poids de marc .... 8437 8.

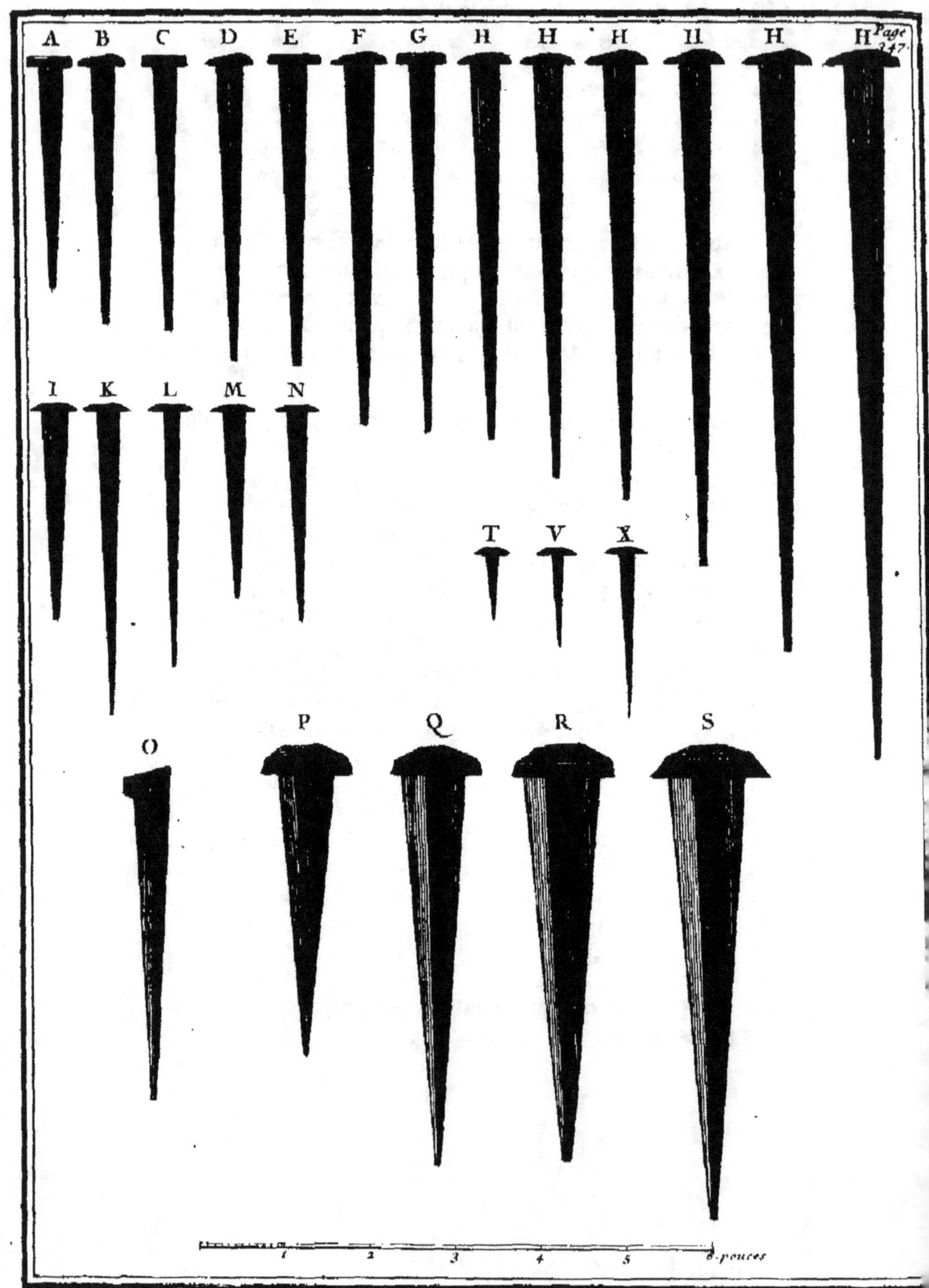

Page 347.
A
B
C
D
E
F
G
H
H
H
H
H
H
I
K
L
M
N
T
V
X
O
P
Q
R
S
1
2
3
4
5
6 pouces

Au défaut de balances & de poids dans les magasins, on se sert souvent de certaines mesures de fer blanc qui contiennent depuis un quatteron de poudre jusqu'à tout ce que l'on veut au dessus ; mais quand il s'agit de faire une épreuve, il ne faut pas se servir de ces mesures, car elles ne sont jamais bien justes, & il faut mettre en usage le poids de marc.

TITRE XXIII.

Clouds.

JE vous donne la figure des clouds de toutes especes, & leurs longueurs & grosseurs.

EXPLICATION DES FIGURES de Clouds de toutes sortes.

A *Cloud quarré pour affust de quatre.*
B *Cloud à deux oreilles pour affust de huit.*
C *Cloud quarré pour affust de huit.*
D *Cloud à deux oreilles pour affusts de douze & de seize.*
E *Cloud quarré pour affusts de douze & de seize.*
F *Cloud à deux oreilles pour affûsts de vingt-quatre & de trente-trois.*
G *Cloud quarré pour affusts de vingt-quatre & de trente-trois.*
H *Chevilles à teste ronde de toutes sortes pour les chevalets & palissades qui s'employent à l'armée.*
I *Cloud pour tonnes à mesche.*
K *Cloud à happes.*
L *Cloud à chaisne pour attacher les burettes & autres choses.*
M *Cloud quarré pour les madriers de chesne pour les ponts.*
N *Cloud à deux oreilles pour affust de quatre.*
O *Cloud à une oreille pour servir à attacher les bouts d'affust par dessous l'affust fait en façon de cloud à happe.*

P *Cloud pour roüage à affuſt de quatre, ſervant auſſi aux petits chariots & aux avantrains.*

Q *Cloud de roües pour roüages de huit.*

R *Cloud de roües pour roüages de douze & de ſeize.*

S *Cloud de roües pour roüages de vingt-quatre & de trente-trois.*

T *Broquette pour armer les madriers, & ſervir aux Tonneliers pour les barils de plomb.*

V *Cloud pour les Tonneliers, & pour faire des augets pour les mineurs.*

X *Cloud plus grand pour le meſme ſervice.*

Fin du premier Tome.

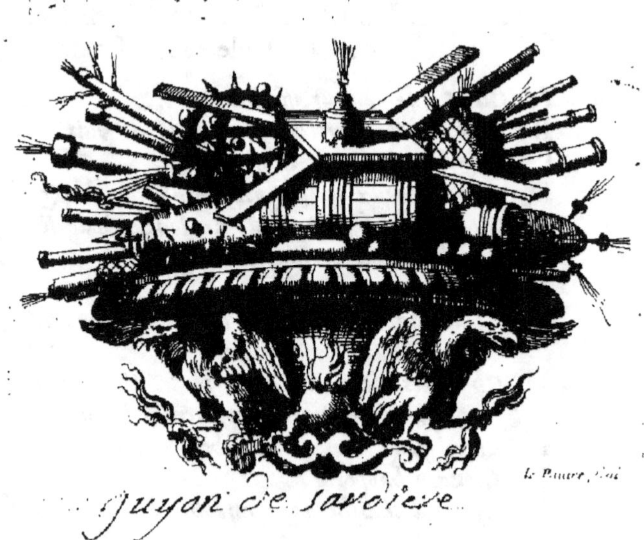

www.ingramcontent.com/pod-product-compliance
Lightning Source LLC
Chambersburg PA
CBHW051621230426
43669CB00013B/2132

* 9 7 8 2 0 1 2 5 8 6 5 7 4 *